AF363347

JEAN DE BLOCH

LA GUERRE

Traduction de l'ouvrage russe

LA GUERRE FUTURE

AUX POINTS DE VUE

Technique, Économique et Politique

TOME VI
DE L'OUVRAGE ENTIER

CONCLUSIONS GÉNÉRALES

Le système du militarisme. — Pour et contre
la possibilité de résoudre
les conflits entre États européens.
L'organisation d'un tribunal international.
Conclusion.

GUILLAUMIN ET Cie
Éditeurs
14. RUE DE RICHELIEU, 14
PARIS

LA GUERRE FUTURE

JEAN DE BLOCH

LA GUERRE

Traduction de l'ouvrage russe

LA GUERRE FUTURE

AUX POINTS DE VUE

Technique, Économique et Politique

TOME VI

DE L'OUVRAGE ENTIER

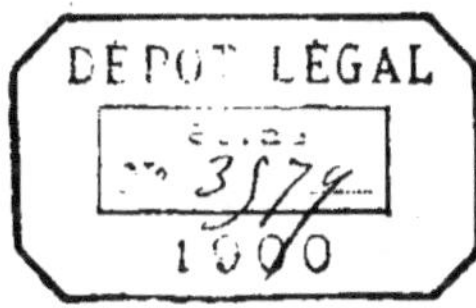

CONCLUSIONS GÉNÉRALES

Le système du militarisme. — Pour et contre
la possibilité de résoudre
les conflits entre États européens.
L'organisation d'un tribunal international.
Conclusion.

GUILLAUMIN ET Cie
Éditeurs
14, RUE DE RICHELIEU, 14
PARIS

Quelques mots d'introduction

Les naturalistes assurent que, dans l'atmosphère terrestre, se manifeste de temps à autre la présence de ce qu'on appelle la poussière cosmique. Elle influe sur les variations de nuance de la voûte céleste, elle teint d'une couleur de sang les rayons du soleil; elle pénètre dans nos demeures et dans nos poumons, exerce une influence nocive sur les organismes vivants et même, en tombant sur les sommets des montagnes, elle laisse des traces sur les neiges virginales qui les recouvrent. C'est un effet analogue que produit, dans la vie sociale et privée de l'Europe moderne, le pressentiment qu'on a de voir le développement continuel des armements amener une guerre qui serait désastreuse pour les vainqueurs comme pour les vaincus, dangereuse peut-être pour l'ordre social ou susceptible d'amener, parmi les nations, de terribles bouleversements.

Cet état inquiet des esprits n'est-il que la conséquence d'une erreur ou d'un état nerveux, maladif, de nos contemporains? Ou bien se justifie-t-il par de réelles possibilités?

Voilà une question à laquelle personne ne serait en mesure de faire une réponse catégorique. Tout le monde souhaiterait que les dangers, causés par l'accroissement des armements, demeurassent un simple fantôme destiné à s'évanouir avec le temps. Mais tous ces désirs mêmes ne sauraient modifier l'enchaînement des circonstances d'où ces armements sont sortis, avant l'époque où, selon l'expression de von Thünen (1), les intérêts de la Patrie et ceux de

---

(1) *Der isolirte Staat* (L'État isolé).

a

l'Humanité cesseront d'être opposés, et où sera atteint un degré de culture assez élevé pour qu'ils deviennent solidaires.

Or il ne semble pas que nous soyons près encore d'en arriver là. Sans doute, les effets désastreux qu'aurait la guerre, dans les conditions actuelles, sont dès maintenant évidents par eux-mêmes. Ce n'est pourtant pas une garantie suffisante que cette guerre n'éclatera pas tout à coup, comme par hasard et en dépit de l'état général des esprits. Involontairement, on se rappelle la maxime du grand penseur Bacon : « Au milieu de la frivolité universelle, il est toujours ouvert un champ d'action plus vaste à la bêtise qu'à l'intelligence, et l'influence des sots est toujours plus grande que celle des gens sensés ».

Dans le cas dont il s'agit, cette maxime est d'autant plus applicable que la sagesse elle-même a plus de peine à se reconnaître dans un état de choses qui se modifie rapidement. Or cette modification rapide des situations constitue le trait caractéristique de notre temps.

Aujourd'hui, il se produit en quelques années, dans les conditions de l'existence matérielle et l'état d'esprit des masses, des changements plus tranchés qu'il n'en survenait autrefois dans le cours même d'un siècle entier. Cette grande mobilité de la vie moderne a pour causes la diffusion de l'instruction, puis l'action des parlements, des associations et de la presse, ainsi que l'effet des nouveaux moyens de communication. Sous l'influence de ces conditions d'existence, chaque peuple vit intellectuellement, non seulement de sa vie propre, mais aussi de la vie des autres peuples : les conquêtes de la pensée, les progrès économiques réalisés dans un pays, se répercutent dans l'existence et les sentiments de la population des autres pays ; l'horizon intellectuel des nations s'est ouvert, s'est élargi comme la mer. Et, comme la mer aussi, les esprits du monde civilisé tout entier sont sans cesse en mouvement.

Chaque changement qui survient dans la manière de vivre ou les idées ne s'établit définitivement qu'après une lutte entre les éléments nouveaux et ceux qui dominaient auparavant. Quoique, pour chaque État civilisé en particulier, les guerres ne soient pas fréquentes, il résulte de l'histoire que, pour l'ensemble du monde, depuis 1496 avant Jésus-Christ (date du traité des Amphictyons), jusqu'à l'année 1861 de notre ère, c'est-à-dire pendant 3,357 ans, le monde n'a vu que 227 années de paix contre 3,130 années de guerre — en d'autres termes, que, pour une année de paix, on en compte 13 de guerre (1). De sorte que, d'après l'histoire, la vie entière des peuples se présente sous la forme d'une guerre ininterrompue, et que la guerre serait, en quelque sorte, l'état normal de l'humanité.

La situation s'est aujourd'hui beaucoup modifiée; mais le nouvel état des choses se trouve encore aux prises avec les restes de celui qui l'a précédé. L'ancienne organisation des États a fait place à une autre entièrement différente. Sieyès comparait la société d'avant la Révolution à une pyramide renversée, debout sur sa pointe, et il disait qu'il fallait lui donner une position plus naturelle en la remettant sur sa base. Désir qui fut, on peut le dire, réalisé, en ce sens que l'édifice national se vit, en effet, doté d'une base incomparablement plus large que celle qu'il avait auparavant, puisqu'il put en effet s'appuyer sur les droits et le pouvoir des millions d'individus formant ce qu'on appelait les classes moyennes.

Il est naturel que plus grand est le nombre des voix susceptibles d'influer sur la marche des affaires, plus complexe devient la masse des intérêts qu'il faut prendre en considération. La révolution économique, amenée par l'utilisation de la force que fournit la vapeur, a fait naître des rapports entièrement nouveaux et inattendus, d'abord entre les divers pays du monde, puis, dans chacun d'eux, entre les différentes classes et couches sociales : enrichissant et fortifiant les uns, affaiblissant et ruinant les autres, suivant qu'à chaque pays ou groupe social les conditions nouvelles permettaient de prendre une part plus ou moins active à la répartition des revenus, des capitaux et de l'influence.

Par suite de la multiplicité des voix dont se forme aujourd'hui

---

(1) Leer, *Entsiclopedia voïennikh i morskikh naouk* (Encyclopédie des sciences militaires et navales), 1883. Tome XII, p. 269

l’opinion publique, et de l’immense variété d’intérêts qu’elles représentent, il se manifeste aussi de très différentes manières de voir
sur le militarisme et le but en vue duquel on l’entretient : la guerre.
Les classes qui possèdent, et, en particulier, celles dont l’importance
et la force avaient pour base l’ancienne répartition du pouvoir et les
conditions anciennes d’acquisition de la richesse, — ces classes, en
un mot, qu’on nomme conservatrices, — ont une tendance à con-
fondre un mouvement intellectuel uniquement dirigé contre le militarisme, avec les efforts tentés pour bouleverser l’ordre social. Il en
résulte qu’on attache parfois trop d’importance à des phénomènes
isolés et transitoires, et qu’on ne prête pas assez d’attention à la
fermentation dangereuse produite dans les esprits par les charges
du militarisme et qui va toujours en augmentant.

D’autre part, les agitateurs, s’efforçant d’agir sur l’esprit des
masses, tirent, des nouvelles conditions sociales, sans y réfléchir
ou même avec un parti pris intentionnel, les conséquences et les
déductions les plus excessives ; ils nient tous les droits précédemment acquis et rejettent la plupart des principes sur lesquels repose
l’état social. En vue de mieux assurer le succès de leur propagande,
ils promettent aux masses beaucoup plus que ne pourraient leur
donner n’importe quelles autres institutions. Tout en cherchant à
exciter ces masses contre le militarisme, lesdits agitateurs ne se
gênent nullement pour attribuer à tous ceux qui ne leur plaisent pas,
des sentiments égoïstes et des calculs purement personnels, même
quand leurs adversaires sont des personnes qui n’obéissent qu’à des
convictions profondes.

Et quoique les masses ne se rendent pas, du premier coup, aux
considérations théoriques, quoiqu’elles n’obéissent habituellement
que poussées par le besoin ou l’entraînement d’une souffrance quelconque, il n’est pas douteux qu’une telle agitation, leur arrivant du
haut de la tribune parlementaire et de celle des clubs ou des réunions
publiques, mais surtout par la voie de la presse, ne pénètre de plus en
plus profondément dans ces masses, — où justement elle fera naître les
sentiments qui, sous l’influence des maux que la guerre amènera,
sont le plus capables de pousser lesdites masses à l’action. Le mili-

tarisme fournit maintenant, à cette propagande, son principal moyen
d'action en même temps qu'un but apparent contre lequel elle prétend diriger ses coups, tandis qu'en réalité elle vise non seulement
la suppression de ce militarisme mais la destruction de tout l'organisme social actuel.

En présence d'un tel état de choses, c'est-à-dire de la concurrence ruineuse qu'excite, entre les pays européens, le renforcement continuel des armements, et du danger social qui grandit pour
tous, sous le poids d'un fardeau commun à tous, il est nécessaire
que les hommes influents et instruits cherchent à se rendre bien
compte de ce que sera la guerre, faite avec les moyens qu'elle
emploie aujourd'hui; qu'ils se demandent même s'il sera possible
d'atteindre, par la guerre, les bùts en vue desquels on la fera, ou si
l'on ne risque pas, au contraire, de voir demeurer, sans résultat
utile, la destruction réciproque de millions d'hommes.

Si, après examen de toutes les données de la question, on devait
arriver à se dire: « Non, dans de telles conditions, la guerre
n'est pas possible; les masses armées ne supporteront pas les
désastres que seraient pour elles les combats futurs; et le reste de
la population, demeurée dans ses foyers, ne supportera pas davantage la faim et une interruption de production qui entraînerait celle
des salaires pour les masses ouvrières »; — si telle était la conclusion, alors se poserait très nettement cette question générale:
Pourquoi les nations useraient-elles de plus en plus leurs forces
à l'accumulation d'engins de destruction qui ne sont même pas
bons à résoudre radicalement les difficultés internationales éven-
tuelles? — Pourquoi, en s'épuisant à préparer une guerre gigantesque et chimérique, les gouvernements des États de l'Europe centrale,
en particulier, qui voient l'opposition soulevée contre les sacrifices
démesurés qu'exige cette préparation, continueraient-ils à accumuler,
au milieu de leurs populations, des matières explosives dont l'effet
peut se révéler bien plus puissant encore que celui de la dynamite :
car elles sont de force à faire sauter non pas seulement les forteresses et les villes mais... la société elle-même ?

On comprend donc très bien que, depuis longtemps, beaucoup de pays de l'Europe occidentale aient vu se produire, dans toutes les sphères sociales, des tentatives, en partie théoriques et en partie même pratiques, dont le but était de faire disparaître la guerre de l'histoire future de l'humanité. Philosophes et philanthropes, hommes de gouvernement et agitateurs révolutionnaires, poètes et artistes, parlements et congrès — tous insistent de plus en plus énergiquement sur la nécessité d'en finir avec les tueries et les misères qui sont la conséquence de la guerre.

Un moment, semble-t-il, les protestations qui s'élevaient contre la guerre furent sur le point d'aboutir à un résultat pratique. Mais les aspirations de revanche, causées par la façon dont s'est faite l'unification de l'Allemagne, ont bouleversé l'état général des esprits. Néanmoins l'idée subsiste et continue d'agir sur ceux-ci. La voix des hommes instruits et les efforts dirigés par les philanthropes contre la guerre ont naturellement bientôt trouvé des échos, même dans les classes inférieures de la population. Les idées se présentent aux hommes d'esprit simpliste tout autrement qu'aux personnes éclairées. Les premiers voient les conséquences, mais ne peuvent dégager les causes; ils ne comprennent pas les complexités sociales; ils ne savent pas ce que c'est qu'une nécessité historique. Le demi-jour que produit la connaissance inexacte des faits fait apparaître des fantômes imaginaires dont profitent les agitateurs. Et le mouvement va en s'accentuant chaque année.

Dans ces derniers temps, la guerre est devenue plus terrible, grâce au perfectionnement des fusils, des canons et des explosifs, à la meilleure instruction des troupes et aux engins auxiliaires nombreux, complètement inconnus jadis, dont on les a pourvues. Mais — ce qui est plus important encore — l'énormité numérique des armées, qui comprennent des millions de soldats, et la façon dont les troupes ont appris à se fortifier, rendront extrêmement difficile de faire vivre ces soldats et de les abriter contre les intempéries.

Quelques auteurs militaires ont, il est vrai, prétendu: que les combats seraient moins sanglants, parce qu'ils seraient livrés à des distances plus grandes; que les charges de cavalerie et les attaques à la baïonnette étaient devenues improbables, par suite de la puissance

actuelle du feu ; enfin, qu'avec la bien plus grande dispersion—aujour-
d'hui nécessaire—des troupes, et la protection qu'elles chercheraient
derrière des retranchements, la retraite de leurs divers éléments
serait facilitée.

Mais en admettant même tout cela — qui n'est pas encore prouvé
— il n'est pas douteux qu'avec la puissance des armes actuelles,
l'impression produite par la lutte sur les hommes ne soit incomparablement plus vive qu'autrefois, et que l'absence de fumée de la
poudre ne modifie le caractère de cette impression. Le feu de l'infanterie et celui de l'artillerie ont acquis une puissance qu'ils n'avaient
jamais eue ; la grande portée des fusils et des canons rendra
même très difficile de secourir les blessés ; et la fumée de la
poudre ne sera plus là pour dérober, aux yeux des hommes qui
seront encore dans les rangs, les terribles conséquences de la lutte.
Il faudra marcher en avant, en voyant l'œuvre de massacres dans
toute son horreur.

En outre, quand on discute sur la guerre future, on ne doit pas
perdre de vue que les troupes, soumises à ce « baptême du feu »
plus terrible que jamais, ne seront point composées des mercenaires
du temps passé, pour qui la guerre était une industrie, ni même des
vieux soldats du commencement et du milieu de ce siècle, — mais
tout simplement d'une masse de citoyens paisibles arrachés de la
veille à la charrue, à l'établi, à la brouette, au comptoir ou au
bureau.

C'est la preuve que les conditions psychologiques de la guerre
aussi se sont profondément modifiées. Dans les armées des pays
occidentaux, l'appel sous les drapeaux d'un nombre considérable de
réservistes âgés peut amener une agitation sérieuse contre la guerre ;
elle peut même déterminer des tentatives de réalisation des théories
anarchistes qui sapent, dans ces pays, les bases de l'organisation
sociale.

La pensée des pertes que causera la guerre future et des
terribles moyens préparés pour son exécution contribuera sans nul
doute à empêcher qu'elle n'éclate aussi facilement, malgré les rapports

tendus qui pourront exister entre les peuples sur certaines des questions qui les divisent.

Mais, d'un autre côté, la situation actuelle ne peut se prolonger indéfiniment. Les nations sont écrasées sous le poids du militarisme. L'Europe se voit forcée de distraire, de ses forces productives, toujours de nouveaux et de nouveaux milliards pour les dépenses militaires. A peine avait-on réalisé l'introduction du fusil à petit calibre, que la technique a fait un nouveau pas en avant ; et il n'est déjà plus douteux que bientôt les grandes puissances se verront forcées d'en venir à des fusils de calibre encore moindre, doués d'une force de pénétration presque double et permettant au soldat de porter un plus grand nombre de cartouches. La France et l'Allemagne ont aussi procédé simultanément à la fabrication de nouveaux canons et mortiers qui permettent d'utiliser entièrement la force de la nouvelle poudre sans fumée.

Des milliards ont été dépensés pour construire des cuirassés et des croiseurs. Mais chaque année amène des progrès tellement radicaux dans la puissance des canons, dans la vitesse des navires, dans leur faculté de parcourir de grandes distances sans renouveler leur provision de charbon, que des bâtiments lancés de la veille se trouvent déjà surannés et qu'il faut les remplacer par de nouveaux. En présence de ce qui se passe sous nos yeux, en Allemagne, en Italie et en Autriche, on se demande s'il sera possible de continuer à réclamer sans cesse, des parlements, de nouveaux crédits pour l'armement, sans qu'il en résulte des commotions intérieures. Et cette autre question se pose encore : L'extrême difficulté actuelle de faire la guerre n'entraînera-t-elle pas une impossibilité complète de s'y résoudre ? — au moins dans les pays de haute culture intellectuelle où s'est notablement accrue la valeur de la vie de chaque citoyen.

Ainsi donc, dans la guerre future, ce n'est pas seulement une différence quantitative dans l'effectif des troupes que l'on rencontrera ; il en existera une très grande aussi, et d'une énorme importance, dans la qualité des soldats.

Nous le répétons : il faut que, dans les sphères influentes et dans les classes sociales instruites, on fasse de sérieux efforts pour se rendre bien compte de ce que sera la guerre avec les moyens actuels de la faire ; il faut même qu'on se demande s'il sera possible, quand on devra mettre aux prises des millions d'hommes, d'obtenir les résultats en vue desquels on aura entamé les hostilités. Pourra-t-on commander de telles armées et les pourvoir à temps de tout ce qui leur sera nécessaire ? Et, si l'on y réussit, pourra-t-on, dans la plupart des États de l'Europe, maintenir l'esprit militaire à une hauteur suffisante pour que des millions d'hommes, rappelés de la veille sous les drapeaux, soient capables de supporter longtemps l'effet des engins destructeurs d'aujourd'hui ?

Mais, chose plus grave encore : les désordres économiques et sociaux qu'amènera la guerre, par suite de l'appel sous les armes de la population mâle adulte presque entière et en raison de l'interruption des communications maritimes, — d'où résulteront l'arrêt du commerce et de l'industrie, l'élévation des prix de tous les produits nécessaires à la vie, la ruine du crédit, — ces désordres ne seront-ils pas de nature à empêcher les États de réunir, dans la période de temps indiquée par les spécialistes militaires, les ressources nécessaires à l'entretien de l'armée, à la satisfaction des nécessités budgétaires et en même temps au soutien de la population civile privée de ses salaires ?

Et si les peuples ne peuvent supporter le fardeau de la guerre, si les Gouvernements sont obligés de l'interrompre, sera-t-il possible, dans les pays de l'Europe occidentale, de désarmer les troupes qui reviendront du théâtre des hostilités et qui auront été recrutées, pour une bonne part, dans cette partie de la population où, comme le montrent clairement les élections parlementaires, les partisans du socialisme sont en majorité ?

Il nous a semblé qu'en essayant d'éclaircir les questions qui se rattachent à une grande guerre européenne, on ne ferait qu'aider à l'apaisement des idées générales et à la réussite des efforts que font tous les gouvernements pour maintenir la paix.

Jusqu'ici pourtant, il n'existe, ni dans la littérature russe, ni dans les littératures étrangères, d'ouvrage consacré à ces questions.

Le seul traité classique, peut-on dire, qui réponde quelque peu à notre objet et qui mérite une lecture attentive, paraît être le livre du baron von der Goltz : *Das Volk in Waffen* (La nation en armes). Mais cet ouvrage a été écrit avant la mise en usage des nouvelles armes et de la poudre sans fumée ; et, de plus, il n'y est presque rien dit de l'influence des progrès de la technique militaire sur la vie économique et sociale des peuples.

Lacune tellement importante qu'elle ôte, au livre du baron von der Goltz, presque toute valeur au point de vue social.

Dans les conditions actuelles de la guerre, on peut dire que ce serait un crime d'en entreprendre une ou d'y intervenir, sans s'être bien rendu compte des conséquences que cette guerre entraînerait dès son début, puis au cours de sa durée et après son achèvement, — tant pour son propre pays que pour les autres, alliés ou ennemis.

Toutefois, n'examiner qu'au seul point de vue technique la marche et les résultats des opérations serait complètement insuffisant. Contrairement à ce qui a eu lieu dans les temps passés, la guerre se terminera désormais, non seulement parce qu'un plus ou moins grand nombre de victoires auront été remportées par l'un des partis, mais parce que la machine militaire elle-même se trouvera désorganisée.

Au cours des vingt-cinq dernières années, il s'est produit de tels changements dans la façon de conduire les opérations militaires, que la guerre future ne ressemblera nullement aux précédentes. Avec le perfectionnement des canons, l'adoption de projectiles chargés en explosifs brisants et de fusils à petit calibre qui permettent aux soldats de porter sur eux un nombre énorme de cartouches ; avec la disparition de la fumée qui couvrait les assaillants et l'impossibilité, causée par cette disparition, de découvrir l'emplacement où se trouvent les défenseurs, comme aussi en raison de l'espace nécessaire aux opérations des immenses armées actuelles, plusieurs autorités militaires indiscutables, — le feld-maréchal de Moltke, le général Leer et bien d'autres écrivains militaires d'une haute valeur, — prévoient que la guerre future se prolongera pendant des années.

Mais faudra-t-il donc aussi longtemps pour que, dans les conditions politiques, sociales et économiques du monde moderne, en

Angleterre, en Italie, en Autriche, en Russie, en Allemagne et en
France, — dans tel pays pour telle raison, dans tel autre pour telle
autre — il se produise des phénomènes susceptibles de désorganiser
l'appareil militaire et d'en empêcher le fonctionnement avant même
l'obtention des résultats en vue desquels on l'aura mis en mouvement ? C'est là une question de première importance ; et cependant
les écrivains militaires, ou bien la négligent, ou bien n'y touchent
qu'en passant d'une façon tout à fait incidente, pour ne porter leur
attention que sur le côté spécialement technique de la guerre.

En raison des alliances conclues, tous les plans d'opérations
sont basés sur la simultanéité d'action de plusieurs armées alliées.
Or, ne risque-t-on pas de voir échouer toutes les combinaisons qui
reposent sur l'effort commun de différents pays, si l'un ou plusieurs
d'entre eux se trouvent, avant les autres, contraints de cesser d'agir,
faute de moyens suffisants pour empêcher l'influence destructive
exercée par la guerre sur les bases mêmes de l'organisation sociale ?

C'est ainsi que des questions purement militaires se rattachent
aux questions économiques.

Cependant, les écrivains militaires, en spécialistes attentifs surtout aux conditions techniques du problème, ne considèrent la guerre
future qu'au point de vue de l'obtention du but poursuivi par la destruction des forces ennemies au moyen des armes. Ils n'examinent
les conséquences économiques et sociales de la lutte — quand
encore ils s'en préoccupent — qu'en passant, pour ainsi dire, et
comme quelque chose de tout à fait secondaire.

Mais, jusqu'à présent, les économistes non plus, par suite de
la difficulté du problème, n'ont produit aucune étude susceptible de
donner un tableau complet de ce que sera la guerre future. Ce dont
il ne faut point d'ailleurs s'étonner.

Pour qui n'est pas au courant de la technique militaire, il est
impossible de se rendre compte des conditions essentielles de la
guerre future et d'indiquer, avec précision, la limite où s'arrêtera
l'action des lois déterminées et où commenceront à se manifester des
phénomènes d'un caractère accidentel; — en un mot, il est impossible
de trouver la clef nécessaire pour distinguer les causes de leurs

effets. On ne peut arriver à quelque chose dans ce sens, que si l'on a soigneusement étudié la guerre elle-même dans toutes ses particularités.

Il y a vingt-cinq ans, c'était chose relativement facile de caractériser la guerre future, d'en déterminer le cours possible, d'en prévoir les résultats et les conséquences. Il suffisait, pour cela, de se livrer à l'étude des deux ou trois dernières rencontres internationales, puis d'introduire, dans les formules des forces agissantes, des pertes subies et des perturbations économiques, les nouvelles données correspondant au temps où l'on se trouvait. On arrivait ainsi à des conclusions à peu près justes.

Mais, en ce dernier quart de siècle, l'art militaire a été l'objet de grands changements, sous tous les rapports, et, pour ainsi dire, de révolutions complètes.

Avant tout, une modification radicale est survenue dans la nature même des éléments qui prennent part à la guerre et dont dépendent sa marche et sa durée; puisque, au lieu de soldats de profession, ce sont des nations entières qui se présenteront maintenant sur les champs de bataille, avec leurs qualités et leurs défauts.

La discussion complète des conditions de la guerre est aujourd'hui d'autant plus difficile que, d'une part, on disposera, pour la faire, de moyens d'attaque et de défense dont les effets n'ont pas encore été pratiquement éprouvés, et que, de l'autre, il est impossible de la considérer maintenant comme une opération purement mécanique, — ainsi qu'on faisait des guerres précédentes où l'on ne se préoccupait guère des phénomènes psychiques. Ce qui s'expliquait par la composition des troupes de ce temps-là: mercenaires, ou bien hommes qui, s'ils avaient été contraints de servir malgré eux, servaient tout au moins depuis un temps assez long, — en un mot: soldats de profession.

Un capitaine fameux du xviii° siècle, Maurice de Saxe (fils illégitime du roi de Pologne, Auguste II), a dit : « L'art de la guerre est couvert d'ombre, et dans cette ombre, il est impossible de marcher d'un pas assuré. Les bases de l'organisation militaire semblent être la routine et la superstition, filles de l'ignorance. »

Actuellement nous assistons à une crise et à une transformation. Il n'est déjà plus possible de s'en tenir à la routine : les conditions de la lutte, non seulement en comparaison de ce qu'elles étaient au xviii° siècle et jusqu'à la moitié du xix°, mais relativement même aux dernières campagnes, ont éprouvé des modifications si décisives et si manifestes, que même les routiniers les plus endurcis les ont remarquées. — Le général Lewal a dit : « L'art de la guerre devient de plus en plus une science ; le savoir, le développement intellectuel et les vertus civiques y acquièrent une importance de plus en plus grande, en rejetant au second plan le courage et les qualités physiques ».

De même que pour les autres branches des connaissances humaines, il est très difficile de s'orienter au milieu des phénomènes qui marquent ainsi, pour la guerre, le commencement d'une époque nouvelle. Un penseur contemporain, d'un pays civilisé et moins entraîné que d'autres par le courant du militarisme, l'Anglais Bagehot, dit que « le progrès de l'art de la guerre semble être le phénomène le plus considérable à signaler dans l'histoire de l'humanité ».

En effet, non seulement la guerre a pris de notre temps la forme d'une lutte entre des nations entières, vivant d'une vie large et complexe, — ce qui fait que les problèmes militaires modernes offrent la même largeur et la même complexité que cette vie elle-même, — mais encore les armes et les engins employés pour combattre représentent, pour ainsi dire, le dernier mot de l'esprit inventif et de l'activité créatrice de l'homme.

Comme facteurs du combat dans la guerre future, nous trouvons toutes les ressources intellectuelles et morales des nations, toute la puissance de la civilisation contemporaine, tous les perfectionnements techniques, le sentiment, le caractère, l'intelligence et la volonté. Les ressources militaires actuelles sont les fruits de l'ensemble de la culture du monde civilisé, et, par suite, elles méritent aussi d'être connues de la société tout entière. Dans les États occidentaux, surtout depuis l'introduction du service obligatoire universel, l'intérêt pour les questions militaires s'est répandu dans toutes les classes de la société.

Les écrivains spéciaux concluent, de l'expérience des luttes passées, que les bases principales de l'organisation militaire doivent être, au moins dans leurs traits les plus généraux, connues de la population qui, en cas de guerre, entrera dans l'armée et dont la conduite décidera de l'issue de la campagne. Il ne suffit pas que les seuls officiers et soldats en cours de service actif sachent ce qu'ils rencontreront dans la guerre future. Car les troupes, appelées à faire cette guerre, comprendront une énorme proportion d'officiers et de soldats de la réserve, qui, depuis nombre d'années, n'auront plus pris part aux exercices militaires. C'est pour cela que, dans tous les pays, se publient des traités populaires et des petits livres destinés à familiariser le public avec la technique militaire actuelle,—quoique leurs auteurs, presque sans exception aucune, ne se préoccupent nullement du côté économique de la question.

En Russie, la situation est différente ; et c'est pour cela que l'on n'y rencontre presque pas de littérature semblable. On y manifeste bien aussi, assez souvent, de l'intérêt pour la guerre, pour son cours probable et ses résultats, mais on n'y popularise pas assez les indications permettant de se faire quelque idée de ce qui se passera pendant qu'elle aura lieu. D'où, comme conséquence, une manifestation d'opinions erronées. — C'est un danger tout spécial pour la société que de n'être point préparée à la manifestation d'un phénomène qui peut nous surprendre à tout instant.

Les uns jugent de la guerre future, encore uniquement d'après les récits des guerres précédentes, accomplies pourtant à une époque où les ressources techniques étaient beaucoup plus faibles qu'aujourd'hui, où la stratégie et la tactique étaient beaucoup plus simples, et où la supériorité du nombre, l'instruction et l'armement des soldats ne constituaient point des facteurs aussi considérables, relativement à leurs qualités morales. Pour l'opinion publique, tout évoque encore ce temps-là, où le courage pouvait suffire à triompher, non seulement de la supériorité du nombre, mais de la supériorité d'armement ; où, — ce qui est plus important encore, — la vie intérieure du pays suivait son cours habituel, bien que les troupes se battissent à la frontière, et où l'on pouvait se procurer, par des emprunts, les

sommes, bien moindres qu'aujourd'hui, dont on avait besoin pour
faire la guerre.

D'autres encore, ayant vaguement entendu parler des perfectionnements des armes, mais ne se rendant pas compte des conséquences que doit amener leur emploi sur le champ de bataille, supposent que la guerre sera très courte ; et, par suite, ils n'attachent
aucune importance aux pertes financières et économiques qu'elle
entraînera, pas plus qu'à l'état moral de la nation, quelque antipathie
qu'elle puisse avoir pour la guerre.

Feu le général Fadéïeff a signalé très justement les dangers qui
pourraient résulter d'un tel état de choses : « L'opinion qu'un peuple
peut avoir de sa propre puissance a une grande influence sur la
marche de sa politique ; souvent cette opinion est extrêmement irré-
fléchie et sans fondement, et les conséquences d'une erreur, en
pareille matière, pèsent lourdement sur la destinée d'un pays.
Cependant on admet en général que les questions militaires, même
fondamentales, constituent une spécialité et qu'elles peuvent demeurer étrangères à la société. Mais quand vient le moment d'exprimer
son opinion sur la guerre et la paix, d'évaluer les ressources nécessaires au succès, soyez certain que, sur dix militaires, considérés
comme les meilleurs juges en cette matière, neuf ne font que
répéter l'opinion du milieu social dans lequel ils vivent. De sorte
que c'est une société habituellement étrangère aux questions militaires, une société qui ne peut apprécier la puissance des forces
armées nationales, ni en valeur absolue, ni relativement à la lutte
dont il se peut agir, — c'est cette société qui, dans des circonstances
importantes, s'érige en juge suprême pour trancher ces mêmes
questions. Quant à s'affranchir de l'influence de l'opinion publique
en pareil cas, c'est chose impossible. »

Déjà, dans quelques-uns de nos ouvrages précédents (1), il nous
était arrivé d'avoir à apprécier les conséquences qu'ont eues, pour
la Russie, les guerres soutenues par elle ou qui l'ont indirectement

---

(1) *Influence des chemins de fer sur la situation économique de la Russie.*
— Saint-Pétersbourg, 1878, cinq volumes avec atlas. — *Les finances de la Russie au
XIXe siècle.* — Saint-Pétersbourg, 1882, quatre volumes.

intéressée. C'est alors que nous est venue l'idée d'entreprendre un nouveau travail, afin de contribuer à répandre, dans la société, des idées plus claires sur les pertes économiques qui, dans l'état actuel des relations internationales, seraient la conséquence d'une guerre.

Mais, nous étant mis à l'œuvre, nous dûmes bientôt reconnaître que, sans avoir étudié, sous toutes leurs faces, les conditions techniques actuelles de la guerre elle-même, il était impossible de se rendre compte des conséquences tant politiques qu'économiques qu'elle peut avoir à l'avenir.

Dans cette entreprise nous rencontrâmes de sérieuses difficultés. Et si nous n'avons pas reculé devant pareille œuvre, c'est seulement parce qu'en même temps se développait de plus en plus chez nous la conviction de sa nécessité. Pour nous représenter exactement ce qu'est la guerre, pour nous faire une idée des moyens et des procédés d'attaque et de défense, nous avons tout d'abord recherché quelque auteur où la partie technique fût exposée d'une manière assez complète pour pouvoir nous en tenir, sous ce rapport spécialement militaire, à sa manière de voir personnelle, — afin d'emprunter exclusivement toutes les données à son ouvrage, et d'établir sur cette base toutes les hypothèses relatives à la guerre future. Mais c'est en vain que nous cherchâmes un tel auteur. Aussi dûmes-nous, pour l'étude de la question, nous adresser aux sources elles-mêmes, c'est-à-dire aux règlements établis pour instruire les troupes en temps de paix et les préparer à s'acquitter du rôle qui leur incombera sur le champ de bataille.

Or, nous avons alors constaté que, dans chaque armée, règnent des préceptes, qui, presque toujours, diffèrent sur beaucoup de points de ceux en vigueur dans les autres ; nous avons vu telles règles recommandées dans un pays, qui sont considérées ailleurs comme mauvaises. Bien mieux, dans une même armée, malgré l'absence de toute expérience faite à la guerre, les préceptes succèdent aux préceptes, des articles complémentaires et explicatifs, des commentaires et des rectifications viennent constamment s'ajouter les uns aux autres. Les prescriptions changent si souvent qu'il devient impossible de les considérer comme quelque chose de définitif, — même à l'instant où paraît chacune d'elles. — Dans l'armée française existe même ce dicton : « *Ordre, contre-ordre, désordre* ». Le général Luzeux, parlant de la France, observe (1) :

« Qui n'a pas été frappé de la diversité d'opinions qu'on rencontre dans les manuels de nos Écoles, et cela sur des questions touchant aux principes essentiels de la tactique ? Est-ce que les notions données aux officiers d'infanterie dans les écoles élémentaires concordent avec ce qu'on leur enseigne à l'École supérieure de guerre ? Est-ce que l'enseignement de cette « École supérieure » est d'accord avec les cours de l' « École d'application »? Est-ce qu'on ne voit pas changer souvent et radicalement les idées émises dans les chaires de l' « École supérieure de guerre »? C'est un chaos d'idées et de principes qui s'entre-choquent, et, de ce choc, ne sort pas un rayon de lumière. Il n'est pas étonnant que les officiers disent : « A quoi bon apprendre? Que les professeurs commencent par se mettre d'accord! »

Un autre auteur français, le colonel Mignot, dit qu'en réalité les procédés recommandés par les règlements officiels français les plus récents ne diffèrent pas essentiellement de la tactique qui fut adoptée à la suite de l'invention des armes à feu et de l'addition de la baïonnette aux fusils, c'est-à-dire à une époque où ces fusils produisaient un effet environ cent fois plus faible qu'aujourd'hui. En ce temps-là, marchaient en première ligne les mousquetaires qui engageaient le combat; et derrière eux s'avançaient les piquiers qui exécutaient l'attaque décisive. Maintenant, on propose de conduire l'action en poussant en avant une ligne de tirailleurs derrière lesquels s'avanceront les colonnes d'assaut. N'est-ce pas, au fond, une seule et même chose? Est-ce que tous les progrès réalisés en balistique, qui ont renforcé la puissance défensive de l'infanterie, augmenté la mobilité et la force de l'artillerie, n'auraient pas dû conduire à modifier la marche même du combat actuel ? Est-ce que celui-ci peut rester ce qu'il était au temps des fusils à mèche, à silex et à baguette, sauf cette seule différence que les mousquetaires s'appellent maintenant des tirailleurs ?

---

(1) *Etudes de tactique.* — Paris, 1890.

Le général Skougarevski, homme de talent et éminent écrivain militaire, remarque très justement qu'en raison de la composition actuelle des armées, il est nécessaire que les indications des règlements ne présentent pas trop de divergence avec les nécessités pratiques et ne pèchent pas par l'exclusivisme de leur esprit.

Notre intention d'écrire une étude sur la guerre, considérée en liaison avec ses causes politiques ainsi qu'avec ses résultats économiques et sociaux, n'eût probablement jamais été mise à exécution, — par suite des difficultés que nous rencontrâmes dès le début de notre entreprise, — si ne fût survenue la circonstance suivante.

Tous ceux qui ont étudié, jusqu'à présent, les conflits possibles de la Russie avec l'Allemagne et l'Autriche, s'accordent à considérer le royaume de Pologne comme devant être, en pareil cas, le principal théâtre de la guerre ou, du moins, l'un des principaux. En outre, Varsovie est actuellement une forteresse de première classe, faisant partie de tout un réseau de places fortifiées (Novogeorgievsk, Zgerj, Ivangorod) qui se soutiennent mutuellement et constituent l'axe stratégique autour duquel on se propose de faire pivoter les futures opérations militaires. La population de Varsovie peut donc se trouver exposée à tous les inconvénients d'un siège ou, tout au moins, à l'interruption de ses communications régulières avec le dehors et de ses approvisionnements. Or, pour l'étude des complications qui peuvent survenir à Varsovie en cas de guerre, il fut nommé une commission de spécialistes militaires à laquelle furent invités à se joindre certains habitants de la ville. Ayant pris part à quelques séances de cette commission, nous nous convainquîmes qu'elle se mettait à l'œuvre avec un bagage très insuffisant de renseignements préparatoires. Ainsi, comme point de départ, les membres militaires de la Commission admirent que, des 600,000 habitants qui constituent la population actuelle de Varsovie, il n'en devra rester que 50,000 en cas de siège et que tous les autres auront à émigrer. Quant à savoir où iraient ces émigrants, et comment ces 550.000 personnes retrouveraient ailleurs les moyens d'existence qu'elles auraient dû laisser à Varsovie, la question demeurait ouverte. On ne tenait aucun compte de l'exemple fourni par le siège de Paris.

Il nous fallut rédiger un mémoire dans lequel était étudiée, très en détail, la question des besoins de Varsovie en cas de guerre et de siège éventuel. Pour cela, il fut nécessaire d'établir cette hypothèse, que l'invasion des troupes ennemies entraverait et même interromprait les communications de Varsovie avec d'autres localités, par suite de quoi l'activité industrielle s'affaiblirait dans la ville elle-même.

Toute la population de celle-ci, on le comprend, se fût alors trouvée dans des conditions très difficiles. Il fallait donc songer aux mesures à prendre pour écarter la famine réelle qu'eussent déterminée le défaut de provisions et l'impossibilité, pour la plus grande partie des habitants, de se procurer les choses indispensables à la satisfaction de leurs besoins.

En présence d'éventualités aussi sérieuses et parfaitement possibles, il fallut songer aux moyens d'éviter ou, tout au moins, d'adoucir la misère qui se fût produite dans la ville, non seulement par suite de son isolement, mais en raison des modifications que la guerre aurait immédiatement amenées dans les conditions économiques de tout l'empire. Nous formulâmes des propositions sur les mesures qui nous semblaient possibles, et dont la plupart furent jugées, quoique pouvant être utiles, irréalisables pour différentes raisons. Les entretiens que nous eûmes à cette occasion avec le gouverneur général et le chef d'état-major de la circonscription militaire de Varsovie nous convainquirent encore davantage de la nécessité de réunir, pour juger cette question, des données non seulement économiques mais techniques.

Il devint alors clair pour nous que les militaires, même les mieux doués, ne se rendent pas entièrement compte de la complexité des phénomènes qui seront produits par une lutte à laquelle prendront part, avec la composition actuelle des armées, deux millions et même plus de soldats, de chaque côté. Les militaires sont élevés dans les traditions des guerres du passé dont ils étudient l'histoire, après quoi leur attention est tout entière absorbée par le service ; de sorte que les divers côtés de l'évolution qui s'effectue dans les conditions économiques et sociales échappent à leur attention ; ce qui les empêche d'en établir une synthèse générale complète.

En outre, les auteurs militaires eux-mêmes, sur différentes questions pourtant exclusivement professionnelles, sont en désaccord et souvent hésitent à formuler des conclusions définitives. Ainsi, dans celles qui sont actuellement discutées, et qui n'ont pas été soulevées par la pratique mais simplement au cours de la discussion théorique d'un sujet, les différents auteurs soutiennent avec passion des idées parfois, diamétralement opposées ; de sorte que la guerre seule pourrait décider qui d'entre eux a raison. Mais, d'ici là, il est très important d'avoir sous les yeux la mise en regard de ces opinions diverses. En outre, ceux des écrivains militaires qui occupent une situation éminente dans l'armée, sont, sur certains points, avares de conclusions. Ils présentent bien des formules sur l'effet des fusils et des canons, ils signalent les difficultés nouvelles qu'entraîneront le commandement et l'approvisionnement des énormes armées modernes ; mais ils s'abstiennent de conclure quelles doivent être, en présence de cette situation, les pertes et les dépenses, et jusqu'à quel point les nations et les troupes elles-mêmes pourront supporter une grande guerre dans les conditions nouvelles où elle se présentera, — si, comme le supposent des écrivains compétents tels que de Moltke et le général Leer, cette guerre devait être de longue durée.

Les jeunes écrivains militaires se montrent beaucoup moins réservés ; ils expriment souvent des opinions assez pessimistes. Mais leurs prédictions restent sans influence sur leurs anciens qui, d'abord, ne tiennent pas en très haute estime l'opinion des débutants et, ensuite, se guident surtout par des considérations telles que la nécessité d'entretenir le moral des troupes, en évitant tout ce qui pourrait présenter une grande guerre sous de trop sombres couleurs. C'est là une manière de voir peut-être erronée ; car la préparation même des hommes à la réalité permettrait de leur éviter telles surprises qui peuvent avoir de fâcheuses conséquences, quand ils se trouveront mis en présence de phénomènes nouveaux pour eux.

Tels ont été les motifs qui nous ont conduit à essayer de présenter un tableau de la guerre future, d'après les données actuelles, en étudiant le sujet sous toutes ses faces et dans toute son étendue.

Cet essai, nous l'avons inséré, en 1892, sous forme d'une série d'articles, dans une revue qui paraît à Varsovie en langue polonaise, la *Biblioteka Warszawska ;* puis, en 1893, nous en avons donné une traduction russe dans dix livraisons de la revue *Rousskïi Viéstnik* sous le titre de : *La guerre future, ses causes et ses conséquences économiques* (1).

La partie militaire technique de ce travail a été rédigée d'après les ouvrages des écrivains spéciaux les plus autorisés. De l'aveu même de beaucoup de personnes, parmi lesquelles se trouvaient des militaires de très haut rang, notre situation de non-spécialiste avait ce bon côté, que notre travail, comme fond et comme forme, était plus accessible à la majorité des lecteurs que les ouvrages spéciaux dont nous nous étions servis pour le rédiger.

Quelques extraits de ce même travail ont aussi paru dans des revues militaires étrangères, notamment dans les *Jahrbücher für die deutsche Armee und Marine* et dans la *Revue du Cercle militaire.*

Au fur et à mesure de l'apparition de ces articles dans la presse, nous avons reçu, de différents côtés, nombre d'observations et d'appréciations critiques de notre œuvre. Quelques-unes provenaient d'écrivains militaires autorisés, d'autres, de professionnels jouissant d'une certaine notoriété, d'autres enfin, de pacifiques citoyens.

Au cours des cinq années suivantes, nous avons consacré tous nos loisirs à compléter le travail primitif et à pousser plus à fond l'étude de tout ce qui pouvait nous familiariser avec les moyens mêmes dont on se sert à la guerre, ainsi qu'avec la manière de voir des théoriciens et praticiens de l'art militaire, sur le mode d'emploi de ces moyens, — en même temps que nous étudiions plus soigneusement les conditions économiques et sociales qui devaient se manifester lors de l'explosion d'une guerre future, puis au cours de sa durée et après son achèvement.

Sous sa forme actuelle, notre ouvrage comprend six volumes.

Dans le premier, nous nous sommes donné pour tâche de faire connaître au lecteur l'armement actuel des troupes avec ses modifications successives, ainsi que les engins auxiliaires introduits dans

---

(*1*) *Rousskïi Viéstnik* (Le Messager russe), 1893.—Livraisons 2 à 11.

les armées pour être utilisés pendant la guerre. Là, nous avons aussi exposé l'importance que présente l'instruction des troupes à l'exécution rapide d'ouvrages de campagne en terre. Puis nous passons à la façon d'opérer des troupes des différentes armes, c'est-à-dire de la cavalerie, de l'artillerie et de l'infanterie.

Le second volume est consacré à étudier la composition même des armées modernes, leur commandement et leur mode d'action. Là nous avons passé en revue l'effectif des principales armées européennes, la mobilisation des troupes, leur concentration sur le théâtre des hostilités et la façon de commander l'armée. — Nous avons essayé d'esquisser le tableau d'une bataille livrée avec les engins modernes, puis nous avons parlé des opérations exécutées par les corps de partisans et nous avons montré l'importance qu'auraient, de notre temps, les places fortes et leurs moyens d'attaque et de défense.

Plus loin, un chapitre spécial est consacré à étudier la composition et l'esprit des armées, avec indication des particularités que présentent celles de chacune des puissances européennes. — Ce volume se termine par une partie consacrée à la stratégie, dans laquelle nous passons en revue les plans d'opérations militaires les plus probables que peuvent entreprendre les puissances qui font partie de la triple et de la double alliance. Il y est fait mention de l'influence que doivent exercer, sur les plans des opérations militaires, les plus récents facteurs techniques et économiques et la différence des conditions que présente la conduite de la guerre suivant qu'elle est offensive ou défensive. Plus loin, nous examinons la composition des principales armées en armes diverses; nous décrivons les principaux théâtres de guerre; puis nous passons en revue les directions les plus probables et la marche même des opérations d'une grande guerre européenne dans les conditions politiques actuelles.

En tout cela, nous nous sommes surtout efforcé de fournir, au lecteur, des indications d'après lesquelles il pût se faire lui-même une idée du caractère de la guerre future, en séparant tout ce qui peut encore prêter au doute et à la discussion de ce qui est déjà considéré comme démontré.

Le troisième volume est consacré spécialement à la guerre navale. — Nous y avons exposé les perfectionnements introduits dans la construction et l'armement des bâtiments de tous les types : cuirassés, croiseurs, torpilleurs et contre-torpilleurs protégés et non protégés, navires sous-marins et bâtiments de commerce susceptibles d'être transformés en bâtiments de guerre. Ces perfectionnements ont une importance considérable; attendu que, grâce à eux, et par suite des principes de conduite de la guerre navale aujourd'hui admis, les opérations du commerce maritime devront cesser et peut-être, en même temps qu'elles, l'importation en Europe des produits nécessaires à la vie, ce qui peut mettre dans la plus critique situation certaines puissances, en dépit des succès qu'elles auraient remportés dans la lutte entre les armées de terre. Pour permettre au lecteur de s'orienter dans une question aussi complexe, il nous a fallu comparer les flottes qui prenaient part aux combats d'autrefois, avec celles d'aujourd'hui, d'après leurs moyens d'attaque et de défense ; puis nous avons dû passer en revue les opérations de ces flottes et des bâtiments isolés dans la guerre de côtes et de croisière, et enfin jeter un coup d'œil général sur ce que sera le futur état des choses, par suite de l'accroissement continuel des dépenses que tous les pays consacrent aux préparatifs de la guerre navale.

Dans l'examen de chacune des faces que présentent les procédés de guerre actuels et les opérations militaires futures de terre et de mer, nous avons toujours cherché à donner des comparaisons avec le passé et à éclairer les faits sous différents aspects, afin qu'on pût se retrouver au milieu des diverses considérations, souvent contradictoires, formulées par des personnes dont la connaissance des choses militaires est pourtant indiscutable.

Après avoir ainsi montré, dans les trois premiers volumes, comment se déroulera la guerre future, quels en seront les principes et les moyens d'action, tant sur terre que sur mer, nous passons, dans le tome IV de notre ouvrage, à l'examen de l'influence que le système des armements renforcés et la guerre elle-même doivent exercer sur la situation économique des États et de leur population. Là sont exposés les faits et les considérations économiques qui sont de nature, soit à faciliter la guerre, soit à empêcher de la faire. A cette occasion nous examinons toute une série de questions : Comment la guerre influera-t-elle sur la situation économique de chaque pays en particulier et quels phénomènes y fera-t-elle naître ? Quelles conséquences aura-t-elle pour la population des territoires exposés, selon toute probabilité, à voir se dérouler les opérations militaires, comme aussi pour les pays voisins ainsi que pour les régions et pays plus éloignés, avec indication des phénomènes déterminés successivement par le passage à l'état de guerre, puis par l'ouverture des opérations militaires, par leur cours et, enfin, par leur issue?

Comme les considérations relatives aux charges que la guerre fait peser sur les populations des territoires qui sont le théâtre des hostilités ou que l'ennemi occupe, — et même sur celles des régions voisines, — se rattachent étroitement à la question de l'approvisionnement des troupes, nous avons donné place à cette question dans la partie économique de l'ouvrage, qui commence avec le quatrième volume.

Puis, ayant fait voir l'influence exercée par la guerre sur les intérêts matériels d'une population considérée comme une réunion de simples particuliers, nous passons à l'examen de phénomènes plus complexes. Et d'abord nous étudions les conséquences qu'aura la guerre pour des sociétés entières, États et peuples, tant au point de vue de l'accroissement du fardeau des dettes et des impôts qu'à celui de savoir s'il sera possible de se procurer les moyens de faire la guerre sans soulever des mouvements populaires.

Ici se présentaient naturellement différentes questions : Est-il probable qu'en présence des misères qui seraient les conséquences de la guerre, les États puissent recourir encore dans l'avenir à un aussi terrible moyen de trancher leurs différends ? — c'est-à-dire : Quelle probabilité y a-t-il de voir éclater la guerre future? Et sera-t-il possible de soutenir cette guerre assez longtemps pour que les différends qui l'auront fait naître puissent recevoir une solution définitive ?

Pour répondre à ces questions, il fallait joindre aux considérations économiques une revue des facteurs de caractère politique, ethnographique et religieux qu'on rencontre dans les divers pays

et qui sont susceptibles d'engendrer la haine, les discordes et les
désaccords d'où peut naître la guerre. Un examen détaillé des
causes de ce genre est d'autant plus nécessaire que, dans la guerre
future, le rôle de ces éléments moraux ne serait pas de minime
importance.

A côté de tout l'arsenal des engins techniques préparés en vue
de la guerre, et en dehors de la plus ou moins grande aptitude à supporter le poids matériel de celle-ci, ce qui aura encore une importance très considérable, c'est ce facteur moral qu'on peut appeler
« l'esprit de l'armée ». L'esprit de l'armée a sa source dans les particularités du caractère et le degré de culture de la nation où l'armée
se recrute, et il dépend en outre de circonstances accidentelles comme
le degré de confiance de cette armée dans son armement, dans ses
chefs et dans la marche de la guerre elle-même.

Pour se rendre compte de ce qu'on peut attendre de certaines
troupes, dans l'attaque et la défense, il faut évidemment ne faire
entrer en ligne que des facteurs permanents, fondamentaux, des
particularités nationales bien caractéristiques. Les facultés offensives
de troupes, complétées, au début même de la guerre, par des réservistes et des miliciens, et les modifications qui pourront s'y manifester
à la suite d'insuccès ou par le simple effet de la prolongation d'une
lutte même heureuse, — tout cela dépendra des qualités morales de
la nation et de la façon dont la guerre en cours sera envisagée par
l'opinion publique.

En outre, il fallait se préoccuper de l'influence que les conséquences de la guerre peuvent avoir sur les sentiments d'une nation,
et considérer la question des dangers intérieurs occasionnés par
une guerre malheureuse, ou même que fait naître parfois le retour de
citoyens, peut-être victorieux, mais ayant supporté de terribles
fatigues et des pertes énormes, dans un pays épuisé ou directement
ruiné par la guerre.

Comme nous examinons ce côté de la guerre future dans le cinquième volume, nous y avons placé une étude sur les pertes probables que subiront les troupes par l'effet des armes, des privations et
des maladies, comparativement avec celles qu'elles éprouvaient dans

les guerres précédentes. — Car il n'est pas douteux que le chiffre des pertes, comme le caractère des blessures causées par les nouvelles armes et la mesure dans laquelle les soins médicaux seront assurés aux blessés, n'aient leur effet sur l'état d'esprit de la nation. L'organisation des secours sur le champ de bataille, toujours comparativement à ce qu'elle était dans les guerres précédentes, fait ici l'objet d'un chapitre spécial.

Enfin, dans le sixième volume, nous donnons un résumé de tout notre travail ; résumé qui nous a paru nécessaire en raison même de l'étendue de l'ouvrage et de la diversité des matières traitées dans les volumes précédents, comme aussi à cause de la méthode, par nous adoptée, dans l'examen des points contestés : de mettre en regard les opinions pour et contre telle ou telle proposition formulées par les spécialistes militaires, en y ajoutant seulement nos observations relativement à la manière de voir qui, dans chaque cas, nous semblait la plus judicieuse. Ce procédé d'exposition, dialectique pour ainsi dire, écarte tout soupçon de partialité ou d'exclusivisme et a l'avantage de permettre au lecteur de se faire lui-même une opinion personnelle sur tel ou tel sujet. Dans le résumé, nous avons visé à la plus grande concision possible et, par suite, nous avons laissé de côté les citations « pour et contre » dont il vient d'être parlé. Ce résumé, ou revue d'ensemble de tout l'ouvrage, occupe la moitié du dernier volume.

C'est alors, qu'embrassant d'un coup d'œil toutes les questions examinées au cours de notre travail, nous soumettons à l'opinion une question générale : La guerre est-elle probable dans les conditions actuelles ? Quelles en seraient les conséquences pour les divers pays et pour l'ensemble de l'Europe ? Est-il possible de poursuivre une guerre jusqu'à ce qu'elle ait résolu les plus importantes questions qui peuvent la faire éclater ? — Et, si ce n'est pas possible, les nations européennes sont-elles en droit de continuer à marcher dans la voie stérile d'une rivalité d'armements absolument épuisante pour les forces nationales et dangereuse pour l'organisme social tout entier ?

Mais nous ne pouvions nous borner à cela. Ce n'est pas rendre un grand service que de diagnostiquer une maladie et de la proclamer inguérissable. L'état d'une population comme celle de l'Europe, dont l'organisme doit supporter sans interruption : d'une part, un sacrifice d'argent, qui se chiffre par des milliards, pour la préparation de la guerre, puis d'autre part, une agitation destructive qui prétend se justifier par l'existence du militarisme et trouve, dans celui-ci, un moyen sûr d'agir sur les esprits des masses populaires, — l'état d'une telle population peut être considéré comme anormal, et même comme réellement morbide. Mais n'y a-t-il pas d'issue à cette situation ?

Nous sommes profondément convaincu qu'il y en a une. Pour la trouver, il faut, non pas que les États de l'Europe se résignent à faire aveuglément tous leurs efforts pour aller toujours plus loin dans la voie, ruineuse et dangereuse pour tous, des armements, mais bien qu'ils regardent autour d'eux et se demandent : Où nous conduiront ces armements et cet épuisement de nos forces ? Que serait la guerre de l'avenir ? Est-il même possible maintenant d'avoir recours à elle pour trancher nos différends ? Et peut-on songer à résoudre les questions internationales, au moyen du véritable cataclysme que constituerait, avec les moyens actuels de destruction, une guerre livrée entre cinq grandes puissances, par dix millions de soldats ?

C'est là une question qu'on ne peut pas empêcher de se poser pratiquement, et qu'on verrait un jour, quoi qu'on fît, évoquée par une sorte d'épuisement général aussi bien que par le bruit sourd qui déjà résonne autour des murs des parlements et des arsenaux d'aujourd'hui. On s'apercevrait alors que, pendant vingt ou quarante ans, des milliards auraient été gaspillés chaque année en armements absolument inutiles, — puisqu'on ne pourrait les mettre en œuvre, ni songer à s'en servir pour résoudre les difficultés internationales. Mais alors, il serait trop tard. Alors les pertes auraient atteint des chiffres colossaux et l'Europe entière se trouverait dans une situation pire encore que celle où se trouve actuellement l'Italie. Alors, au lieu du danger de la guerre extérieure, d'autres visions menaçantes apparaîtraient.

La pensée dirigeante de notre travail est aussi celle que nous formulons dans nos conclusions. Il semble extrêmement désirable qu'un des Gouvernements européens prenne l'initiative de poser cette question : Jusqu'où ira la concurrence des armements ? Comment se présentera réellement une grande guerre, si, par malheur, on arrive, malgré tout, à la commencer ? Est-il possible de s'y décider ? Peut-on songer à la pousser jusqu'à la solution, même d'une seule des difficultés par lesquelles on a, jusqu'à présent, prétendu justifier les armements ?

La science et la littérature ont le devoir d'élucider les questions générales, de contribuer à empêcher les fautes, à diminuer et à écarter les souffrances, à rendre meilleures les conditions de l'existence humaine. Peut-être notre ouvrage, lui aussi, servira-t-il, si peu que ce soit, à l'éclaircissement de la question sus-indiquée et à laquelle il est consacré.

Nous n'avons pas assurément la prétention de donner notre étude comme un programme pouvant permettre l'examen, par les Gouvernements, du problème dont il s'agit. Ce travail ne peut être qu'un aide parmi beaucoup d'autres. Mais nous souhaitons qu'on entreprenne une étude nouvelle, autorisée et approfondie, de cette question, — qui se pose aux publicistes éminents des divers pays et qui semble réellement la question capitale, dominante, parmi toutes les autres, à la solution desquelles l'avenir de l'Europe est attaché.

Qu'avec le temps la guerre doive devenir impossible : tout l'indique. Le déploiement de moyens qu'elle nécessite croîtra beaucoup plus vite que les forces productives des États européens; et les préparatifs qui se continuent à son intention engloutiront une part de plus en plus grande des revenus publics, sans produire cependant rien autre chose que des objets destinés à être mis promptement au rebut et remplacés par d'autres plus coûteux encore.

Et pourtant les relations entre les peuples se font de plus en plus étroites et intimes; chaque jour, ces peuples deviennent plus dépendants les uns des autres et peut-être même plus solidaires des grandes pertes qui pourraient leur être infligées.

Que finalement la guerre arrive à être impossible, — c'est chose évidente. Mais on se demande quand les Gouvernements et les peuples auront enfin conscience de cette vérité! Voilà pourquoi il nous a semblé absolument nécessaire d'entreprendre, dès maintenant, un examen détaillé de la question. Quand on comprendra l'impossibilité de recourir à la guerre pour trancher les difficultés internationales, il faudra bien trouver d'autres moyens de les résoudre.

Nous avons essayé, dans ces mêmes conclusions, de formuler une solution pacifique sur les principales questions qui divisent l'Europe. Nous avons choisi pour cela la forme d'une polémique, en supposant que quelques circonstances extraordinaires dussent prochainement obliger les gouvernements à discuter la question. Mais il va de soi que nous ne présentons aucun projet déterminé. Il en existe assez déjà; et si la chose est nécessaire, la diplomatie européenne saura trouver elle-même les voies et moyens. Les exemples du passé montrent que, presque toujours, elle a réussi à découvrir une issue aux difficultés les plus complexes.

Quant aux spécialistes militaires, notre travail, surtout dans sa partie consacrée aux questions techniques, ne leur paraîtra sans doute pas satisfaisant; ils le trouveront trop détaillé par endroits, trop succinct au contraire dans d'autres, incomplet ou trop élémentaire. Mais ce n'est pas pour les professionnels que nous l'avons écrit: c'est pour la masse — et en songeant que beaucoup de personnes, dans cette masse, ignorent même les premiers principes de l'art militaire. De plus, en nous familiarisant, nous-même, avec la question et sa littérature spéciale, nous avons peut-être acquis l'aptitude d'expliquer à la moyenne des lecteurs, même militaires, les phénomènes de la guerre, sinon dans les termes rigoureusement techniques, au moins d'une manière compréhensible pour tout le monde. Et c'est un résultat auquel sont loin d'arriver toujours les spécialistes.

Il nous faut aussi aller au devant du reproche qu'on pourrait nous faire, de nous être permis d'opposer, l'une à l'autre, des opinions différentes sur l'art militaire, sans avoir l'autorité que donne une connaissance directe du sujet. Mais, sous ce rapport, nous n'avions pas le choix. Car, sans connaître la manière de voir des différents auteurs sur la technique de la guerre, nous n'aurions justement pas pu nous rendre compte des conditions essentielles dans lesquelles celle-ci se présentera ; nous n'aurions pas eu la possibilité de déterminer exactement les limites où s'arrête l'action des forces gouvernées par les lois naturelles et où se présentent des phénomènes n'ayant qu'un caractère accidentel.

En présence d'une telle situation, n'étant pas militaire mais seulement spécialiste dans les questions économiques, et ayant entrepris de publier un travail qui n'est pas destiné aux spécialistes, qui n'a pas la prétention de trancher les questions contestées, mais dont le but est d'exposer les choses autant que possible sous toutes leurs faces, — nous avons dû prendre note, au même titre, de toutes les opinions, de tous les points de vue et des conséquences qui en découlaient.

Nous avons d'ailleurs trouvé quelque encouragement dans les paroles suivantes du colonel Chwalla : « Il n'existe pas d'esprit spécialement militaire ; il n'y a qu'un esprit général, humain, d'après lequel il faut se guider dans toute étude ; exactement comme il n'existe pas de logique spéciale pour la tactique, mais simplement des principes de sens commun qui règlent la succession des événements et qui suffisent aux plus grandes combinaisons intellectuelles » (1).

D'ailleurs nous serons très heureux si notre ouvrage appelle des observations ou des vérifications de faits. — Dans le traité du général Voïdé, sur la guerre franco-allemande de 1870, est citée cette observation de Willisen que : pour bien comprendre le caractère essentiel de la guerre, il faut étudier les campagnes dans le silence du cabinet au milieu des livres et des cartes, et que celui-là même, qui a pris part à des batailles, ne peut connaître vraiment bien la guerre qu'après en avoir fait une étude théorique complémentaire.

Observons que telle est la situation de la plupart des jeunes écrivains militaires d'aujourd'hui. Les armées française et allemande n'ont pas fait de guerre en Europe depuis 28 ans, l'armée autrichienne depuis 32 ans et l'armée russe depuis 20 ans. On ne saurait donc rencontrer, dans aucune d'elles, beaucoup d'officiers

____

(1) *Allgemeine Betrachtungen über Entschluss, Plan und Führung im Gefecht.* (Considérations générales sur la conception, le plan et la conduite du combat). Journal militaire *Minerva*, 1893.

ayant l'expérience du champ de bataille. Un grand nombre même de ceux de qui dépend la solution de très sérieuses questions militaires, sont obligés de se guider en pareil cas, bien plus par des considérations théoriques que par leur propre expérience. Peut-être se trouvent-ils ainsi dans une situation assez semblable à la nôtre ; la différence consistant surtout en ce que les connaissances qu'ils ont acquises dans les écoles, sur les polygones et aux manœuvres, il nous a fallu les acquérir par des études très laborieuses, poursuivies pendant huit ans.

Dans notre ouvrage se rencontrent, selon toute probabilité, des erreurs ; mais nous aimons à croire qu'elles ne sont pas assez importantes pour infirmer nos conclusions principales. Et nous basons cet espoir sur ce qu'aucune erreur de ce genre ne nous a été signalée jusqu'à présent, ni par les critiques ni par les personnes vraiment compétentes qui ont bien voulu jeter les yeux sur notre travail avant son achèvement.

Nous nous permettrons d'ajouter qu'en notre faveur militent certains avantages consistant dans la méthode même suivie au cours de nos études, et notamment dans l'application que nous avons faite, à l'examen des faits, des chiffres fournis par la statistique, en représentant les indications que ces chiffres nous donnent, par des dessins graphiques qui permettent de les apprécier et de les comparer d'un coup d'œil.

Nous avons toujours cherché à nous appuyer sur des données statistiques exactes ; et nos précédents ouvrages (1) nous donnent,

---

(1) *Les Chemins de fer russes au point de vue des recettes et des dépenses, de l'exploitation et du prix de revient des transports.* — Saint-Pétersbourg, 1875.

L'État économique de la Russie dans le passé et le présent (Viéstnik Evropy, septembre, 1887.

Influence des chemins de fer sur l'état économique de la Russie. — Saint-Pétersbourg, 1878).

Les Finances de la Russie au XIX siècle.* — Saint-Pétersbourg, 1882.

Le Crédit et l'état de l'économie rurale en Russie et dans les pays étrangers. — Saint-Pétersbourg, 1890.

Les Finances du royaume de Pologne.

Les Dettes qui grèvent la propriété foncière dans le royaume de Pologne. — Saint-Pétersbourg, 1894.

peut-être, le droit de rapprocher et de comparer les opinions exprimées sur les questions militaires par des professionnels, puis de
tirer des conclusions de leurs formules, et, à plus forte raison, d'exprimer des jugements sur les questions économiques qui se rattachent à la guerre.

Dans les questions générales, le témoignage des chiffres a une
importance de premier ordre, parce qu'ils garantissent celui qui se
livre à ces études contre les erreurs et les entraînements où pourraient le jeter des idées préconçues.

Il nous a semblé que, dans les questions militaires aussi, la règle
scientifique, de tout vérifier par des chiffres, devait être applicable ;
quoique, à peu d'exceptions près, les écrivains militaires évitent de
l'appliquer. Ils apportent bien des données fondamentales, mais
ils n'en déduisent pas de conséquences. D'après notre méthode,
partout où c'était possible, nous avons appliqué, à l'évaluation des
résultats probables, les formules données par les autorités militaires
sur l'effet des armes portatives et de tous les autres engins techniques.

Cette méthode, nous l'avons peut-être employée trop hardiment;
car nous avons tiré des formules tout ce qui nous a semblé pouvoir
logiquement s'en déduire. Mais, en même temps, nous avons constamment rappelé au lecteur, que souvent, les résultats obtenus à la
guerre ne concordent pas entièrement avec ceux qu'on obtient sur le
terrain d'instruction et aux manœuvres.

D'ailleurs, chacun peut apprécier nos conclusions et déductions
d'après les données qui leur servent de base.

Ajoutons que ce travail est le fruit d'études poursuivies pendant huit années, sur ce qui s'est publié dans les différentes langues
en fait de littérature militaire et sur toutes les questions économiques et sociales qui se rattachent à la guerre. L'impression
même de l'ouvrage, au fur et à mesure de la rédaction de ses différentes parties, a demandé plus de deux années, parce qu'il a fallu
compléter le travail sur beaucoup de points. Et la technique progresse si rapidement que, malgré ces compléments, quelques perfectionnements récents ont dû n'être mentionnés que dans les

conclusions finales : les indications y relatives n'ayant pu entrer dans les chapitres correspondants.

Nous avons adopté pour règle, toutes les fois qu'il était possible d'expliquer une invention par un dessin et de représenter les résultats d'une opération quelconque par un graphique, d'intercaler ces figures dans le texte même ou de leur donner place sur des planches ajoutées à chaque chapitre. Nous avons pensé que c'était plus commode pour le lecteur, ainsi dispensé de consulter à chaque instant un volume spécial de planches additionnelles. Il n'en est résulté d'autre inconvénient que l'impossibilité de faire mention, dans le texte, des figures les plus récentes insérées dans les planches après l'impression du chapitre auquel elles correspondent.

En terminant, nous voulons exprimer nos plus vifs remerciements aux personnes qui nous ont aidé avec bienveillance, — soit de leurs conseils sur le fond même des questions, soit en nous signalant les productions de la littérature qui auraient pu nous échapper.

Avant tout, nous citerons avec une profonde reconnaissance le concours qu'a bien voulu nous prêter le général A. K. Pouzyrevski. Notre travail, dans sa forme primitive, avait été, comme nous l'avons déjà dit, imprimé dans un journal polonais, *Biblioteka Warszawska*. La publication en fut retardée parce qu'il ne se trouva pas un censeur militaire qui connût la langue polonaise. C'est alors que, pour lever cette difficulté, le général A. K. Pouzyrevski, chef d'état-major des troupes de la circonscription militaire de Varsovie, — écrivain distingué auquel on doit une histoire de la campagne polonaise de 1830-31, écrite d'après les sources authentiques, — prit la peine de revoir lui-même notre travail, comme censeur ; de sorte qu'avant la publication de presque chacun des articles, nous eûmes l'occasion de nous trouver en rapport avec l'éminent écrivain militaire qui nous témoignait son intérêt d'une aussi aimable façon. — En se livrant à l'étude qu'il avait entreprise avec tant de complaisance, le général ne se borna pas, d'ailleurs, à examiner notre travail au point de vue de la forme ; il nous fit également part de ses observations qui, pour nous, avaient une valeur inappréciable. Sa critique nous servit comme de pierre de touche ; et la largeur de ses idées, même dans les cas où nous ne pouvions les partager entièrement, nous fut d'un précieux secours pour la continuation de notre travail.

Nous avons aussi beaucoup d'obligations aux généraux : K. M. Voïdé, — par qui furent revus les chapitres relatifs à la tactique de l'infanterie ainsi que l'essai de représentation de la marche d'un combat, — et A.-A. Yokher, qui voulut bien relire la partie consacrée aux forteresses.

Le volume qui traite de la guerre navale, puisé principalement à des sources allemandes et anglaises, avait été écrit par nous en langue allemande. La traduction de notre texte fut faite par de jeunes officiers de marine. Mais la plus grande partie de l'ouvrage, y compris les chapitres d'un caractère économique, politique et social, a été écrite par nous, partie en russe, partie en polonais. Pour la revision des traductions, nous devons exprimer une reconnaissance particulière aux colonels : MM. Chokalsky et L. A. Polonsky.

I

Conclusions générales

Conclusions générales

Notre ouvrage est divisé en cinq volumes :

Le premier comprend la description du mécanisme de la guerre et fait connaître comment s'y rattache toute l'organisation des forces militaires.

Il fut un temps où la balle du fusil passait, dans presque tout son · parcours, par-dessus la tête des combattants et ne pouvait atteindre les hommes que sur une partie extrêmement restreinte de sa trajectoire. Tandis qu'aujourd'hui, semblable à la faux des légendes, elle abat tout ce qu'elle rencontre sur une étendue de 600 mètres. Même, depuis l'adoption des fusils plus perfectionnés encore qu'on fabrique maintenant, la surface battue atteint 1,100 mètres. Et comme il est peu probable qu'au cours d'une bataille il n'y ait pas, sur un tel espace, au moins un être vivant, on peut admettre que chaque balle tirée fera une victime. C'est pour expliquer cette différence entre le présent et le passé que nous avons dû formuler nos *Observations générales sur le tir*.

Il fallait aussi expliquer l'importance de la poudre sans fumée et celle des nouveaux explosifs. L'ancienne poudre consistait en un mélange purement mécanique de salpêtre, de soufre et de charbon, dont l'inflammation dégageait beaucoup trop d'éléments qui ne concouraient pas à la production des gaz. La nouvelle poudre est un composé chimique, et sa combustion ne donne presque pas de fumée ni de crasse dans le canon de l'arme.

En outre, la force explosive de cette nouvelle poudre est bien plus grande que celle de l'ancienne ; et, par suite de son absence, ou de son peu de fumée, elle empêche d'abord que, par l'observation de cette fumée on puisse se rendre compte de la position et même de

Observations
générales sur le
tir. Tome I.

La poudre sans
fumée et les
autres explosifs
Tome I.

l'effectif des troupes, puis elle débarrasse les tireurs, fantassins et canonniers, des nuages de fumée qui les empêchaient de viser. Et comme, en fait d'explosifs, de l'avis de nombreux écrivains autorisés, le dernier mot n'est pas dit, — de sorte que dans la guerre future, surtout si elle n'a lieu qu'après quelques années écoulées encore, on emploiera des explosifs destructeurs d'une telle puissance que tout groupement de troupes en rase campagne ou même sous l'abri de couverts et de fortifications deviendra presque impossible, — il en résulte par là même que tous les préparatifs actuellement faits en vue de la guerre deviendront inutilisables.

Les armes à feu portatives. Tome I.

Le perfectionnement des armes portatives progresse avec une incroyable rapidité. D'après le témoignage presque unanime des hommes compétents, toutes les améliorations apportées au fusil dans le cours de cinq siècles, c'est-à-dire depuis l'invention de la poudre, ne peuvent être comparées, comme importance, avec celles qu'on a réalisées depuis les guerres de 1870-71 et 1877-78.

Pour permettre d'apprécier combien les fusils actuels diffèrent de ceux employés précédemment, nous avons dû donner dans le chapitre *Les armes portatives* un précis historique des modifications survenues dans l'armement de l'infanterie, en en faisant la comparaison, de préférence, au moyen de figures et de chiffres ; parce que cette méthode a l'avantage de rappeler aux hommes du métier ce qu'ils savent déjà et permet aux profanes d'apprécier la situation d'un coup d'œil.

Comparaison des fusils des différents types.

Un spécialiste bien connu, le professeur Hebler, a fait entre les divers types de fusil les plus récents une comparaison dont il a numériquement indiqué les résultats en exprimant par 100 la valeur du fusil Mauser (de 11 millimètres, modèle 1871). Dans ces conditions, la valeur comparative des différentes armes s'est trouvée correspondre :

Pour le fusil français actuel . . . . à   433
.   —   allemand   —   . . . . à   474
Pour les derniers modèles de fusil adoptés en Italie
     et en Espagne. . . . . à   580
—   le fusil de 6 $^m/^m$ adopté aux États-Unis . . . à   1.000
—   les fusils de 5 $^m/^m$ actuellement en essai . . à   1.337

Ainsi donc, si en 1870 les armées française et allemande avaient eu des fusils des nouveaux modèles, leurs pertes pouvaient être, théoriquement parlant, de 4 fois 1/3 à 4 fois 3/4 plus importantes qu'elles ne l'ont été avec les fusils de l'époque. Et c'est 10 fois plus raves qu'elles eussent été avec les fusils de 6 millimètres dont sont rmés les soldats des États-Unis.

Cependant les techniciens les plus autorisés trouvent que ces ouveaux fusils de calibre réduit actuellement en service dans les rmées européennes, y compris même ceux de 6 millimètres, ont déjà ieilli ; ils pensent que l'avenir est aux fusils confectionnés au moyen 'un alliage d'aluminium et à chargement automatique, c'est-à-dire ermettant de tirer toute une série de coups sans retirer l'arme e l'épaule et sans perdre son temps et sa peine à recharger.

Deux expériences exécutées en Belgique sur les nouveaux fusils t pistolets automatiques du système Mauser ont montré qu'en brûlant eulement le nombre de cartouches contenues dans le magasin, un oldat exercé peut fournir de 6 à 7 coups par seconde; si l'on veut en onsommer davantage, ce qui oblige à recharger le magasin, les axima réalisés par des tireurs habiles, avec un magasin contenant cartouches, atteignent :

Sans viser . . . . 78 coups par minute
En visant . . . . 60 — — (1)

Mais les efforts que l'on fait pour perfectionner les fusils ne en tiennent pas là. Et les différentes puissances, conformément aux dications du professeur Hebler, du général Wille, du professeur otocki et d'autres autorités, cherchent encore à réduire les calibres squ'à 4 et peut-être jusqu'à 3 millimètres. La réduction à ces cali-res minima offre encore, il est vrai, de sérieuses difficultés ; mais près ce qu'a déjà su faire la technique, il est certain qu'on finira par s surmonter.

Le fusil ainsi obtenu possédera, sur les armes actuelles, une supé-orité plus grande que ne l'était celle de ces dernières par rapport ux armes précédentes. Avec la réduction, à 5 millimètres, du calibre t de la balle, le soldat pourra se charger de 270 cartouches au lieu de 4 qu'il avait en 1877 ; la réduction à 4 millimètres lui permettra d'en rendre 380 ; enfin, avec le calibre de 3 millimètres, le nombre de artouches portées par l'homme s'élèverait jusqu'à 575. En outre, la nsion de la trajectoire donnerait au feu une telle précision qu'il eviendrait impossible de renforcer la chaîne des tirailleurs au oyen des réserves.

Le professeur Hebler soutient que les plus perfectionnés de ces sils seront, comme puissance, 40 fois supérieurs à ceux dont les

Efforts
que l'on fait pour
perfectionner
les fusils.

___

(1) *Revue de l'armée belge*, juillet-août 1897.

soldats étaient armés en 1870. Ce qui veut dire que, dans l'état actuel de la technique, tous les pays devraient à bref délai renouveler leur armement d'une manière complète, si d'ici-là on n'arrive pas à mettre un terme à la concurrence en matière de préparation à la guerre. Or, la transformation de l'armement de l'infanterie en Allemagne, en France, en Russie, en Autriche et en Italie, exigerait, d'après nos calculs, la dépense énorme de 3,752 millions.

Mais en laissant même de côté les améliorations futures de l'armement, chacun comprend aisément que les perfectionnements réalisés à l'heure actuelle ont eu les conséquences suivantes : le combat s'engagera à de bien plus grandes distances, l'ordre dispersé sera nécessaire pendant toute l'attaque, la défense aura besoin de forces plus considérables, le champ de bataille sera plus étendu et les pertes seront plus fortes.

Effets des fusils perfectionnés. Il suffira de donner ici quelques indications sur les effets des nouveaux fusils comparativement à ceux dont les troupes étaient armées dans les guerres de 1870-71 et 1877-78. Ainsi, la balle des fusils Chassepot et Berdan, pas plus que celle du fusil à aiguille prussien, n'était capable de traverser le crâne d'un homme à 1,608 mètres, tandis que la balle des fusils de petit calibre actuels traverse encore les os les plus durs d'un bœuf à 3,500 mètres.

Mais beaucoup d'écrivains militaires soutiennent que les perfectionnements du fusil actuel seraient neutralisés, en quelque sorte, par la rapidité de son tir qui ferait perdre au soldat tout sang-froid, et peut-être même la faculté d'utiliser pleinement les qualités de son arme.

Admettons un instant que les armes à longue portée d'aujourd'hui, y compris les futurs perfectionnements, ne soient pas, au cours même du combat, plus meurtrières que les précédentes. Cette hypothèse peu probable et même évidemment gratuite est directement contraire aux résultats fournis par l'expérience de la campagne du Chili en 1894.

Dans cette campagne, les troupes fidèles au Congrès étaient armées en partie de nouveaux et en partie d'anciens fusils. — Et il se trouva que pour 100 soldats pourvus de la nouvelle arme, il était mis 82 hommes hors de combat dans l'armée du Dictateur, tandis qu'à 100 soldats munis des armes anciennes ne correspondait qu'une mise hors de combat de 34 hommes.

Rien que l'absence de fumée doit notablement augmenter l'effet meurtrier des nouvelles armes. Les exemples du passé montrent qu'à la distance de 60 pas souvent [les combattants ne pouvaient mutuelement s'apercevoir et que leur feu se trouvait ainsi privé de toute efficacité.

D'ailleurs, même si les fusils à longue portée ne devaient pas se montrer plus meurtriers que les précédents, on ne saurait nier en tous cas, qu'à nombre égal de balles lancées, ils doivent mettre tout au moins un égal nombre d'hommes hors de combat. Et comme, au cours de ce siècle, le nombre de coups de fusil nécessaire pour mettre un homme hors de combat a varié de 8 1/2 à 164, il n'est que trop évident que chaque soldat porte dès maintenant sur lui un approvisionnement de cartouches pleinement suffisant pour abattre au moins un adversaire; tandis qu'avec 380 cartouches (fusil de 4 millimètres) et 575 (fusil de 3 millimètres), il en aurait plus qu'il n'en faut pour en abattre deux ou trois; — en d'autres termes, si on suppose l'effet du fusil actuel seulement égal à l'effet du fusil précédent, rien que le feu de l'infanterie suffirait pour mettre hors de combat le double ou le triple de l'effectif des troupes.

De là ressort clairement que, même avec les fusils actuellement en service, la puissance du feu permettrait à deux corps opposés l'un à l'autre de s'entre-détruire d'une manière complète.

Tel est le résultat comparatif auquel on arrive en ne tenant compte que de l'augmentation de la provision de cartouches résultant de la réduction du calibre.

Mais avec cela, il faut tenir compte de la rapidité de tir des fusils actuels : ils fournissent dans le même temps 12 fois plus de coups que ceux de 1867, outre la suppression des ratés accidentels ou causés par l'humidité de la poudre. Puis il faut considérer la longue portée des nouvelles armes, l'absence de crasse dans les canons, l'adoption, pour les officiers, de télémètres mesurant exactement la distance, et de lunettes pour les sous-officiers, enfin le remplacement de l'ancienne poudre par la poudre sans fumée, c'est-à-dire la suppression d'un voile qui empêchait les tireurs de viser. Toutes ces conditions nouvelles augmenteront sans nul doute le chiffre des pertes et, si l'on attribuait à l'effet de chacune d'elles un coefficient proportionné à sa valeur, par lequel il faudrait ensuite multiplier les anciens chiffres de pertes, on obtiendrait des nombres absolument fabuleux, quoique techniquement et arithmétiquement exacts.

A tout cela il faut ajouter le développement donné, depuis 1870, à l'instruction du tir dans les corps de troupes. On alloue maintenant chaque année au soldat, pour s'exercer au tir : 100 charges de réduit, presque autant de cartouches à blanc et 100 cartouches à balle. En outre, au début de l'instruction de tir, on emploie des appareils mécaniques indiquant la direction du canon pendant la visée et au moment du départ du coup. Ce sont là autant de conditions nouvelles qui n'existaient que peu ou point au temps des grandes guerres du passé.

Si, de plus, on tient compte de ce que, dans les armées, il est préparé un approvisionnement de 500 cartouches par fusil, dont on ne ménagera sans doute pas la consommation pendant la guerre, alors on arrive à prévoir un si énorme accroissement du chiffre des pertes, qu'il semble évidemment impossible, même pour des armées comptant des millions d'hommes, d'en supporter d'aussi considérables, quand elles lutteront à forces égales.

Mais outre les balles des fusils, les projectiles de l'artillerie frapperont également avec une puissance dont le passé n'offre pas d'exemple.

Un coup d'œil en arrière, jeté sur le développement de l'artillerie de campagne, montre que, depuis l'invention de la poudre, les systèmes de bouches à feu ne s'étaient d'abord améliorés et modifiés que très lentement.

Et quoique en raison même de cette imperfection primitive de leurs effets, il pût sembler beaucoup plus facile de réaliser pour eux des progrès ultérieurs, l'efficacité du feu de l'artillerie n'en était pas moins restée, jusqu'à ces derniers temps, très peu sérieuse.

En 1891, le professeur colonel Langlois évaluait comme il suit l'accroissement des effets du feu de l'artillerie depuis 1870, en s'appuyant sur les données de la pratique moderne : en rase campagne et sur un terrain découvert, à nombre égal de coups tirés, les canons actuels feront à l'ennemi quatre fois plus de mal qu'en 1870. Et comme ces canons actuels lancent, dans le même temps, deux et demi à trois fois plus de projectiles que ceux d'autrefois, il en résulte que, depuis 1870, la puissance de l'artillerie s'est augmentée dans la proportion d'au moins 12 à 15 fois.

Mais le calcul que faisait le professeur Langlois en 1891 ne correspond déjà plus à la réalité. En France, en Allemagne et en Russie, on s'est mis à fabriquer des canons à tir rapide, et, au témoignage d'écrivains autorisés comme le général Wille (1), le professeur Potocki (2) et le capitaine Moch (3), on peut admettre que, tout compris, le tir de ces canons aura tout au moins des effets deux

---

(1) Général Wille, *Das Feldgeschütz der Zukunft* (Le canon de campagne de l'avenir).
(2) Professeur Potocki, *Cours d'artillerie.*
(3) Capitaine Moch, *Notes sur le canon de campagne de l'avenir.*

s plus considérables que ceux de 1891, dont le professeur Lan-
is disait pourtant déjà : « Nous sommes en présence de toute
e série de perfectionnements de premier ordre et nous devons
mettre que ce matériel de guerre sera tout différent de celui
i figura sur les champs de bataille dans les guerres précé-
ntes ». D'après cela, pour qu'on pût se faire une idée complète
 total des pertes dans la guerre future, il nous a fallu mettre en
ésence et comparer l'effet des plus récents canons perfectionnés
ec celui des anciennes bouches à feu jusqu'à présent en usage.

Et nous l'avons fait en suivant la méthode de comparaison histo-
que, à l'aide de figurations graphiques, dans le chapitre *Les
nons et projectiles de l'artillerie*. Il s'est trouvé encore ici
e, comme pour les armes à feu portatives, le passé ne peut don-
r une idée de ce que sera l'effet de l'artillerie dans la guerre
ure.

En adoptant, d'une part, la poudre sans fumée avec l'acier au
kel, et en renforçant, de l'autre, les canons par frettage au moyen
fils métalliques, on est arrivé à construire des bouches à feu
ne terrible puissance.

En comparant, aux effets d'un seul shrapnell, les traces laissées
r des panneaux par mille balles de fusil qu'avaient lancées des
eurs marchant à l'attaque en ordre dispersé, on a constaté que le
emier projectile couvre de ses fragments une surface de même
geur et deux fois plus longue que celle qui renferme toutes les
lles de fusil. Des expériences ont aussi prouvé que ces fragments
 shrapnell se dispersent aujourd'hui sur une longueur de 800 mè-
s et une largeur de 30 (1). Et la précision du tir est remarquable.
 prince de Hohenlohe, l'un des principaux chefs de l'artillerie alle-
ande pendant la guerre de 1870, a montré d'une façon des plus
melles qu' « une batterie enfilant une route de 15 pas de largeur
ut anéantir entièrement — *raser*, suivant son expression — toute
 masse d'infanterie qui se trouverait sur cette route sur une lon-
eur de 7,000 mètres, de façon que personne ne puisse penser à
ationner sur cette route (2). »

*Non moins grands ont été les progrès réalisés dans le perfection-
ment des projectiles*. L'emploi de l'acier pour leur confection a
rmis d'y mettre un plus grand nombre de balles et en les char-
ant d'explosifs quatre fois plus puissants que la poudre autrefois

Perfectionnement
des projectiles.

---

(1) Oméga, *L'Art de combattre*.
(2) Prince Hohenlohe-Ingelfingen, *Lettres sur l'artillerie*.

employée, on a donné à chaque éclat ou balle une force plus grande.

La dispersion de la gerbe formée par les différentes balles et éclats peut se comparer à l'effet d'un tamis, à travers lequel, par des centaines d'ouvertures, des gouttes d'eau tomberaient en jets sur le sol. Imaginons maintenant qu'un tamis semblable tourne avec une grande vitesse et nous aurons une idée de la variété des directions quelconques suivant lesquelles peut être lancé chaque fragment du projectile. Aussi ces fragments sont-ils susceptibles d'atteindre les points les plus diversement placés.

Dans la guerre future on emploiera, plus rarement que les shrapnells, les obus qui produisent beaucoup moins d'effet que les premiers. Le shrapnell sera le principal projectile de l'artillerie quoique, si l'on en croit les documents français, il paraisse que, par l'explosion d'un obus brisant, tous les hommes qui se trouvent à proximité soient renversés par la seule secousse de l'air et soient atteints de graves lésions internes, et qu'en cas d'explosion d'un projectile semblable dans un espace clos, tous les hommes présents soient tués, soit par l'effet mécanique du choc, soit par les gaz délétères qui se développent (1).

Quand on compare l'effet de ces projectiles avec ceux qu'on employait en 1870, on trouve que les obus donnent en moyenne aujourd'hui 240 éclats, au lieu de 19 à 30 qu'ils fournissaient à cette époque (2). Les shrapnells employés en 1870 se fragmentaient en 37 parties : ceux d'aujourd'hui en donnent 340 ; quant aux obus à explosifs brisants, la comparaison avec 1870 n'est pas possible. Toutefois le fait que voici peut donner une idée de leur puissance : une bombe de fonte pesant 37 kilogrammes, qui, char-gée avec de la poudre au salpêtre, produisait 42 éclats, en donne 1,204 quand elle est remplie de pyroxyline. Avec l'augmentation du nombre des balles et des éclats et de leur force de projection s'est augmentée également l'étendue des surfaces battues. Ces éclats et ces balles portent la mort et la dévastation non seulement, comme en 1870, dans le voisinage de leur point d'éclatement, mais à plus de 200 mètres encore de ce point et cela dans un tir exécuté à la distance de 3,000 mètres.

Avec un tel perfectionnement des projectiles, les vides produits par eux dans les rangs des troupes seront énormes. En nous ser-

------

(1) Köhler, *Die modernen Kriegswaffen* (Les armes de guerre modernes), 1897.
(2) Langlois, *L'Artillerie de campagne.*

nt des données fournies par le général prussien Rohne (1), nous
ons établi, comme exemple, le calcul des pertes que subirait un
rps de 10,000 hommes marchant en ordre dispersé à l'attaque
une position fortifiée quelconque. Il se trouve qu'avant d'avoir
rcouru 2,000 mètres dans la direction des retranchements, une
reille troupe peut voir tous ses hommes, sans exception, atteints
r des balles et des éclats de projectiles, attendu que, pendant le
mps que dure ce mouvement, la défense est capable de tirer
450 coups de canon qui produisent 275,500 balles et éclats, dont
,330 atteindront la troupe assaillante.

Mais la puissance du feu de l'artillerie ne se concentrera pas seu-
ment contre les troupes d'attaque qui, arrivées suffisamment près
s retranchements, peuvent être également repoussées à coups de
sil. C'est principalement contre les soutiens qui suivent ces troupes
loin, en formation plus compacte et au milieu desquels, par con-
quent, les balles et éclats des projectiles feront encore des ravages
us grands.

Et comme, en même temps, le nombre des canons s'est beaucoup
cru dans toutes les armées, un doute vient de lui-même à l'esprit :
s millions de soldats du service à court terme, qui se trouvent
jourd'hui sous les drapeaux, auront-ils les nerfs assez solides
ur supporter les terribles effets de ce feu ?

Mais ces fusils et ces canons perfectionnés, ainsi que leurs pro—
ctiles, ne constituent pas encore tout ce que l'esprit entreprenant
l'homme a imaginé pour augmenter la puissance des moyens de
mbattre. Depuis la dernière guerre, on a perfectionné et même
venté de toutes pièces une série complète d'engins, auxiliaires
ulement il est vrai, mais qui n'en auront pas moins dans la guerre
ture une importance considérable.

Les vélocipèdes, les pigeons messagers, les télégraphes et télé-
ones de campagne, les appareils optiques de jour et de nuit
ur faire des signaux ou pour éclairer le champ de bataille, les
struments photographiques pour lever à grande distance le plan
un terrain, les engins permettant d'observer les mouvements des
upes : échafaudages et échelles-observatoires, aérostats, etc.,
ntribueront notablement à diminuer le nombre des cas où, faute
renseignements sur la position et les mouvements de l'ennemi,
ne pouvait l'attaquer en temps opportun et avec succès.

Les
engins auxiliaires
Tome I.

---

(1) Rohne, *Das Schiessen der Feldartillerie* (Le tir de l'artillerie de campagne), 1881.

Nous avons dû décrire et représenter ces engins dans un chapitre spécial : *Engins auxiliaires.*

Et sous ce rapport, la guerre future se distinguera des précédentes par les conditions entièrement nouvelles qu'elle présentera. En général, on peut dire que, pour les guerres précédentes, c'est à peine si les États réunissaient la dixième partie de cet ensemble de forces qu'ils préparent pour la guerre future. Ces préparatifs se font d'ailleurs également et simultanément dans tous les pays, de sorte que l'équilibre se maintient entre eux et que d'aucun côté ne se manifeste de supériorité de forces, mais que l'influence ruineuse de la guerre se fait sentir à tous.

Boucliers et cuirasses. Tome I.   La conséquence nécessaire de l'accroissement de puissance du feu a été un plus fréquent et plus large emploi des moyens de couvrir et d'abriter les hommes pour faciliter la marche en avant des assaillants et tenir en échec les troupes de l'adversaire. Dès le temps de paix, on prépare la défense de certains points importants qui commandent des chemins de fer, des routes et même des communications fluviales.

Fortifications de campagne. Tome I.   Mais, outre cela, dans la guerre future, *tout* corps de troupe se tenant sur la défensive, ou même prenant l'offensive—s'il ne s'agit pas d'une attaque brusquée—devra toujours se fortifier dans la position qu'il aura choisie. Il marquera, pour ainsi dire, sa ligne de défense sur le sol ; et, si le temps le permet, il élèvera toute une série d'abris ou couverts, pour lui donner des points d'appui, en utilisant pour cela les obstacles naturels du terrain et les complétant par des travaux de défense. Établis derrière ces défenses et pouvant déployer toute la puissance de leur feu contre l'ennemi, les défenseurs n'éprouveront que des pertes relativement faibles, puisqu'en tirant, ils n'exposeront que la tête et les bras, c'est-à-dire par exemple 1/8 de leur hauteur, tandis que les assaillants marcheront à découvert sous le feu ininterrompu de la défense et presque sans pouvoir même répondre à son feu. Pour élever des épaulements réunis par des tranchées, etc., tous les corps de troupes sont pourvus maintenant d'une quantité suffisante d'outils de pionnier.

De l'avis des écrivains militaires les plus compétents, la guerre future se présentera principalement sous la forme d'une série de combats dans lesquels on se disputera la possession de positions fortifiées. Outre les ouvrages de campagne et épaulements de toute sorte, l'assaillant aura affaire à des obstacles additionnels, dits *défenses accessoires*, qu'il rencontrera dans le voisinage immédiat de la fortification, c'est-à-dire là même où le feu de l'ennemi sera le plus dangereux : barricades, réseaux de fils de fer, trous de loup, etc. La destruction de ces obstacles coûtera énormément de victimes. Nous avons dû, par conséquent, étudier l'importance que pourront avoir les boucliers, les cuirasses et les fortifications de campagne.

Passant ensuite au mode d'action des troupes des différentes armes, nous avons pu déjà présenter les plus récentes manières de voir sur les procédés d'opération de la cavalerie.

Importance et rôle de la cavalerie.

Ce qui différencie surtout le rôle de la cavalerie dans la guerre future de celui qu'elle avait autrefois, c'est qu'elle sera chargée, dès le début même des hostilités, et avant même que l'armée offensive ait franchi la frontière, d'exécuter des incursions sur le territoire ennemi voisin de celle-ci et de pénétrer aussi avant que possible dans l'intérieur du pays, en y détruisant les moyens de communication, les magasins militaires, les télégraphes, en s'emparant des caisses de l'État et en y empêchant la réunion des hommes appelés sous les drapeaux qui se rendront à leurs corps.

Puis la cavalerie, qui fera partie de l'ensemble de l'armée, sera, comme par le passé, employée à exécuter des reconnaissances. Mais celles-ci lui seront évidemment rendues plus difficiles, par suite de l'adoption de la poudre sans fumée. Sans doute cette cavalerie pourra bien encore découvrir l'ennemi quand elle se heurtera à la ligne de ses vedettes; mais, après avoir constaté de quel côté il se trouve, elle ne sera guère en état de recueillir sur lui des renseignements quelque peu précis, d'apprécier sa force et l'emplacement de ses avant-postes. Le fait est que les vedettes de l'ennemi se montreront non plus à découvert, mais derrière des abris : élévations de terrain, groupes d'arbres, buissons, etc.

Service d'exploration de la cavalerie.

A quelque cinq ou six cents mètres, le feu dirigé par ces vedettes cachées contre les éclaireurs, qui s'approchent d'elles, sera déjà très efficace et, à cette distance, ces vedettes elles-mêmes ne seront pas visibles. Mais, selon toute probabilité, elles ouvriront le feu même à un bon kilomètre, car elles ne voudront pas permettre aux éclaireurs de s'approcher, et, avec les nouvelles armes, même à cette grande distance, on peut parfaitement faire vider les arçons à des cavaliers ; de sorte que les éclaireurs n'arriveront pas à déterminer la distance, même après avoir essuyé le feu (1).

Avec le fusil actuel et la poudre sans fumée, un seul tireur bien abrité peut constituer un danger grave, même pour un peloton tout entier, — comme en témoigne, par exemple, ce fait rapporté dans le

______

(1) Colonel B., *La poudre sans fumée et ses conséquences.* — 1890, Paris.

Voïennï Sbornik, qu'á l'attaque, par les Bavarois, d'un bataillon français établi derrière un petit mur, un Bavarois étant monté dans un arbre abattit des Français à coup sûr tant qu'il n'eut pas été trahi par la fumée de son arme, — ce qui valut au hardi tireur d'être à son tour abattu par quelques salves dirigées contre lui.

Les éclaireurs devront donc se mouvoir avec une grande prudence et ne recueilleront pas toujours des renseignements suffisants ; d'autant que se heurtant à de petits postes sans importance et obligés pourtant de se retirer devant leur feu, ils ne pourront admettre qu'ils n'aient eu affaire qu'à des fractions insignifiantes.

On ne pourra obtenir de renseignements plus exacts qu'au moyen d'éclaireurs d'infanterie, qui pourront mieux se cacher et s'approcher davantage de la ligne des sentinelles ennemies.

Cette répartition des rôles dans l'exploration entre les éclaireurs de cavalerie et des détachements d'infanterie est exposée comme il suit dans le règlement élaboré pour l'infanterie par le Comité technique français de cette arme : « La cavalerie ne peut recueillir sur la position et les forces de l'ennemi que des indications générales approximatives; pour avoir des renseignements exacts et détaillés, il faut avoir recours à l'exploration exécutée par les troupes d'infanterie ». Et, en effet, aujourd'hui, dans les manœuvres des troupes françaises, la cavalerie, quand elle est arrivée à une certaine proximité de l'ennemi, s'écarte pour laisser achever l'exploration par l'infanterie.

Quoi qu'il en soit, la cavalerie a continué d'être chargée de l'exécution des reconnaissances dans une certaine mesure et au point de vue tactique, c'est-à-dire qu'elle doit s'efforcer de découvrir en avant et sur les flancs du corps qu'elle éclaire la présence ou l'approche de l'ennemi.

Mais son rôle d'exploration s'est beaucoup augmenté au point de vue stratégique. Comme il faut bien admettre que le territoire ennemi sera semé d'une quantité de positions et points fortifiés, soit en permanence, soit d'une manière improvisée, une armée ne pourra se porter en avant sans avoir autour d'elle, particulièrement sur son front, tout un réseau de détachements de cavalerie, répartis en petites fractions et groupes d'éclaireurs. Ce réseau opèrera d'une façon assez indépendante, comme lors du passage de la frontière au début de la campagne. Il devra chercher à effrayer l'ennemi, détruire ou saisir ses approvisionnements, l'empêcher de couper ses communications en se retirant, garder les ponts, s'emparer des courriers, recueillir des données sur les mouvements de l'ennemi et conserver sur ses derrières ses communications avec sa propre armée.

Plus grande est l'importance acquise maintenant à la guerre par les chemins de fer, les télégraphes, la fortification passagère, plus nécessaire et plus important est devenu ce rôle d'exploration stratégique de la cavalerie.

Les écrivains militaires, en général, admettent que la plus grande partie de la cavalerie doit être lancée en avant pour éclairer et garder la voie suivie par les troupes avancées de l'armée, ce qui, chez les Allemands, s'exprime par une sorte d'aphorisme : « *Die Reiter massen, stets voraus* » (Les masses de cavalerie, toujours en avant !).

Avec la puissance des armes actuelles et l'obligation qu'elle fait d'établir toujours les troupes autant que possible derrière des couverts naturels ou artificiels, et au milieu de tout un réseau de points d'appui défensifs préparés à l'avance, il sera plus que jamais nécessaire à l'armée qui prend l'offensive de « tâter » sa voie et en général tout le terrain en avant d'elle. Et c'est ainsi que le rôle de la cavalerie, précisément dans ce sens d' « antennes » de l'armée, a pris une importance particulière.

Quant à la part que la cavalerie prendra au combat lui-même, les opinions formulées sur ce point par les auteurs militaires diffèrent considérablement. Les uns, comme le capitaine français Nigote (1), pensent que ces charges impétueuses exécutées par des masses de cavalerie, qui produisent tant d'effet aux manœuvres, ne sont qu'un trompe-l'œil, attendu qu'avec la puissance si fort accrue du feu, la cavalerie ne sera pas en état d'arriver jusqu'au choc de l'infanterie, même sur les points où quelque trouble paraîtrait se manifester chez celle-ci. D'après ces calculs, un bataillon de 800 fusils, d'une seule salve tirée à 300 mètres, peut jeter bas 424 cavaliers, et s'il ouvre le feu dès la distance de 800 mètres pour le continuer sans interruption, quand la cavalerie arrivera à 100 mètres de l'infanterie, ce feu d'un seul bataillon aura mis hors de combat 2,656 cavaliers, c'est-à-dire l'effectif de plusieurs régiments de cavalerie chargeant l'un après l'autre.

Mais tous les écrivains militaires ne partagent pas cette manière de voir. Ainsi un auteur, partant de ce fait que la cavalerie parcourt une distance déterminée trois fois plus vite que l'infanterie, est d'avis que tout en étant menacée d'une probabilité triple d'être atteinte par les coups, ces deux conditions s'équilibrent l'une l'autre, et il en

______

(1) Capitaine L. J. Nigote, *Les grandes questions du jour.*

conclut que les pertes de la cavalerie ne seront pas plus grandes sur une même distance que celles de l'infanterie.

Mais le point le plus douteux dans ce raisonnement, c'est précisément que la cavalerie soit menacée d'une probabilité d'être atteinte triple de celle qui menace l'infanterie. En France, on admet que, immobile sous le feu, la cavalerie subit des pertes de 2 1/2 à 3 fois plus grandes que l'infanterie, à effectif et formation semblables, et que peut-être la cavalerie ne peut absolument pas supporter le feu sans bouger. D'après cela, on considère en France comme établi que, pendant le combat, la cavalerie doit se tenir, de l'ennemi, à une distance d'au moins 3,500 mètres, et ne peut se rapprocher que vers la fin de la lutte, mais pas à moins de 1,000 mètres, car autrement elle serait détruite par les feux d'artillerie et de mousqueterie.

La vitesse de la cavalerie à l'allure de la charge serait, d'après quelques-uns, de 500 mètres par minute; mais la plupart des auteurs la réduisent à 400, et même à 340 mètres. Et si, même en négligeant les inégalités du terrain et la nécessité de conserver une formation compacte qui oblige à régler l'allure sur celle des chevaux les moins vites, on admet comme vitesse normale de la charge celle d'un kilomètre en deux minutes, qui est presque la vitesse des chevaux de course, il n'en résulte pas moins que, pendant ces deux minutes de parcours sous le feu le plus violent, la cavalerie, avant de pouvoir sabrer l'infanterie, devra supporter de grandes pertes qui la mettront en déroute ou lui enlèveront au moins toute sa force.

Il va de soi que, dans notre examen de cette question, nous ne pouvons que rapprocher les opinions des différents spécialistes militaires. L'auteur allemand des *Militärische Essays* (1) dit que les conditions actuelles ne permettent plus à la cavalerie de conserver l'auréole dont l'entoure encore le souvenir des glorieux faits d'armes de la guerre de Sept Ans, et il soutient que l'armée allemande traîne à la guerre un effectif superflu de 30,000 à 40,000 cavaliers qui ne font que gêner sa concentration et la rendre plus difficile à nourrir. Mais des voix s'entendent aussi qui prétendent que la disparition de la fumée du champ de bataille sera favorable aux charges de cavalerie (2): on verra plus clairement, dit-on, en quel point faiblit l'infanterie ennemie; et, pour cette dernière, il sera plus difficile,

---

(1) R.V. *Militärische Essays*, Iᵉʳ fascicule, 1861 — et dans la publication plus récente: *Taktik der einzelnen Waffen,* IVᵉ fascicule.

(2) *Wird das rauchswache Pulver die Verwandbarkeit der Cavallerie beeinträchtigen.* — Berlin, 1890.

n'étant plus couverte par la fumée, de supporter l'effet moral d'une masse de cavaliers chargeant impétueusement de loin.

Les partisans des charges de cavalerie s'occupent aussi du moment où se manifeste du flottement, de l'hésitation dans les rangs de l'infanterie. L'un d'eux dit même que, lors du choc de la cavalerie sur l'infanterie ainsi ébranlée, peu importe l'arme que le fantassin aura dans les mains : fusil à magasin, à silex ou simple fourche (1) ; mais, comme le remarque von der Goltz, le trouble peut très bien exister dans les rangs d'une troupe, sans être visible pour l'ennemi. C'est seulement par la chaîne avancée des tirailleurs que ce trouble peut être aperçu : et, avant que l'avis en puisse être donné à qui de droit et que la cavalerie s'élance à la charge, le moment favorable, pour elle, peut très bien être passé. D'autre part, le mouvement d'une masse de cavalerie est toujours visible par suite de la poussière qu'elle soulève ; et tout le feu de l'ennemi se concentrera sur cette masse, que l'artillerie pourra même atteindre aux distances les plus éloignées, car elle lui offrira un but énorme. Sans doute, relativement à ce qu'elle était pendant la guerre de Sept Ans, la cavalerie aussi a fait des progrès, en ce sens qu'elle a des chevaux plus forts et plus rapides ; mais ces progrès ne sont pas, à beaucoup près, comparables à ceux qu'on a réalisés, depuis cette même époque, dans la portée et la vitesse de tir des armes à feu.

En outre, comme l'observe le même auteur (2), il suffisait autrefois de rompre la formation compacte de l'infanterie et toute résistance de celle-ci se trouvait brisée ; mais aujourd'hui l'infanterie engage la lutte en ordre dispersé : chaque groupe distinct constitue une unité très capable de combattre, et même un soldat isolé n'est nullement perdu tant qu'il lui reste des cartouches. De sorte que la situation relative de l'infanterie et de la cavalerie s'est complètement modifiée.

En résumé, très discutable est la question de savoir si la cavalerie pourra conserver dans l'avenir l'importance qu'elle avait au combat, tant pour décider du succès, que pour achever la défaite de l'ennemi par la poursuite.

Déjà, dans les guerres de 1870 et 1877, on a constaté que cette puissance de la cavalerie était diminuée, quoique le rôle de cette arme se soit agrandi en ce qui concerne l'exploration de la zone occupée

____

(1) *La cavalerie et l'artillerie en face de l'armement actuel de l'infanterie.* — Paris, 1892.

(2) *Das Volk in Waffen.*

par l'ennemi, la protection de l'armée et surtout la faculté d'agir d'une façon indépendante.

Incursions en territoire ennemi. — En outre, une nouvelle mission se présente pour la cavalerie, c'est l'envahissement immédiat en territoire ennemi pour bouleverser sa mobilisation et ses communications. Dans quelle mesure ces incursions de la cavalerie, au moment même de la déclaration de guerre et avant que l'ennemi ait achevé sa concentration, seront-elles réalisables? — c'est ce que, naturellement, il est impossible de savoir encore par expérience. Mais, en cas de succès, on pourrait, par ce moyen, bouleverser les opérations de l'adversaire, en l'obligeant à les accélérer. Et comme ces opérations, en raison de l'énormité des armées actuelles, ne sont susceptibles de réussir que par la rigoureuse exécution d'un plan stratégique arrêté d'avance, le désordre qu'y jetterait une brusque incursion de la cavalerie peut avoir une grande importance.

Poursuite de l'ennemi. — Quant au rôle de la cavalerie dans la poursuite, il faut plutôt le comprendre comme exercé à l'égard des troupes qui battent en retraite au cours ultérieur de leurs mouvements, qu'au moment même où elles commencent' à quitter le champ de bataille. Des doutes se sont élevés sur la question de savoir jusqu'à quel point les batailles futures pourraient être décisives. Il est très probable que, dans la plupart des cas, la route qui peut être choisie comme ligne de retraite sera à l'avenir garantie par des ouvrages de défense, de sorte que les troupes obligées de se retirer s'établiront d'abord dans la position fortifiée la plus voisine, pour y opposer une résistance nouvelle à l'assaillant, affaibli déjà par l'attaque de la position qu'il vient d'emporter. En pareille circonstance le rôle de la cavalerie pourrait se réduire principalement à empêcher les vaincus d'amener à eux des renforts empruntés aux corps de réserve qui, par suite de l'étendue du champ de bataille, risqueraient de se trouver à une grande distance des forces principales.

En tous cas, il faut admettre que le rôle de la cavalerie à la guerre restera encore désormais très important, quoique l'exécution de quelques-unes des missions qui lui incomberont soit encore dépourvue de la sanction de l'expérience.

Effets de l'artillerie. Tome I. — Tout autrement en est-il des opérations de l'artillerie.

Il est admis comme axiome que l'infanterie, même notablement plus faible en nombre, ne peut être, sans le concours de l'artillerie, délogée d'une position fortifiée qu'elle occupe ; et comme l'infanterie sur la défensive se retranchera toujours, il en résulte que la conduite de la guerre dépendra en grande partie de l'artillerie.

Le succès de l'artillerie à son tour dépendra pour beaucoup de la résistance qu'elle rencontrera de la part de l'artillerie adverse.

Ainsi, dès le début même de chaque engagement, les batteries des deux partis opposés seront portées en avant, par suite d'une nécessité absolue, presque mathématique.

Les canons de l'assaillant commenceront par essayer d'éteindre, ou tout au moins d'affaiblir le feu de ceux de l'ennemi, après quoi seulement il leur sera possible de tourner leur tir contre l'infanterie. Mais les pièces de la défense, qui jouissent comme conditions du tir de beaucoup d'avantages, s'efforceront de s'opposer à cette tentative.

Le résultat de ces duels — si, des deux côtés, on est à peu près de même force — sera, selon toute vraisemblance, la destruction de l'artillerie de l'attaque; mais, si la supériorité de puissance de cette dernière est très sensible, c'est la destruction mutuelle des deux qui se produira.

L'augmentation du nombre des canons dans toutes les armées, le perfectionnement des projectiles, l'adoption de la poudre sans fumée et d'explosifs brisants, l'amélioration de la tactique, — tout cela doit augmenter dans de telles proportions le danger couru par les servants des pièces que leur action sera paralysée, — ou bien les pertes subies par les troupes seront tellement considérables, que la guerre elle-même deviendra impossible.

Une telle conclusion peut sembler risquée; pourtant elle est fondée sur les études des artilleurs les plus compétents et il est facile de se convaincre de la justesse de leurs affirmations en se rendant compte des changements survenus depuis la dernière guerre.

Nous avons déjà parlé plus haut des perfectionnements réalisés dans la construction des bouches à feu et des projectiles; quant à leurs effets, il faut avant tout observer que l'emploi de la nouvelle poudre a rendu plus dangereuse la situation des servants d'artillerie. Autrefois, si d'un côté l'épaisse fumée des pièces en gênait le pointage, de l'autre elle empêchait les canonniers et les tirailleurs ennemis de viser sur les servants.

Tant qu'on employa la poudre ordinaire, il n'y avait pas à se préoccuper particulièrement de mesures à prendre pour la précision et l'accélération du tir; car un tir rapide produisait tant de fumée qu'il fallait le cesser très promptement, sauf quand, par hasard, soufflait un vent favorable; pour cette raison aussi, la précision n'avait pas alors la même importance qu'aujourd'hui. Avec la poudre sans fumée on peut en quelques minutes, au moment le plus favorable, lancer autant de projectiles qu'on en pouvait envoyer jadis au cours de toute une journée de combat. Et cela avec une précision de tir remarquable. Tels canons, à la distance de 1,828 mètres, arrivent à mettre jusqu'à 4 projectiles dans un seul et même trou (1).

En outre, toutes les armées sont pourvues de mitrailleuses qui lancent des masses de balles et réalisent ce résultat auquel n'arriveraient pas les pointeurs habituels, que « *quel que soit le nombre des coups tirés, leur ligne de mire conserve toujours la direction qu'on lui a donnée au commencement du tir* ». — De sorte que le succès du tir de ces mitrailleuses ne dépend en aucune façon, ni de *l'excitation nerveuse* du pointeur, ni de *la difficulté de voir le but*. Dans ces conditions, il est plus que probable que l'artillerie assaillante, battue par l'artillerie de la défense qu'abritent des épaulements, et qui a pu mesurer ses distances de tir, perdra promptement tous les servants de ses pièces.

Il ne faut pas oublier que, contre les canons ennemis, la défense portera en avant des tirailleurs. Dans le tir avec la nouvelle poudre, les tirailleurs opposés, après s'être approchés de la batterie adverse et s'être abrités derrière les inégalités du terrain ont toute faculté de tuer jusqu'aux derniers, sans être trahis par la fumée, les servants et les chevaux de l'artillerie.

Les manœuvres où l'on s'est servi de cette poudre prouvent qu'à la distance de 400 mètres, il est impossible de découvrir des tirailleurs cachés derrière des arbres ou des buissons. Et cependant, à pareille distance, chaque coup d'un bon tireur peut faire des victimes. En outre, dans toutes les armées sont organisés aujourd'hui des détachements particuliers, tels que ceux nommés *okhotniki* (chasseurs) dans l'armée russe, qui sont formés d'hommes tirant très bien aux grandes distances et spécialement instruits à se glisser sans se faire voir vers le but qu'ils veulent atteindre. Il est clair que ces détachements pourront, sans trop de difficulté, s'approcher furtivement d'une batterie assez près pour en tuer tous les servants. On peut affirmer formellement que toutes les armées lanceront en avant, pour se garder, des tirailleurs spécialement chargés de fusiller les servants des pièces ennemies. Les armées française, allemande et autrichienne disposent d'un nombre très suffisant de tireurs semblables. On sait aussi que la France, l'Allemagne, l'Autriche et la Suisse dépensent chaque année des sommes considérables pour développer le sport du tir et que la population de ces pays renferme

----

(1) Löbell, *Militärische Jahresberichte*, 1894.

une foule d'excellents tireurs. Dans l'armée russe aussi tous les corps ont leurs détachements d'*okhotniki*.

D'après le général prussien Rohne, 100 tireurs n'ont besoin pour mettre une batterie hors de combat :

A	800 mètres, que de.	2,4 minutes
1.000	—	. . . . .	4	—
1.200	—	. . . . .	7,5	—
1.500	—	. . . . .	22	—

Mais si les tireurs ne réussissent pas à détruire entièrement les servants des pièces, il est très probable que les projectiles de l'artillerie adverse y arriveront promptement.

Dans toutes les armées, le nombre et la puissance des bouches à feu se sont augmentés nombre de fois. Si l'on multiplie l'un par l'autre les chiffres qui représentent ces deux genres d'augmentation on trouve que, comparativement à ce qui existait en 1870, l'effet de l'artillerie doit actuellement être 116 fois plus grand dans l'armée française et 42 fois dans l'armée allemande. Mais l'introduction, actuellement en cours, des nouveaux modèles de bouches à feu va encore doubler la puissance du canon.

Si, pour se faire une idée de combien les pertes causées dans la guerre future par le seul fait de l'artillerie surpasseront celles qu'elle occasionna en 1870-71, on multiplie ces dernières par les facteurs qui représentent l'augmentation des effets de cette arme depuis lors, on obtient des chiffres absolument fabuleux — en ce sens qu'il n'y aurait jamais d'armées assez énormes pour supporter des pertes aussi considérables. Mais ces chiffres n'en ont pas moins leur importance au point de vue théorique, comme expression de la puissance de l'artillerie moderne, puisque ce sont les résultats d'une simple opération d'arithmétique.

Sous ce rapport, le calcul suivant, par exemple, ne laisse pas d'être instructif. Combien d'hommes peut-on mettre hors de combat dans une affaire, en consommant les projectiles que transportent avec elles les batteries, telles qu'elles sont constituées dans les différentes armées, en tenant compte, bien entendu, des conditions défavorables où s'exécute le tir de guerre relativement aux exercices du temps de paix ? En faisant cette recherche, d'après les indications du général prussien Müller, auteur militaire bien connu, nous trouvons que l'effet des projectiles transportés par les batteries des armées française et russe, réunies, pourrait mettre hors de combat 6,600,000 soldats. Nous servant ensuite des données fournies par ce même général Müller, sur l'effet des bouches à feu, on trouve qu'avec le même approvisionnement en munitions, les canons franco-russes pourraient parfaitement soutenir l'attaque d'un nombre d'hommes double de celui ci-dessus, c'est-à-dire de plus de 12 millions de soldats, ce qui représente 44,120 compagnies sur le pied de guerre. Quant au nombre des projectiles portés par les batteries réunies des armées allemande, autrichienne et italienne, ils pourraient mettre hors de combat 5,300,000 hommes et arrêter l'attaque de 10 millions de fantassins.

Un écrivain non moins autorisé, le colonel — aujourd'hui général — Langlois, professeur à l'École supérieure de guerre, suppose, d'après le caractère des combats futurs, que chaque pièce aura besoin d'un approvisionnement de 500 coups. Or, si l'on tient compte du nombre des pièces, et de celui des atteintes que produisent en moyenne les éclats d'un seul obus, on trouve qu'il y aurait là de quoi détruire un nombre d'hommes 8 fois supérieur à l'effectif des troupes qui peuvent être mises sur pied. En outre, il faut tenir compte de ce que les projectiles actuels, chargés d'explosifs puissants, constituent un danger, non'seulement pour l'ennemi, mais pour les troupes mêmes qui s'en servent. La conservation, le transport et l'emploi des munitions, sous les coups bien dirigés de l'ennemi, peuvent amener des catastrophes qui augmenteront les horreurs de la guerre.

L'artillerie de *campagne* de toutes les armées comprend des projectiles remplis d'une charge explosive. En Allemagne et en Autriche-Hongrie on en a adopté qui se fractionnent sous l'action d'une petite charge explosive pour agir, à la manière des shrapnells, contre des troupes établies derrière des abris, et en France on se sert d'obus « fougasses » qui renferment jusqu'à 4 livres de mélinite. La plupart des auteurs s'accordent à reconnaître qu'en raison de la possibilité d'un éclatement prématuré de ces obus à mélinite, dans une bouche à feu quelconque, ils sont très dangereux, parce que leur éclatement amènerait fatalement celui de la pièce. Avec les projectiles à fractionnement qui ne contiennent qu'une faible quantité d'explosifs, on peut compter que des canons fabriqués en acier de première qualité pourront, sans éclater eux-mêmes, résister aux effets d'une explosion prématurée dans l'âme.

Toutefois, il est arrivé qu'en pareil cas, des bouches à feu, tout en résistant à l'explosion dans l'âme d'un projectile à fractionnement, n'en arrivent pas moins à éclater quand même, par suite de la façon dont s'y coincent les fragments mêmes de celui-ci. De sorte qu'en définitive, ce genre de tir ne peut pas être considéré comme offrant une sécurité complète.

Mais cet éclatement même des canons n'est pas le seul danger qu'on ait à craindre. Contre des troupes abritées derrière des retranchements, on emploiera des mortiers et des canons de siège de gros calibre. Les projectiles lancés par ces bouches à feu sont remplis d'explosifs puissants, tels que la pyroxyline, la mélinite, etc. Et ces explosifs sont susceptibles de détoner spontanément par suite de certaines variations de température, ou même sous l'effet de différentes causes encore mal connues. Ainsi la commotion de l'air produite par une explosion voisine, peut en déterminer une autre, — qui peut provenir aussi d'un empaquetage défectueux ou de la détérioration du mécanisme des fusées. Il suffit d'observer que semblables cas ne sont pas rares au cours des expériences faites dans les polygones, bien qu'elles soient exécutées par un personnel préparé *ad hoc* et sous la surveillance d'officiers d'élite. Le secret même dont on entoure non seulement ces expériences, mais les accidents qui s'y produisent, prouve, de l'aveu même des hommes compétents, que l'on se rend compte des difficultés à vaincre et qu'on n'est nullement certain d'en triompher. Le seul pays, où se publient des comptes rendus détaillés sur les résultats amenés par le maniement des explosifs, est l'Angleterre. Dans les rapports annuels des inspecteurs sont mentionnés habituellement toute une série d'accidents survenus dans la manipulation ou le transport des explosifs et des fusées — ce qui prouve, entre autres choses, que, malgré toutes les précautions, quelques fusées gravement défectueuses se rencontrent toujours parmi celles qui sont mises en service dans les troupes (1).

C'est pour cette raison que, dans beaucoup d'armées, pour éviter tout danger, les projectiles explosifs sont peints de couleur différente, et même présentent quelque particularité de forme extérieure qui permet de les reconnaître dans l'obscurité. En outre, ils sont transportés à part des fusées destinées à les faire éclater et qui n'y sont vissées qu'au moment même du chargement des pièces.

Il est très naturel que pendant le combat, quand tous les esprits sont tendus à l'extrême, les natures exceptionnelles puissent seules garder tout leur sang-froid. Au cours de la guerre civile américaine on a trouvé sur les champs de bataille des milliers de fusils conte-

---

(1) *Annual Report of H. M. Inspectors of Explosives* (Rapport annuel des inspecteurs des explosifs), 1891, p. 91.

nant double et triple charge et parfois même remplis de cartouches jusqu'à la bouche du canon (1).

Or, si, dans une opération aussi simple que le chargement d'un fusil, peuvent se produire de telles erreurs, que sera-ce au cours des manipulations de projectiles chargés d'explosifs puissants, dont le maniement exige un soin extrême et les plus grandes précautions ?

Et en admettant que l'on parvienne à munir sans accident, avant d'engager l'action ou une fois sur la position même, ces projectiles de leurs fusées détonantes et qu'on charge les canons avec toute la régularité et les précautions nécessaires, dans ce cas encore et lors de l'exécution même du tir, nous rencontrons la possibilité d'un nouvel et grand danger.

Les obus fougasses se composent d'un long cylindre en acier dont toute la capacité intérieure est emplie de mélinite, roburite, écrasite ou autre explosif quelconque. Toutes ces substances ne diffèrent l'une de l'autre, en général, que par les proportions des éléments qui les composent et par leur mode de préparation. Il est évident d'ailleurs qu'un projectile donné contiendra une quantité d'explosif d'autant plus grande que ses 'parois seront plus minces.

D'après les techniciens, l'effet immédiat des gaz produits par l'explosion ne se fait sentir qu'à une distance relativement faible : 15 mètres. — Mais cette explosion développe une telle force que, dans un certain rayon, elle emporte les hommes, les chevaux, les canons, etc.

Il est d'ailleurs manifeste que si, dans la confection de tels obus, se produisaient quelques malfaçons, cela pourrait avoir de très graves conséquences.

Dans un des plus récents traités anglais sur l'artillerie (2), on lit ce qui suit : « La fonte des obus ordinaires exige une grande attention, pour éviter les éclatements prématurés dans l'âme de la pièce. La surface interne des obus destinés au chargement ne doit présenter aucune rugosité, dont la présence suffirait pour faire détoner l'explosif. »

Or, l'éclatement d'un tel obus dans l'âme d'une bouche à feu amènerait la rupture de celle-ci en plus de 20 morceaux ; l'affût et les roues seraient entièrement brisés, ces dernières ne formant plus qu'un monceau de débris. Les divers fragments du canon éclaté atteindraient un poids moyen de 165 kilogrammes et seraient projetés

---

(1) Nigote, *Les grandes questions du jour.*

(2) Lloyd and Hadcock, *Artillery 1894, its progress and present condition.*

à 90 mètres, tant en avant qu'en arrière et même jusqu'à 107 mètres à droite et à gauche (1).

Malgré les intervalles entre les pièces, une seule explosion peut entraîner la destruction de plusieurs canons avec celle de toutes les munitions contenues dans leurs avant-trains.

Non loin de la batterie se trouveront des caissons. S'ils ne sautent pas sous l'effet direct de la commotion transmise par l'air, ce résultat peut être amené par le choc de lourds débris retombant sur eux. De sorte que toute une série d'explosions successives peuvent se produire. Et n'oublions pas que tous ces accidents surviendraient au moment même où de nombreuses troupes se grouperaient et se formeraient pour le combat.

Quelqu'un oserait-il soutenir qu'on pourra se mettre à l'abri de ces dangers par le perfectionnement de la construction technique et par un choix scrupuleux, — étant donnée la composition actuelle des armées,— des hommes qui seraient chargés de manier les projectiles?

Tout cela nous amène à conclure que, si même on ne tient pas compte des dangers provenant des explosions, le matériel actuel de l'artillerie suffit pour détruire des armées beaucoup plus nombreuses que celles que l'on pourrait mettre en campagne.

Mais cela même ne peut arriver par cette raison bien simple que l'artillerie de chacun des partis opposés est en état de faire taire, dans le plus bref délai, celle de son adversaire. Et comme, de l'avis des autorités les plus éminentes, le nombre et la qualité des bouches à feu, ainsi que l'instruction de leurs servants, seront presque égales de part et d'autre, le simple bon sens nous dit que dans le duel au canon par lequel débuteront les batailles, ou bien l'assaillant, qui est le plus exposé, sera détruit ou bien il y aura destruction réciproque des batteries en présence.

L'infanterie sera dès lors obligée d'attaquer sans être soutenue par l'artillerie ; et comme, ainsi que nous le verrons tout à l'heure, elle ne pourra le faire sans subir de terribles pertes, alors celui qui avait pris l'offensive changera de tactique et, avec les débris de ses batteries, il attendra l'attaque de l'ennemi ; ce qui serait le renouvellement du fait historique qui se passa quand, en 1632, Gustave-Adolphe et Wallenstein, s'étant retranchés sous les murs de Nuremberg, ne comptèrent plus chacun pour triompher, que sur l'épuisement de son adversaire.

---

(1) *Jahrbücher für die deutsche Armee und Marine.* — *Militärische technische Rundschau.*

Quant à l'action de l'infanterie dans la guerre future les opinions ne sont pas encore bien fixées sur ce qui constitue le point essentiel, c'est-à-dire sur l'assaut final qui doit décider du succès de la bataille. Si une guerre éclatait en ce moment, toutes les armées se trouveraient, à ce point de vue, sous l'influence des contradictions qui existent entre les règlements, les résultats des manœuvres et les opinions que les écrivains militaires les plus distingués, tels que les généraux Skougarevski, von Rohne, Müller, Janson, etc., ont formulées d'après les expériences de tir.

Et l'on ne doit pas s'en étonner, car l'adoption de la poudre sans fumée et des fusils perfectionnés, dont la puissance est dix fois plus grande que celle des fusils d'autrefois, en même temps que l'instruction plus développée des hommes, munis d'outils qui leur permettent d'élever des retranchements en terre presque à chaque pas, ont changé toutes les conditions du combat.

La tactique actuelle est avant tout le résultat de l'expérience acquise dans les dernières guerres. Quand les progrès de la technique militaire étaient relativement plus lents, il n'était pas difficile de se régler sur l'expérience du passé. Les choses se présentent tout autrement aujourd'hui ; autrefois les transformations d'armement n'avaient lieu qu'après des périodes séculaires ; puis ces périodes durèrent encore plusieurs dizaines d'années et maintenant, elles sont très courtes.

Mais les transformations de l'armement ne sont pas seules à influer sur la tactique de l'infanterie.

La disparition de la fumée du champ de bataille et les progrès des fusils, canons et explosifs, en même temps que l'emploi des armées-masses composées en majorité d'hommes n'ayant servi que peu de temps, tout cela a constitué pour la guerre future des conditions entièrement nouvelles.

Dans le combat, l'ennemi peut, à des distances de 3 à 5 fois plus grandes que par le passé, infliger des pertes sérieuses aux groupes des assaillants.

Les pertes en officiers et par suite l'affaiblissement du commandement dans les troupes apparaissent aussi comme une conséquence directe de la suppression de la fumée sur le champ de bataille et de la grande précision des nouvelles armes qui permettra aux tireurs de choisir leurs victimes.

Cependant le rôle qui incombe à l'infanterie s'est compliqué. Déjà, dans les opérations préparatoires, sa part sera plus grande qu'autrefois. Examiner de près les positions de l'ennemi

deviendra la mission de détachements d'éclaireurs d'infanterie qui
devront se glisser en rampant et avec toutes sortes de détours,
pour obtenir les renseignements qui sont nécessaires à la préparation d'une attaque si l'on veut que celle-ci ait quelque chance de
succès. Sans le concours précieux de ces détachements d'infanterie,
toute la supériorité resterait absolument à la défense qui d'avance
a étudié le terrain et qui, occupant une position dominante, n'aura
besoin que d'une lunette pour diriger son tir à coup sûr.

Pour exécuter des reconnaissances de ce genre et recueillir des
renseignements sur lesquels on puisse compter, il faut des soldats,
non seulement hardis, mais adroits et perspicaces — qui, avec la
composition actuelle des armées, seront plus difficiles à trouver.

S'orienter sur la fumée n'est plus possible et il est devenu très
difficile de se guider d'après les détonations. Des expériences faites
sur les champs de tir français ont montré que le bruit des coups tirés
avec la poudre sans fumée ne se propageait pas aussi loin qu'avec
la poudre au salpêtre : un coup de fusil isolé ne s'entend pas au delà
de 800 mètres ; la salve d'un peloton au delà de 1,200 mètres, celle
d'une section au delà de 1,400.

Cependant il est beaucoup plus important aujourd'hui qu'autrefois
de connaître les forces et la position de l'ennemi, car une rencontre
inopinée avec lui entraînera des pertes considérables.

Aux fantassins d'aujourd'hui il faudra aussi beaucoup plus d'endurance. Les marches s'exécuteront en colonnes profondes par suite
de l'accroissement d'effectif des troupes : et le nombre de ces
marches, précisément en raison de l'énormité des armées modernes,
sera plus grand qu'autrefois — attendu que ces armées devront se
fractionner pour vivre et cantonner, puis se grouper de nouveau
sur le gros de leurs forces, à l'approche d'un ennemi supérieur en
nombre.

De la sorte, les conditions des mouvements à exécuter pour aller
combattre, et celles du combat lui-même se sont extrêmement compliquées, et cependant à la mobilisation, pour 100 soldats présents
sous les drapeaux, on compte rappeler de la réserve de 260 hommes
(Italie) à 361 hommes (Russie). La plupart de ces réservistes
auront oublié ce qu'ils avaient appris au service, et parmi les officiers également, il n'y en aura qu'un petit nombre à hauteur de leur
tâche.

Il semblerait que, dans de telles conditions, on dût, en temps de paix,
élaborer des règlements et instructions pour le service en campagne,
qui donnassent des indications précises sur les règles tactiques à

Contradiction
dans les
règlements et
instructions à
l'usage
de l'infanterie.

suivre dans toutes les circonstances. Mais précisément sous ce rapport, on rencontre dans les différentes armées des lacunes de toutes sortes. Les indications théoriques s'y écartent trop des nécessités pratiques et sont empreintes d'un exclusivisme dangereux.

Le colonel Mignot dit (1) qu'au fond les prescriptions formulées dans les plus récents règlements officiels français ne diffèrent pas sensiblement de la tactique adoptée à la suite de l'invention des armes à feu et de l'adoption de la baïonnette, c'est-à-dire à une époque où l'effet des fusils était environ cent fois plus faible qu'aujourd'hui. — En ce temps-là marchaient en première ligne les mousquetaires qui engageaient l'action et derrière eux s'avançaient les piquiers qui exécutaient l'attaque décisive. Maintenant, on propose d'entamer la lutte en portant en avant des lignes de tirailleurs, derrière lesquelles marcheront des colonnes d'assaut. Est-ce qu'en réalité ce n'est pas tout à fait la même chose ? Est-ce que tous les progrès en balistique, qui ont si fort augmenté la puissance défensive de l'infanterie, ainsi que la mobilité et la force de l'artillerie, ne commandaient pas de modifier la conduite même du combat moderne ? Est-ce que cette conduite peut rester à peu près la même qu'au temps des fusils à mèche, à silex et à baguette, sauf cette légère différence que les mousquetaires s'appellent maintenant tirailleurs et que les piquiers sont qualifiés de « réserves » ou de « masses » ?

Les formations recommandées étaient si évidemment défectueuses qu'à peine les nouveaux règlements parus et soumis à la critique, il fallut les modifier.

Le fait est que les opinions relatives à la façon dont l'infanterie doit agir présentent un labyrinthe de contradictions inconciliables et qui s'excluent l'une l'autre.

Et que le lecteur ne s'imagine pas que ces contradictions n'apparaissent qu'à ceux qui ne sont pas des spécialistes. Le général Luzeux, spécialiste très compétent, dit, en parlant de la France : « Qui ne s'est pas étonné de la différence d'opinions qu'on rencontre dans les cours de nos écoles et précisément sur des questions qui touchent aux principes essentiels de la tactique ? Est-ce que les notions données aux officiers d'infanterie, dans les Écoles militaires élémentaires, sont d'accord avec ce qu'on leur enseigne à l'École supérieure de guerre ? Est-ce que l'enseignement de cette École

____

(1) Colonel Mignot, « Considérations sur la tactique de l'infanterie », *Journal des Sciences militaires*.

supérieure concorde avec les cours de l'École d'application? Est-ce que les idées professées dans les chaires de l'École supérieure de guerre ne changent pas souvent et radicalement? Tout cela constitue un chaos d'opinions et de principes qui s'entrechoquent; et de leur choc ne jaillit pas un seul rayon de lumière. Dès lors, il n'est pas étonnant que les officiers disent : « A quoi bon apprendre? Que les professeurs commencent par se mettre d'accord entre eux ».

Non moins grandes sont les divergences d'opinions qu'un examen attentif fait découvrir chez les écrivains allemands. Mais elles sont exprimées avec plus de réserve, — tant par suite de la plus grande difficulté d'écrire, pour des hommes qui sont encore au service et qui le font sans autorisation spéciale ni restriction quelconque, qu'en raison de la haute dose de confiance en soi-même, forcément inspirée à l'armée allemande par la guerre de 1870, et que le gouvernement a tout intérêt à entretenir.

Sans compter que la crainte de fournir des armes au mouvement qui se dessine contre le militarisme peut détourner les auteurs allemands de reconnaître trop ouvertement les dangers et les difficultés énormes que la guerre présentera dans les conditions nouvelles.

Ainsi donc, les règlements succèdent aux règlements, constamment s'y ajoutent des explications complémentaires et, comme résultat final, on n'obtient qu'un chaos de contradictions. Et il n'en saurait être autrement. Quand tous les corps d'infanterie seront pourvus d'outils de pionniers de campagne, assez abondamment pour pouvoir, en peu de temps, s'abriter derrière des retranchements en terre, toute troupe assaillante se verra exposée à un danger huit fois plus grand que le défenseur ainsi protégé.

De plus, outre le feu de mousqueterie, les assaillants seront en prise au tir des canons établis derrière les épaulements de la défense.

Il n'est donc pas étonnant que l'opinion ne soit pas encore définitivement établie sur le caractère qu'aura la tactique de l'infanterie dans les guerres futures, et qu'il existe sur ce point de nombreuses contradictions très accentuées.

Une notable partie des écrivains militaires concluent, de l'expérience des guerres passées, que les principes fondamentaux du combat d'infanterie ne se sont pas modifiés. L'infanterie marchera au combat comme autrefois, sauf une moindre étendue des fractions qui, dans les réserves de bataillon et de compagnie, seront formées en ordre compact, et une augmentation des distances en profondeur de l'ordre de combat; par suite de quoi le commandement des troupes d'infanterie ne sera pas plus difficile, non seulement pour les officiers expérimentés, mais même pour ceux provenant de la réserve.

Pourtant d'autres soutiennent que, pour commander l'infanterie sur le champ de bataille, il faut plus d'intelligence que pour y commander l'artillerie ou la cavalerie. Il n'est pas une armée, disent-ils, où sur 300 officiers capables de se mettre en peu de temps en état de commander une batterie ou un escadron, on en trouve 100 qui pourraient conduire l'infanterie au feu. Dès lors, que peut-on attendre des officiers de réserve?

Sur un point, cependant, tous sont d'accord : c'est que, quelles que soient les règles, il faut, pour les appliquer avec succès, des hommes capables de bien utiliser les abris et de surmonter les obstacles, des hommes sachant à propos se jeter à terre et, au moment voulu, se relever pour courir en avant.

Mais est-ce que les réservistes rappelés de la veille sous les drapeaux satisferont à ces conditions ?

Et si même on admet qu'une troupe donnée soit composée de soldats et d'officiers possédant, comme instruction et endurance, toutes les qualités que l'on peut imaginer, quelles peuvent être, malgré tout, les pertes subies ?

Il n'y a pas de raison de supposer, — disent les uns, — que, dans la guerre future, les armées éprouvent des pertes supérieures à celles des guerres du passé ; et ils assurent que maintenant encore, comme autrefois, dans l'attaque de l'infanterie, la balle et la baïonnette auront à jouer leur rôle.

Seulement, d'autres écrivains non moins autorisés assurent que, dans la guerre future, les attaques dirigées contre les positions ennemies seront tellement difficiles et sanglantes que pas un des partis ne sera en état de célébrer sa victoire. Autour de ces positions, disent-ils, se formera une zone de 1,000 mètres de large, également inaccessible aux deux partis et marquée par des cadavres humains au-dessus desquels s'entre-croiseront des milliers de balles et de projectiles, — zone que pas un être vivant ne sera capable de franchir pour décider le combat à la baïonnette.

Il est vrai qu'on a dit encore : Tout cela serait, en effet, probable avec les fusils de petit calibre et les canons perfectionnés d'aujourd'hui, si les batailles se livraient comme sur les champs de manœuvre, où les distances au but sont connues et où les tireurs n'ont pas à craindre d'être eux-mêmes frappés par des balles ennemies, et si, en outre, le terrain de la lutte était parfaitement uni. Or, dans la nature, les terrains de ce genre sont assez rares, et les troupes utilisent comme abris les bois et les futaies, les élévations et les dépressions du sol. Couvertes, en outre, par les premières lignes de tirailleurs, qui constituent le *Kugelfang* (1) des Allemands, les lignes suivantes éprouveront, en avançant, beaucoup moins de pertes.

A quoi l'on répond : qu'à l'approche de l'ennemi, il ne sera pas difficile de distinguer les chefs du haut des ballons et autres observatoires fixes ou mobiles installés par tout corps de troupes se proposant d'occuper une position. Par suite, avec la portée, la précision et la puissance des armes actuelles, qui permettent, grâce à l'éclatement des projectiles, de couvrir d'éclats et de balles des espaces énormes, on pourra atteindre l'ennemi et le chasser de derrière les bois, les buissons et les inégalités de terrain.

Il n'y a pas de raison d'admettre que notre adversaire choisira précisément pour les défendre des positions qui ne lui permettraient pas d'utiliser la grande partie de ses fusils et de ses canons. En outre le défenseur, en plus des retranchements et épaulements de terre, a la faculté d'organiser d'autres obstacles dont la destruction pourra demander à l'attaque beaucoup de temps, que les assaillants devront passer sous le feu de la défense, à petite distance et en formation plus ou moins compacte.

On objecte bien que, précisément à ces petites distances, malgré l'incontestable perfection des qualités balistiques du nouveau fusil, son effet meurtrier ne sera pas très grand. Quand on se bat de près, en effet, l'état des soldats est trop nerveux ; il ne visent point ou visent mal, et le fusil perfectionné moderne ne vaut alors pas mieux que l'arc ou la fourche de barbares quelconques.

Mais le soldat abrité ne court que très peu de dangers ; ayant posé son fusil sur l'épaulement, il tire non pas en visant, mais en tenant seulement l'arme à peu près horizontale, et la balle qu'il lance ira battre un espace de 600 mètres ; s'il tire trop haut, elle atteindra les réserves. L'expérience de la guerre du Chili a prouvé qu'à 1,000 ou 1,200 mètres, les pertes causées par les balles perdues étaient très importantes.

Tout cela est bien connu des partisans de la guerre ; seulement ils disent encore quelquefois que les hommes tireront mal et que, dans leurs mains, les fusils perfectionnés ne seront pas plus efficaces que ceux d'autrefois. Mais y a-t-il quelque raison sérieuse de compter que, dans les conditions favorables susindiquées où se trouvent les

---

(1) Littéralement *attrape-balles,* c'est-à-dire qu'en recevant eux-mêmes les coups, ces tirailleurs les *absorbent* pour ainsi dire et en préservent par là même ceux qui viennent derrière eux.

défenseurs, ils tireront mal? Comment donc admettre chez l'assaillant assez de bravoure pour marcher à découvert, en exposant son corps tout entier, et prétendre que le défenseur craindra de s'exposer au danger dans des proportions huit fois moindres? D'autant qu'en réalité ce danger, pour lui, n'existera même pas. Car, aux petites distances, le tir des assaillants qui arrivent en courant n'est pas dangereux, et les derniers rangs seront même obligés de cesser entièrement le feu.

Et si on prétend que les troupes de la défense seront forcément de mauvaise qualité, même dans ce cas la précision de leur tir sera tellement grande qu'il devra produire un effet terrible sur les assaillants.

Pourtant, à cela encore on fait une objection. On dit que plus puissant sera le feu de l'ennemi et plus loin les deux partis opposés se tiendront l'un de l'autre ; ils s'apercevront à peine mutuellement et souvent ils seront séparés par des hauteurs, des bois, des cours d'eau ; il n'y aura plus de ces chocs immédiats, qui excitent les passions, qui font des hommes des animaux féroces et finissent par le massacre de l'un des adversaires. Et comme les combats auront lieu à de grandes distances, il ne sera pas difficile, en cas de besoin, de s'éloigner du champ de bataille.

Mais, alors, on n'aboutira qu'à un massacre mutuel plus ou moins complet, sans résultat décisif.

D'autres auteurs, qui croient, en effet, à la possibilité d'une affreuse tuerie et de pertes énormes, affirment pourtant que la question n'est pas là et qu'il s'agit d'obtenir la victoire coûte que coûte. La guerre de 1870 a prouvé, disent-ils, que même l'infanterie actuelle est en état de supporter d'énormes pertes. Toutefois d'autres spécialistes n'ont pas beaucoup de confiance dans cette preuve, parce que l'infanterie d'aujourd'hui est très différente de celle qui combattait en 1870. Et pour bien des raisons on admet qu'à l'avenir les victimes seront incomparablement plus nombreuses qu'à cette époque.

Les nouvelles armes, non seulement augmentent le danger, mais paralysent l'action des secours médicaux : car les médecins et leurs aides ne seront pas en état d'organiser des points de pansement dans le voisinage d'endroits qui seront criblés de coups, ne fût-ce que par les balles perdues de l'ennemi ; il ne sera même pas possible d'enlever les blessés du champ de bataille pour leur donner des soins, puisque les fusils actuels atteignent à 4 kilomètres et les canons à plus de 7. Enfin les armées ne se composent plus de soldats de métier, mais se recrutent de père en fils parmi des citoyens paisibles qui n'ont aucune envie de s'exposer au danger. La propagande contre la guerre a pu orienter les esprits d'un autre côté. On ne peut pas compter que les armées modernes seraient prêtes à affronter les périls et à supporter les privations au degré souhaité par les théoriciens militaires, à l'attention de qui paraissent échapper les courants d'idées qui règnent actuellement dans les sociétés de l'Europe occidentale.

Et ces contradictions dans les manières de voir ne se rencontrent pas seulement dans les questions d'un caractère général, mais dans les détails.

D'aucuns soutiennent que l'amélioration de l'armement, l'application et l'emploi à la guerre de toutes les inventions nouvelles ont rejeté à l'arrière-plan la brutale force musculaire pour mettre au premier la préparation militaire technique.

Avec ces armées immenses, disent-ils, et la haute culture intellectuelle de leurs chefs, la simple concentration stratégique des colonnes de marche au point voulu permettra de prendre l'ennemi en flanc, d'autant plus qu'en général il lui sera plus difficile de se défendre contre une telle attaque par suite de l'éloignement des réserves.

A cela on répond que, pour exécuter une opération de ce genre, il faut connaître tous les mouvements de l'ennemi et la position de tous ses corps de troupes, alors que, grâce à la poudre sans fumée, à la longue portée des armes et aux précautions prises pour protéger le centre de l'armée, il sera beaucoup plus difficile d'interroger les habitants et, en général, de se renseigner d'une façon quelconque. La possibilité d'élever promptement de légers retranchements paralysera les tentatives faites pour tourner les flancs en retardant la marche de l'ennemi, tandis que l'arrivée constante sur le terrain de forces nouvelles, résultat de l'étendue immense occupée par les armées, rendra dangereuse la situation de celui qui voudrait entreprendre un mouvement tournant.

Ainsi donc nous sommes en présence de toute une série d'opinions contradictoires, fait d'ailleurs inévitable et qui résulte de la nature même des choses. La guerre seule peut donner sur ce sujet des indications directement pratiques.

Un point, toutefois, nous semble hors de doute : c'est qu'avec les engins destructeurs actuels les dispositions tactiques ne peuvent qu'affaiblir un peu l'action meurtrière du feu, mais qu'il est impossible d'en paralyser les effets.

Dans la guerre future, quelques combinaisons qu'on fasse, toujours un des partis se tiendra principalement sur la défensive, et si, après avoir repoussé une attaque, il passe à l'offensive pour achever la déroute de l'ennemi, il ne poussera pas ce mouvement bien loin, parce qu'il se heurterait lui-même bientôt à des obstacles également infranchissables. Il est probable d'ailleurs que les deux adversaires devront changer souvent de rôles.

Mais il n'en demeure pas moins établi, par les données recueillies en France, que pour assurer à une troupe, malgré les pertes subies au cours de l'attaque, un effectif encore égal à celui de la défense lorsqu'elle arrive à une trentaine de mètres de la position attaquée, c'est-à-dire assez près pour se lancer à la baïonnette, il faut lui donner un effectif initial 6,37 fois plus fort que celui de la défense ; et cette proportion devrait s'élever à *huit fois*, si l'on voulait que l'égalité subsistât au moment même où les assaillants arriveraient au pied des ouvrages.

D'après les indications du général Skougarevski, en commençant l'attaque à 800 pas avec un effectif double de celui des défenseurs, on arrive, après avoir fait 300 pas, à n'avoir plus que la moitié de l'effectif de la défense. A forces égales, on peut laisser s'approcher les assaillants jusqu'à 200 mètres, et il suffit alors aux défenseurs de tirer les six cartouches contenues dans le magasin de leur fusil, pour anéantir leurs adversaires.

Le général prussien Müller, bien connu par de savants travaux, dit que, pour éviter une destruction complète, « les hommes devront marcher en ordre dispersé et, afin d'échapper autant que possible à la vue de l'ennemi, s'approcher en rampant ou en se glissant à travers les inégalités du terrain et en se terrant comme des taupes »(1).

Mais s'il en est ainsi, peut-on songer à s'emparer d'une position fortifiée ? Supposons qu'en observant les règles tactiques du général Müller, un corps de troupes ait pu se former pour l'attaque à 225 pas de l'ennemi, sans avoir éprouvé de pertes sérieuses. En pareil cas, d'après les données du général Skougarevski, et en admettant que le corps assaillant qui doit parcourir ainsi 225 pas avant d'en venir au choc à la baïonnette ait un effectif de 400 hommes, il suffira que celui des défenseurs abrités derrière des retranchements s'élève à 100 hommes, pour que les assaillants n'en comptent plus que 74 au moment de l'assaut final.

Quant à prétendre que la défense n'aura pas devant elle le champ nécessaire pour tirer à 225 pas, ou que les 74 hommes restants

____

(1) H. Müller, *Die Entwickelung der Feldartillerie in Bezug auf Material, Organisation und Taktik, von 1815-1892* (Le développement de l'artillerie de campagne comme matériel, organisation et tactique, de 1815 à 1892).— Berlin, 1893.

seront capables d'en battre 100 autres abrités par des retranchements, c'est absolument impossible.

Tout cela nous conduit à conclure que relativement aux
moyens d'attaque règne une incertitude complète.

On ne peut plus guère compter sur la coopération de l'artillerie,
à l'époque actuelle où le nombre et la qualité des canons sont partout
à peu près les mêmes.

Il est assez difficile aussi d'avoir, sur la défense, la supériorité du
feu de mousqueterie, même si l'on dispose de forces bien plus nombreuses, parce que, jusqu'à la dernière minute de l'attaque, les
défenseurs peuvent se soustraire presque entièrement à tout danger.

Le général prussien von Janson a émis (1) l'opinion, jusqu'à
présent non réfutée, que, pour attaquer une position, il faut d'abord
la battre avec de l'artillerie, et que ceci n'est possible qu'en concen-
trant sur elle le feu de plus de pièces que les défenseurs n'en ont à leur
disposition. Si les tranchées pour les tireurs et les ouvrages défensifs de la position sont pourvus d'abris intérieurs, alors on peut même
être contraint d'avoir recours à l'artillerie de siège mobile pour en
venir à bout.

C'est seulement après une telle préparation qu'on peut commencer l'attaque d'infanterie. Mais s'approcher d'un adversaire établi
derrière des abris solides, et qui tire à des distances repérées
d'avance, constitue une opération des plus difficiles et qui peut
exiger même *deux jours de travail*. Le premier jour, l'assaillant
s'approchera jusqu'à la limite du tir de l'artillerie ennemie, et vers
le soir, poussera en avant de petites fractions, par exemple des
compagnies, jusqu'au point où le feu d'infanterie devient efficace, —
en prenant ces compagnies parmi celles désignées pour l'attaque,
d'après l'ordre même de leur disposition en profondeur. Les troupes
ainsi portées en avant se dirigent vers des points du terrain choisis
tout exprès et *s'y retranchent immédiatement*. Ces points d'appui
forment alors une ligne d'où, le lendemain, à la pointe du jour,
partira l'attaque après avoir ouvert un violent feu de mousqueterie
contre la défense et avoir fait serrer les échelons d'arrière sur la
ligne avancée, pour exécuter l'attaque décisive.

Ici se présente la principale difficulté dans l'exécution des opérations indiquées par le général Janson : avant tout, l'ennemi prendra
des mesures préventives ; de plus, il arrivera rarement que les éche-

(1) Général von Janson, *Die Entwickelung unserer Infanterie-Taktik seit unserem
letzten Kriege* (Le développement de notre tactique d'infanterie depuis notre dernière
guerre). *Militär Wochenblatt*, 1895.

lons d'arrière, poussés, à l'aube, vers la ligne de tirailleurs, trouveront sur le terrain des abris naturels, ou ce qu'on appelle des angles morts, relativement aux ouvrages attaqués ; au contraire, la plus grande partie de ces échelons resteront à découvert et seront longtemps sans aucune protection, pendant la phase de préparation de l'attaque par le feu.

Mais le général von Janson lui-même semble loin d'être convaincu que le dispositif indiqué par lui doive réussir, au moins dans la plupart des cas. Il suppose en effet, pour en expliquer le succès, une défense timide et inactive, et cependant il ajoute : « D'ailleurs, nous n'avons pas le droit d'avoir plus mauvaise opinion de l'ennemi que de nous-mêmes, et pour nous, il est impossible d'admettre même la pensée de quelque chose de semblable ». En réalité, le mode d'attaque indiqué ne peut conduire au but qu'avec des pertes énormes, — et encore pas toujours, il s'en faut de beaucoup.

Quant à compter simplement sur la baïonnette, avec l'intensité du feu actuel, c'est se laisser entraîner par les préjugés du temps où cette arme constituait bien réellement l'argument suprême, *ultima ratio*, du combattant.

Dans l'armée russe se manifeste parfois encore cette confiance dans la baïonnette ; mais chez les écrivains étrangers on ne la rencontre déjà plus du tout. Les conditions sont en effet complètement changées. Autrefois le moment décisif du combat d'infanterie était le suivant : les deux adversaires marchaient l'un sur l'autre en muraille, échangeaient une salve ou deux, puis, croisant la baïonnette, ils se choquaient comme deux masses.

Dans cet assaut, le sort du combat était promptement réglé ; le parti le plus faible tournait le dos et se retirait sans courir de trop grands dangers pour peu qu'il n'y eût point de cavalerie. On lui envoyait deux ou trois salves pendant qu'il battait en retraite, et c'était tout.

Aujourd'hui ce n'est plus cela. Pour que la baïonnette entre en jeu, il faut d'abord franchir une zone de feu meurtrier et de même il faut battre en retraite sous un feu semblable. Les assaillants, qui se retirent après l'échec de l'assaut tenté contre une position fortifiée, perdent dans ce mouvement une bonne moitié de leur effectif. Aux petites distances où il faut se rapprocher pour le choc à la baïonnette, il n'est presque pas une balle de fusil, l'arme ne fût-elle que simplement appuyée sur le parapet, qui n'atteigne un homme et même plusieurs.

La fumée ne couvrant plus le champ de bataille, les résultats des coups seront visibles pour tous.

A d'aussi petites distances, les « balles à enveloppe » d'aujourd'hui, quand elles frappent à la tête, emportent le crâne, et, dans d'autres parties du corps, brisent les os, déchirent les organes intérieurs.

Si, d'après les spécialistes que nous avons cités, les défenseurs, grâce à l'efficacité de leur feu, peuvent arrêter, à quelques centaines de mètres d'eux, la troupe assaillante, en la mettant dans l'impossibilité de s'approcher davantage, nous sommes par là même obligés d'admettre qu'à leur tour ces défenseurs ne peuvent en se découvrant s'élancer à l'attaque, puisqu'ils se mettraient ainsi dans la situation même de leurs adversaires, en changeant de rôle avec eux.

Quant à obtenir des succès, comme on l'a pu dans le passé, et particulièrement pendant la campagne de 1870, au moyen de manœuvres et de mouvements tournants, il est peu probable qu'on y parvienne dans la guerre future.

D'abord il faudrait pour cela une grande supériorité de forces, et les armées seront presque numériquement égales. De plus, pour tourner par le flanc des positions ennemies, il faut les avoir soigneusement reconnues sous le feu même de l'adversaire; ce qui n'est nullement facile. Enfin, le défenseur, chassé du terrain qu'il occupe, opérera sa retraite par des routes commodément disposées, et sur lesquelles, ou bien il trouvera de nouveaux points d'appui, organisés à l'avance, ou se retranchera de nouveau dans des positions favorables, en continuant d'opposer de la résistance à l'ennemi et de lui infliger de nouvelles pertes, pendant que des troupes fraîches viendront le renforcer lui-même.

En présence des conditions actuelles du combat, on se demande involontairement : Se trouvera-t-il, pour diriger la lutte et pour combattre, des chefs et des soldats doués des qualités nécessaires pour résoudre des problèmes aussi complexes, et venir à bout de difficultés qui semblent presque insurmontables? Et cependant, chaque année, le mécanisme de la guerre se complique; il se compliquera peut-être plus encore à l'avenir. On continue de fortifier les frontières et les armées se développent sans cesse. Ne serait-ce pas folie d'entamer une guerre, alors que les règles mêmes à suivre pour la conduite de l'attaque sont discutées, et qu'il reste, comme le fait le plus incontestable, qu'avec l'énorme puissance du feu d'aujourd'hui, la moindre erreur commise entraînera des conséquences désastreuses?

Après avoir étudié ainsi les questions les plus essentielles soulevées par le nouveau mécanisme de la guerre, nous sommes naturellement arrivé à nous poser celle-ci : N'y a-t-il pas contradiction entre cette préparation de moyens de destruction de plus en plus puissants et l'appel presque général sous les drapeaux de tous les adultes, particulièrement dans ces pays où l'esprit du temps s'élève plus résolument contre le militarisme ?

II

Pour établir une base sur laquelle on pût asseoir la réponse à cette question, nous avons dû, dans la seconde partie de notre ouvrage, exposer le fonctionnement complet de ce mécanisme, dont nous avions, dans le premier volume, étudié les parties constituantes, — c'est-à-dire le fonctionnement de l'appareil qu'on appelle l'armée.

Le général comte Caprivi a dit au Reichstag que les peuples étaient atteints de la « folie du nombre ». Et il est de fait que, depuis l'adoption du service militaire obligatoire pour tout le monde, les puissances européennes sont toutes, sans exception, en état d'appeler sous les drapeaux la presque totalité de la population mâle.

Mais les hommes ainsi réunis ne sont pas encore des soldats. — Ils n'ont de valeur, comme tels, qu'une fois armés et convenablement instruits. En outre, ils ont besoin d'être conduits, car sans commandement les meilleurs soldats ne constituent qu'une cohue inerte. On ne peut donner le nom de soldats qu'aux hommes qui ont des chefs, et sont bien encadrés. — Et c'est seulement d'après l'étendue de ces cadres et l'effectif des hommes qu'ils peuvent contenir, que s'apprécie la force militaire des États. Aussi les différents auteurs évaluent-ils diversement l'effectif des troupes que chaque pays peut mettre sur pied en cas de guerre. Et nous avons dû faire connaître impartialement toutes ces évaluations.

Mais les plus vraisemblables nous ont paru être les suivantes qui se rapportent à l'année 1896.

Les forces militaires des grandes puissances se présentent comme il suit :

Allemagne	2.550.000	hommes
Autriche-Hongrie	1.304.000	—
Italie	1.281.000	—
Total	5.135.000	—
France	2.554.000	—
Russie	•2.800.000	—
Total	5.354.000	—

Pour arriver à pareil résultat, les États ont sacrifié des milliards et, chaque année, ils dépensent des sommes énormes pour maintenir l'appareil militaire qui leur permettrait d'utiliser toutes ces forces.

L'effectif des armées européennes. Tome II.

Toutefois, l'examen des chiffres, contenus dans notre chapitre intitulé : *L'effectif des armées européennes*, fait ressortir ce fait remarquable que les forces des différents pays n'ont point changé relativement les unes aux autres, malgré les efforts tentés par chacun d'eux pour surpasser ses voisins.

Le service militaire universel, dans son application actuelle, a toutefois cet avantage, qu'il porte en lui-même le germe de la suppression de la guerre. Lors de l'appel des troupes sous les drapeaux, peuvent survenir dans les divers pays des difficultés dont il est difficile de prévoir les conséquences.

La préparation à
la guerre
et sa déclaration.
Tome II.

Ces questions nous ont conduit à nous occuper de l'examen des premières opérations que comporte la lutte armée entre deux pays ; aussi avons-nous consacré un chapitre à *La préparation à la guerre et sa déclaration*.

Dans ces derniers temps, des frais immenses ont été faits dans le but de pouvoir, lors de la déclaration des hostilités, concentrer rapidement le plus de forces et de ressources possible dans le voisinage du territoire ennemi, afin de prendre tout, d'un coup l'offensive la plus résolue. Cette méthode a donné aux Allemands, en 1870, les plus brillants résultats, aussi semble-t-elle aujourd'hui la seule pratique.

La mobilisation.

Toutefois, depuis cette époque, les conditions se sont modifiées. Les avantages d'une mobilisation et d'une concentration plus rapides des troupes peuvent être compensés, quand on procède avec moins de hâte, par plus d'ordre et par la diminution des perturbations économiques. Aussi avons-nous cherché à faire bien comprendre quelle est la situation actuelle au point de vue de la mobilisation.

La concentration.

Après l'exposé de cette opération, nous avons dû passer à celui de la concentration des troupes, c'est-à-dire de leur mouvement général vers le théâtre des hostilités, — ce qui constitue la phase essentielle des opérations préparatoires à toute entreprise de guerre.

Il est hors de doute que les gros effectifs des armées modernes et leur mode d'équipement augmentent notablement la nécessité de l'endurance chez les soldats.

Le fantassin est obligé de porter une charge qui va de 25 à 30 kilogrammes. Il n'aura pas le temps de s'y habituer graduellement ; il lui faut immédiatement faire de longues marches qui feront tomber de fatigue une bonne partie des hommes. Les médecins français soutiennent qu'après les deux premières semaines de campagne, il y aura 100,000 hommes dans les hôpitaux, sans compter les blessés.

Cantonner cette énorme masse d'hommes semble impossible et,

dans les premiers temps précisément, les troupes auront à supporter les plus dures privations. A des masses aussi nombreuses, il est difficile d'assurer les vivres nécessaires, si rapidement qu'on puisse les réunir. Les ressources locales, sur les principales routes suivies, seront vite épuisées, et il faudra du temps pour organiser des magasins, puis amener jusqu'aux troupes ce qu'ils contiendront.

On peut, dans une certaine mesure, se faire, d'après les manœuvres, une idée de ce qui se passera lors de la mobilisation. Or, en France, on a déjà constaté, de cette manière, l'insuffisance de préparation des officiers et la façon tout à fait médiocre dont les réservistes connaissent le service militaire. Au moindre obstacle, ils se transformaient en cohues désordonnées et tiraient mal, au point qu'il fut admis qu'en cas de guerre, il faudra encore les instruire pendant trois ou quatre semaines avant de pouvoir les employer, surtout à des opérations offensives.

Il n'est guère de pays où ne se remarquent les mêmes défectuosités ; et si l'on n'en parle pas aussi ouvertement, c'est peut-être par prudence ou bien faute de perspicacité.

On peut dire que l'universalité des obligations militaires avec le service à court terme constitue un état de choses où se trouve en germe l'impossibilité même de la guerre — tant par suite de la difficulté de faire vivre des masses énormes de troupes qu'en raison des dommages causés à la production, de la probabilité des crises économiques et des pertes sociales, et enfin, tout simplement, de l'extrême difficulté de commander des armées composées de millions d'hommes.

En même temps que croît la population s'accroissent aussi les armées ; et puisque, dès maintenant, le fort effectif des troupes, avec la tactique et l'armement actuels, ont rendu l'appareil militaire à ce point compliqué qu'il est devenu extrêmement difficile de diriger, nourrir et mener au combat les soldats sans commettre de bévue, on doit se demander si, avant peu, ce ne sera pas tout à fait impossible.

Plus un mécanisme est complexe, et plus intelligents doivent être les chefs chargés d'en diriger le fonctionnement, ainsi que les hommes sous leurs ordres. Plus s'est accrue la puissance des moyens de destruction, et plus il est nécessaire de compter avec les facteurs psychiques. Au milieu de l'imbroglio d'aspects et de situations diverses, de besoins et de dangers qui se manifesteront presque à chaque instant de la lutte, il n'y aura, d'après le général Dragomiroff, qu'une intelligence puissamment développée qui puisse s'y reconnaître.

Le
commandement
des armées.
Tome II.

Les masses énormes se subdivisent, au besoin, en corps distincts.

Dans la guerre future, les armées nécessaires pour agir sur les différents théâtres d'opérations sont évaluées par les spécialistes à un million d'hommes, formant un seul tout organisé. Pour permettre de déployer aisément une telle masse, il faut un front de 800 à 1,000 kilomètres (1).

Ainsi l'effectif des armées surpassera notablement celui qu'elles avaient dans les guerres précédentes. Et de là résultera déjà une énorme complication de l'appareil militaire. Mais, en même temps que l'effectif des troupes, s'accroîtra la puissance des moyens de destruction. Celle des fusils est devenue 14 fois et celle des canons 40 fois plus grande.

Aux temps passés, le succès à la guerre dépendait du talent du commandant en chef et de la bravoure des troupes. A l'avenir, il dépendra encore de l'habileté des chefs des différents corps, de l'initiative et de l'énergie de tous les officiers, de l'exemple personnel qu'ils donneront aux hommes, et enfin du développement intellectuel des simples soldats eux-mêmes.

L'expérience aiderait beaucoup à diriger convenablement cette gigantesque machine. Mais où trouver des chefs expérimentés, puisqu'il n'y a pas encore eu de combats livrés dans des conditions semblables à celles d'aujourd'hui ?

Ces conditions sont telles, que fatalement la direction de la lutte devra échapper aux mains des officiers supérieurs, — sans même parler des généraux, — c'est-à-dire aux mains des commandants de régiment et de bataillon, pour passer dans celles des capitaines.

Le professeur français Coumès, dans son ouvrage: *La tactique de demain*, dit que : « Pour commander l'infanterie sur le champ de bataille, il faut tellement de savoir qu'il n'est pas une armée où, sur 5,000 officiers, on en trouve 100 capables de conduire une compagnie au feu ».

Et si cela est vrai, en temps de paix, des officiers de l'armée permanente, que sera-ce à la guerre? Quel chaos, lorsque les deux tiers des hommes dans les rangs seront des réservistes rappelés de la veille, déshabitués du service et ne connaissant pas leurs officiers, qui ne les connaîtront pas non plus? Avec des agents aussi médiocres, il ne sera pas facile au commandement supérieur de diriger les monstrueuses armées modernes.

____

(1) Général Leer, *Slojnia operatsia* (Opérations combinées).

L'armée passe sous l'autorité du commandant en chef, telle qu'elle est constituée par la mobilisation qui change le caractère de ses cadres en temps de paix. Par conséquent, le décret qui détermine les règles de l'appel des hommes, lors de cette mobilisation même, a une énorme importance. Car on ne peut plus en corriger les défauts une fois la guerre entamée.

Avec l'effectif colossal des armées modernes, il sera extrêmement difficile, même aux capitaines les mieux doués, d'en diriger les opérations au cours du combat.

Avec cela on exige encore du commandant en chef qu'il soit un administrateur distingué. Tout le monde comprend que, pour les troupes, l'approvisionnement sera le talon d'Achille. Aussi est-il admis partout qu'on devra chercher d'abord à détruire les communications de l'adversaire. Conduire une énorme armée moderne, la concentrer et la fractionner suivant les besoins, — c'est assurément une tâche au plus haut point difficile ; mais ce qui l'est plus encore, c'est de pourvoir cette armée des vivres nécessaires.

Avant l'introduction des armes à longue portée, les champs de bataille n'étaient pas plus étendus que le terrain de manœuvres d'une brigade actuelle. Mais les champs de bataille futurs seront immenses ; d'où une bien plus grande variété de la nature du sol qu'ils occuperont.

L'esprit le plus génial est impuissant à embrasser et combiner les masses de détails, d'obligations et de circonstances qui se présentent dans cette vaste étendue. La réception des renseignements et l'envoi des ordres rencontreront mille difficultés au milieu du trouble général qui régnera pendant l'action.

La situation sera d'autant plus délicate que rarement on pourra concentrer entièrement ses forces avant le combat ; le plus souvent, beaucoup de corps n'arriveront qu'au cours même de l'affaire. De là résulte que l'initiative des commandants de division jouera forcément un grand rôle. Les guerres du XVIIIe siècle n'exigeaient qu'un seul chef d'armée, tandis que la tactique actuelle, plus mobile, en exigera autant qu'il y a en réalité de fractions de troupes obligées d'agir par elles-mêmes.

Et cependant, il n'existe pas de généraux auxquels il soit déjà arrivé de conduire au combat de telles masses, — outre que l'expérience n'a jamais été faite d'approvisionner des troupes en vivres et munitions dans des conditions approchant de celles qui seront nécessaires dans l'avenir. Et si, en face d'un problème aussi complexe, le commandant en chef se montre incapable, il en résultera des pertes énormes avant qu'on ait pu le remplacer.

Importance du rôle des chefs subalternes.

Mais ce n'est pas seulement la difficulté du commandement en chef qui s'est augmentée, c'est aussi le rôle des chefs en sous-ordre et même de tous les officiers qui s'est considérablement compliqué, — par suite de la dispersion des troupes, de leurs formations peu compactes et enfin de la difficulté de s'orienter à cause de l'absence de fumée ou du peu de fumée de la poudre. A tous ceux qui commandent il faudra demander beaucoup plus d'initiative. Mais cette initiative nécessaire peut elle-même être la source de grands dangers.

Chaque rencontre avec l'ennemi se présente sous un aspect plus menaçant que ce n'était le cas jusqu'ici ; et toute erreur, tout retard auront de plus sérieuses conséquences que dans le passé, tant au point de vue moral que matériel.

Le champ de bataille ne sera plus couvert de nuages de fumée qui pouvaient dérober aux yeux les horreurs du combat. Le soldat ne verra pas l'ennemi, mais il entendra les coups de feu dont chacun peut le tuer et entre temps il verra tomber à côté de lui son camarade frappé. Par conséquent, dans les rencontres futures, les hommes appelés à combattre se trouveront avoir leurs nerfs soumis à une tension bien plus forte qu'autrefois.

On manquera d'officiers ayant la pratique du champ de bataille : depuis la guerre franco-allemande il s'est écoulé près de vingt-huit ans ; et vingt années déjà nous séparent de la guerre russo-turque. Mais d'ailleurs, l'expérience acquise dans ces deux campagnes serait insuffisante en présence des moyens de combat actuels ; d'autant plus que chacune de ces guerres a été conduite dans des conditions exceptionnelles. En 1870-71, les forces et les qualités des troupes opposées étaient trop inégales et la campagne de 1877-78, dans la Turquie d'Europe, s'est à peu près résumée dans le siège d'une place forte. Depuis ce temps, l'adoption de la poudre sans fumée, le perfectionnement des armes et l'importance croissante de la fortification de campagne ont complètement changé les règles de la tactique.

En fait d'officiers ayant appris la guerre, non sur les terrains de manœuvre mais sur les champs de bataille, il en existe aujourd'hui beaucoup moins que lors des précédentes campagnes : et, dans quelques années, il n'y en aura plus du tout. On manque d'expérience ; il faut y suppléer par une longue préparation scientifique. Mais il y a encore entre l'étude de la guerre et celle des autres branches de la science cette différence, que la théorie ne peut y être soumise au contrôle permanent de l'expérience, comme celle qu'on peut s'assurer dans l'étude de la chimie, par exemple, de la mécanique, de la médecine, etc.

L'expérience acquise aux manœuvres n'est ni complète ni sûre ; car bien des choses qu'on y admet peuvent se trouver inexécutables dans un combat réel ; et, de plus, il y manque toujours ce que Bismarck appelait, au siège de Paris, le « facteur psychologique ». Ce n'est pas sans raison que le général Dragomiroff a observé que les manœuvres seraient plus instructives si l'on y brûlait quelques cartouches à balle, — ne fût-ce qu'une sur mille !

Cependant il s'est produit une modification radicale dans les rapports entre les éléments mêmes que la guerre met en jeu et qui peuvent influer, d'une part sur sa marche, de l'autre sur toutes les fonctions de l'organisme social. Sur le champ de bataille, ce n'est plus, comme jadis, un effectif déterminé, et facile à connaître d'avance, de troupes actives avec leurs réserves, qui marchent coude à coude en formations profondes et compactes. Ce sont maintenant des nations entières, des hommes dont l'âge peut aller jusqu'à 50 ans, qui s'avancent sous la direction d'officiers dont la majorité — environ les trois quarts — appartiennent à la réserve et ont déjà presque oublié l'art militaire.

Ces masses énormes disposeront d'explosifs entièrement nouveaux, d'une force terrible, et d'armes incomparablement plus meurtrières et à plus longue portée que celles d'autrefois, mais non encore essayées dans une seule grande guerre.

L'étendue énorme du théâtre de la guerre, les vastes dimensions du champ de bataille, les difficultés qu'on rencontre dans l'attaque des retranchements, des différents obstacles et ouvrages fortifiés, comme aussi les abris naturels que présente le terrain et dont les hommes sont maintenant instruits à se servir, — ce qu'ils ne manqueront pas de faire en raison du feu terrible auquel ils seront exposés, — puis l'impossibilité de lancer de telles masses l'une sur l'autre, et par là même de réaliser un choc à la baïonnette, dans des conditions telles qu'une lutte individuelle corps à corps puisse avoir un résultat décisif ; enfin la durée prolongée des batailles, qui se continueront pendant plusieurs jours et qui, vu l'impossibilité de la poursuite, ne donneront pas de résultat : tout cela nous représente autant de circonstances nouvelles.

Par suite de l'importance croissante qu'aura, en présence d'un tel état de choses, le rôle des officiers dans la guerre future, des efforts ont été faits dans toutes les armées européennes pour arriver à tuer, le plus sûrement possible, ceux de l'ennemi.

Déjà, dans les dernières guerres, alors que n'était pas encore posée en principe la nécessité de mettre avant tout hors de combat les officiers de son adversaire, l'expérience a fait voir avec quelle rapidité pouvaient s'user les cadres sur le champ de bataille ; vers la fin de la guerre franco-allemande, tels demi-bataillons et parfois tels bataillons entiers n'avaient plus à leur tête que des officiers subalternes de la réserve ou même de simples sous-officiers ; dans une division bavaroise, en décembre 1870, il ne restait plus en tout qu'un seul capitaine de l'armée permanente.

On peut trouver des indications édifiantes, relativement à la guerre future, dans la campagne du Chili, quoiqu'il n'y eût alors d'armées de fusils à petit calibre qu'une partie seulement des troupes de l'un des partis.

Voici quelles furent les pertes éprouvées au cours de deux combats :

Pour les officiers. { en tués. . . 23 0/0
{ en blessés. . 75 0/0

Pour la troupe. . { en tués. . . 13 0/0
{ en blessés. . 60 0/0

Le pour cent élevé des pertes en officiers montre combien coûtera cher la direction des masses pendant les batailles. Mais d'autre part l'expérience de 1870 a prouvé que, si les chefs ne sont pas là pour donner l'exemple, les hommes ne marchent pas à l'attaque.

Et s'il en était ainsi à cette époque, que sera-ce dans la guerre future, quand, pour chaque centaine de soldats de l'armée permanente, on comptera dans les rangs, en fait de réservistes :

En Italie. . . . . 260 hommes.
— Autriche . . . . 350 —
— Allemagne . . . . 566 —
— France . . . . 573 —
— Russie . . . . 364 —

La plupart de ces réservistes auront oublié ce qu'ils avaient appris sous les drapeaux. Et parmi les officiers aussi, une faible partie seulement seront à la hauteur de leur rôle.

Et cependant, contrairement à ce qui avait lieu dans les guerres passées, c'est à eux que reviendra toute la direction du combat. Or, il faut d'abord observer que le pour cent d'officiers bien préparés par l'instruction à l'exercice de leurs fonctions peut être évalué :

En Russie, à 41 0/0
— Allemagne, à 100 0/0
— France, à 38 0/0
— Autriche, à 20 0/0

Mais, quand bien même l'expérience remplacerait la science, il se trouve que, dans les troupes actives, les officiers de l'armée permanente ne représenteront qu'une petite moitié des cadres : le reste étant constitué par un personnel provenant des différentes réserves et dont une grande partie aura, depuis longtemps, oublié l'art militaire. Ajoutez à cela que cette meilleure moitié des cadres devra être mise à contribution pour former de nouveaux corps et des états-majors supplémentaires, — ce qui forcera de puiser parmi les officiers de l'armée permanente au point que, dans le rang, il n'en restera pas plus de 8 par bataillon, c'est-à-dire à peu près un cinquième ou 20 0/0 ; — soit un déficit des quatre autres cinquièmes ou de 80 0/0, qui ne sera comblé qu'en partie par le rappel d'officiers retraités. On compte, pour combler les autres vacances, sur des sous-officiers, généralement empruntés à l'armée active et même, dans quelques pays, à la réserve. A cet effet, on s'efforce, partout, d'avoir des sous-officiers rengagés dont il se trouve actuellement, dans chaque compagnie, y compris ceux qui remplissent des fonctions administratives :

En Allemagne, environ. . . . .   12-13.
— France, environ   6
— Italie, environ   4
— Russie, environ   2
— Autriche-Hongrie, environ. . . . .   1-2.

D'où l'on voit que, dans tous les États, sauf l'Allemagne, il n'y aura même pas assez de sous-officiers rengagés pour remplacer les officiers.

Ainsi donc, toute entreprise militaire, rien que par suite de l'insuffisance du commandement, sera terriblement risquée, et seuls les partisans téméraires de la « politique d'aventures » pourraient maintenant se résoudre à pousser jusqu'à la guerre les différends internationaux.

Pour permettre au lecteur de s'orienter au milieu des conditions nouvelles, nous avons eu recours encore une fois à la méthode comparative, et dans le chapitre sur *Le commandement des armées*, nous nous sommes efforcé de montrer dans quelles conditions chaque État se trouvera, lors de la guerre future, au point de vue des chefs.

Sur le champ de bataille.

Ensuite nous avons dû donner une idée de la façon dont agiront, quand elles opéreront simultanément, les diverses parties constitutives d'une armée : la cavalerie, l'artillerie et l'infanterie. En examinant chacune d'elles séparément, nous avions déjà vu que, faute d'expérience, et par suite de l'impossibilité de juger d'après l'exemple des guerres passées, ces divers modes d'action ne se manifestaient pas très clairement. Il est naturel, par conséquent, que les opérations d'ensemble présentent un tableau rempli de surprises.

Les frontières de tous les États sont semées de forteresses et de camps retranchés ; et par là même les voies de passage de l'un à l'autre sont resserrées et préparées d'avance pour la défense.

Dès le temps de paix, des forces énormes sont stationnées tout près de ces frontières, et pour leur amener tous les compléments nécessaires, on dispose de nombreuses lignes de chemins de fer si puissamment organisées qu'il ne peut plus être question de surprendre un pays quelconque à l'improviste. Quelques jours après la mobilisation, les armées adverses seront presque immédiatement en face l'une de l'autre.

Parmi les conditions dans lesquelles doivent se passer les combats de l'avenir, il faut citer, en première ligne, l'énorme portée des armes et le peu de fumée de la poudre. Du premier fait il résulte que le combat commencera à de grandes distances et que le champ de bataille s'étendra démesurément : pour chaque brigade, il faut de 1,000 à 1,200 mètres de front. Puis, par suite du peu de fumée de la poudre, il deviendra impossible aux deux partis de déterminer, dès le début, la situation et les forces de l'ennemi.

En général, comme conséquence de modifications successives importantes pour le combat, telles que : l'absence de fumée, la longue portée et la puissance du feu, l'impossibilité de s'orienter sur la fumée et de recevoir des renseignements en temps utile, celle aussi de tenir ses réserves sous la main, de connaître le moment exact de les engager, enfin l'instruction donnée maintenant à toutes les troupes sur la façon d'élever des ouvrages en terre, — on peut dire que les batailles seront très longues.

Autrefois, quand elles ne duraient que quelques heures, très rarement plus d'un jour, et que les engins de destruction étaient moins perfectionnés, le chiffre des pertes pouvait être à peu près prévu d'avance. Mais, relativement à la guerre future, nous n'avons que des indications décousues et une seule expérience : celle de la guerre du Chili, en 1894, qui même ne s'est faite que dans des conditions exceptionnelles. Les troupes fidèles au Congrès étaient armées, en partie de nouveaux, en partie d'anciens fusils; or, il s'est trouvé que, par chaque centaine de soldats pourvus de l'arme nouvelle, 82 hommes étaient mis hors de combat dans les troupes du Président-Dictateur, tandis que cent soldats munis de l'ancien fusil ne mettaient hors de combat que 34 hommes. Et ces soldats n'étaient que depuis 15 jours sous les drapeaux ; il est donc clair que, dans les mains de troupes européennes bien exercées, les nouveaux fusils (Mannlicher) feraient une bien autre besogne.

Pourtant la question des pertes a une extrême importance, car elle se rattache à une autre : celle de savoir si, dans l'état actuel de l'art militaire, on pourra obtenir par la guerre des résultats tels que ce terrible moyen demeure, comme précédemment, l'argument final, l'*ultima ratio*, pour trancher définitivement les conflits d'intérêt des nations.

Dans le chapitre intitulé *Sur le champ de bataille*, nous avons donné, pour élucider les questions sus-indiquées, un aperçu de ce que seraient ces combats, — en essayant de représenter, d'après les batailles du passé, celle « de l'avenir », c'est-à-dire d'en faire un tableau vraisemblable en tenant compte des moyens techniques actuels, dont on dispose, tant de jour que de nuit, et des opérations des corps de partisans. Nous sommes ainsi arrivé aux conclusions suivantes.

Jadis, il était relativement facile, même en cas d'échec, de tenir les hommes dans la main. Le service à long terme et les règles de la tactique faisaient du soldat un automate. Aux manœuvres et à la guerre se mouvaient des masses, puissantes par leur obéissance passive.

Actuellement, au contraire, le soldat doit presque toujours marcher et combattre en ordre dispersé ; d'où suppression de l'influence exercée par la masse même sur chacune des unités qui la composaient. On comprend que, pour obtenir le succès, l'action d'une mince ligne de tirailleurs ne peut suffire. Il faut préparer l'attaque décisive par le feu de l'artillerie, puis renforcer peu à peu la chaîne des tirailleurs par des réserves, l'épaissir, et enfin attaquer résolument la position de l'ennemi. Napoléon a dit qu'on ne doit se résoudre à combattre que si on peut compter sur 70 chances de succès pour 100 ; mais qu'une fois le combat commencé, il faut vaincre ou mourir. Cette règle, en tant que règle, subsistera sans doute encore à l'avenir ; seulement on doit observer qu'avec l'effectif actuel des troupes et l'énorme étendue du champ de bataille, il est beaucoup plus difficile qu'autrefois, sinon tout à fait impossible, de supputer, dans chaque cas, toutes ses chances et, à plus forte raison, de prévoir, avec tant soit peu d'exactitude, la marche même de l'affaire.

La règle essentielle du combat demeure toujours, quels qu'aient pu être les perfectionnements techniques, de s'assurer la supériorité des forces. Au problème stratégique : concentrer, sur le théâtre des opérations, des forces supérieures à celles de l'ennemi, correspond, au combat, ce problème tactique : obtenir la supériorité des forces au point décisif, en veillant toutefois à ce que les autres soient suffisamment défendus et à ce que les corps de troupes qui les occupent attirent assez l'attention de l'ennemi pour l'empêcher de réunir lui-même ses forces sur le point principal. Le chef d armée qui prend l'offensive doit deviner la marche des opérations qu'amènera son initiative et calculer avec soin son choc décisif contre l'ennemi, en tenant compte, dans l'exécution de son plan, de tous les incidents qui se produiront au moment même du combat. Mais, pour cela, il faut avoir des renseignements exacts, avec la conviction qu'une troupe retranchée, mais bien inférieure en nombre, ne supportera pas le choc.

Grâce aux outils de pionnier dont sont munis les hommes, on aura toujours le temps d'exécuter de légers travaux de défense en terre, sauf, bien entendu, les cas où le sol se trouvera gelé, marécageux ou pierreux. Rappelons qu'une compagnie, avec ses seuls outils, peut, en 2 h. 1/4, se creuser un abri suffisant pour une chaîne de tirailleurs de 250 pas de long. Les petits retranchements, de 100 pas de longueur, pour abriter une compagnie entière, ne demandent pas non plus, pour leur exécution, plus de 2 h. 1/4; et les retranchements importants, les abris pour les canons, exigent de 2 h. 1/2 à 8 heures. Les batteries sont également pourvues d'outils de pionnier, de sorte qu'il leur suffit de 2 h. 1/2 à 8 heures, suivant l'importance des travaux, pour élever un épaulement qui abrite leurs pièces (1).

______

(1) Kirgie, *Handbuch für Ausarbeitung taktischer Aufgaben* (Manuel pour l'étude de problèmes tactiques). — Gratz, 1892.

La principale différence entre la nouvelle tactique de combat et l'ancienne réside, sans nul doute, dans l'emploi plus rare de l'attaque de front. Avec les armes et les autres moyens de défense dont on se sert aujourd'hui, ce mode d'attaque entraînera de si grandes pertes que, selon toute probabilité, les commandants en chef lui préféreront un mouvement tournant sur les flancs de l'ennemi, — surtout si celui-ci occupe une position solidement fortifiée.

Mais pour exécuter un tel mouvement il faut une grande supériorité numérique. — D'après von der Goltz, la force de résistance plus considérable dont jouit aujourd'hui chaque unité de combat permet, par exemple, à une seule division d'accepter hardiment la rencontre avec tout un corps d'armée ennemi, pour peu qu'elle puisse compter sur le concours prochain d'une autre division. Et si même la première de ces deux divisions était affaiblie déjà par une lutte précédente, il faudrait encore, pour la briser tout à fait, tellement de temps, qu'elle pourrait tenir jusqu'à l'arrivée de puissants renforts et que la tournure du combat pourrait entièrement changer.

Comme exemple, on peut citer un cas observé aux manœuvres exécutées en 1894 dans la Prusse orientale, en présence de l'Empereur. Deux divisions du 1er corps d'armée se trouvaient à un jour de marche l'une de l'autre ; et cependant la première sut résister à l'attaque du 17e corps tout entier, jusqu'à l'arrivée de la seconde ; après quoi le parti qui s'était tenu sur la défensive parvint même à prendre quelque supériorité sur l'ennemi (1).

En outre, celui qui cherche à tourner l'ennemi ne peut jamais être sûr de ne pas rencontrer en route de positions fortifiées ; et il n'est pas raisonnable de compter sur la négligence de l'ennemi.

Jadis la situation était bien plus favorable. Napoléon qui, comme le montre l'histoire de ses campagnes, avait toujours un plan de conduite du combat, faisait toutefois une large part aux incidents, d'après lesquels il modifiait son plan au cours même de l'action : « Il faut, disait-il, attaquer l'ennemi, et en même temps songer à ce qu'on fera ensuite. » Mais c'était bon dans un temps où, quoique les armées fussent déjà nombreuses, le commandant en chef tenait pourtant toujours lui-même tous les fils directeurs du combat : parce que, grâce aux nuages de fumée, à la faible portée des armes et aux formations compactes des troupes, il pouvait suivre directement la marche de l'action, ou se renseigner immédiatement avec exactitude sur toutes ses péripéties et avoir sous la main, tout à côté de

____

(1) Von der Goltz, *Kriegführung* (Conduite de la guerre).

lui, de puissantes réserves. — A l'avenir cette direction immédiate par le commandant en chef sera déjà bien plus difficile ; et, pour conserver l'unité d'action, peut-être sera-t-il nécessaire de s'en tenir plus strictement au plan une fois arrêté et aux objectifs spéciaux indiqués aux commandants des différentes unités par des instructions générales qui ne soient pas trop étroites dans les détails.

Mais ce n'est pas seulement la tâche du commandant en chef, c'est aussi celle des commandants en sous-ordre et des officiers en général, qui s'est notablement compliquée par suite de la dispersion des troupes, de leurs formations en ordre ouvert et enfin de la difficulté de s'orienter, qui résulte du peu de fumée de la poudre.

Pendant la guerre de 1870, une des causes qui contribuèrent le plus à la victoire des Allemands fut la supériorité considérable d'initiative dont leurs officiers firent preuve sur les officiers français (1). Pourtant que serait-il arrivé si l'armée française n'eût pas été, dès le début de la campagne, d'un effectif bien plus faible que l'armée allemande, et s'était trouvée, ne fût-ce qu'en partie, à la hauteur de son rôle ?

Voici ce qu'écrit le général prussien Janson : « Les campagnes de 1866 et 1870 ont été caractérisées du côté des Allemands par un effort général à aller de l'avant et un extrême déploiement d'initiative de la part des chefs en sous-ordre, jusqu'aux commandants de compagnie inclusivement. Ce qui produisait une telle dissémination du commandement que, si les premières attaques n'avaient pas réussi, le plus grand danger pouvait en résulter pour l'assaillant ».

Examinons comment les choses se passeront de nos jours. Dans notre ouvrage, nous avons donné comme exemples deux récits de bataille : l'un emprunté à un ouvrage bien connu de von der Goltz (2), l'autre au capitaine français Nigote (3). Ces deux récits décrivent à grands traits la marche d'un combat, le premier se rapportant à ceux du passé, le second présentant avec un grand talent un essai de description de celui « de l'avenir », c'est-à-dire le tableau de ce que sera probablement une lutte engagée avec les moyens techniques actuels.

La bataille du passé. — Von der Goltz décrit une bataille « de rencontre » et montre

---

(1) Général Voïdé, *Samostoïatelnoste tchasnykh natchalnikoff voïsk* (L'initiative des commandants d'unités).

(2) *Das Volk in Waffen.*

(3) *Les grandes questions du jour.*

ensuite les différences que présente avec elle la bataille entrant dans les plans du commandant en chef. On comprend que, dans la première, « l'œil » du commandant en chef joue le principal rôle, ainsi que sa rapidité d'appréciation des circonstances complexes et sa promptitude de décision : « Dans une telle situation, dit-il, celui-là fera pencher la balance en sa faveur, qui plus vite que son adversaire arrêtera ses résolutions et jugera mieux que lui de la marche ultérieure de l'affaire. » Dans la bataille « livrée avec intention », au contraire, tout est arrêté et préparé d'avance, les plans sont déterminés par la direction générale de la guerre, bien que les circonstances puissent obliger à s'en écarter partiellement sur certains points, ce qui exige encore, chez le commandant en chef, la faculté de se rendre promptement compte de la situation.

Ce tableau ne donne pas l'idée de ce que sera la bataille de l'avenir.

Parmi les conditions au milieu desquelles doivent se passer les combats futurs, les principales résultent de la longue portée des armes et de l'absence de fumée de la poudre. La longue portée a pour conséquence l'engagement de la lutte à de grandes distances et l'étendue démesurée du champ de bataille (chaque brigade occupant de 1,000 à 1,200 mètres de front), tandis que l'absence de fumée empêche les deux parties de déterminer, dès le début, la position et les forces de l'adversaire.

Dans une brochure intitulée : *La poudre sans fumée*, qui eut une certaine notoriété, le colonel français B. s'exprime ainsi : « Si l'ennemi n'a que des renseignements vagues sur la position de son adversaire, forcément il devra s'avancer en ordre de marche, attendant pour se déployer qu'il possède des notions précises sur la situation de la ligne ennemie.

« Mais d'où tirera-t-il les indications qui lui sont nécessaires ? Les têtes de colonne seront canonnées violemment et avec précision ; il aura déjà subi des pertes considérables, et aucun indice révélateur ne viendra lui apprendre d'où partent les coups. En vain il regardera, en vain il écoutera, il ne verra rien, et il entendra à peine un grondement sourd d'artillerie lui indiquant bien que l'ennemi est dans telle direction, mais où exactement ? sur quel point ? à quelle distance précise ? Ne sera-il pas bien véritablement dans cette situation dont parle l'Écriture : *Oculos habent et non videbunt, aures habent et non audient ?*

« Si l'assaillant a des indications précises sur la position de l'ennemi, comme c'est vraisemblablement le cas relativement au champ de bataille que nous envisageons, sa situation sera plus favorable

sans doute, mais le sera-t-elle beaucoup plus? Nous hésitons infi-
niment à répondre par l'affirmative.

« En admettant qu'il ait pu reconnaître de longue main, par des
reconnaissances faites en temps de paix par des espions, par toutes
sortes de moyens plus ou moins avouables, les emplacements probables, possibles des troupes et des batteries, un aléa considérable
ne plane-t-il pas sur l'occupation réelle de ces emplacements, de
ces positions? Et alors l'assaillant ne courra-t-il pas grand risque
de brûler sa poudre aux moineaux, de faire un gaspillage dangereux
de munitions, en ouvrant son feu sur des buts aussi vaguement déterminés?

« Ainsi la poudre sans fumée entraîne une prolongation des
recherches, de l'incertitude, et peut-être des pertes, avant que le
commandant en chef ait pu se rendre compte de l'état réel des
choses. En supposant que l'assaillant ait devant lui un adversaire
actif et intelligent, la période des hésitations peut entraîner des
pertes énormes pour l'attaque. »

Mais la bataille bat son plein. Nous rappelons maintenant le
tableau donné dans notre travail d'une bataille moderne et composé par le capitaine Nigote (1). Ce n'est, il est vrai, qu'un produit de
l'imagination, puisque les nouveaux engins de destruction n'ont pas
encore été employés simultanément dans une affaire réelle. Mais,
ici, l'imagination n'a travaillé qu'en s'appuyant sur une connaissance
parfaite du sujet; et le tableau de Nigote est tout aussi digne
d'attention que d'autres hypothèses théoriques moins nettement
exprimées.

« On est à 6,000 mètres de l'ennemi. Les canons sont arrivés en
position et dans les batteries a retenti le commandement : feu! —
L'artillerie adverse répond. Les obus fouillent le sol et éclatent,
mais bientôt chaque pièce a rectifié son tir et trouvé sa distance et
la lutte devient intense. Désormais, chaque projectile lancé éclatera
en l'air, au-dessus des têtes et sèmera deux cent cinquante éclats et
balles sur des surfaces couvertes de troupes. Hommes et chevaux
sont écrasés sous cette pluie de fer et de plomb. La supériorité
restera au pointeur le plus habile et le plus expéditif. — Les canons
se tuent entre eux, les batteries s'écrasent entre elles, les caissons
se vident. L'avantage demeure ainsi à celui dont le feu ne chôme
pas. Et sous ces ouragans, sous ces tempêtes, les bataillons vont
s'aborder.

____

(1) Capitaine Nigote, *Les grandes questions du jour.*

« On n'est plus qu'à 2,000 mètres ! Déjà les balles de petit calibre, fines, coquettes, argentées, pointues, sifflent et tuent, frappent et traversent, ricochent et brisent; les salves se succèdent et des nappes de balles, denses comme la grêle, rapides comme la foudre, inondent le champ de bataille.

« Les canons, qui ont tué les canons d'en face, libres alors, attaquent les bataillons. Ils lancent sur les groupes la brutale pluie de fer et les cadavres jonchent la terre ensanglantée.

« Les lignes poussent les lignes, les bataillons poussent les bataillons, les réserves arrivent, et pourtant, entre les deux armées que les balles et les obus fauchent, s'étend encore une longue bande, large de mille pas, qu'aucun vivant ne peut franchir.

« Les munitions s'épuisent, les millions de cartouches et les milliers d'obus couvrent la terre hachée de leurs étuis de cuivre, de leurs tôles déchirées, de leurs éclats tranchants... Et le feu continue toujours... toujours..., tant que les caissons vides seront remplacés par d'autres.

« Les obus à la mélinite pulvérisent les fermes, les hameaux, les villages; ils démolissent et anéantissent tout ce qui est un abri, un refuge ou un obstacle.

« Déjà la moitié des combattants râle et meurt, les blessés et les morts forment comme deux remparts parallèles, épais, distants de mille pas, que les projectiles labourent, que la mitraille met en miettes et que les vivants ne peuvent franchir.

« La bataille continue, acharnée. Mille pas séparent toujours les deux armées.

« A qui la victoire? A personne! »

De cette belle page ressort seulement l'idée même qui, depuis la transformation complète de l'armement, préoccupe tous les penseurs sérieusement adonnés à l'étude des questions soulevées par la guerre future. On se voit forcé d'admettre qu'entre les deux partis opposés se formera une certaine zone absolument infranchissable, par suite du feu terrible dont elle sera, de chaque côté. inondée à petite distance.

Dans un tel état de choses, on ne peut plus considérer que comme tout à fait conditionnelle l'application, aux batailles futures, de la maxime de Napoléon, que « le sort des combats est le résultat d'une seule minute, d'une seule idée : les adversaires s'abordent avec des plans différents, l'affaire s'engage, la bataille s'échauffe, l'instant décisif approche, une pensée heureuse, subite comme l'éclair, décide de la lutte, la réserve la plus insignifiante assure quelquefois de brillants triomphes » (1).

Il est bien plus vraisemblable que les deux partis s'attribueront la victoire.

La guerre de 1870 nous fournit déjà des exemples de batailles sans résultat décisif. Ainsi sous Metz il y a eu trois combats à proprement parler qui ne furent que les trois actes d'une seule grande bataille. Mais qui fut vainqueur sous Metz, au point de vue du succès d'une attaque décisive ? En réalité, — personne. La supériorité de l'artillerie allemande fut manifeste, mais celle aussi de l'infanterie française avec le fusil Chassepot. Malgré des efforts héroïques des deux côtés, ni l'une ni l'autre armée ne put « battre » l'armée adverse, dans le sens ancien, clair et évident du mot.

L'investissement des troupes françaises dans la forteresse, puis la capitulation de Metz, amenée par le manque de vivres, ne semblèrent être que le résultat de la supériorité numérique des troupes allemandes. Ce ne fut pas la victoire de la vaillance et de l'initiative militaire, ce fut simplement la victoire du nombre.

La zone du feu renforcé, inabordable pour les deux partis dans les batailles futures, se présente comme une sorte de revanche de la défense contre l'attaque pourvue d'engins plus puissants. Derrière une ligne d'abris en terre facilement établis, le défenseur sera relativement aussi bien garanti contre le danger que s'il était installé dans une forteresse.

Et cela aura encore cette conséquence importante, que la poursuite — signe manifeste de la victoire — est devenue presque impossible.

Liebert, écrivain allemand d'une certaine réputation, fait observer : « Autrefois, on disait : le champ de bataille est à nous, l'ennemi est en fuite, taillons-le en pièces ! Et ce cri courait d'une aile à l'autre de l'armée ; et cela ranimait les membres fatigués. Instinctivement, on donnait de l'éperon à sa monture et le chef songeait à tirer le plus grand parti possible de sa victoire, à infliger à l'ennemi le plus grand désastre. Maintenant les choses se présentent quelque peu différemment (2) ».

L'infanterie, qui aura supporté pendant une demi-journée le feu destructeur d'aujourd'hui, sera réduite à l'impuissance, et, en

---

(1) Las Cases, *Mémorial de Sainte-Hélène.*

(2) *Ueber Verfolgung* (Sur la poursuite). — Conférence faite à la « Société militaire » de Berlin en 1882.

raison de l'espace énorme occupé par l'armée, les réserves qui arriveront à la fin de l'action ne seront plus fraîches.

Quant à la cavalerie, elle sera tellement loin, pendant le fort du
combat d'artillerie et de mousqueterie, que, pour la lancer contre
l'ennemi, qui bat en retraite, il faudrait, par suite de la puissance du
feu, la maintenir au galop de charge pendant deux bons kilomètres.
La cavalerie de Napoléon marchait constamment à l'attaque, au trot ;
et, à Zorndorf, Seydlitz amena la sienne à cette allure jusqu'à 100 pas
de l'ennemi, pour ne lui faire prendre le galop qu'à cette distance.
Avec le feu actuel, la cavalerie devra tendre toutes ses forces pour
traverser la zone de mort où elle peut être détruite.

Mais en outre, suivant la remarque de Liebert, elle perdra au cours
de la journée les hommes qui lui seront restés en état de combattre. Car
on ne peut pas supposer que le parti battu n'aura pas, sur sa route de
retraite, établi en temps utile des retranchements à l'abri desquels
son arrière-garde arrêtera les troupes poursuivantes déjà très fati-
guées.

La difficulté qu'offre l'exécution des attaques directes, en présence
du feu actuel, a fait naître l'idée d'attaquer l'ennemi à la faveur de
la nuit. Certains écrivains militaires attribuent une grande importance aux attaques de nuit ; d'autres, au contraire, les trouvent, pour
diverses raisons, impraticables. En nous occupant de cette question
nous avons cité en première ligne l'opinion du général-lieutenant
Pouzirevsky, opinion moyenne en quelque sorte, c'est-à-dire la plus
impartiale. Il on mtre combien seront pénibles les mouvements exécutés la nuit, après les fatigues de la journée, combien sera difficile
le maintien de la discipline, combien moindres la surveillance
exercée sur les hommes et le soin qu'ils auront eux-mêmes de
leurs chevaux : « Mais malgré tout cela, conclut-il, les mouvements
de nuit seront parfois nécessaires à la guerre et, par suite, il faudra
bien y avoir recours » (1).

Les expériences sur les combats de nuit.

L'histoire militaire de notre temps offre un brillant exemple d'une
attaque de nuit : celle de Gorny-Doubniak le 12/24 octobre 1877.
Après de grandes pertes, les troupes ne pouvaient plus continuer
l'offensive ; elles s'étaient arrêtées sur les positions occupées, à
proximité des retranchements ennemis ; mais à la chute du jour,
elles se lancèrent sur la redoute et l'emportèrent sans éprouver de
pertes nouvelles bien sérieuses.

____

(1) *Polevaïa Sloujba* (Service en campagne), 1884.

Le général Dragomiroff attribue aux attaques de nuit cet avantage, que l'assaillant peut rester quelque temps inaperçu et surprend ainsi l'ennemi, dont le feu se trouve par là même annulé ; ce qui permet de se servir de la baïonnette. Le général observe également que des affaires comme l'assaut de Kars et le combat de Karagatch, où, du côté des Turcs, il y avait une énorme supériorité de forces, ne sont possibles que de nuit; et il estime qu'en raison des terribles effets du feu moderne, il faut instruire les hommes à opérer dans les ténèbres. Le général Kouropatkine, aussi, insiste sur l'avantage des attaques nocturnes, tout en admettant qu'il est plus facile de les réussir avec de petits détachements et que, pour les exécuter, il faut des troupes d'élite.

Au contraire, les auteurs étrangers, pour la plupart, n'attendent rien de bon des attaques de nuit. Il est vrai qu'un auteur français, le colonel B. (1), admet qu'en raison de la moindre sonorité des coups tirés avec la poudre sans fumée, c'est-à-dire de la moindre propagation à distance du bruit qu'ils produisent, l'assaillant pourra, pendant la nuit, s'approcher très près de l'ennemi et jeter la panique dans ses rangs. Mais l'auteur d'un article publié dans les *Neue Militärische Blätter* (2) signale, comme une preuve du danger des confusions nocturnes, un exemple tiré de la guerre de 1870 : lorsque le 101ᵉ régiment français, s'étant lancé dans l'obscurité contre des forces supérieures allemandes, fut repoussé et tomba ensuite sous le feu des Français qui le prirent pour une troupe ennemie. Hœnig (3) rapporte quelque part l'exemple de la bataille du Mans, en 1871, dans laquelle les Allemands s'emparèrent pendant la nuit de toutes les positions ; mais, ailleurs, il se prononce résolument contre les attaques nocturnes, au cours desquelles la panique peut se mettre dans les troupes assaillantes.

Quoi qu'il en soit, on prend, dans toutes les armées, des dispositions en vue d'opérer nuitamment. On a imaginé des bombes éclairantes lancées par les mortiers et dont la charge brûle de une à deux minutes, suivant le calibre ; puis des projecteurs de lumière, pouvant faire apercevoir une maison à 5,000 mètres de distance et à l'aide desquels on peut, à partir de 800 mètres, observer le plus petit mouvement des troupes ennemies.

Il n'est pas douteux que la simple pensée des attaques de nuit ne fasse naître l'inquiétude parmi les troupes. Aux temps passés déjà, il

---

(1) *La poudre sans fumée.*
(2) Année 1890, page 286.
(3) *Die Taktik der Zukunft* (La tactique de l'avenir), pages 170 et 286.

s'est produit des fausses alertes et des paniques ; elles seront vraisemblablement plus fréquentes dans les luttes futures, puisque la guerre elle-même est devenue plus dangereuse et que les hommes d'aujourd'hui sont plus nerveux ; — outre qu'avec la brièveté du service actuel, le soldat ne peut plus être « trempé », comme l'étaient les hommes du service à long terme. Sous le rapport de la plus ou moins grande nervosité, on peut admettre que la supériorité sera du côté du soldat russe. L'endurance montrée par les troupes russes, lors du passage des Balkans pendant l'hiver de 1877-78, a émerveillé les étrangers. Le général prussien von Keller trouve que ce qu'ils ont accompli alors était « au-dessus des forces humaines ».

On ne pourra plus appliquer à l'avenir cette maxime de Napoléon : « Quand une bataille est gagnée, le vaincu n'est, en réalité, pas beaucoup plus affaibli que le vainqueur ; mais la grande différence est dans ce résultat moral qu'il suffit alors de l'apparition de deux ou trois escadrons pour produire un grand effet ».

Nous avons vu que des écrivains autorisés, comme le général prussien Janson, le professeur français Langlois, prévoient des batailles d'une durée de plusieurs jours, tandis que le capitaine français et ancien professeur Nigote affirme directement qu'elles dureront trois, quatre et même quinze jours (1). Mais d'autres spécialistes et, parmi eux, l'écrivain bien connu Fritz Hœnig, ne trouvent nullement improbable un retour au temps des sièges. Belgrade, Mantoue, Plewna peuvent se répéter. Il est très possible que l'assaillant, incapable de remporter une victoire décisive, s'efforce de renfermer l'ennemi dans la position où il le trouve, en élevant lui-même des retranchements ; après quoi il commencera à faire des sorties pour s'opposer aux tentatives de réapprovisionnement des assiégés jusqu'à ce que ceux-ci soient réduits par la famine (2).

Et n'est-ce pas là ce qu'on est conduit à prévoir quand on songe que, malgré l'infériorité de leur armement, même les mobiles français mal instruits de 1870, ne purent être que rarement battus du premier coup, et que, le lendemain d'une bataille, il fallait habituellement les chasser d'une position nouvelle qu'ils avaient occupée (3).

Mais les forteresses exerceront sur le caractère de la guerre future une influence bien plus grande que celle constatée jusqu'ici.

La guerre de forteresse. Tome II.

---

(1) Capitaine Nigote, *La bataille de la Vesles.*

(2) Hœnig, *Die Taktik der Zukunft.*

(3) Liebert, *Die Verwendung der Reserven in der Schlacht,* « Militär Wochenblatt », 1895.

Au temps passé, il existait bien des places fortes dans les situations stratégiquement les plus importantes ; mais ce n'étaient que des points isolés, organisés seulement pour la défense passive. Tandis que, maintenant, tous les passages les plus importants sont commandés par des forteresses et des camps retranchés capables de renfermer des masses de troupes telles qu'on ne puisse songer à les tourner. Et, en outre, des chemins de fer et des routes ont été construits qui permettent d'effectuer, dès l'instant même de la déclaration de guerre, le transport rapide des troupes et même leur déplacement d'un point à un autre, si la concentration des forces ennemies en montrait la nécessité.

Ayant ainsi armé leurs frontières, les États considèrent comme plus que probable qu'il leur sera possible de résister à l'ennemi avec des forces bien moindres que celles dont il disposera, et de compenser ainsi tous les avantages que l'adversaire pourrait tirer d'une plus grande rapidité de mobilisation.

Mais si puissants que soient les moyens actuels de défense, la technique a imaginé, pour agir contre eux, des engins si destructeurs, qu'on s'est déjà demandé jusqu'à quel point les forteresses satisferont, dans la guerre future, à leur destination. Ce problème a même, de notre temps, tout particulièrement attiré l'attention de la littérature militaire.

Pour nous, la question de savoir si les forteresses répondront ou non à ce qu'on attend d'elles est de première importance. Les conséquences économiques de la guerre différeront entièrement suivant que les troupes assaillantes seront arrêtées assez longtemps à la frontière, par un adversaire luttant derrière des positions fortifiées à l'avance, ou qu'au contraire, l'assaillant franchira promptement la ligne de défense et, après avoir repoussé l'ennemi profondément à l'intérieur du pays, pourra occuper, tout de suite, une grande partie de son territoire.

Tous les exemples du passé et même ceux des deux dernières campagnes ne nous apprennent pas grand'chose sur ce point, au sujet de la guerre future.

Quoique, dans la campagne de 1870-71, la guerre de forteresse ait eu une importance à laquelle on songeait à peine un peu auparavant, — puisque les Allemands réussirent à s'emparer de quinze places fortes françaises, — les méthodes scientifiques fournies par l'expérience de cette époque ne peuvent cependant être utilisées pour la guerre future ; parce que les moyens de combat employés alors étaient insuffisants et que les objectifs des attaques, — à l'exception, dans une certaine mesure, de Paris, Metz et Belfort, — étaient des places dont la fortification était surannée et dont la défense fut mal conduite (1).

D'ailleurs, l'expérience de cette guerre pourrait d'autant moins servir de guide pour l'avenir, que les nouveaux canons n'y furent employés qu'en très petit nombre à l'attaque des places et pas du tout à leur défense.

Ensuite, dans la guerre de 1877-78, les batailles sous Plewna ont montré avec une netteté parfaite combien la guerre de campagne se relie étroitement à la guerre de siège. Il est devenu clair pour tout le monde que, dans la guerre future, le parti qui se tiendra sur la défensive s'efforcera de suivre l'exemple de Plewna.

Les assiégés n'avaient qu'une artillerie peu nombreuse et cependant il fallut renoncer à l'idée de prendre la place de vive force ; ce n'est qu'en l'affamant qu'on parvint à en faire sortir Osman-Pacha, et Plewna ne tomba qu'après un siège conduit suivant toutes les règles de l'art.

Depuis lors, d'une part, la technique de l'armement des places a fait des progrès énormes, et, de l'autre, celle de l'attaque ne s'est pas moins développée.

Nous avons consacré, dans notre ouvrage, tout un chapitre à la *Guerre de forteresse*, en observant toujours la règle de ne formuler d'opinion sur les questions techniques qu'en l'appuyant de leur examen complet d'après les spécialistes militaires. Ce sujet est très complexe ; et, pour son entière élucidation, il exigerait un exposé détaillé d'un caractère trop spécial. Notre but étant plutôt de le rendre accessible aux lecteurs non spécialistes, nous nous sommes efforcé, dans le cours de l'ouvrage, d'expliquer surtout, au moyen de dessins, les différents points de la question.

Ici, nous ne donnons que des conclusions générales.

Plus une forteresse est importante, plus il est difficile à l'ennemi de la tourner, parce que, s'il s'y trouve des forces susceptibles d'être employées offensivement, elles menaceraient les communications de l'envahisseur. Quant à se garantir contre une place forte en se contentant d'établir des corps d'observation devant elle, c'est chose

Attaque systématique des places fortes.

---

(1) En France, on n'avait pas songé à organiser à l'avance l'armement de défense des forteresses. Autrement, comment expliquer qu'à Strasbourg — place forte ayant une garnison de 20,000 hommes, — il n'y eût que quatre sapeurs du génie ? A Toul, pour un armement de 71 pièces, il n'y avait pas un artilleur ; à Marsal, il y en avait un seul pour 18 pièces, et au fort Mortier, quatre pour 7 canons. Comment expliquer, en outre, que la forteresse de Longwy n'eût au début qu'un commandant et pas de garnison et qu'on n'eût demandé une garnison pour Metz que quelques jours après la déclaration de guerre ?

impossible, car si le commandant de cette place forte est un homme d'action, il attaquera et dispersera les troupes d'observation. Quant à l'investissement des grandes forteresses dont la garnison peut entreprendre de fortes sorties, c'est chose qui demande des troupes nombreuses et beaucoup de temps.

Pour investir une place moderne, munie, par exemple, d'une ceinture de 13 forts, éloignés l'un de l'autre de 4 kilomètres avec des batteries fortifiées entre eux, il faut, d'après les calculs de Brialmont, une armée de 122,000 hommes et un corps de siège spécial de 50,000, c'est-à-dire en tout 172,000 hommes.

Or, on doit noter que la ligne d'investissement autour de Paris était occupée à raison de 2, 8 hommes par mètre courant. Pour investir dans ces conditions la place citée comme exemple par Brialmont, il faudrait une armée d'investissement de 246,400 hommes, ce qui, avec le corps spécial de siège, ferait un total de 296,400 et non plus seulement 172,000.

Pour donner une idée du temps que peut exiger le siège d'une place forte moderne, nous donnons ici un calcul approximatif emprunté à un ouvrage français sur l'attaque et la défense des places (1).

Période de l'investissement et de l'arrivée du matériel de siège.	Pour repousser les troupes avancées de l'ennemi	8 jours.	30 jours
	Pour occuper des positions afin de resserrer l'investissement	10 jours.	
	Établissement et organisation des parcs	12 jours.	
Attaque des forts de première ligne.	Construction et armement des batteries de la première position d'artillerie.	12 jours.	45 jours
	Lutte d'artillerie et bombardement.	8 jours.	
	Occupation des emplacements destinés aux batteries de la seconde position d'artillerie et travaux d'approche pour s'emparer des forts.	25 jours.	
	A reporter. . . .		75 jours

(1) *Attaque et défense des places fortes ou guerre de siège.* Publié avec le concours d'officiers de toutes armes et sous le patronage de la *Réunion des officiers.* — Bruxelles, 1886.

Report. . .   75 jours

Occupation successive des forts avancés et attaque de
la ligne de défense intermédiaire . . . .   20 jours

Attaque et prise de la place forte centrale . . . . . .   25 jours

Total. . . . .   120 jours

Mais actuellement l'opinion est très répandue parmi les ingénieurs et les artilleurs, qu'en raison du perfectionnement de l'artillerie actuelle, les forteresses ne seront pas assiégées méthodiquement, et qu'on les attaquera à force ouverte. — Contre le tir vertical des shrapnells lancés au moyen de canons courts et de mortiers, les fortifications ne donnent aucune protection ; car ces projectiles atteignent même un objectif placé immédiatement en arrière des remparts. De plus, le tir direct des gros canons éventre ces remparts et y ouvre libre passage aux colonnes d'assaut ; l'adoption de projectiles, renfermant d'énormes charges de substances explosives, augmente tellement l'action destructive même des coups isolés contre les ouvrages, que tous ceux précédemment élevés sont devenus inutiles et que les nouveaux, protégés par des cuirasses de béton, n'inspirent qu'une médiocre confiance. Il suffira même d'un tir peu prolongé avec de tels projectiles, pour mettre les fortifications entièrement hors d'état de se défendre.

Le représentant principal de ce système est le général von Sauer qui propose un procédé d'attaque abrégé. D'après ses explications, la différence entre l'attaque méthodique et l'attaque abrégée consiste en ceci : « L'attaque systématique ou régulière se dirige essentiellement sur un seul front de la place, au lieu que l'attaque brusquée menace, autant que possible, tous les fronts accessibles. Et tandis que la première méthode permet à l'assiégé de concentrer tous ses moyens de défense sur un seul front et même sur un seul point de ce front, l'attaque brusquée est calculée au contraire pour empêcher cette concentration afin de permettre de triompher plus facilement des forces dispersées de la défense ».

L'attaque brusquée des places fortes.

Contre l'attaque systématique, les mesures de défense consistent avant tout à fortifier puissamment à l'avance le front ou les fronts qui, d'après la disposition des routes, la proximité des matériaux pouvant servir à la construction des batteries et la configuration du terrain, risquent d'être les plus menacés. Contre l'attaque brusquée, qui s'appuie sur des considérations plutôt tactiques que techniques, il faudrait fortifier ainsi tous les fronts, ce dont on n'a pas toujours le moyen. Et c'est précisément sur cette circonstance, comme aussi sur la mobilité des canons actuels et la difficulté de se couvrir partout contre les projectiles qu'ils lancent, qu'est essentiellement fondée l'attaque « tactique », qui, on le comprend, est toujours dirigée non pas contre les points forts, mais contre les parties faibles de la place.

Les défenseurs de la place opposeront à l'assaillant quatre séries successives d'obstacles, qui sont : la *ligne de résistance avancée*, c'est-à-dire une ligne de défense située en avant du terrain environnant; la *ligne principale de défense;* la *ligne à intervalles* ou ligne des réserves et, enfin, l'*enceinte fortifiée continue* ou *noyau central*.

L'occupation de la seule ligne avancée exigera déjà des efforts considérables ; car elle consistera en un système d'ouvrages de campagne répartis de façon à être le plus possible à l'abri du feu de l'ennemi.

On accumulera sur le terrain de nombreux petits abris en terre, — dans le genre des terriers, — qu'il sera impossible à l'ennemi d'apercevoir de loin et contre lesquels l'action de l'artillerie est sans danger, tandis que du fond de ces terriers des tireurs habiles feront leur œuvre.

Mais dans l'attaque de la ligne principale de défense, il faut songer que les progrès réalisés par le feu de l'artillerie et des armes portatives peuvent être utilisés aussi bien au profit de la défense que de l'attaque.

La guerre nord-américaine de 1861-1864, la guerre franco-prussienne de 1870-71 et la guerre russo-turque de 1877-78 ont fourni assez d'exemples de ce qu'il faut d'efforts et de victimes, pour venir à bout d'un adversaire qui sait tirer parti des ouvrages de défense construits à l'avance et de ceux qu'il leur ajoute ensuite. Que sera-ce dans la guerre future, quand le défenseur s'appuiera sur tout un système de fortifications préparé d'avance pour défendre un pays?

Or, des milliards ont été dépensés en Allemagne et en France depuis 1870, en Russie depuis 1882, en Italie, en Autriche, en Belgique et en Suisse plus récemment encore, pour rendre les frontières de ces pays inaccessibles et pour qu'au cas où l'ennemi viendrait à les franchir, tout fût prêt pour lui résister sur d'autres points de défense disposés en arrière.

Non seulement les frontières de tous les États sont semées de forteresses, mais, en outre, des forces nombreuses sont, dès le temps de paix, stationnées à proximité ; et, pour amener à celles-ci les hommes rappelés pour compléter leurs effectifs, il existe une telle quantité de chemins de fer que, dès le premier moment, les armées seront presque immédiatement en présence l'une de l'autre, et que l'espace laissé libre par leurs mouvements sera très restreint. Dans ces conditions, il faudra qu'à l'avenir toutes les opérations soient amenées à un degré de préparation inconnu jusqu'ici, surtout en ce qui touche au franchissement des lignes frontières.

En présence des centaines de milliers d'hommes qui peuvent se concentrer rapidement sur ces lignes frontières, il ne faut pas songer à les franchir sans toute une série de combats.

Le défenseur sait jusqu'à un certain point, à l'avance, dit le général Lewal (1), où auront lieu les combats. Il connaît les principaux points de concentration de l'ennemi, qui lui sont indiqués par les nœuds de ses voies ferrées et par ses magasins militaires. La masse attire la masse : telle est la loi de l'attraction à la guerre. L'ennemi marchera contre le gros de nos forces ; la direction générale de sa concentration peut être prévue, et on peut même déterminer approximativement les points de rencontre. De sorte que ces *grandes inconnues* dont on parle tant n'existent presque pas au commencement des opérations et que, de chaque côté, il sera peut-être parfaitement possible de se fortifier sur les points qui se correspondent.

Aujourd'hui, l'armement de toutes les armées européennes peut être considéré comme de force égale ; la préparation des hommes, comme leur développement intellectuel et leur courage, y sont à peu près à la même hauteur. Par conséquent, si l'on met de côté les qualités du commandement en chef, comme une chose impossible à prévoir, il faut en venir à cette conclusion, qu'entre les armées des deux partis opposés, il ne peut y avoir d'autre inégalité que celle du nombre. De sorte qu'en supposant aussi même effectif de part et d'autre, on arrive au complet équilibre des forces avec égalité des chances de succès pour les deux adversaires et, peut-être aussi, des craintes que chacun d'eux peut inspirer à l'autre.

Et naturellement se pose cette question : Étant donné que les forces dont la France et la Russie disposent sont sensiblement les mêmes que celles de la Triple-Alliance, est-il possible que les armées du pays assaillant obtiennent, avec la façon dont sont fortifiées les frontières, de prompts et décisifs succès ?

_____

(1) Général Lewal, *Stratégie de combat*, Journal des Sciences militaires.

Les comparaisons qu'on pourrait faire avec le passé, à ce point de vue, sont peu instructives. Il n'y a pas encore eu d'exemple de pays ainsi préparés à la défense. Nous nous trouvons en face d'un phénomène menaçant. Dans toutes les armées, on enseigne la théorie de la supériorité de l'offensive ; et cependant on organise des positions défensives tellement fortes, que leur existence ne peut manquer d'influer sur le caractère des opérations.

La guerre future, quoi qu'on en puisse dire, sera une lutte qui se livrera derrière des positions fortifiées et qui, par là même, sera très longue.

Si, en même temps que se perfectionnaient les engins de combat, il ne s'était produit également une modification radicale dans la force vivante qui, d'une part, met ces engins en œuvré et, de l'autre, se trouve aussi leur servir d'objectif, on pourrait encore tirer du passé des conclusions applicables à l'avenir. Mais maintenant, ce seront des nations entières qu'on verra sous les armes ; ou plutôt, ce sera la fleur de chaque nation ; ce seront des millions d'hommes pris de la veille dans toutes les couches du milieu social, travailleur et productif. Les vides laissés dans ce milieu par leur départ ne seront pas remplis, et leur absence y sera ressentie chaque jour. D'autres millions d'êtres attendront sans cesse, en tremblant pour eux, des nouvelles de leur sort ; et, à la destruction de divisions entières, il sera répondu par les gémissements, mais peut-être aussi par les protestations de centaines de milliers d'individus.

Cependant, la plupart des écrivains militaires, comme il convient sans doute à des spécialistes qui s'attachent surtout aux côtés techniques de l'affaire, envisagent la question de la guerre future d'une façon tellement objective, qu'ils ne voient pas les liens par où elle se rattache aux questions psychologiques et sociales et qu'ils semblent en perdre de vue, — parlons franchement, — le côté humain.

Voilà pourquoi nous ne pouvions pas borner notre étude des conditions de la guerre future à comparer le degré de préparation, à cette guerre, des différents peuples. — Les forces armées représentent aujourd'hui les nations elles-mêmes. Et celles-ci, d'après la remarque de Taine, « jugent, non pas avec leur tête, mais avec leur cœur ». — Peut-être faut-il donc chercher, dans le sentiment national même, des indices sur l'état d'esprit dans lequel les armées partiront pour la guerre, et qui pourra s'y manifester lors des premiers succès ou revers.

Mais ce sentiment national est un produit de l'éducation et du caractère de chaque peuple, du développement de sa culture intellectuelle, de la prédominance qu'y peut avoir la population urbaine ou rurale, enfin de l'idéal politique et social régnant, à un moment donné, dans tel ou tel pays.

Voilà pour quelles causes, dans le chapitre consacré à *La composition et l'esprit des armées*, nous avons d'abord examiné les impressions qu'on éprouverait désormais sur le champ de bataille, par suite de l'absence de l'écran d'épaisse fumée qui masquait autrefois les combattants. — Mais, en général, dans ce chapitre, nous nous sommes efforcé d'étudier l'esprit militaire des principales nations d'Europe, avec les particularités propres à chacune d'elles.

En même temps, nous avons essayé de rappeler tout ce qui peut être tiré de l'étude des guerres précédentes pour donner une idée du caractère de chacune des principales armées européennes. Seulement, les exemples pris là ne peuvent avoir qu'une signification tout à fait conditionnelle. L'esprit de l'armée dans tel ou tel pays, même avec l'ancien état de choses, ne se maintenait pas toujours à la même hauteur. A un puissant soulèvement, succédait parfois une chute inattendue, ou inversement. Et ces changements se produisaient à des intervalles n'excédant pas le temps qui nous sépare des dernières grandes guerres européennes.

Le trait caractéristique de notre temps, c'est précisément la rapidité avec laquelle tout se modifie au point de vue tant matériel qu'intellectuel. Il suffit maintenant de quelques années pour amener, dans la vie sociale, plus de changements qu'on n'en voyait autrefois pendant des dizaines d'années tout entières; et cela n'a rien de surprenant. Cette grande mobilité de la vie a pour cause la diffusion de l'instruction, l'action des Parlements, des associations, l'influence de la presse et des nouveaux moyens de communication. Ces mêmes causes ont pour résultat que, de notre temps, dans les pays occidentaux de l'Europe, les esprits se trouvent dans un état d'agitation continuelle.

Un autre trait saillant de l'époque actuelle est signalé par Hervinus dans les lignes suivantes : « Les mouvements de notre siècle proviennent de l'instinct des masses; et c'est un trait historique très caractéristique, que la rareté, dans ces masses, des exemples d'une puissante influence exercée par des individus, membres du gouvernement ou simples particuliers. De notre temps, comme au xvi⁰ siècle, les nations mêmes se meuvent par masses dans toutes leurs portions et couches sociales (1). »

La liste éminente des grands génies s'est diminuée, mais le nombre des talents moyens s'est 'beaucoup accrû. Peu de choses grandes et élevées sont directement accomplies par des individus ; mais au total, il s'est fait réellement un grand changement dans l'existence sociale.

Voilà les causes pour lesquelles l'étude de l'esprit de l'armée dans les guerres futures avait, pour notre travail, une énorme importance.

Nous avons dû nous poser cette question : Quel pourra être l'état d'esprit des masses armées actuelles, en cas de défaite, et même en cas de victoire, si la lutte se prolonge trop ? Quel effet les nouvelles venant du théâtre des hostilités produiront-elles sur le reste de la population, qui se trouvera aux prises avec les effets ruineux de la guerre ? A quelles perturbations peut-on s'attendre après la fin de celle-ci, quand les millions de soldats, levés pour la faire, rentreront dans leur maison vide et dévastée ?

Appréciation des qualités des troupes.

Nous avons cherché à recueillir des données qui permissent d'élucider ces questions ; et, dans ce but, nous en avons séparé les éléments constituants, en nous appuyant sur des exemples et sur les modifications survenues dans la composition des troupes, l'armement et la tactique. Mais, en voulant déduire de ces données toute une série de comparaisons, nous nous exposions à des répétitions fatigantes sur le degré des différentes qualités possédées par telle ou telle armée ; et il nous eût même été difficile de formuler, avec quelque netteté, une appréciation sur l'ensemble des qualités militaires des différentes armées, au double point de vue de leur emploi pour l'attaque et pour la défense.

Aussi, pour plus de simplicité et de clarté, avons-nous essayé de représenter, par des rapports numériques approchés, les différents caractères qu'il est permis d'attribuer aux troupes des principales puissances. En un mot, nous avons eu recours ici à un procédé appliqué dans les statistiques qui concernent la moralité, l'instruction et l'état sanitaire en différents pays : nous avons fait des comparaisons au moyen de rapports approximatifs, exprimés en chiffres, et qui représentent la valeur attribuée aux différentes armées, comme aptitude pour les opérations offensives et défensives.

---

(1) Introduction à l'*Histoire du XIX⁰ siècle.*

Cette comparaison par les chiffres a été établie d'après les éléments suivants : 1° faculté de se plier à une nouvelle situation militaire ; 2° composition et recrutement du corps d'officiers ; 3° faculté d'initiative ; 4° endurance à supporter les fatigues et les privations ; 5° discipline ; 6° absence de tendances égoïstes nuisibles au bien général ; 7° confiance dans les chefs et les camarades ; 8° âge, état d'esprit et mode de recrutement des hommes de troupe ; 9° confiance dans la valeur de l'armement ; 10° courage.

Comme résultat final, nous avons obtenu les chiffres suivants, qui peuvent caractériser à peu près la valeur comparative au combat, des troupes des principales puissances européennes :

	Dans l'attaque		Dans la défense	
	Troupes de 1re ligne	Troupes de 2e ligne	Troupes de 1re ligne	Troupes de 2e ligne
Allemagne. .	95	80	98	86
Autriche. . .	80	68	86	76
Italie	65	51	74	59
France . . .	72	59	85	72
Russie . . .	88	80	94	86

De ce que nous avons exposé dans les précédents chapitres, s'est dégagée de plus en plus nettement, et vraiment menaçante, la physionomie que doit présenter la guerre future, tant sous le rapport des victimes qu'elle fera dans la population qu'au point de vue des risques courus par les pays qui y prendront part. Mais ces deux considérations ne sont pleinement élucidées que dans le chapitre où nous indiquons comment les auteurs militaires se représentent la direction générale des opérations de toutes les forces de chacune des grandes puissances, c'est-à-dire ce que l'on entend sous le nom de « plans d'opérations ».

Avant tout, nous avons dû faire observer que la plupart des écrivains militaires, tout comme les spécialistes, portent principalement leur attention sur les côtés techniques de la question : ils ne considèrent la guerre future et les plans d'opérations qu'au point de vue de l'obtention des résultats poursuivis en détruisant par les armes les troupes de l'ennemi. Quant aux troubles économiques et sociaux qui se manifesteront au moment de la mobilisation, de même qu'à la suite de la guerre, s'ils s'en préoccupent, c'est uniquement comme de choses tout à fait secondaires.

Les plans des opérations militaires. Tome II.

Cependant, on ne peut se contenter d'examiner le seul côté technique de la marche et des résultats des opérations. Contrairement à ce qui avait lieu autrefois, la guerre future ne se terminera point, selon toute vraisemblance, par cela seul qu'un plus ou moins grand nombre de gros succès auront été remportés par un parti sur l'autre, mais bien parce que la machine militaire se sera disloquée, précisément sous l'influence de causes économiques et sociales.

Au cours des vingt-cinq dernières années, il s'est produit de tels changements dans la façon même de conduire les opérations militaires que, par ses traits les plus essentiels, la guerre future ne ressemblera pas aux précédentes. Des autorités militaires incontestables, comme le maréchal de Moltke et beaucoup d'écrivains militaires, ont émis l'hypothèse qu'elle se prolongerait pendant des années.

Mais dans les conditions actuelles, en Angleterre, en Italie, en Autriche, en Russie, en Allemagne, en France, — dans tel pays pour un motif, dans tel autre pour un autre, — se manifesteront des phénomènes qui forceront à conclure la paix avant d'avoir atteint les objectifs que la guerre avait en vue.

En raison de l'appel sous les drapeaux de la population masculine adulte presque entière, comme aussi par suite de l'interruption des communications maritimes, de l'arrêt du commerce et de l'industrie, de l'élévation du prix de tous les produits nécessaires à la vie et des paniques éprouvées par la population, les revenus des particuliers et le crédit public s'abaisseront forcément. Au point qu'on peut douter qu'il soit possible à tous les États de se procurer, dans les limites de temps indiquées par les spécialistes militaires, les ressources suffisantes, tant pour entretenir leur armée et satisfaire aux besoins de leur budget, que pour faire vivre la population civile demeurée sans salaires.

Et comme, en raison des alliances conclues, tous les plans d'opération reposent sur les mouvements simultanés des troupes alliées, qu'adviendra-t-il de ces combinaisons militaires entre les armées des différents pays, dès l'instant que l'un ou quelques-uns d'entre eux se verront contraints de cesser d'agir avant les autres ?

Si ces questions n'ont pas encore été suffisamment travaillées, c'est peut-être justement parce que les autorités militaires n'étudient que les guerres passées et ne se rendent pas assez compte de ce que la guerre future présente, au point de vue économique et social, des conditions entièrement nouvelles; mais ces conditions, à leur tour, influeront sur la façon même de conduire les opérations militaires.

Les armées modernes, avec leurs nombreux millions d'hommes, ne pourront plus, comme autrefois, vivre et se procurer tout ce qui leur sera nécessaire en puisant surtout dans les ressources locales. Ces armées ne pourront opérer qu'à la condition de se réapprovisionner constamment aux bases organisées à l'intérieur même de leurs pays respectifs.

L'insuffisance des ressources, ou même seulement l'impossibilité de se les procurer à temps, par suite de l'interruption des communications ou du mauvais fonctionnement de l'administration, amèneraient dans les armées, avec leur effectif actuel, la faim et les privations, dont l'effet permettrait à l'ennemi d'atteindre le but qu'il poursuit avec moins de danger et plus vite qu'en combattant. Aussi, dans la guerre future, pourra-t-il fort bien naître, — chez certaines nations après une lutte qui aura coûté trop de victimes, chez d'autres par suite de leur confiance dans leur supériorité d'organisation, — l'idée de ne compter, pour décider de l'issue de la guerre, que sur l'épuisement des ressources de l'ennemi, et de n'employer les armes contre lui que comme un moyen auxiliaire.

Mais de tels calculs risquent de se trouver déçus, attendu qu'une grande guerre, avec les engins modernes employés pour la faire, peut très bien entraîner dans son orbe de destruction tous les États qui y prendront part, ce qui rend possible la manifestation des phénomènes les plus imprévus.

En présence d'une telle situation, nous avons cru nécessaire de donner, dans les chapitres du tome II consacrés aux *Plans des opérations militaires* une place assez importante à l'examen des facteurs économiques et psychologico-sociaux qui peuvent influer sur le choix de tel ou tel mode d'action et sur la marche même de la guerre.

Et ici, nous avons encore employé le même procédé que dans les chapitres consacrés à *La composition et l'esprit de l'armée* pour apprécier les qualités des troupes de tel ou tel pays : c'est-à-dire le procédé d'évaluation chiffrée comparative, en exprimant par 100 la force de résistance complète de tel ou tel élément à l'influence destructive de la guerre; et, comme dans le chapitre sur *L'esprit de l'armée*, nous avons motivé les chiffres adoptés pour chaque point.

Pour la justesse absolue des conclusions, il faudrait apprécier séparément chacune de ces influences spéciales, car elles sont, en général, d'inégale importance. Mais ce serait difficile, parce que l'importance de chacun de ces éléments sera très différente suivant la situation créée par la guerre elle-même, et dépendra de circonstances accidentelles que nous avons mentionnées.

En outre, les différences d'importance entre ces éléments varieront presque toujours pour chaque pays. Voilà pourquoi, en essayant seulement de les apprécier pour ceux qu'on doit avoir en vue dans l'établissement des plans d'opérations, nous nous permettons d'exprimer l'espoir que les gouvernements eux-mêmes entreprendront quelque jour une étude de la question, afin de savoir si leurs peuples respectifs pourront supporter les misères économiques et sociales que la guerre traîne après elle.

En tout cas, comme on trouve déjà réunis dans notre travail d'assez nombreux matériaux pour se former une opinion à ce sujet, il ne sera pas difficile à qui le voudra de rectifier nos appréciations.

C'est donc en inscrivant dans un tableau les chiffres approximatifs qui expriment, selon nous, le degré de résistance que peuvent opposer les grandes puissances du continent aux influences destructives d'ordre économique et social, et en déduisant de ces chiffres la valeur moyenne de résistance de chacun d'eux, que nous avons obtenu les résultats suivants :

Degré de résistance	Allemagne	Autriche	Italie	France	Russie
Contre l'arrêt des sources de revenus de la population.	50	85	75	60	100
Contre l'épuisement des ressources de la population.	80	60	50	100	60
Contre la famine. . .	78	90	70	80	100
En face de la domination des éléments urbains et des mouvements socialistes	80	90	70	60	100
En face des secours nécessaires aux familles des réservistes appelés sous les drapeaux . . .	70	70	60	80	90

Degré de résistance	Allemagne	Autriche	Italie	France	Russie
En face du manque d'habitude de solidarité sociale	80	80	50	60	70
Aux conséquences économiques des cas de mort et de mutilation survenus dans les troupes pendant la guerre. .	90	85	85	60	100
A l'impossibilité de mener la guerre à bonne fin faute de ressources financières	90	70	60	100	80
Degré de résistance moyen à l'ensemble de toutes les causes sus-indiquées	76	79	65	75	88

En pesant simultanément les huit sortes d'influences sus-indiquées on ne peut manquer d'arriver à conclure que, comme chaque peuple a son côté faible, il est impossible de songer à faire durer une guerre pendant deux ans, ce que les spécialistes jugent nécessaire pour obtenir des résultats. La plupart des nations ne la supporteraient même pas une seule année.

En considérant les forces qui seront mises en ligne des deux côtés, dans des proportions qu'on n'a encore jamais vues, et les règles tactiques motivées par le nouvel armement, de Moltke a formulé, dans ses Mémoires, l'opinion suivante :

« Nous admettons qu'on ne verra pas se renouveler la guerre de Trente Ans, ni celle de Sept Ans. Néanmoins, quand des millions d'hommes s'aligneront les uns en face des autres et se livreront un combat acharné pour leur existence nationale, il est difficile d'admettre que la question se résolve par quelques victoires. »

Le général Leer s'exprime plus catégoriquement : il admet que la guerre durera d'un an à deux ans.

Toutefois, depuis que cette indication a été formulée, les armées ont presque doublé et les conditions de leur conduite se sont encore compliquées ; par conséquent, on doit considérer la durée indiquée par le général Leer comme un minimum.

Il est donc assez probable que la conclusion de la paix aura lieu non pas tant par suite de victoires qu'en raison de l'épuisement des forces opposées.

En tout cas, les alliances se dissoudront avant que n'aient été atteint les objectifs poursuivis par la France ou par l'Allemagne.

Pour s'en convaincre, il faut avant tout insister sur les modifications qui, par suite du perfectionnement des armes et de la composition actuelle des armées, se sont produites dans les rapports entre l'attaque et la défense.

Tous les progrès ont tourné au profit de cette dernière; et la théorie de la supériorité de l'offensive, déduite des guerres précédentes, a perdu de son importance, par suite de la transformation radicale d'éléments fondamentaux comme l'armement des troupes et le système de fortifications.

Dans le chapitre consacré à *L'esprit de l'armée*, nous avons examiné 'en détail jusqu'à quel point tel ou tel mode d'opérer correspond à l'état d'esprit des diverses armées. Et nous sommes arrivé à trouver entre celles-ci, au profit de la défense, les différences en pour cent ci-dessous :

	Troupes de 1re ligne	Troupes de 2e ligne
	Supériorité de qualités dans la défense	
' En Allemagne . . .	3 0/0	6 0/0
En Autriche	6 0/0	8 0/0
En Italie	9 0/0	8 0/0
En France	13 0/0	13 0/0
En Russie	7 0/0	7 0/0

Ces chiffres montrent que, dans certains pays, comme par exemple, la France, l'Italie et la Russie, la différence au profit de la défense est très appréciable.

Effectifs des troupes sur les théâtres de la guerre. Passant au deuxième élément fondamental qui sert à l'établissement des plans de campagne, c'est-à-dire à l'effectif des forces offensives et défensives dont les puissances disposent, nous nous sommes arrêté aux totaux suivants, établis d'après les données qui nous ont semblé les plus vraisemblables.

L'effectif général des troupes de toutes catégories, plus ou moins prêtes à la guerre, qui auraient pu être mises sur pied en 1896, et le nombre de canons dont ces troupes eussent disposé s'élevaient :

	Milliers d'hommes	Canons
En Allemagne, à .	2.550	4.552
— Autriche-Hongrie, à .	1.304	2.696
— Italie, à .	1.281	1.764
Total. .	5.135	9.012
En France, à .	2.554	7.320
— Russie, à .	2.800	4.952
Total. .	5.354	12.272

Ensuite nous avons entrepris d'esquisser les plans d'opérations militaires attribués dans des discours politiques ou des ouvrages militaires à différentes puissances. Là, nous avons dû surtout jeter un coup d'œil sur l'importance stratégique de la Belgique et de la Suisse au cas d'une guerre entre la France et l'Allemagne. A cette occasion, l'étude des frontières au point de vue stratégique et des précautions prises pour les défendre en France et en Allemagne, ainsi que la discussion des multiples hypothèses émises par la presse, nous ont conduit à conclure que ni la France ni l'Allemagne n'ont intérêt à violer la neutralité de la Belgique ou de la Suisse.

Plus loin, examinant l'importance d'une guerre entre la France et l'Italie, et l'influence qu'elle pourrait avoir sur la marche des opérations accomplies sur les autres théâtres·des hostilités, nous sommes arrivé à conclure que ni l'Italie ni la France ne trouveront avantageux ou même possible d'entreprendre une offensive énergique sur le territoire ennemi. Nous avons aussi montré que, par suite de la mauvaise situation économique de l'Italie et de l'impopularité qu'aurait, dans ce pays, une guerre avec la France, cette guerre devrait cesser bien avant qu'on ne fût arrivé au moindre résultat décisif dans celle qu'auraient simultanément entreprise la France et l'Allemagne : ces deux pays ayant une organisation militaire autrement solide et possédant une bien plus grande force de résistance que l'Italie aux influences économico-sociales de la guerre. D'où, pour la France, la possibilité d'utiliser, au moment le plus critique pour elle de sa lutte avec l'Allemagne, toutes les forces qu'elle aurait préparées contre l'Italie.

Là-dessus, passant aux hypothèses que comportent les opérations militaires entre la France et l'Allemagne, nous avons dû, par suite de la façon dont s'influenceraient mutuellement les guerres entreprises à la fois, dans l'Ouest et dans l'Est de l'Europe, essayer de faire une répartition, entre tous les théâtres d'hostilités, des forces de la Double et de la Triple-Alliance.

En nous basant sur des calculs détaillés, nous sommes arrivé à en présenter une au moins vraisemblable des combattants susceptibles d'être mis en ligne sur ces différents théâtres (1), — déduction faite des troupes qui seraient laissées en garnison à l'intérieur de chaque pays et pour en garder les frontières contre l'intervention inopinée d'un État neutre quelconque :

	Allemagne	Autriche	Italie	Total	Russie	France	Total
			En milliers d'hommes				
Sur le théâtre de la guerre austro - ger - mano-russe. .	690	979	»	1.669	2.539	»	2.539
Sur le théâtre de la guerre franco - alle - mande	2.035	»	»	2.035	»	2.126	2.126
Sur le théâtre franco-italien .	»	»	700	700	»	500	500
Totaux génér.	2.725	979	700	4.404	2.539	2.626	5.165

Il va de soi que toute cette masse ne sera pas employée à la fois. 'Souvent les campagnes passées ont commencé avec 1/4 ou

---

(1) D'après les données empruntées à *La marine dans les guerres modernes,* le total des forces a été évalué comme suit :

	Hommes instruits	Hommes peu instruits	Hommes non instruits
		En milliers	
Allemagne	3.228	396	3.576
Autriche	1.545	520	3.300
Italie.	1.114	610	1.005
Russie	3.560	213	8.191

Comme effectif des forces amenées sur le théâtre de la guerre, nous avons admis :

	Armées actives	Réserves	Total
	En milliers d'hommes		
Allemagne	1.611	1.925	3.536
Autriche	1.263	529	1.792
Italie.	753	429	1.162
Russie	1.385	1.100	2.455

même 1/8 seulement des troupes qu'on voulait employer à l'obtention d'un résultat déterminé : à l'avenir, toutefois, les conditions de la guerre, sous ce rapport aussi, se modifieront complètement. La rapidité d'une mobilisation, effectuée avec un réseau de voies ferrées construit spécialement dans un but stratégique, permet de concentrer directement les troupes mobilisées sur les frontières, où elles viennent s'ajouter aux forces armées considérables qui, dès le temps de paix, sont entretenues dans ces mêmes régions. D'où la possibilité de mettre immédiatement face à face des millions d'hommes armés de part et d'autre. Comme, en tous cas, l'assaillant doit être numériquement supérieur au défenseur, le problème de la disposition des troupes le long des frontières, et des moyens de les faire passer du pied de paix au pied de guerre, présente un intérêt de premier ordre. Mais l'examen de cette question ne rentre pas dans les limites de notre étude actuelle, et nous nous contenterons de citer ici l'opinion de l'une des premières autorités en fait d'art militaire moderne, le général belge Brialmont. Il admet que la France et l'Allemagne pourront mobiliser immédiatement : la première 19 et la seconde 20 corps d'armée de 45 à 50,000 hommes chacun ; corps dont on formera 4 armées d'effectif inégal qui constitueront la première ligne des troupes d'opérations. Quant aux troupes de seconde ligne, d'après le même général Brialmont, elles représenteront plus d'un demi-million d'hommes de chaque côté.

Ainsi le général pense que, sur le théâtre de la future guerre franco-allemande, les forces opposées seront presque égales et représenteront environ un million et demi d'hommes de part et d'autre. Mais comme ces calculs remontent à 1892 et que, depuis lors, le service de deux ans a été introduit en Allemagne, nous admettrons que l'effectif des troupes de seconde ligne peut être évalué à un million. Et comme, à effectif presque égal, avec la façon dont sont fortifiées les frontières, la défense aurait la supériorité, les opérations offensives sérieuses de l'Allemagne contre la France ne pourraient commencer qu'après l'envoi sur la frontière française d'une plus grande quantité de troupes. Dans cette hypothèse, l'Allemagne ne pourrait songer sans doute à une offensive simultanée contre la Russie. Elle serait forcée, après avoir détaché une partie de ses troupes pour renforcer l'armée autrichienne, de faire prendre aux forces qui lui resteraient disponibles une attitude défensive.

Voilà pourquoi nous évaluons à 1,669,000 hommes l'effectif des forces austro-hongroises lancées contre la Russie qui leur en opposerait 2,539,000.

D'après cela, nous avons pu déterminer la situation des deux partis, et nous sommes arrivé à conclure que l'Allemagne, profitant de ses facultés de mobilisation et de concentration plus rapides, voudra s'assurer à tout prix un succès au début ; mais nous avons également admis que la France fera tout son possible pour corriger les échecs éprouvés dans les premières rencontres.

Pour se rendre compte des conséquences probables que peut avoir cet état de choses, il fallait examiner les conditions dans lesquelles pourrait être entreprise une nouvelle invasion des Allemands en France, ou une attaque des Français contre les forces allemandes ; ce qui nécessitait tout d'abord l'étude de la fortification des frontières franco-allemandes, et des routes probables de pénétration en France et en Allemagne.

L'examen de ces conditions montre l'impossibilité de tourner la ceinture de fer reconstituée autour de la frontière française. Il n'y a pas d'autres moyens, pour une armée allemande, d'entrer en France, que d'attaquer de front les positions fortifiées qui la couvrent, ou de pénétrer par les étroits passages ménagés à dessein dans la ligne de défense. Passages et positions défendus d'ailleurs par des forces militaires susceptibles d'atteindre, très peu de temps après la mobilisation, un effectif supérieur, où tout au moins égal à celui des troupes allemandes.

Ces troupes seront, il est vrai, meilleures que les troupes françaises ; mais l'appréciation faite par nous montre que la différence n'est pas bien grande. Nous avons évalué comme il suit la valeur des troupes allemandes pour l'attaque et des troupes françaises pour la défense :

	De 1re ligne	De 2e ligne
Troupes allemandes	95	80
» françaises	85	72

Ayant admis que l'armée allemande franchisse la zone frontière d'opérations et marche sur Paris par la route qu'a indiquée le général Brialmont, nous sommes arrivé à conclure qu'au moment où la défensive française aurait réuni 1,160,000 hommes, il n'en resterait aux Allemands, pour assiéger Paris, que 520,000.

L'ancien chancelier allemand, général Caprivi, homme d'une compétence incontestable dans les questions militaires, a dit, lors de la discussion par le Reichstag de la nouvelle loi militaire : « Si l'armée française est battue et se retire derrière les murs de ses forteresses, le blocus des fortifications actuelles de Paris exigera, en se basant sur ce qui s'est passé en 1870-71, que nous disposions de 18 corps d'armée, sans compter les réserves correspondantes. Il est même très probable qu'il faudrait maintenant conduire le siège de Paris sur un seul front, et l'exemple de Sébastopol montre que cela peut exiger une année entière ».

Cependant notre étude de l'état où se trouvera l'armée assiégeante conduit à conclure que, même si les forces militaires de l'Allemagne se trouvaient suffisantes pour bloquer Paris, tout en assurant leurs derrières, les difficultés économiques et sociales ne permettraient pas de mener l'affaire à bonne fin.

En examinant la possibilité d'une invasion des Français en Allemagne, on observe qu'avec les conditions actuelles de mobilisation et de concentration des troupes, cette invasion ne paraît probable que si l'Allemagne, au début de la guerre, restait sur la défensive du côté de l'Ouest, — en s'appuyant sur Metz, Strasbourg, Thionville et les places du Rhin, — pendant qu'elle prendrait l'offensive à l'Est, pour profiter de ce que la vitesse de mobilisation de l'armée russe est un peu moindre que la sienne.

D'après les spécialistes, les seules voies d'invasion en Allemagne, possibles pour une armée française, sont entre Blamont et Longwy, pour marcher de là sur Mayence.

Mais quelles terribles difficultés à surmonter dès le début! Les troupes françaises devraient franchir la Moselle et la Seille, sous les yeux mêmes de l'armée allemande appuyée sur les places de Metz et de Thionville; et, quand elles auraient battu cette armée, il leur faudrait bloquer Metz et Strasbourg, prendre d'assaut les positions fortifiées organisées sur la Sarre, en vue d'une retraite des Allemands, puis celles encore plus fortes établies dans les montagnes du Harz, et, enfin, forcer le passage du Rhin aux environs de Mayence, de Worms, de Mannheim ou de Spire.

Et il faudrait entreprendre tout cela avec des troupes qui sont inférieures, dans la guerre offensive, aux troupes allemandes, surtout si ces dernières s'en tenaient à des opérations défensives.

Après nous être représenté le cours des opérations d'une armée française d'un million et demi d'hommes pénétrant en Allemagne, et contre laquelle ce pays mettrait en ligne 600,000 hommes de troupes de campagne, puis encore environ 600,000 hommes de landsturm, nous sommes arrivé à conclure que le blocus de Mayence et le forcement du passage du Rhin seraient impossibles. — Déduction faite des pertes subies dans les combats et les marches, ainsi que des garnisons, des troupes employées au blocus des places fortes et à la garde des derrières, il resterait : 350,000 hommes de troupes de campagne françaises, dont la valeur est exprimée par le chiffre 72, et 350,000 hommes de troupes de campagne allemandes, dont la valeur, dans la défensive, est exprimée par le chiffre 98, puis encore 375,000 hommes de landsturm, dont nous avons évalué les qualités défensives au chiffre 86.

Mais nous avons fait l'hypothèse que, pour sa défense, l'Allemagne avait appelé 600,000 hommes de landsturm. Faisons maintenant la même hypothèse pour la France, c'est-à-dire admettons qu'elle aussi, pour compléter son armée, appelle 600,000 hommes de troupes territoriales, qui seront utilisées pour les opérations secondaires.

Même dans cette hypothèse, très favorable pour la France, le passage du Rhin ne pourrait encore que bien difficilement s'exécuter. — Mais si les troupes françaises réussissaient à franchir le Rhin, alors, après les pertes subies pendant cette opération et au blocus de Mayence, l'armée française ne compterait plus que 590,000 hommes et aurait en face d'elle 595,000 hommes de troupes allemandes ; de sorte que la supériorité numérique se trouverait déjà du côté des Allemands.

En outre, l'Allemagne aurait encore à sa disposition les réserves du landsturm, dont l'effectif n'est pas inférieur à 1,200,000 hommes. Une partie de ces forces pourrait être aussi portée sur le Rhin, et alors l'armée française se trouverait dans une situation sans issue.

En tous cas, on peut prédire une marche lente et difficile à ces opérations militaires qui, néanmoins, entraîneraient de grandes pertes par suite des forces considérables retenues sur les lignes de défense et devant les différentes places fortes de l'ennemi ; outre, qu'avec l'énormité des armées et leurs stationnements prolongés sur un même point, la question des approvisionnements offrirait des difficultés qu'on n'a jamais rencontrées jusqu'à présent.

Les pertes occasionnées par les blessures, la famine, les maladies ordinaires, les épidémies et peut-être la désertion, amèneront d'autant plus probablement la désorganisation de l'armée que la guerre aura une influence pernicieuse sur la vie intérieure de la France et de l'Allemagne.

Il serait difficile de prédire qui, de la France ou de l'Allemagne, ferait preuve de plus d'endurance au point de vue économique et social et, par là même, dans lequel de ces pays s'arrêteraient le plus tôt les opérations militaires; mais il est assez probable que l'un et l'autre se trouveraient dans une situation très critique. En résumé, les chiffres relatifs à la France et à l'Allemagne montrent que ces deux États possèdent presque la même force de résistance aux influences destructives de la guerre. On ne voit donc pas bien comment, dans de telles conditions, les gouvernements de France et d'Allemagne pourraient se résoudre à s'y engager.

Si maintenant nous nous tournons vers un autre théâtre de la grande lutte européenne supposée, celui des opérations austro-russo-allemandes, nous observons tout d'abord que cette région aussi est semée de places fortes et de lignes de défense. Tant en Russie qu'en Allemagne, les armées d'invasion rencontreront sur leur route des groupes entiers de forteresses et de positions fortifiées, reliées l'une à l'autre, qui serviront de points d'appui à la défense. Bloquer un groupe entier de ce genre, sans les plus sanglants combats, c'est chose impossible; passer au travers est bien difficile; et, quant à le tourner, on ne le pourrait faire qu'en laissant un corps d'observation considérable pour garder ses communications.

Les alliances conclues entre l'Allemagne, l'Autriche et l'Italie, d'une part, la France et la Russie, de l'autre, — étant données les grandes différences que présentent ces pays, au point de vue de leurs forces et de leur endurance à supporter la guerre, — comportent un très grand nombre de combinaisons susceptibles de se présenter le jour où celle-ci viendrait à éclater.

Quand on considère la lutte entre la France, l'Allemagne et l'Italie, il n'est relativement pas difficile de déterminer les plans de campagne qui peuvent être suivis, en combinant les conditions de force, de temps, de lieu et d'intention de chaque adversaire; mais pour une guerre russo-austro-allemande, tout devient beaucoup plus compliqué.

Ici, un grand nombre de combinaisons sont possibles, par suite de l'étendue des théâtres où peuvent se dérouler les hostilités, et peut-être aussi en raison du vaste champ qu'offrirait à l'initiative la forte différence existant dans la durée de la mobilisation et de la concentration des armées adverses, mais surtout à cause des conditions profondément différentes que ces pays présentent au point de vue politique, économique et social.

Il serait, par conséquent, trop difficile d'exposer en détail toutes les questions qui se rattachent aux plans d'opérations sur le théâtre de cette guerre austro-germano-russe. Nous avons donc dû nous tenir dans un cadre quelque peu resserré, et nous n'avons entrepris en effet d'étudier qu'une seule question : celle de savoir s'il serait possible, en présence des conditions techniques et économiques dans lesquelles auront lieu les opérations futures, d'atteindre au moins approximativement les résultats poursuivis par la guerre, — ou, pour mieux dire, d'amener, pour l'un ou l'autre parti, une solution définitive, c'est-à-dire de supprimer les causes qui l'auraient conduit à entreprendre les hostilités.

Dans ces études, nous avons évité d'examiner jusqu'à quel point telle ou telle façon d'opérer pouvait plus facilement assurer la victoire de tel ou tel des belligérants ; et si, par instants, nous avons touché à ce sujet, c'est seulement dans les limites où il se rattachait aux causes déterminantes de la guerre, et pour apprécier la possibilité d'écarter ces causes à l'avenir.

Ce que la plupart des écrivains considèrent comme le plus probable, c'est que l'Allemagne commencera par se jeter d'abord, avec toutes ses forces, sur un seul adversaire ; et qu'ensuite, après avoir brisé sa première résistance, elle s'efforcera de faire passer, au moyen des chemins de fer, le gros de ses troupes d'un théâtre de la guerre sur l'autre.

Mais on se demande de quel côté elle dirigera d'abord son principal effort.

Pour répondre à cette question, il faut prendre note des circonstances suivantes :

Nous avons indiqué déjà pourquoi, actuellement, la mobilisation et la concentration des armées allemandes peuvent s'exécuter plus rapidement que celles des armées française et russe ; de sorte que, relativement à la Russie, l'initiative des opérations appartiendra à l'Allemagne.

Le gouvernement allemand, dans les demandes de crédits et de renforcements des contingents qu'il a adressées au Reichstag, et l'empereur Guillaume personnellement en toute occasion, ont fait connaître que, s'ils demandaient au pays de si gros sacrifices, c'est justement parce que l'Allemagne sera forcée de mener une guerre offensive sur deux fronts à la fois, et que, si l'on agissait autrement, le territoire allemand pourrait être exposé à une invasion accompagnée, pour la nation, des plus terribles misères.

Mais il s'est trouvé que tous les gouvernements européens, immédiatement et sans longtemps réfléchir, ont suivi l'exemple de l'Allemagne, et que les rapports entre les forces sont demeurés les mêmes ;

de sorte que l'alliance austro-italo-allemande ne possède pas une supériorité numérique suffisante pour que l'Allemagne puisse mener une guerre offensive sérieuse de deux côtés à la fois ; même une telle façon d'opérer en présence de la force défensive actuelle des frontières française et russe, comme aussi de la frontière allemande, ne serait guère rationnelle.

Avec ce dédoublement des forces, la guerre se prolongerait davantage ; et cependant, il est de l'intérêt direct de l'Allemagne de battre un de ses adversaires le plus vite possible, attendu que l'Autriche et l'Italie sont moins capables qu'elle de supporter les influences destructives financières et sociales qui peuvent résulter d'une guerre prolongée. Au cours d'une campagne tant soit peu longue, l'un des alliés de l'Allemagne, et peut-être tous les deux, pourraient se trouver forcés de cesser les opérations militaires avant que les résultats poursuivis ne fussent atteints.

En outre, l'Allemagne doit compter avec ce fait que ses adversaires ont organisé de très fortes positions défensives ; si bien que, malgré le concours de tous ses parcs d'artillerie de siège, il lui faudra de grands efforts pour s'emparer des lignes de défense, même d'un seul de ses ennemis.

Donc, le plus probable, c'est que l'Allemagne dirigera la plus grande partie de ses troupes, et les meilleures, contre un de ses ennemis, en n'opposant à l'autre que l'effectif nécessaire pour soutenir, soit l'Autriche contre la Russie, soit l'Italie contre la France.

Il est difficile de supposer que les Allemands puissent opérer d'une autre manière. Seulement les uns admettent que le gros de leurs forces se tourneront d'abord contre la France, comme étant plus sensible et moins puissante que la Russie, et, qu'après avoir brisé la résistance des Français, elles se jetteront sur l'ennemi le plus dangereux : la Russie. Tandis que d'autres pensent que l'Allemagne agira d'une façon inverse : c'est-à-dire qu'elle frappera d'abord sur la Russie, — dont les frontières ne peuvent être défendues avec autant de ténacité que celles de la France, par suite de leur grande étendue, ainsi que de l'absence de montagnes, rivières encaissées, ravins et autres obstacles, tels que bâtiments et ouvrages de défense en maçonnerie, — comme aussi en raison de la mobilisation et de la concentration moins rapides des troupes.

Mais, c'est surtout par ce que l'Allemagne craindra que l'Autriche ne soit très promptement battue, qu'elle devra tout d'abord opérer contre la Russie. Pour protéger sa frontière occidentale, elle comptera sur ses forteresses de Metz et du Rhin, et sur la diversion opérée par l'Italie.

Ce qui rend plus probable encore cette manière d'agir, c'est la concentration de grandes forces allemandes sur la frontière russe. Une pareille concentration, dès le temps de paix, serait en effet inutile à l'Allemagne si elle ne se proposait pas d'agir offensivement de ce côté.

Dans un ouvrage du colonel d'état-major Zolotareff — publié il y a quelques années et où l'auteur étudie, aux points de vue stratégique et géographique, le théâtre des opérations militaires en Russie, — on trouve formulée la manière de voir suivante, que nous reproduisons ici d'après un auteur allemand (1) : « Nos ennemis ne manqueront pas de mettre à profit l'unique supériorité qu'ils aient sur nous, — c'est-à-dire leur plus grande rapidité de mobilisation et de concentration, — afin de séparer le plus vite possible de la Russie la zone antérieure du théâtre de la guerre, de ne pas nous permettre de nous y fortifier, et d'occuper promptement ce territoire. Mais ils ne pourraient atteindre ce but avant d'avoir réussi à s'emparer de Brest-Litovsk, — ce nœud important de communications intérieures qui se trouve à l'entrée même de la région d'un parcours si difficile, qu'on appelle la Polésie. Il faut donc considérer les routes qui conduisent à Brest-Litovsk comme les lignes d'opérations les plus probables de nos ennemis. »

Nous avons vu qu'on peut tenir pour presque égales les forces respectives de la Triple et de la Double-Alliance, bien que, comme effectif des troupes, il y ait quelque supériorité du côté de la Russie et de la France. Dans l'hypothèse où l'Allemagne préférerait, au début de la guerre, se tenir sur la défensive vis-à-vis de la Russie, c'est-à-dire sur sa frontière orientale, il faut se demander sur laquelle de leurs lignes de défense s'établiraient les troupes allemandes. Serait-ce dans leurs propres provinces de l'Est, ou bien sur le territoire russe lui-même ?

Le major Scheibert, de l'État-Major allemand, suppose que les hostilités commenceront, tant contre la France que contre la Russie, par une offensive stratégique, mais qu'au cours de cette offensive on devra s'arrêter sur l'un des deux théâtres de la guerre, pour frapper résolument un coup, avec toutes ses forces réunies, contre l'un des deux alliés. Dans cette prévision, il faut se garantir contre tout dan-

---

(1) Stöhr, *Das Weichselland und seine Ressursen für einen operiren den Heereskörper* (Le bassin de la Vistule et ses ressources pour une armée d'opérations), 1897.

ger, pendant ce temps d'arrêt, au moyen de vastes ouvrages de fortification. Supposant que ledit arrêt aura lieu dans les provinces de l'Ouest de la Russie, le major pense que, sans grande difficulté, on peut fortifier les nœuds de routes et de voies ferrées, au moyen d'affûts cuirassés qui seraient amenés promptement des dépôts allemands. — Il propose encore de couvrir de petits bateaux à vapeur le réseau fluvial des provinces russes fortifiées, afin de garder les territoires occupés par les Allemands, de les reconnaître, et d'y faciliter les mouvements de troupes.

Il conseille en outre d'organiser, entre les ouvrages fortifiés, des communications par voies ferrées et navires à vapeur. En d'autres termes, Scheibert conseille l'occupation du royaume de Pologne.

Examinons d'un peu plus près cette proposition.

Le royaume de Pologne pénètre tellement loin, entre la Prusse et l'Autriche, que, de la frontière, les troupes russes peuvent menacer Berlin et peuvent en outre prendre en flanc les troupes prussiennes dirigées vers la Prusse orientale. Mais cette Prusse orientale constitue exactement de même un coin qui s'enfonce entre la Baltique et le territoire russe, enveloppant le royaume de Pologne et s'avançant jusqu'au Niémen. Ce qui permet aux Allemands de menacer les forces russes établies dans le royaume de Pologne, par un mouvement sur Brest et au delà, c'est-à-dire dans la direction de Moscou, et aussi d'opérer directement contre la seconde ligne de défense russe, celle de Kowno-Vilna, en tournant la première. De l'avis de la grande majorité des écrivains militaires, le système de défense du royaume de Pologne a été amené à la perfection.

En présence de la force que constitueraient les troupes russes dans la défense du territoire compris entre la Vistule, le Boug et la Nareff, en s'appuyant sur les positions fortifiées établies le long de ce cours d'eau : Pultusk, Rojana, Ostrolenko et Lomja, — puis en arrière, dans le rayon des places de Varsovie, Novogeorgievsk et Zegrji, — des écrivains militaires, comme les généraux Brialmont, Pierron et autres spécialistes étrangers, ainsi qu'un professeur, le colonel Zolotareff, pensent que l'Allemagne, si elle se décidait, dès le début, à tourner ses principaux efforts contre la Russie, prendrait une offensive énergique pour y pénétrer par Biélostok sur Brest, en occupant l'ennemi par des démonstrations du côté de Varsovie, afin de couper le gros des forces russes des autres parties de l'Empire.

En d'autres termes, il s'agirait de tourner les ouvrages fortifiés de la ligne de défense qui couvre le bassin de la Vistule, du Boug et de la Nareff ; — un tel résultat serait naturellement très avantageux pour une armée d'invasion austro-allemande, mais son exécution n'irait pas sans de très graves dangers. Si l'Allemagne et l'Autriche pouvaient être convaincues que les troupes russes, stationnées sur cette partie du théâtre de la guerre, ne seront pas capables d'attaquer de leur côté les points d'importance vitale situés à l'intérieur de l'Allemagne et de l'Autriche, ou même ne détruiront pas les lignes de communication des armées envahissantes, alors une offensive de ce genre, avec mouvement tournant, égaliserait les chances; et les armées russes seraient contraintes ou d'attaquer les armées ennemies envahissantes, ou de se retirer dans les profondeurs du pays.

Mais la seule menace de voir les troupes russes envahir la Silésie et les riches localités voisines de la frontière causerait de terribles inquiétudes ; elle agirait d'autant plus puissamment sur l'opinion publique allemande, qu'un pareil fait serait en contradiction avec toutes les déclarations du gouvernement et de l'empereur d'Allemagne.

Aussi doit-on considérer comme beaucoup plus vraisemblable l'hypothèse formulée par des auteurs allemands, que leurs armées occuperont la région non fortifiée qui s'étend sur la rive gauche de la Vistule et qui se trouve à une assez grande distance des places fortes. Dans cette hypothèse, c'est la Russie qui supporterait les pertes, toujours plus fortes, qu'entraîne l'offensive.

En outre, au cas du forcement de cette ligne, les troupes russes rencontreraient, sur la frontière allemande, une autre ligne de défense, et il leur faudrait s'avancer en traversant un pays déjà épuisé par l'ennemi.

Entre les armées allemande et autrichienne, la liaison pourrait être organisée au moyen du chemin de fer qui, du point où la Vistule coupe la frontière autrichienne, va, en passant par Ostrovetz, retrouver le point où cette même Vistule pénètre dans le territoire prussien. Sur cette ligne se trouvent beaucoup de villes et localités importantes, susceptibles de fournir de grandes ressources, notamment Lodz qui compte plus de 300,000 habitants.

En raison des facilités qu'elle offre à l'installation des troupes, les Allemands pourraient d'autant plus aisément porter en avant, pour occuper cette ligne, des corps de réservistes déjà âgés et impropres à la guerre de campagne et à la vie de bivouac.

Mais néanmoins, à cause des risques d'une telle entreprise, il faut également admettre l'hypothèse, que les troupes austro-allemandes essayeraient principalement de diriger leurs efforts sur la région entre Vistule-Boug et Nareff, en se maintenant sur la défensive du côté de la France.

En étudiant les forces dont pourront, en ce cas, disposer l'Autriche et l'Allemagne pour envahir la Russie, nous sommes arrivé à conclure que ces troupes austro-allemandes, déduction faite de celles mises en ligne contre la France et des garnisons à fournir, pourront compter jusqu'à 2,100,000 hommes. Et la Russie peut leur en opposer au moins 2,380,000.

Mais ni l'Autriche et l'Allemagne, ni la Russie, ne seront sans doute en état de mouvoir simultanément des forces aussi considérables.

D'après les données des auteurs étrangers, l'Allemagne et l'Autriche peuvent mobiliser, pour une offensive immédiate, 900,000 hommes, tandis qu'au premier moment la Russie n'en aura pas plus de 550,000.

Mais ces données nous paraissent peu sûres. Avant que les troupes austro-allemandes atteignent les voies ferrées de Pétersbourg-Varsovie et Brest-Moscou, ainsi que celles du sud-ouest et de la Polésie, par où peuvent être amenées les troupes russes, déjà les réservistes nécessaires à compléter l'armée russe de première ligne seront presque tous rendus sur place.

L'armée allemande ne peut prononcer son offensive avant l'armée autrichienne ; et, par suite, il faut calculer d'après le plus grand éloignement et la mobilisation moins rapide de cette dernière. Car, en Autriche, cette mobilisation et la concentration se font beaucoup plus lentement qu'en Allemagne, et les routes à parcourir sont, en moyenne, plus longues d'au moins dix étapes.

Entre temps, la seule circonscription de Varsovie fournit 200,000 réservistes ; celle de Vilna, 270,000 ; celle de Kieff, 427,000. Il est donc impossible d'empêcher les armées russes, établies sur le théâtre de la guerre entre Vistule et Niémen, de se compléter à l'effectif d'un million d'hommes.

Les plans d'offensive qu'adopteraient les alliés sur le territoire arrosé par le Niémen, la Vistule et la Nareff ont été discutés par un écrivain français, le général Pierron, qui, en 1888, accompagné d'officiers de l'État-Major français, parcourut, avec une mission de son gouvernement, le théâtre de guerre dont il s'agit.

Outre le général Pierron, le général du génie belge Brialmont s'est occupé aussi d'étudier la direction probable de l'offensive des troupes allemandes et autrichiennes.

En réunissant les données de Pierron et de Brialmont, voici comment on peut se représenter, au cas d'une invasion de la Russie par le gros des forces austro-allemandes, la répartition des troupes entre les diverses routes suivies dans leur mouvement concentrique sur Varsovie-Novogeorgievsk. Les Allemands suivraient les routes :

D'Allenstein sur Ostrolenko-Malkine	100.000	hommes
De Deutsch-Eylau sur Zegrji-Novogeorgievsk..	150.000	—
De Thorn sur Novogeorgievsk. . .	150.000	—
De Posen-Sloupcy sur Varsovie. .	100.000	hommes
De Glogau-Ostrow-Kalisch sur Varsovie.	100.000	—
De Breslau-Wilhemsbrück sur Varsovie	100.000	—

Quant aux forces autrichiennes, on peut admettre les chiffres suivants pour les armées qui se dirigeraient :

De Lemberg sur Varsovie.	200.000	hommes
De Cracovie sur Sandomir et Ivangorod (pour bloquer cette place) .	100.000	—
De Lemberg sur Gorodlo et Brest-Litovsk	100.000	—
De Lemberg sur Sokal, Belzetz, Varsovie et Novogeorgievsk. . .	200.000	—

Il n'est pas douteux que, sur le territoire russe, les troupes d'invasion allemandes et autrichiennes ne rencontrent de fortes lignes de défense, qui, tout en ne valant peut-être pas le cercle de fer du système organisé en France, sont néanmoins capables de résister aux efforts d'un ennemi numériquement deux fois plus fort que les défenseurs.

Ces lignes russes comprennent dix places fortes avec camps retranchés, disposées sur des cours d'eau et qui rendraient fort difficile le franchissement de ces cours d'eau et des marais qui s'y rattachent.

En outre, les troupes russes opérant sur des lignes intérieures, grâce à un maniement énergique et à l'infatigabilité bien connue du soldat russe, auront toute facilité de concentrer sur chaque point menacé des forces plus nombreuses, avant que les troupes allemandes et autrichiennes puissent, par leur union, y retrouver la supériorité numérique.

Le maximum de cette supériorité qu'on puisse admettre en faveur de l'Allemagne et de l'Autriche s'exprimerait par les chiffres de 400,000 hommes devant Kowno et autant devant Brest, contre 100,000 hommes défendant la première de ces places et 250,000 hommes défendant la seconde. Mais Kowno et Brest-Litovsk sont des places de 1ʳᵉ classe, et les troupes qui les défendent seront établies sur de fortes positions dont l'ennemi ne peut pas songer à s'emparer par un coup de main. Et bientôt viendront à leur aide les nouveaux corps qu'on se hâtera de constituer à l'intérieur de la Russie, de sorte que les assiégeants pourraient bien se trouver dans une situation critique.

Si Plewna, qui n'avait que des fortifications improvisées, a pu tenir des mois entiers contre un adversaire d'effectif quadruple, et sans avoir à espérer aucun secours du dehors, combien plus solide peut être la défense de camps retranchés réguliers, tels que Kowno et Brest, — en tenant compte de ce que des secours peuvent leur arriver en une quinzaine tout au plus, temps suffisant pour compléter la mobilisation et mettre sur pied 415,000 hommes, ou, tout au moins, une grande partie de cet effectif. Et quand ces 415,000 hommes marcheront à la délivrance de Kowno et de Brest, non seulement les forces des deux partis en présence seront égalisées, mais il y aura quelque supériorité en faveur de la Russie.

Avec cela, il faut songer à la difficulté de nourrir les millions d'hommes de ces armées d'invasion, fort éloignées de leur base d'opérations, tandis que l'armée russe, se défendant sur son propre territoire, se trouverait dans des conditions bien meilleures. Dans l'hypothèse la plus favorable aux Allemands, si même ils réussissaient à prendre Ivangorod, Varsovie et Novogeorgievsk avec tous les forts qui en dépendent, Brest-Litovsk constituerait encore un obstacle très puissant à la continuation de leur marche en avant. Située au milieu des marais, cette place ne peut être étroitement bloquée par des troupes ennemies, et en tout cas ne peut pas l'être très vite. C'est dire qu'avant que Brest pût être pris, l'armée russe aurait reçu plus de 250,000 hommes de renfort. Et si même on se place dans l'hypothèse la plus favorable aux alliés, que, dans les opérations contre la place et ses lignes de défense avancées, les succès seront constamment de leur côté, on peut affirmer en tous cas qu'ils payeraient ces succès tellement cher, qu'un temps d'arrêt leur serait indispensable avant de continuer leurs opérations.

Les calculs détaillés que nous avons donnés, dans un chapitre spécial du tome II, sur les pertes des assaillants et des défenseurs dans les combats et par les maladies, montrent qu'au moment où les alliés pourraient entreprendre des opérations contre la seconde ligne de défense russe, c'est-à-dire en arrière de Brest-Litovsk ou de Kowno, l'effectif des forces russes comporterait 440,000 hommes occupant les forteresses et 375,000 hommes de troupes de secours agissant de concert avec les premières, — soit un total de 815,000 hommes auxquels il nous faut ajouter 1,264,000 hommes de troupes nouvellement formées marchant à l'appui des autres. Aux alliés il ne resterait de troupes actives que 1,588,000 hommes. De sorte que la supériorité numérique de ceux-ci sur les troupes russes actives ne serait que de 773,000 hommes.

En présence ainsi des armées russes opérant sur des lignes intérieures et pouvant changer leur front à volonté, pendant que croîtrait chaque jour l'effectif de troupes venant à leur aide, — si bien qu'à l'arrivée des 1,264,000 hommes de réserve la supériorité numérique chez les Russes atteindrait déjà 491,000 hommes, — il deviendrait par trop risqué de chercher à s'enfoncer dans le territoire russe. Il est, par conséquent, plus probable que l'ennemi bloquerait d'abord les places fortes et n'essayerait qu'ensuite de battre les armées de réserve marchant à leur secours.

Cela posé, faisons encore l'hypothèse la plus favorable aux armées alliées, et évaluons comme il suit les pertes éprouvées dans les combats amenés par le blocus des places de la seconde ligne de défense russe : 375,000 hommes de troupes russes combattant en liaison avec les garnisons des forteresses y perdent un tiers de leur effectif, c'est-à-dire 125,000 hommes ; les pertes des assaillants ne seront que deux fois plus fortes, c'est-à-dire 250,000 hommes. Supposons ensuite que, dans la forteresse de Brest-Litovsk, on ne puisse abriter que 10 0/0 des troupes russes, c'est-à-dire 25,000 hommes, et que les 90 0/0 autres, c'est-à-dire 225,000 hommes, soient faits prisonniers. — Même dans ces conditions les armées austro-allemandes n'auraient pas la liberté de leurs opérations.

D'après les calculs du général Brialmont, pour bloquer des troupes enfermées dans une forteresse il faudrait un effectif double du leur ; c'est-à-dire qu'après la défaite de l'armée d'opérations russe et le blocus des places, la situation des troupes russes et austro-allemandes serait la suivante :

Troupes russes		Troupes austro-allemandes	
Réserves en marche	Dans les forteresses	Troupes de siège	Troupes disponibles pour l'offensive
1.264.000	465.000	926.000	412.000

Ces chiffres montrent qu'avant l'occupation des forteresses, il ne pourrait être question de prononcer davantage le mouvement d'invasion des troupes alliées vers l'intérieur de la Russie. Faisons pourtant l'hypothèse la plus défavorable à ce pays, — c'est-à-dire admettons que les procédés d'attaque brusquée contre les forteresses aient, dans les cas donnés, pleinement réussi, et que les troupes russes enfermées dans les places soient obligées de capituler. Mais cette capitulation ne ressemblerait évidemment en rien à celles des troupes françaises pendant la guerre de 1870-71. La prise des forteresses russes, au moyen d'attaques brusquées, ne pourrait avoir lieu qu'après de terribles combats qui entraîneraient des pertes colossales dans les rangs des assaillants.

Admettons encore, — en faisant à dessein les conditions les plus favorables aux alliés, — que leurs pertes dans ces combats n'aient pas dépassé la moitié de celles des troupes russes, c'est-à-dire 232,000 hommes, et évaluons à 10 0/0 le total des pertes causées par les maladies. Dans ce cas, il ne resterait encore que 1,013,000 hommes dans les rangs des alliés, contre 1,264,000 hommes de troupes de réserve russes.

En outre, dans le cours sus-exposé des opérations offensives des troupes alliées contre la Russie, se présenteraient encore deux circonstances d'un caractère douteux, savoir : Obligée de maintenir pendant aussi longtemps le gros de ses forces sur le théâtre de la guerre faisant face à la Russie, l'Allemagne serait-elle en état de repousser l'attaque des Français ? Et suffirait-il, contre la marche offensive des armées de réserve russes, des 70,000 hommes laissés par les alliés en observation devant Ivangorod ajoutés aux 200,000 hommes de troupes autrichiennes encore en Galicie ?

De ce qui précède, on est forcé de conclure qu'en raison de l'état actuel des forteresses situées dans la région entre Vistule-Boug-Nareff et des secondes lignes de défense de la Russie, les plans d'invasion austro-allemands indiqués par les écrivains militaires étrangers, et que nous venons d'exposer, seraient inexécutables.

On a, il est vrai, émis encore l'idée de la possibilité d'une invasion des forces alliées en Russie, exécutée en tournant les positions de la Vistule-Boug-Nareff et même la place de Brest. Mais une telle entreprise ferait courir à ceux qui l'exécuteraient des dangers extrêmement graves.

Tourner des forteresses et des positions préparées à l'avance pour la défense est un procédé ancien bien connu et sur lequel nous ne nous étendrons pas ; car, dans les chapitres relatifs aux forteresses, nous avons suffisamment expliqué les conséquences qu'il peut entraîner pour les deux partis en présence.

En général, une des questions les plus discutées est celle des résultats que pourrait avoir l'exécution, par les troupes austro-allemandes, d'un plan hardi de marche directe sur Brest-Litovsk, pour couper, du reste de l'Empire, les troupes russes occupant le royaume de Pologne. Ces plans d'opérations sont, on le conçoit, tenus profondément secrets. Mais, néanmoins, on peut tirer quelques indications des opinions formulées dans les sphères militaires.

Ce qu'il faut noter ici tout d'abord, c'est qu'actuellement les officiers allemands ne parlent plus du projet d'une occupation immédiate de Varsovie et de tout le royaume de Pologne, exécutée avec le dessein de s'y fortifier à demeure. Or, vers 1887, c'est-à-dire à une époque où la guerre avec la Russie semblait proche, cette idée était tellement répandue, que certains officiers invitaient déjà des dames à danser à Varsovie pour le prochain carnaval. L'écrivain militaire bien connu Scheibert, ayant notamment manifesté cette opinion que les Allemands devraient se borner à occuper le royaume de Pologne en s'y fortifiant, ajoutait qu'à l'ouest de l'Allemagne on se tiendrait en même temps sur la défensive, mais que « l'allié d'Orient, battu par suite de l'initiative prématurée et de la façon d'agir indépendante des commandants de ses unités, essaierait probablement d'obtenir des succès au moyen d'entreprises hardies non soumises au calcul ».

Maintenant, nous le répétons, des discussions sur l'occupation de Varsovie il ne reste plus trace. Par contre, on sait qu'à Kœnigsberg sont accumulés en quantités énormes des éléments de ponts et les matériaux nécessaires à la pose et au rétablissement des voies ferrées. Il est évident qu'aux yeux des Allemands semble attrayante la perspective d'une entreprise qui aurait pour but de couper, du reste du pays, l'armée russe occupant le royaume de Pologne, et de la mettre entre deux feux. Une telle pensée correspond bien à l'esprit présomptueux qui s'est développé dans les sphères militaires allemandes depuis les brillants succès de 1870-71, et qui leur inspire une foi profonde dans la supériorité de leurs troupes, en même temps que du dédain pour les mérites et le caractère des autres armées.

Ainsi, ce que disait Scheibert, c'est-à-dire que les généraux russes essayeront d'obtenir des succès par des coups de hardiesse non soumis au calcul, on continue à le répéter aujourd'hui encore en Allemagne. Et de fait, si l'État-Major allemand est convaincu qu'il saura partout, au moment voulu, concentrer ses forces, et que les troupes russes ne se trouveront jamais dans des conditions assez favorables pour attaquer avec succès en se glissant comme un coin en arrière de leurs adversaires, il peut bien en pareil cas se proposer pour but de battre les armées russes l'une après l'autre, en comptant que, par cette façon d'opérer, il accélérera la marche de la guerre et diminuera les embarras économiques auxquels est exposée l'Allemagne.

Mais cette entreprise serait tellement risquée, que, de l'avis d'hommes très compétents par nous entendus en Russie, ce pays ne pourrait que souhaiter de voir l'État-Major allemand s'y engager. A la guerre, on ne peut compter sur rien d'une façon absolue ; et un déploiement stratégique peut très bien, à beaucoup près, ne pas réussir, comme on se le figure à Berlin et à Vienne. Or, son insuccès exposerait les alliés à se faire battre.

Sans entrer dans une appréciation plus détaillée des opinions précitées, nous posons seulement cette question : Avec un tel plan d'opérations, les alliés pourraient-ils obtenir les « fins de la guerre »? Tous ceux qui ont écrit sur la guerre future s'accordent à dire que, si l'on peut jamais contraindre la Russie à accepter la paix dans des conditions désavantageuses pour elle, ce ne sera qu'après la prise de Saint-Pétersbourg et de Moscou.

Il est clair qu'en raison des obstacles énormes et difficiles à surmonter, qui séparent ces deux capitales des bases d'opérations austro-allemandes, les alliés ne pourraient pas entreprendre une marche simultanée sur Saint-Pétersbourg et sur Moscou, tant que les points fortifiés qui les en séparent ne seraient pas assiégés et pris et les armées battues ; car, sans cela, il leur faudrait consacrer de trop grandes forces à la garde de leurs communications.

Les alliés devraient donc opter entre deux plans de marche offensive : sur Pétersbourg ou sur Moscou.

Quant à rester immobiles en vue des armées russes non détruites, les alliés ne le pourraient pas ; car les troupes russes stationnées dans la région entre Vistule, Boug et Nareff, conserveraient leurs communications avec les gouvernements du Sud, et cela permettrait même à l'État-Major russe d'entreprendre un mouvement sur l'Autriche qui anéantirait tout le plan des ennemis. Nous ne pouvons entrer ici dans plus de détails; mais au tome II, nous avons exposé les opinions formulées sur cette question dans la littérature militaire. Leur examen conduit à conclure que, si le gouvernement allemand se décidait à une campagne dans l'intérieur de la Russie, l'objectif des alliés serait alors, suivant toute vraisemblance, Moscou et non pas Pétersbourg, — mais une telle entreprise aurait le même sort que celle de Napoléon, c'est-à-dire la ruine absolue de l'armée qui s'y hasarderait.

Quant à se borner à la conquête de la Pologne comme le conseillent quelques auteurs, pour rester ensuite sur la défensive, c'est chose impossible : car cela ne donnerait pas de résultat prompt et décisif, alors que l'Allemagne, et moins encore ses alliés, ne peuvent supporter une guerre prolongée.

En outre, une telle manœuvre ferait courir un grand risque à l'Allemagne. Les troupes russes, qui se trouveraient dans la région de la Vistule-Boug-Nareff, dirigeraient leurs efforts contre la Prusse. Il est vrai que la frontière allemande est très solidement fortifiée et présente des conditions topographiques très favorables à la défense. — Mais cette simple tentative, par la Russie, d'envahissement du territoire ennemi jetterait certainement une grande inquiétude parmi la population prussienne.

Nous avons évalué plus haut à 650,000 hommes l'effectif des forces établies dans cette région, qui pourraient agir contre l'Allemagne. Elles prendraient pour objectif la Prusse orientale afin de couper les communications entre Berlin et Kœnigsberg, — base d'opérations des troupes allemandes contre la Russie. L'invasion du territoire allemand leur serait facilitée par la proximité de la ligne du Boug et de la Nareff à la frontière prussienne. Mais il va de soi que, pour porter à la Prusse un coup décisif, en opérant sur Berlin même, l'effectif des troupes russes stationnées dans la région dont il s'agit serait trop faible.

Toutefois, il suffirait d'opérations de partisans résolument entreprises sur le territoire prussien, pour y bouleverser tout le fonctionnement de l'administration militaire et de la machine gouvernementale en général, quelle que soit sa solidité.

L'occupation par les Allemands de la rive gauche — non protégée — de la Vistule, dans le royaume de Pologne, exigerait, de leur part, le détachement d'un effectif au moins égal numériquement à celui des forces actives russes, voire même la mobilisation du landsturm du premier ban. — Après quoi l'État-Major allemand disposerait de 1,175,000 hommes de troupes destinées à l'envahissement ultérieur des profondeurs de la Russie.

En admettant que les forteresses de la Vistule et du Boug pussent être laissées de côté sans blocus, Kowno, Ossovetz, Olita et Grodno devraient absolument être bloquées, ce qui exigerait au moins 375,000 hommes (1). Ainsi, pour la campagne à l'intérieur de la Russie, il ne resterait aux Allemands que 800,000 hommes, ce qui, manifestement, ne saurait suffire pour une telle entreprise. D'où il suit que les Allemands doivent attendre les Autrichiens, et ne commencer la marche offensive ultérieure que simultanément avec eux.

Il convient ici de noter que la défense de l'Autriche, du côté de la Galicie, est très faiblement organisée. Admettons que cette circonstance n'exerce pas une influence dominante sur le choix du plan d'opérations, pour lequel le dernier mot restera sans nul doute à l'Allemagne : il n'en sera pas moins difficile à cette puissance d'amener l'Autriche à se porter promptement en avant; car ladite Autriche craindra toujours une invasion russe dans ces territoires-frontières de nationalité slave.

Voilà pourquoi selon toute vraisemblance, l'État-Major allemand n'entreprendra pas une rapide invasion dans l'intérieur de la Russie, mais s'occupera d'abord d'agir contre Olita, Ossovetz, Grodno et Kowno.

Les calculs détaillés, que nous avons exposés dans notre second volume montrent encore que, après déduction des forces nécessaires pour empêcher les armées russes d'agir activement contre leur territoire, il ne resterait plus aux Autrichiens, pour envahir la Russie, que 600,000 hommes. Dès lors, les armées offensives austro-allemandes pourraient réunir ensemble 1,400,000 hommes.

Mais la Russie peut en aligner 2,380,000, dont il y aurait :

Sur les positions de la Vistule-Boug-Nareff . . . 650.000 hommes
A Kowno, Grodno, Ossovetz, Olita. . . . . . . 250.000 —
A Doubno, Rovno, Loutzk. . . . . 200.000 —

                                Total. . . . 1.100.000 —

---

(1) Pour Kowno. . . . . 200.000 hommes
 — Grodno . . . . 100.000 —
 — Ossovetz et Olita . . . 75.000 —

Il resterait donc 1,280,000 hommes de troupes russes disponibles. Sans doute, quand les Austro-Allemands commenceraient leurs opérations, ces 1,280,000 hommes ne seraient peut-être pas encore concentrés. Mais, comme nous l'avons exposé déjà, avant que l'ennemi atteignît Moscou, non seulement ces soldats, mais encore un million d'autres, — dont quelques-uns peu instruits, il est vrai, — seraient prêts à repousser l'envahisseur dont les armées, à chaque centaine de kilomètres parcourûs en s'enfonçant dans la Russie, fondraient comme la neige au printemps.

Sous ce rapport l'exemple de 1812 est instructif.

Les troupes actives comprenaient à cette époque :

	Français	Russes
Au début des opérations militaires	400.000 et	180.000
A Smolensk	183.000 et	120.000
A Moscou	134.000 et	130.000

Ainsi, comme résultat final de cette étude, nous arrivons à ceci : que la marche sur Moscou exigerait au moins une campagne de deux années, et que plus durerait la guerre, plus ce serait avantageux pour la Russie. — Les forces énormes de son *opoltchénié* (milice), se formant peu à peu, arriveraient à acquérir la préparation nécessaire ; et la supériorité numérique passerait enfin du côté de l'armée russe. Tandis que les alliés, affaiblis par des pertes énormes dans les combats comme aussi par suite des maladies que ferait naître l'insuffisance des vivres, seraient forcés d'interrompre les opérations avant d'avoir atteint leur but; parce qu'ils ne recevraient plus sur leurs marchés les blés d'Amérique ni de Russie, et probablement aussi par suite des dangers intérieurs, conséquence de la famine et de la cessation des salaires.

Quelques auteurs militaires expriment l'opinion qu'il faut commencer les opérations contre la Russie pendant l'hiver, parce que la terre gelée rend plus difficile la construction d'abris en terre, et qu'en même temps la marche offensive se trouve favorisée par le *trainage* sur la neige qui remplace les mauvaises routes du pays, comme aussi par la congélation des cours d'eau qui en facilite le passage. — Cette dernière circonstance, selon eux, fait perdre presque entièrement aux grands fleuves leur énorme importance défensive.

Mais les dangers d'une campagne en Russie, surtout en hiver, seraient encore plus graves pour l'armée allemande actuelle, qui comprend les 4/5 de réservistes, que pour les troupes de Napoléon qui se composaient principalement de vieux soldats.

Semblable entreprise de la part du gouvernement allemand est d'autant moins à supposer que, pendant l'hiver, les routes, dans les régions voisines de la frontière, se gâtent fréquemment par le dégel et qu'on ne peut en faire usage, — comme l'ont prouvé la campagne de 1806-1807 et celle de Pologne en 1831.

Ainsi, dans toutes les combinaisons possibles, il est plus que probable que l'invasion de la Russie n'aurait pas de résultats qui permissent aux alliés d'atteindre le but poursuivi par la guerre. Mais la situation actuelle est telle que la Russie non plus, même en cas de succès, ne pourrait arriver à quelque chose de mieux.

Une campagne offensive de ce pays contre l'Allemagne et l'Autriche, soit après l'expulsion des forces alliées du territoire russe, soit au cas où, dès le début des hostilités, ces deux États se tiendraient sur la défensive, soit enfin s'ils bornaient leurs opérations offensives à l'occupation de quelque coin du territoire russe pour se contenter ensuite de s'y défendre, — une telle campagne soulèverait en tous cas de très grandes et peut-être même d'insurmontables difficultés.

En marchant à la poursuite des forces alliées chassées de Russie, les armées russes trouveraient sur leur route de vastes régions entièrement épuisées et seraient forcées de faire venir de très loin toutes les choses nécessaires à la vie. Les victoires remportées leur auraient naturellement déjà coûté pas mal, et, dans leurs rangs, domineraient forcément les réservistes, tant comme hommes de troupe que comme officiers. Or, avec de pareils soldats, comme on l'a exposé en détail au chapitre sur *La composition et l'esprit de l'armée*, la probabilité du succès, dans une guerre offensive, est déjà bien moindre qu'avec des corps actifs, qui n'ont reçu de réservistes qu'au moment de la mobilisation.

Puis, une fois entrés sur le territoire allemand, les Russes y rencontreraient encore des forces très nombreuses, composées, il est vrai, déjà principalement de débris des troupes actives et du landsturm avec ses réserves, — c'est-à-dire d'hommes peu propres aux opérations offensives, mais très bons pour la défense. Quant aux vivres, pour les faire venir des gouvernements intérieurs de la Russie, il faudrait beaucoup de temps et des dépenses énormes, — sans compter les négligences à prévoir de la part de l'administration. — Pendant la guerre de 1870, les armées allemandes ont vécu

sur le pays ennemi. Mais c'est là une circonstance exceptionnellement favorable qui ne se renouvellera pas. — Il ne faut plus songer
aux rapides mouvements en avant, ni à la possibilité de lever des
contributions et des réquisitions, avec la façon dont sont maintenant
fortifiées les frontières, avec la poudre sans fumée et les armes
d'aujourd'hui.

La littérature militaire a examiné les différentes voies d'invasion
que pourraient suivre les troupes russes pour entrer en Prusse.

Mais quelle que soit la direction choisie pour l'invasion russe
en Allemagne, il faut songer que, dans ce pays, on aura
affaire à un système de défense combiné scientifiquement et de
longue main. Les grands fleuves et les forteresses constituent des
points d'appui solides pour les troupes allemandes ; et, en arrière,
se trouve un réseau de voies ferrées qui répond à tous les besoins
de la stratégie moderne et assure pleinement les communications de
l'armée de défense avec les régions intérieures du pays.

Quant à des hommes pour compléter son armée, la Prusse n'en
manquera pas ; attendu qu'outre les restes des forces actives, le
landsturm et ses réserves marcheront pour la défense nationale.

Il ne sera donc pas facile de battre la Prusse sur son propre
territoire; et le danger, pour elle, de le voir occupé par l'ennemi,
sera moins sérieux en tous cas que celui dont elle peut être
menacée par la famine.

Quant à des mouvements révolutionnaires intérieurs, on ne peut
guère admettre que l'invasion fût susceptible de les augmenter. C'est
même, selon toute vraisemblance, un phénomène contraire que
produirait l'arrivée des troupes russes.

Il nous faudrait encore parler d'une combinaison qu'on a proposée et qui consisterait en ce que, vu la faiblesse des défenses de la
Galicie, comparativement aux moyens de résistance que présentent
les provinces orientales de la Prusse, la Russie pourrait se tenir
sur la défensive à l'égard de l'Allemagne et employer toutes ses
forces disponibles à marcher vigoureusement contre la Galicie orientale. Mais une telle combinaison est peu probable ; attendu que le
problème politique essentiel à résoudre, c'est de battre l'Allemagne
et non l'Autriche. Quand la Russie aurait affaibli ses forces en
luttant contre ce dernier pays, elle serait encore moins en état de
contraindre le premier à poser les armes.

D'après le général Brialmont, deux armées russes pourraient
opérer simultanément contre l'Autriche : l'une, ayant pour objectif
Vienne ; l'autre, Buda-Pesth. L'examen des plans d'opérations à

exécuter dans ces directions nous a conduit à conclure que la principale difficulté de leur exécution proviendrait des grands obstacles que les troupes russes auraient à surmonter et, ce qui est plus important encore, de ce qu'elles auraient à traverser des régions plus ou moins épuisées.

Mais, même en cas de victoire de ces troupes, c'est à peine si les résultats qu'on obtiendrait en Autriche compenseraient les efforts qu'aurait coûtés la campagne.

Puis, en admettant que la Russie parvînt à transporter les hostilités sur le territoire de l'un des alliés, il faut se demander encore si, en pareil cas, l'Allemagne ne rendrait pas l'Alsace-Lorraine à la France, et si alors le gouvernement de ce pays pourrait résister au mouvement populaire qui se manifesterait en faveur de la paix ? Or, si cela arrivait, il faudrait abandonner tout le plan d'opérations offensives établi dans l'hypothèse que la France détournerait sur elle près de la moitié des forces de la Triple-Alliance.

Et ainsi, dans toutes les combinaisons possibles, la lutte européenne, à laquelle la Russie prendrait part, aboutirait au complet épuisement des forces des deux partis opposés.

Il est bien entendu qu'en exposant les opinions et conclusions formulées par les auteurs étrangers, ainsi que les diverses combinaisons qui en découlent, nous n'avons pas eu et ne pouvions pas avoir la prétention de présenter un tableau réel des opérations militaires futures. Notre objet était seulement, d'une part, de donner une idée générale du caractère de la guerre, dans l'état actuel des moyens techniques, et, de l'autre, de montrer les difficultés économiques qu'on aurait à soutenir cette guerre et à l'amener jusqu'à des résultats quelque peu décisifs.

Les hypothèses relatives à ce que, suivant telle ou telle direction des opérations, dans telles ou telles conditions, la supériorité des forces et avec elle la probabilité d'un succès local pourraient être en faveur de tel ou tel parti, ne changent rien à cette inévitable conclusion : qu'étant donné le solide moral, tant de l'armée russe que de l'armée allemande, la lutte finirait par mettre les deux partis complètement à bout de forces, et cela, bien avant que les objectifs visés pussent être atteints. Il est impossible de prévoir un autre résultat, même en admettant qu'un parti pût commettre plus de fautes que l'autre, et que des incidents imprévus dussent jouer un certain rôle dans les événements. En raison de l'énorme effectif des armées opposées et des conditions fondamentales d'après lesquelles serait conduite cette guerre colossale, nuls faits accidentels ne pourraient modifier le résultat final, qui se traduirait par l'épuisement réciproque des États belligérants et la stérilité définitive de leurs efforts.

Les calculs relatifs à l'effectif et à la répartition des troupes, aux ressources dont on dispose pour les compléter et à l'endurance économique du pays, montrent que la Russie sera capable de prolonger indéfiniment la lutte.

Enfin, l'occupation par l'ennemi de l'une des capitales de l'Empire russe, voire même de toutes les deux, ne suffirait pas encore à l'obliger à cesser la lutte. Mais, d'autre part, l'invasion des territoires prussien ou autrichien ne serait pas non plus, —· on vient de le voir, — une garantie sérieuse de succès.

En général, il est difficile de prévoir à quels résultats stratégiques réels conduirait cette lutte grandiose, et comment elle se terminerait. La Russie, même si elle éprouvait des échecs dans quelques affaires, comptant sur l'énormité de son territoire et l'arrivée de la mauvaise saison, ne sera pas encline à conclure la paix. Mais dans les pays de l'Ouest, avec l'extrême complexité qu'y ont prise les conditions de l'existence, avec la dépendance mutuelle qu'on y trouve entre tous les rouages du mécanisme intérieur, il est difficile même de se figurer la façon dont une grande et longue guerre y réagirait sur l'ordre économique et social. Il n'est donc pas douteux que la crainte des troubles intérieurs, qu'amènerait une crise, ne doive agir sur les gouvernements et les détourner des entreprises militaires.

Ajoutons encore qu'une fois la lutte engagée, il deviendrait extrêmement difficile pour les gouvernements de conclure la paix, aussi bien après des succès qu'après des échecs. Dans le premier cas, les résultats obtenus ne sembleraient pas compenser les sacrifices qu'ils auraient coûtés, et le désarmement même des masses pourrait présenter des difficultés. Dans le second cas, c'est-à-dire après des revers, la cessation ou seulement l'interruption des hostilités, sans avoir atteint les objectifs politiques visés, ferait naître très probablement des mouvements révolutionnaires. Même en Russie, malgré toute la solidité politique de ce pays, la guerre de 1877-78, comme on sait, amena un renforcement momentané des tentatives anti-gouvernementales, — auxquelles ne prirent part, il est vrai, que peu d'individus.

Des plans généraux d'opérations, en vue d'un conflit avec tel ou tel adversaire, ont évidemment été élaborés par les États-Majors de toutes les armées. Et, selon toute vraisemblance, il y est indiqué, d'après un calcul approximatif, le temps nécessaire à l'obtention de tel ou tel résultat. Mais il est permis de douter qu'il y ait été suffisamment tenu compte des conditions économiques.

Il nous est arrivé parfois de parler de cette question avec un ancien ministre de la marine française, M. Burdeau, qui était un homme doué de facultés éminentes. Il admettait très volontiers qu'en France, à l'époque où M. de Freycinet était ministre de la guerre, on proposa d'entreprendre un examen des conditions économiques dont serait accompagnée la guerre, mais que cette entreprise fut abandonnée par suite de l'opposition qu'on y fit dans les sphères militaires.

Si l'on exécutait des études de ce genre, il faudrait inviter les économistes à y prendre part, ce qui ne pourrait être tenu secret. Et cependant on n'a jamais entendu parler de rien de semblable. — Même si les recherches officielles n'étaient pas poussées jusqu'à quelque décision définitive, la simple exposition et mise en regard de tous les phénomènes et perturbations économiques qu'entraîne la guerre pourrait amener à conduire, avec plus de prudence, les pourparlers internationaux d'où cette guerre peut sortir; et si dans un cas extrême elle se trouvait inévitable, on la ferait de part et d'autre avec la pleine connaissance de ses conséquences économiques, et non pas aveuglément, comme il est arrivé jusqu'ici dans la plupart des cas.

III

Après avoir ainsi décrit avec quelque détail le mécanisme actuel de la lutte sur la terre ferme, nous devions nous occuper également de passer en revue celui de la guerre maritime et les opérations qu'elle comporte. C'est l'objet du III° volume.

Depuis le conflit franco-allemand, il s'est posé, relativement à la guerre navale, des principes qui sont l'indice d'un retour vers le passé, vers les siècles de barbarie. L'évolution accomplie sous ce rapport est intéressante non seulement par elle-même, mais aussi par l'influence qu'elle exercera sur le caractère des hostilités en terre ferme. La possibilité de voir déserter toutes les localités côtières, l'interruption des communications maritimes et la séparation ainsi réalisée de certains États d'avec le reste du monde, peuvent faire naître à l'intérieur de ces États des mouvements dangereux et mettre un terme à la guerre sur terre, avant qu'aucun résultat positif ait été atteint. Mais, par contre, les combats navals entre deux flottes européennes égales l'une à l'autre, avec les moyens actuels de destruction, sont devenus peu probables, attendu qu'ils amèneraient leur anéantissement mutuel.

Dans les luttes d'autrefois, rien de semblable.

Étant donnée l'énorme importance que peut avoir la guerre maritime sur la vie économique et sociale des nations, on pouvait s'attendre à ce que les questions qui se rattachent à la construction des navires et à leurs opérations eussent été déjà l'objet d'études attentives et de jugements précis.

Cependant, on ne peut pas dire qu'il en soit ainsi. En France, où l'on est encore excité par les idées de revanche, toutes les recherches sont impopulaires, qui mettent en évidence les conséquences désastreuses de la guerre navale sous sa forme nouvelle; parce que de ces recherches on devrait forcément conclure à la presque impossibilité de mener heureusement même les opérations exécutées à terre, jusqu'à la réalisation des hypothèses et des espérances primitivement conçues. — En Allemagne, la question de la guerre maritime ne pourrait être traitée que par les spécialistes. Et tous persistent à confirmer l'opinion qu'on s'est faite des suites désastreuses que cette guerre entraînera. Bien rares sont les auteurs qui font exception à cette règle. — Parmi eux, il faut citer un économiste connu, Rodolphe Meyer, et l'amiral en retraite Werner qui se sont décidés à formuler des avertissements.

En Italie, on reproche sans cesse au gouvernement les dépenses, insupportables pour le pays, qui sont consacrées aux forces militaires en général et à la flotte en particulier; ce gouvernement est, par suite, trop intéressé à ce que les opinions pessimistes ne se manifestent pas. En Russie et en Autriche, on s'occupe peu des questions qui se rattachent à la guerre navale, car elle n'aura pour ces États qu'une importance secondaire. L'Angleterre est une exception; c'est le pays où ce sujet est le plus étudié; et c'est très naturel, tant en raison de sa situation géographique que parce que l'existence même de sa population dépend directement des approvisionnements qui lui viennent par la mer.

Mais là aussi pourtant les masses ne se font pas une idée claire de l'évolution qui s'est produite dans les procédés et les conséquences de la lutte maritime; et force y reste encore aux assurances des spécialistes qui nient l'existence, entre le présent et le passé, de différences radicales excluant toute comparaison.

Pour prouver que ces spécialistes sont dans l'erreur, il faut précisément connaître à fond les engins préparés en vue de la guerre navale. Sans cela il est impossible de se rendre compte de sa marche ni de son importance. Toutefois une description, mise à la portée de tous, des moyens d'attaque et de défense, présente encore plus de difficultés ici que pour la guerre en terre ferme.

Cela provient de l'extrême variété des moyens en question et de leurs transformations quotidiennes si complètes qu'on ne tarde pas à douter de leur valeur, — comme on le voit dans la partie de notre travail qui contient la *Comparaison des flottes ayant pris part aux anciennes guerres avec les flottes actuelles* (Premier livre du tome III) (1).

Afin de donner, même à ceux qui ne sont pas marins, une idée des engins dont on compte se servir dans les combats navals, et pour faciliter la comparaison de ces engins, au point de vue de leurs effets, avec ceux qu'on employait autrefois, il faut évaluer le degré relatif de développement et de perfectionnement des flottes et des moyens d'action imaginés pour elles dans les différents pays. Or, cette évaluation comparative est bien plus compliquée que celle des forces de terre. Tandis que cette

Comparaison des
flottes qui ont
pris part aux
anciennes
guerres avec les
flottes modernes.
Tome III.

----

(1) Depuis l'historique de la marine à voiles, jusqu'à l'état actuel d'organisation des bâtiments cuirassés.

dernière porte seulement sur des objets de même nature : nombre de soldats, de canons, de chevaux, etc., la mise en regard des flottes des différents pays aux différentes époques amène à considérer des unités de nature diverse ; attendu que ce n'est pas seulement l'armement des navires qui se modifie, ce sont leurs modèles eux-mêmes. Tellement que, de l'avis de bien des personnes, un seul cuirassé actuel, un seul croiseur à marche rapide armé de pièces à longue portée et outillé pour se servir d'engins explosibles, serait en état d'accomplir ce qui, autrefois, eût exigé toute une escadre.

Par contre, à ces énormes cuirassés et croiseurs, avec leurs canons puissants, ce n'est pas seulement d'autres bâtiments de même force qu'on opposera, mais encore de petits torpilleurs à peine visibles sur les flots. Le jour, ils ne feront qu'apparaître brusquement et disparaître, mais la nuit ils s'approcheront traîtreusement des géants et avec leurs torpilles les couleront à fond.

Pour que notre étude ne fût point trop aride et ne se réduisît pas à des colonnes de chiffres, nous avons dû donner plus de dessins et de figurations graphiques que de descriptions et de tableaux ; ce qui était la seule façon de montrer l'état des choses aux non-spécialistes, qui sont en définitive les plus intéressés aux résultats généraux que peut avoir la guerre.

En suivant cette méthode, pour montrer que tous les renvois aux guerres maritimes de la première moitié de ce siècle n'ont aucune valeur et que les opérations des flottes accomplies depuis lors n'ont que très peu d'importance, nous avons dû tout d'abord donner un historique de la *Construction des navires à voile* (1), de l'*Etat de la flotte russe aux temps passés* (2) et de l'*Influence exercée sur la flotte russe par la guerre de Crimée et l'introduction des moteurs à vapeur*.

Il est toujours très utile de se reporter aux enseignements du passé. Ce n'est pas en vain que Pirogoff, décrivant l'organisation du service médical, et en particulier des secours aux blessés, pendant la campagne de 1877-78, — organisation qu'il déclare d'ailleurs bien supérieure à ce qu'elle était pendant la guerre de Crimée, — fait voir, à ce propos, combien sont rebelles aux améliorations les organismes administratifs en général, et comment leurs défauts, qui

État de la flotte russe jusqu'à l'adoption du cuirassement.

---

(1) Avant le xvie siècle, puis de ce siècle au xixe.

(2) Naissance de la flotte sous Pierre Ier, puis décadence après lui jusqu'à la guerre de Crimée.

peuvent passer inaperçus en temps normal, se manifestent aussitôt que des efforts sortant de l'ordinaire leur sont demandés.

Sous le règne de Pierre le Grand, fondateur de la marine russe, plus de 1,000 bâtiments furent construits sur les chantiers de la Russie. Les navires de la flotte de la Baltique se perfectionnèrent d'année en année sous la surveillance de l'Empereur lui-même, qui connaissait parfaitement la construction maritime (1); ceux de la mer d'Azof restèrent moins bons. Mais, sous les successeurs de Pierre, une décadence rapide se manifesta. Trois années seulement après la mort de son fondateur, la flotte était dans un tel état que, d'après les rapports de l'ambassadeur suédois, elle ne pouvait mettre à la mer plus de 4 ou 5 navires. Les abus devinrent telle- ment évidents, que l'amiral Zméïévitch fut remis vice-amiral pour s'être approprié de l'argent et des matériaux appartenant à l'État.

Sous le règne d'Anna Ivanovna et d'Élisabeth Pétrovna, on con- tinua bien de faire des bâtiments ; mais ils furent mal construits et mal entretenus ; tellement qu'en cas de grand vent il s'y déclarait facilement des voies d'eau ou autres avaries, qui les forçaient de rentrer au port. Sous Catherine II, l'état de la flotte ne s'améliora guère qu'au point de vue de l'augmentation du nombre de ses bâti- ments. On construisait les navires en grande partie avec du bois qui n'était pas sec, on les consolidait non pas au moyen de boulons, mais avec des clous ou même de simples chevilles de bois, puis on les armait de mauvais canons qui souvent éclataient lors du tir. L'entretien des équipages était des plus défectueux : d'où, pendant les campagnes de navigation, grand développement de maladies. Ainsi, sur l'escadre de Spiridoff, dans son voyage de Cronstadt à Londres en 1769, le nombre des malades atteignit 700, sur un total de seulement 15 navires y compris les convois.

Ces maladies et les avaries des bâtiments ralentirent la marche de cette escadre au point qu'elle n'atteignit l'île de Minorque que cinq mois après son départ de Cronstadt, et encore avec la moitié seulement de son effectif. Les autres bâtiments avaient dû rester en route pour se faire réparer.

Cette décadence de la flotte eut pour cause tout à la fois les malversations, et le défaut d'allocations fournies en temps opportun par l'État. L'amiral Mordvinoff, qui commandait la flotte de la mer Noire dans les dernières années du règne de Catherine, et qui se

---

(1) Vesselavo, *Kratkaïa istoria rousskavo flota* (Histoire abrégée de la flotte russe).

trouvait sous les ordres du prince Platon Zouboff, gouverneur de la Nouvelle-Russie, écrivait dans un rapport en 1794 : « Ce n'est qu'à grand'peine que je parviens à nourrir mes équipages » (1).

L'empereur Paul, dans un oukase au Collège de l'Amirauté, s'exprimait ainsi au sujet de la flotte d'alors : « En montant sur le trône de nos ancêtres, nous avons trouvé les flottes dans un tel état de délabrement que les navires dont elles se composent étaient pour la plupart, en raison de leur pourriture, impropres au service ». Sous ce prince, la flotte reçut quelques améliorations, surtout par suite du séjour prolongé que firent en Angleterre un assez grand nombre de bâtiments russes. Mais néanmoins les malversations ne cessèrent pas. Les carènes n'étaient pas doublées de cuivre, on les enduisait de goudron mélangé de toutes sortes de choses ; les ancres n'avaient pas le poids voulu ; dans les magasins, les approvisionnements étaient portés faussement en sortie comme consommés, et cet excédent était vendu en cachette par les fonctionnaires. Les fournitures étaient reçues des soumissionnaires sans examen, de sorte que les directeurs du matériel « inscrivaient comme livré le double et le triple de ce qui l'avait été réellement, et qu'ensuite, partageant avec les fournisseurs, ils volaient le bien de l'Etat » (2).

L'empereur Alexandre essaya de rectifier cet état de choses, et en chargea un « Comité de formation de la flotte ». Mais les règles mêmes qui furent de nouveau posées n'arrivèrent qu'à couvrir les abus. Ainsi, les inspections annuelles des magasins des ports ne servirent qu'à faire réformer comme sans valeur, une quantité de matériel excellent qu'on vendait ensuite pour en tirer de l'argent. L'audace était arrivée à un tel point qu'à l'occasion d'une visite de l'Empereur au port militaire de Cronstadt, les navires n'avaient été peints que d'un côté, celui qui faisait face aux quais du port.

La construction des bâtiments ne s'arrêtait pas, car c'était une affaire avantageuse. Ainsi que le rapportait à l'empereur Nicolas un ancien officier de marine : « On a envoyé à Cronstadt des navires souvent pourris, qui n'avaient fait aucune campagne et dont quatre ou cinq seulement étaient en état de prendre la mer ; car les mâts se passent d'un navire à l'autre et les autres bâtiments, quoique en assez grand nombre, n'ont pas d'armement. Actuellement, en cas de guerre, on ne saurait à qui et avec quoi faire prendre la

____

(1) Vesselavo, *Histoire abrégée de la flotte russe.*
(2) Même ouvrage.

mer... » (1). Très curieux ce nombre de « 4 ou 5 bâtiments » qu'on entretenait en bon état pour la montre : lors de l'avènement de l'empereur Nicolas Ier, en 1825, il était encore le même que cent ans auparavant, au lendemain de la mort de Pierre le Grand. Il représentait en quelque sorte, aux anciens temps de la flotte russe, ce « minimum non soumis à l'expropriation » que la loi reconnaît aujourd'hui dans la propriété du paysan. Tout le reste disparaissait ou était « exproprié ».

L'introduction de la vapeur dans la marine fit écarter les bâtiments à voiles de la composition des flottes de guerre. Mais au début de la campagne de Crimée, l'escadre de la mer Noire ne comptait encore que sept frégates à vapeur, avec une force totale de 1,960 chevaux, armées de 49 canons ; les autres bâtiments étaient à voiles. Tandis que les flottes alliées comprenaient, en fait de navires à vapeur, 24 anglais, d'une force totale de 5,859 chevaux, et 12 français, d'une force totale de 4,960 chevaux. La flotte russe portait environ 2,000 canons, ses adversaires en avaient 2,449. C'est surtout à l'impossibilité, pour les bâtiments à voiles, de lutter avec les navires à vapeur, maîtres de manœuvrer à volonté, qu'il faut attribuer l'obligation où se vit l'escadre de la mer Noire de s'enfermer dans Sébastopol, malgré la valeur des marins russes qui se manifesta dès le début de la guerre par la brillante victoire remportée à Sinope sur la flotte turque, et plus tard dans la défense par terre de Sébastopol. La plus grande partie de l'escadre de la mer Noire disparut au cours du siège, les grands navires ayant été coulés pour fermer l'entrée de la baie.

Du moment où tel était le destin de cette force maritime, dont les navires étaient construits d'après les derniers modèles et avec de bons matériaux, il n'est pas étonnant que l'escadre de la Baltique, composée de bâtiments médiocres, pour la plupart en bois de sapin mal séché, — comme il a été constaté par l'examen des travaux du ministère de la marine pour les 25 années allant de 1855 à 1880, — n'ait pu rien entreprendre contre les escadres alliées qui se montrèrent dans la Baltique et le golfe de Finlande, où elles bombardèrent Bomarsund et Sweaborg.

Après la guerre de Crimée, le ministère de la marine entreprit activement la construction d'une flotte à vapeur pour la Baltique, puisque, d'après le traité de Paris de 1856, il ne pouvait pas être procédé au renouvellement de celle de la mer Noire. Mais le manque

____

(1) Vesselavo, *Histoire abrégée de la flotte russe.*

d'expérience fut cause que même les bâtiments à vapeur nouvellement construits ne répondaient pas pleinement aux exigences d'une navigation un peu lointaine. Le programme général de construction n'était pas encore achevé d'exécuter, quand la cuirasse vint jouer un rôle prépondérant dans la marine ; si bien que les navires en bois, encore sur les chantiers, perdirent toute valeur comme unités de combat.

A la fin de 1870, pendant le siège de Paris par les Allemands, le gouvernement russe, en présence des changements politiques survenus en Europe, déclara qu'il ne se considérait plus comme lié par l'article du traité de Paris relatif aux forces navales de la mer Noire. Mais la nouvelle flotte organisée dans cette mer ne faisait encore qu'apparaître, quand éclata la guerre de 1877 ; et elle ne put influer sur la marche des opérations militaires, malgré les exploits qu'accomplirent alors les marins russes en faisant sauter et coulant à fond plusieurs bâtiments turcs.

Constructions navales cuirassées.

Nous avons ensuite exposé dans notre ouvrage, la *Révolution amenée par le développement de la construction navale cuirassée*, et l'*Historique de la lutte du canon et de la cuirasse*, — lutte qui se continue encore aujourd'hui ; — puis nous avons examiné l'*Influence de la poudre sans fumée sur le renforcement de la cuirasse*.

L'évolution qui s'est produite sur ce terrain est instructive ; non seulement au point de vue des succès mêmes obtenus par la technique, mais aussi parce qu'elle met particulièrement en relief les conditions de rivalité sans fin où la rapidité de ces succès place, à l'égard les uns des autres, les différents États.

Jamais encore aucune des inventions précédentes relatives à la marine ne s'était développée aussi rapidement et sous tant de formes différentes que l'application de la cuirasse. Si nous jetons un coup d'œil sur la construction navale d'autrefois, nous nous convaincrons que le principe scientifique de cette invention a été posé il y a déjà deux cents ans. Au moyen âge comme dans l'antiquité, on n'avait que des navires à rames, des galères conduites par quelques dizaines de rameurs, et bonnes seulement pour la navigation côtière. Ce n'est qu'à partir du xive siècle que l'on commença d'arriver aux navires à voiles de grandes dimensions et munis d'un gouvernail. L'invention, à cette époque, de la boussole, permettait déjà une navigation plus libre, malgré l'imperfection des bâtiments. Il n'y avait pas encore, alors, de flottes royales ; et, en cas de guerre, on nolisait pour le transport des troupes les navires des simples particuliers. Jusqu'à la moitiédu xvıᵉ siècle, les navires se construisaient longs, hauts et étroits, ce qui avait pour résultat leur instabilité. C'est avec de tels bâtiments que de hardis marins se lancèrent dans des navigations lointaines, et ouvrirent les routes maritimes de l'Inde et du Nouveau Monde.

Le *Great Harry*, construit en Angleterre en 1547, avec un déplacement de 1,000 tonnes et armé de 122 canons, dont beaucoup de petits, passaitpour un géant.

Mais ce navire même n'avait été construit que d'après les indications de la pratique expérimentale. C'est seulement à partir de 1665, quand Master Den détermina pour la première fois, par le calcul, la profondeur des bâtiments, que commencèrent les applications de la science aux constructions navales. A dater de ce moment, elles firent de rapides progrès, et les navires à voiles atteignirent très vite le plus haut degré de perfection qu'on pût en attendre.

L'invention de Fulton, en 1807, précéda celle de Stephenson. Son application à la marine fut, comme on sait, repoussée par Napoléon; mais aux États-Unis, dès 1815, fut lancé un navire à vapeur armé de 12 canons; et la construction de ces bâtiments se développpa rapidement en Europe.

La première apparition des navires revêtus d'une cuirasse remonte à l'époque de la guerre de Crimée. Le bombardement de Sébastopol, par la flotte unie anglo-française, prouva immédiatement aux alliés que leurs navires en bois pouvaient facilement être incendiés et détruits, dans la lutte contre des fortifications côtières armées d'un nombre suffisant de canons à bombes.

Cela conduisit à essayer de protéger les navires par des plaques de fer, et, dès 1854, on se mit à construire en France trois batteries flottantes en bois, destinées à l'attaque des fortifications des côtes russes de la mer Noire. Les Anglais qui avaient également l'intention d'attaquer Cronstadt, en 1856, construisirent sept batteries flottantes en fer.

Il se trouva que les projectiles de l'artillerie russe dirigés contre ces batteries ne leur firent de mal que quand, par hasard, ils frappaient dans l'ouverture même d'une embrasure. D'où fut tirée cette conclusion que, si l'on arrivait à construire des navires couverts d'une cuirasse de fer et capables cependant d'évoluer aisément en haute mer, ils seraient invincibles.

Par ordre de l'empereur Napoléon III, on entreprit en 1858 la construction de la première frégate cuirassée, la *Gloire*, d'après les plans de l'éminent ingénieur Dupuy de Lôme. — Cette frégate devait, suivant l'expression de son constructeur, faire au milieu des navires de bois l'effet d'un *lion dans un troupeau de moutons*. Elle revint à 7 millions de francs, c'est-à-dire presqu'au triple de ce que coûtaient les plus grands vaisseaux de ligne ; mais tout le monde trouva qu'en vue des résultats qu'elle pouvait donner, cette dépense n'était pas trop considérable.

Le premier pas ainsi fait par la France dans cette voie nouvelle fut promptement imité en Angleterre et en Amérique.— Toutefois, le fait décisif qui décida de l'abandon des navires en bois, ce fut leur première lutte contre des cuirassés ; lutte qui eut lieu en 1862, en Amérique, dans la rade d'Hamilton, où se trouvaient trois frégates à hélice de 50 canons et deux vaisseaux de guerre à voiles appartenant aux États du Nord.

Ces bâtiments étaient si bien armés qu'il eût été impossible d'en trouver, dans toutes les flottes étrangères, cinq de même rang dont la puissance en artillerie eût pu être comparée à la leur. Le *Merrimac,* appartenant aux États-Unis du Sud, et venant de Norfolk, s'avança vers eux sans présenter d'autre apparence que celle d'une frégate ordinaire de haut bord transformée en bâtiment cuirassé.

A deux heures de l'après-midi, commença un combat qui fut sans contredit le plus remarquable de notre temps par ses graves conséquences. — A sept heures du soir, la lutte était finie ; elle avait eu les résultats suivants : 2 frégates étaient détruites avec 250 hommes tués ou noyés ; les trois autres navires avaient pu s'échapper à la faveur de la nuit, et le *Merrimac* rentrait intact à Norfolk.

Le lendemain, ce même *Merrimac* retourna de nouveau sur la rade d'Hamilton ; mais cette fois, son commandant et son équipage y aperçurent une sorte de petit navire d'aspect étrange, dont ils n'avaient jamais rencontré le pareil, et qui leur parut être un objet de curiosité et de plaisanterie. Ce petit navire était le *Monitor*, arrivé de New-York à 2 heures du matin seulement. Quelques minutes après, le *Merrimac* ouvrit contre le *Monitor* le feu de ses énormes canons. Et c'est ainsi que commença un combat, fameux dans les annales de la marine moderne, qui dura plus de trois heures, presque à bout portant, et au cours duquel les deux adversaires essayèrent plus d'une fois de se défoncer l'un l'autre à coups de bélier. Le résultat de ce genre de lutte, dont on n'avait encore vu d'exemple nulle part, fut, à l'étonnement du monde entier, que le *Monitor* resta indemne ; tandis que le *Merrimac* dut se retirer à Norfolk avec de telles avaries, que les Sudistes furent obligés de le démolir eux-mêmes sans plus tarder.

Ainsi se termina cette affaire, origine d'une véritable révolution dans les procédés de la guerre navale, où, désormais, les navires à vapeur en bois ne pouvaient évidemment plus entrer en lutte avec les cuirassés.

Cette révolution se trouva très désavantageuse pour la Russie. La flotte à vapeur nécessaire à ce pays venait d'être organisée quand les événements maritimes imprévus de la guerre d'Amérique vinrent l'obliger à s'en construire une autre cuirassée, — et cela juste au moment où les finances de l'Empire se trouvaient, à la suite de la guerre de Crimée, dans le plus déplorable état.

Mais on ne pouvait hésiter ; car une autre circonstance plus sérieuse encore vint mettre au premier plan l'urgente nécessité de cette flotte cuirassée.

On sait que, dans les années qui suivirent 1860, la Russie se vit menacée d'une rupture avec les puissances occidentales qui prétendaient intervenir dans les affaires polonaises. En 1863, fut constituée au ministère de la guerre, sous la présidence du général Kryjanovski, une commission chargée d'examiner les mesures à prendre pour mettre sans délai Cronstadt en état de défense. L'opinion générale de la commission fut, qu'en présence des moyens dont disposaient en 1863 les adversaires maritimes de la Russie, non seulement ce port était à la merci d'une attaque par mer, mais qu'en supposant de la persistance et de l'intelligence chez l'ennemi, la capitale elle-même ne pouvait être considérée comme hors de danger. La commission ajoutait qu'avec les seules fortifications des côtes, sans une défense cuirassée mobile composée de 40 batteries flottantes, monitors et canonnières, il était impossible d'assurer la sécurité de Cronstadt (1).

Tant que les vaisseaux s'étaient construits en bois, la Russie avait pu trouver chez elle la matière première et les ouvriers nécessaires — surtout avec une administration sachant utiliser les ressources du pays. Mais la situation devenait tout autre, par suite de l'obligation d'avoir des bâtiments en fer munis de machines et de canons très puissants et extrêmement coûteux. Néanmoins, grâce aux mesures énergiques qui furent prises, la flotte cuirassée sus–indiquée fut, en dépit des difficultés financières, très promptement constituée.

Cependant, d'autres États maritimes aussi, qui se considéraient comme de grandes puissances navales, ayant compris qu'ils se trouveraient entièrement désarmés s'ils ne prenaient pas résolument des mesures pour augmenter leur flotte cuirassée, commencèrent avec

____

(1) *Revue des études et travaux du ministère de la marine russe,* de 1855 à 1880

une activité fiévreuse à s'efforcer de réaliser ce qui ne semblait pas réalisable : avoir des navires protégés par une cuirasse que ne pourraient pas percer les coups de la plus forte artillerie.

Il n'est pas une des spécialités de la marine, y compris la construction même des navires, qui présente d'aussi étonnants résultats, au point de vue des innovations et des progrès obtenus depuis 1860, que l'artillerie navale.

Nous ne pouvons mieux le faire comprendre qu'en comparant l'armement de la flotte russe dans le passé et dans le présent. Pour cela, prenons un ancien navire armé de 84 canons, le *Prokhor*, et un bâtiment moderne, le *Piotr Vélikïi*, qui n'a pour armement que 4 canons rayés de 12 pouces. Eh bien, le *Piotr Vélikïi* produit en tirant ses quatre pièces, un effet total de choc trois fois plus grand que le *Prokhor* en tirant également toutes les siennes.

Les 84 projectiles du *Prokhor*, s'il était possible de les lancer tous ensemble dans une même direction, ne feraient pas le moindre mal à la cuirasse même du plus faible des cuirassés actuels. Car les plus puissants canons dont on disposait au commencement de la période dont il s'agit, auraient à peine pu produire une éraflure dans la plus mince des plaques employées maintenant pour cuirasser les navires. Tandis que chacun des projectiles lancés par le canon de 12 pouces est capable de percer, jusqu'à 2 kilomètres de distance, la muraille du plus puissant des cuirassés d'aujourd'hui, dont l'épaisseur est cependant de 3 pieds, et qui est recouverte d'une plaque de 13 pouces d'épaisseur. Et il faut ajouter que le *Piotr Vélikïi* étant un navire à tourelles, ses 4 canons peuvent être dirigés simultanément contre une portion relativement peu étendue de la muraille à frapper.

Mais ces mêmes canons ne peuvent rien contre quelques-uns des navires que l'on construit actuellement, qui sont couverts d'une cuirasse de 20 et même 24 pouces d'épaisseur, entièrement en acier. Aussi, en même temps que ces derniers bâtiments, sont apparus des canons plus puissants encore; et plus se sont perfectionnées les bouches à feu, plus on a imaginé de fortes plaques pour protéger les navires. Si bien que ce combat acharné entre l'artillerie et la cuirasse dure encore aujourd'hui.

Pour venir à bout de cette dernière, on a eu recours à des projectiles d'acier et on a augmenté de plus en plus la violence de leur choc. Ce qui a eu pour conséquence un nouvel épaississement des plaques contre lesquelles on a imaginé ensuite des projectiles encore plus puissants. Puis, dès l'apparition de ceux-ci, il a fallu surépaissir la cuirasse, en augmentant les dimensions des navires pour leur permettre de la supporter. D'où, entre les inventeurs, une rivalité continuelle au cours de laquelle l'ont emporté tour à tour tantôt les projectiles et tantôt les cuirasses, sans que personne écoutât la voix des économistes, qui prédisaient les tristes conséquences de cette lutte acharnée entre l'artillerie et le cuirassement. Lutte dont le résultat final a été qu'aujourd'hui flottent sur les mers des colosses d'acier, sortes de forteresses mobiles, capables d'anéantir non seulement des navires, mais tous les ouvrages élevés sur les côtes, et même les villes qui s'y trouvent.

Quelques chiffres permettront de juger où l'on en est arrivé sous ce rapport.

Le prix d'un vaisseau de ligne à vapeur de 1re classe ne dépassait pas 2,500,000 francs. Or, pour la construction du premier cuirassé anglais, le *Warrior*, il fut dépensé en 1860, près de 9 millions. Et ce n'était que le commencement de l'augmentation du prix de revient des bâtiments de guerre. Le cuirassé allemand *Kœnig Wilhelm*, construit en 1868, coûtait déjà plus de 12 millions de francs ; en 1876, le *Duilio* italien revint à près de 18 millions, et l'*Italia*, en 1886, à 25 millions. Ainsi, en vingt ans, le prix de revient des cuirassés avait triplé (1).

La plus grande partie des dépenses sont absorbées par la cuirasse. Sur 21 millions de francs consacrés à l'un des cuirassés les plus récents, le *Magenta*, la cuirasse a coûté 15 millions, c'est-à-dire 71 0/0 du prix total.

Examinons maintenant de quels moyens on dispose pour détruire ces géants maritimes. Un vaisseau de guerre à voiles de premier rang était armé de 120 canons pesant ensemble 480 tonnes. Le premier cuirassé ne portait que 32 canons, mais ils pesaient 690 tonnes. Sur le cuirassé l'*Italia*, construit en 1886, il n'y a que 4 grands canons et 8 petits, mais ils pèsent presque le double des 32 canons du premier cuirassé : 1,150 tonnes ! Ainsi, depuis le temps des navires à voiles, le poids des canons est devenu 25 fois plus fort. Naturellement, le poids et les dimensions des projectiles se sont augmentés de même, ainsi que leur puissance destructive, surtout par suite de leur remplissage au moyen de substances explosives. Le diamètre d'un projectile du cuirassé *Warrior* était de 16 centimètres et son poids de 31 kilog. 500 ; sur le cuirassé *Italia*, le diamètre arrive à 43 centimètres et le poids à 907 kilogrammes. Ainsi, en vingt ans, la puissance du projectile, en ne tenant compte que de son poids, est devenue 30 fois plus grande.

Accroissement de la force des canons.

---

(1) Amiral Werner, *Die Kampfmittel zur See* (Les instruments de la guerre navale).

Mais on n'en est pas resté là. L'Angleterre continue d'être à la tête des pays qui s'efforcent de marcher dans la voie du perfectionnement des moyens de destruction employés sur mer. Il y a quelques années, les bâtiments anglais étaient armés de canons du calibre de 305 millimètres et leur cuirasse avait 30 centimètres d'épaisseur. Ensuite, on les a munis de canons de 406 millimètres, pesant 80 tonnes, et dont les projectiles pèsent 800 kilogrammes. Puis, en voyant plus tard l'Italie armer ses cuirassés *Duilio* et *Dandolo* de canons de 100 tonnes, les Anglais ont mis à l'étude un projet de canons de 200 tonnes, capables de lancer des projectiles de 3,000 kilogrammes et de percer une cuirasse de 90 centimètres d'épaisseur (1).

Or, sait-on combien coûte le tir de ces canons? Le *Progrès Militaire*, en s'appuyant sur les données du budget de la marine française, fait le calcul suivant: Un coup de canon de 110 tonnes revient en chiffres ronds à 4,160 francs, ce qui correspond aux intérêts d'un capital — en calculant à 4 0/0 — de 104,000 francs. Cette somme se répartit ainsi : 1,900 francs pour 450 kilogrammes de poudre et 2,260 francs pour un projectile de 900 kilogrammes, total 4,160 francs.

Et ce n'est pas tout. Un canon de 110 tonnes *ne supporte que le tir de 93 projectiles*, après quoi il est mis hors de service. Et comme le prix du canon est de 412,000 francs, il en résulte qu'à chaque coup sa valeur diminue de 4,340 francs ; ce qui reporte le prix de revient du coup à 8,500 francs. Ainsi, toutes les fois qu'un de ces canons fait feu, il jette au vent le revenu annuel d'un capital de 212,500 francs. Par conséquent *mille coups semblables représentent le revenu d'un capital de 212 millions et demi de francs.*

Si nous passons aux canons de moindre calibre, nous trouvons : que le coup de celui de 67 tonnes (qui vaut 250,000 francs et que 127 coups mettent hors de service) revient à 4,600 francs ; que le coup du canon de 45 tonnes (valeur : 157,500 francs, hors de service après 150 coups) revient à 2,450 francs. Il n'y a que la vie des marins de la flotte dont on n'évalue pas le prix : « Malheur à l'humanité lancée sur une telle pente ! » conclut le *Progrès Militaire*, — en ajoutant qu'au fur et à mesure des progrès de la technique les dépenses applicables à tout cela augmentent sans cesse.

Le général Pestitch fait une très intéressante comparaison : « Les six vaisseaux russes qui ont pris part au combat de Sinope avaient comme armement environ 600 canons de fonte, sur lesquels 300 mis

---

(1) Hennebert, *L'art militaire et la science.*

en action foudroyèrent tout ce qui existait dans Sinope. Et cependant la valeur de ces 300 bouches à feu, d'après les prix de l'époque, ne dépassait pas celle d'un seul canon de 100 tonnes actuel. Quels résultats pourrait-on attendre de cette unique pièce, qui ne tire pas plus de cinq coups à l'heure ? » Il n'y a que la guerre future, semble-t-il, qui puisse répondre à cette question. Les canons des géants maritimes actuels seront capables de bombarder des ports, des forteresses et des villes, de l'avis de beaucoup de spécialistes, même à plus de 10 kilomètres de distance.

Les conséquences de tels phénomènes ne peuvent évidemment pas se mesurer par leur seule action matérielle. En tout cas, il est encore une autre question qui ne manque pas d'importance : c'est celle des résultats économiques où vont se trouver entraînées les nations européennes par ces perpétuels changements d'armements.

De plus, comme les progrès de la technique ont eu pour résultat de permettre aux cuirassés des nouveaux types de déployer beaucoup plus de vitesse et de parcourir une distance plus que double sans reprendre de charbon, et comme les bâtiments des anciens types sont considérés comme sans valeur pour les opérations de guerre, nous avons dû donner ici des renseignements numériques sur l'état actuel des flottes à ce point de vue.

Le chapitre suivant est consacré à l'étude des *Moyens d'attaque et de défense des navires actuels*. Ici, nous avons tout d'abord examiné une question, très intéressante par elle-même, celle de savoir quelles bases on doit admettre, beaucoup d'écrivains autorisés concluant, d'après les expériences faites aux manœuvres, que la cuirasse, même des plus récents modèles, ne donne pas pleine sécurité contre l'artillerie navale, puisque la force vive d'un projectile du canon de 40 centimètres est, au moment du choc, double de celle du coup de bélier qui coula le *Der Grosse Kurfürst*.

Mais nous ne pouvions terminer ainsi l'examen des questions relatives à la construction des navires cuirassés.

Les effets puissants de l'artillerie actuelle ne peuvent manquer de faire naître des efforts pour décider le combat à coups de bélier ; aussi avons-nous consacré un chapitre de notre travail au rôle que le bélier jouera dans les combats de l'avenir.

Puis, de l'impossibilité de protéger uniformément avec la cuirasse toutes les parties des navires, il résulte que les endroits non protégés peuvent être facilement détruits par l'action des canons à tir rapide, même de petits calibres ; et comme c'est précisément en ces endroits, ainsi que nous l'avons vu, que se trouvent les organes les plus essentiels à la direction du bâtiment, il faut prévoir que la plupart des cuirassés pourront être mis dans l'impossibilité de continuer le combat ou, en tout cas, fort gênés dans leurs évolutions.

Aussi, d'après beaucoup de spécialistes, semblerait-il plus rationnel de construire des croiseurs moins lourds, mais plus rapides, armés d'une artillerie aussi puissante que possible, et qui se mouvraient sur les flots, où ils seraient à peine remarqués, avec la vitesse des trains-poste de chemins de fer.

Torpilles et
torpilleurs.

Pour donner au lecteur quelque idée de cette question, nous avons dû consacrer pas mal de place au chapitre sur les torpilles et les torpilleurs.

Aussitôt que les progrès de la construction navale eurent permis à l'Angleterre de lancer un grand nombre de bâtiments armés de canons énormes et qu'une épaisse cuirasse d'acier rendait capables de résister aux plus puissants projectiles, on se demanda s'il ne serait pas possible d'amener des mines sous ces colosses ou de les détruire au moyen d'engins explosifs dirigés contre les parties du bâtiment situées au-dessous de la ligne de flottaison et qui ne pouvaient être que faiblement protégées. Un moyen, depuis longtemps connu, d'obtenir ce résultat, c'était l'emploi de torpilles, c'est-à-dire de caisses remplies de substances capables de détoner au moment du choc contre le navire. Mais, pendant longtemps, l'application pratique de cette idée parut très difficile. Beaucoup d'obstacles s'opposaient à sa réalisation, si bien que, dans ces derniers temps seulement, le problème fut résolu d'une manière satisfaisante.

On commença par construire des chaloupes spéciales, petites, mais d'une marche très rapide, destinées à lancer des torpilles contre l'ennemi, et on les appela des torpilleurs.

Les expériences montrèrent que le navire qui lance la torpille est en pleine sécurité si, en employant comme chargement de cet engin 25 à 30 kilogrammes de poudre, ou 6 à 7 kilogrammes de dynamite, ou 10 à 12 kilogrammes de pyroxyline, il s'écarte à 6 mètres du point où a lieu l'explosion et si la torpille se trouve sous l'eau à une profondeur de 2ᵐ50. Comme à 6 mètres on peut facilement pousser la torpille sur le bâtiment ennemi au moyen d'une perche ou espar, la question consistait à construire des navires le moins visibles possible au moment où ils s'approchaient de l'ennemi.

Lors de la guerre russo-turque de 1877, neuf attaques exécutées par les torpilleurs russes firent perdre aux Turcs un cuirassé et deux vapeurs ; trois autres cuirassés furent en outre fort avariés. Les pertes en hommes ne sont pas connues. Du côté des Russes, un torpilleur fut coulé et trois autres furent endommagés, ainsi que trois chaloupes à vapeur. Il y eut 2 marins tués et 10 blessés (1).

Non moins grand fut le succès des torpilleurs français au cours de la campagne du Tonkin en 1885.

Deux chaloupes à vapeur ordinaires, qui n'avaient pas plus de 14 mètres de long, ayant pris des torpilles, attaquèrent. dans la nuit du 14 au 15 février 1885, une frégate chinoise de 3,500 tonneaux et la coulèrent. Cette frégate était abritée dans le port de Cheï-Po, protégée par des ouvrages fortifiés, et l'amiral français Courbet se trouvait, avec son escadre, à quelques milles marins de ce port. Profitant d'une nuit obscure, les chaloupes françaises parcoururent toute cette distance sans être aperçues et, après la destruction du navire chinois, elles revinrent tranquillement au vaisseau-amiral.

L'expérience de la guerre du Chili, en 1891, confirme, semble-t-il, les prédictions d'un brillant avenir fait aux torpilleurs dans la lutte avec les cuirassés.

Le 23 avril 1891, la canonnière-torpilleur *Almirante-Condell* et, naviguant dans ses eaux, l'*Almirante-Linch*, marchant à demi-vitesse, entrèrent, sans que personne les aperçût, dans la rade de Port-Colbert. L'attaque fut dirigée par tribord avant du cuirassé *Blanco-Encalada* qui appartenait aux congressistes. L'*Almirante-Condell* arriva le premier à portée du bâtiment et, s'en étant approché à 100 mètres, lança au moyen de son tube d'avant une torpille dirigée sur celui du cuirassé, mais qui passa à côté ; s'approchant plus près encore et présentant sa hanche de bâbord, l'*Almirante-Condell* lança, d'environ 50 mètres, une seconde torpille qui atteignit le but, — à ce moment le navire attaqué ouvrit le feu, — puis encore une troisième qui toucha également, après quoi le torpilleur s'éloigna. L'*Almirante-Linch* s'approcha aussi très près du *Blanco-Encalada,* lança d'abord, de son tube d'avant, une torpille — qui rata — et virant de bord, en lança de son tube de bâbord une seconde, qui atteignit le cuirassé en son milieu. — En deux minutes, le *Blanco-Encalada* coula.

Cette attaque par les torpilles avait duré en tout *sept* minutes. Et les torpilleurs n'étaient pas restés plus de *quatre* minutes exposés à courte distance à un violent feu d'artillerie qui ne leur causa que des avaries insignifiantes.

On voit par là quels ennemis dangereux pour les cuirassés sont les torpilleurs, qui peuvent actuellement agir avec leurs engins de trois manières : soit par torpilles portées au moyen de perches d'a-

---

(1) *Die Torpedos und Seeminen historischen Entwickelung* (Histoire du développement des torpilles et mines sous-marines). — Berlin, 1878.

vant longues de 25 à 30 pieds, soit par torpilles lancées, soit enfin par torpilles automobiles de Whitehead et autres systèmes analogues. Il faut du reste observer que, maintenant, on arme de ces engins automobiles, non seulement les torpilleurs, mais presque tous les bâtiments de guerre.

La plus grande portée des torpilles lancées est de 1,000 mètres. On admet qu'avec la construction parfaite de celles d'aujourd'hui, il n'est pas nécessaire de s'approcher de l'adversaire en deçà de 200 mètres. Les spécialistes assurent en outre que, si le bâtiment visé est immobile et la mer tranquille, deux coups sur trois atteindront le but. S'il s'agit d'un navire qui soit en marche comme le torpilleur, la précision diminue notablement. Avec une distance de 300 mètres entre les deux bâtiments et une vitesse de 8 kilomètres à l'heure, sur trois torpilles lancées il n'y en aura qu'une d'efficace. Au cours d'un combat, quand il est impossible de prévoir les mouvements de l'adversaire, l'effet de ces engins diminuera, sans doute, encore bien davantage ; aussi est-il difficile de déterminer la probabilité d'atteindre, avec elles, le but visé.

Tels sont les résultats des dernières expériences ; quant aux progrès ultérieurs de la technique, il est impossible de les prévoir ; — d'autant que les essais poursuivis en France, en Autriche et en Italie sont enveloppés d'un secret impénétrable. On sait seulement que partout se font des expériences, et qu'on instruit des corps particuliers de torpilleurs, composés de spécialistes, afin d'arriver à perfectionner les procédés de la guerre de torpilles. La seule chose certaine, c'est que ces engins, qui sont remplis d'énormes quantités de substances explosives, sont, quand ils atteignent leur but, capables de détruire le plus colossal cuirassé.

Toutefois, les techniciens se sont mis immédiatement à l'œuvre pour paralyser l'action des torpilleurs. On leur a opposé un autre type de bâtiments spécialement destinés à lutter contre eux, et qu'on appelle des croiseurs-torpilleurs ; navires fortement armés et dont la vitesse atteint jusqu'à 32 nœuds, c'est-à-dire plus de 50 kilomètres à l'heure.

L'amiral Werner (1) soutient que, dès que la baisse de prix de l'aluminium permettra de l'employer à la construction des navires, on en pourra faire la coque tellement épaisse, en raison de la légèreté du métal, qu'aucun projectile explosif ne pourra les percer, et que la lutte avec les torpilleurs deviendra pure folie. Dès maintenant

____

(1) Werner, *Die Kampfmittel zur See* (Les engins de la guerre navale).

l'aluminium est devenu si bon marché qu'on en fait des objets pour l'usage domestique, comme, par exemple, des clefs.

Si donc cette prédiction se réalisait, les États européens auraient à dépenser de nouveaux millions pour construire des navires en aluminium. Mais ensuite aussi, le génie inventif, stimulé encore par les industriels et leurs actionnaires dans les sphères administratives des différents pays, se mettrait à chercher des explosifs plus puissants. A qui restera le dernier mot dans cette rivalité ? — On ne saurait le dire. — La seule chose certaine, c'est que l'homme en général est bien plus fort pour détruire que pour produire.

Afin de protéger le mieux possible contre les torpilles les organes les plus essentiels du navire, tels que les chaudières, les machines, le gouvernail, etc., on s'est avisé de les couvrir, même au-dessous de la flottaison, d'une cuirasse-particulière, et de les protéger par des couches de charbon. Puis, on a organisé tout un compartimentage cellulaire pour assurer l'insubmersibilité du navire, en faisant en sorte qu'au-dessus du pont se trouve, en forme de ceinture, des compartiments remplis de cofferdam, ou de charbon. Enfin les cuirassés s'entourent d'un filet spécial qui doit empêcher les torpilles d'arriver jusqu'à leur coque, et par là même éloigner d'eux le point d'éclatement. Mais la pratique seule de la guerre future peut montrer jusqu'à quel point ces dispositifs protecteurs seront efficaces. D'ailleurs des expériences exécutées en Angleterre ont fait voir que la protection par les filets n'atteint pas entièrement son but. En étudiant si un torpilleur pouvait traverser un obstacle constitué par d'épaisses poutres en bois, on a constaté que s'il venait en pleine course, avec une vitesse de 20 nœuds (37 kilomètres à l'heure), heurter l'obstacle, il pouvait le démolir, puis rentrer au port sans avoir éprouvé d'avaries (1).

En outre, il a été pris toute une série de mesures de précaution pour protéger les cuirassés contre les torpilleurs. De même qu'une armée se couvre par des avant-postes, ces cuirassés se sont entourés de petits bâtiments qui explorent la mer autour d'eux, tant à sa surface que dans ses profondeurs, en employant même parfois pour cela des plongeurs. On observe constamment, au moyen de fortes lunettes, toute approche possible de l'ennemi. La nuit, les rayons de puissants réflecteurs électriques permettent de découvrir un torpilleur à la distance de 200 mètres, c'est-à-dire à partir du moment où il peut servir de but aux canons à tir rapide des bâtiments les plus voisins.

____

(1) *United Service.*

Toutefois, l'éclat de la lumière électrique montre également aux torpilleurs le but qu'ils visent et la route qu'ils ont à suivre. Et entre les rayons, il y a toujours des intervalles non éclairés dont peuvent profiter d'autres torpilleurs pour s'approcher du cuirassé sans être vus. Le danger ne disparaît jusqu'à un certain point qu'avec la venue du jour.

D'ailleurs, on n'éclairera pas seulement la surface de la mer, mais sous les cuirassés brûleront aussi des lampes électriques.

Il est impossible, toutefois, de compter toujours sur la lumière. Au cours de manœuvres navales exécutées en France, un léger brouillard suffit pour assombrir l'éclat de la lumière électrique et permettre aux torpilleurs de s'approcher tout près des cuirassés. D'où l'on tire cette conclusion, qui est admise comme règle, que les jours de brouillard une escadre cuirassée n'est pas à l'abri des attaques des terribles nains-torpilleurs, et ne doit pas jeter l'ancre.

Actuellement, à la suite des expériences faites en France, on paraît convaincu qu'un torpilleur qui s'est approché, sans être vu, jusqu'à 400 mètres d'un cuirassé le coulera à fond, mais que s'il est lui-même aperçu plus 'tôt, c'est au contraire lui qui sera coulé.

Une commission nommée par le gouvernement des États-Unis pour étudier cette question, est arrivée presqu'à la même conclu.. sion, savoir : que les torpilleurs ont grande chance de détruire un bâtiment quelconque si celui-ci ne parvient pas à les couler en deux minutes — seul temps laissé au cuirassé attaqué pour atteindre son adversaire avec ses canons à tir rapide. Aussi ces lourds bâtiments, malgré leurs projecteurs électriques, leurs lanternes de combat et leur artillerie perfectionnée, sont-ils d'autant moins utiles que, dans chaque pays, l'effectif des torpilleurs est de 3 à 7 fois supérieur à celui des cuirassés; — outre que la perte d'un grand nombre des premiers ne peut être mise en comparaison avec celle d'un cuirassé, dont l'équipage est trente ou quarante fois plus nombreux et la valeur autant de fois plus grande.

On objecte, il est vrai, que, par suite de leurs faibles dimensions et de leur insuffisant approvisionnement en combustible, les torpilleurs ne peuvent aller chercher les cuirassés en haute mer. Mais cette difficulté, à son tour, a été écartée par la construction de bâtiments spéciaux qui servent à transporter ces torpilleurs. En outre, on exige de ceux que l'on construit actuellement qu'ils soient capables de naviguer librement à la mer, par tous les temps, qu'ils puissent déployer une grande vitesse et se suffire pendant longtemps avec leur approvisionnement de combustible. Pas un pays n'en ajoute plus à sa flotte qui n'aient au moins 100 pieds de long ; on n'en construit même que de dimensions plus considérables.

Il pourrait très bien arriver que la guerre future fît apparaître des engins complètement inconnus et inattendus jusqu'à présent. L'*Année militaire* de 1891 annonçait que le gouvernement anglais avait acheté 2,750,000 francs, à l'inventeur Brennan, le droit d'utiliser son système de torpilles. C'est un prix trop sérieux pour ne concerner que quelques perfectionnements sans importance.

En tout cas, on peut prévoir l'adoption, dans un temps prochain, de navires sous-marins destinés à porter, au-dessous même des cuirassés, des torpilles d'une telle puissance, que les coques en aluminium elles-mêmes n'y résisteront pas, de sorte qu'on pourra faire ainsi sauter en l'air des bâtiments entiers.

Les torpilles lancées au moyen de tubes et les automobiles ont cet inconvénient, que leur probabilité d'atteindre le but dépend des courants maritimes et du mouvement des navires. D'autre part, avec les torpilles portées, celui qui donne le coup lui-même court un certain risque. Pour éviter cela, on construit maintenant des torpilleurs qui peuvent se maintenir sous l'eau pendant longtemps et qui sont, en outre, de dimensions si petites, que de grands bâtiments peuvent les charger tout entiers sur leur pont. Les résultats obtenus sous ce rapport sont déjà remarquables. Selon plusieurs écrivains, on pourrait dès maintenant considérer les milliards absorbés par la construction des colosses d'acier cuirassés, comme dépensés en pure perte.

Nous avons dû ensuite examiner la question de savoir s'il était possible d'approvisionner les vaisseaux de guerre en charbon au cours même d'une campagne. Avec les dimensions et les vitesses actuelles, il est tout naturel que les bâtiments consomment, pour naviguer, une grande quantité de combustible et que, par suite de la difficulté de leur en fournir pendant la guerre, ils ne soient pas en état de tenir longtemps la mer.

Enfin, après avoir fait comprendre au lecteur combien sera grande la différence, au point de vue des moyens employés, entre les luttes maritimes de l'avenir et celles du passé, nous avons entrepris d'étudier, d'après la même méthode, le mode d'emploi de ces moyens.

A proprement parler, la guerre navale comprend : des opérations effectuées sur les côtes, d'autres qui sont dirigées contre les ports et les navires de commerce, puis des combats entre deux bâtiments isolés, deux escadres ou deux flottes.

D'après ces conditions naturelles de toute lutte maritime, nous avons subdivisé notre travail et commencé par l'étude des *Opérations côtières des flottes* (1). Avec la longue portée des canons actuels et la puissance de leurs projectiles, les opérations côtières des flottes peuvent menacer les villes maritimes d'une destruction dont il leur faudra longtemps pour se relever.

Autrefois les mortiers lisses de 32 centimètres, dont les bombes pesaient 72 kilogrammes, avaient une portée maximum de 2,300 mètres ; aujourd'hui les canons rayés de 32 centimètres du système Canet envoient à 21 kilomètres des projectiles du poids de 448 kilogrammes, qui contiennent 250 kilogrammes de substances explosives. Le bombardement des villes est donc possible aux distances les plus éloignées.

Il faut observer en outre que, comme le montre la pratique des manœuvres, on n'admet plus maintenant le principe d'après lequel les villes non fortifiées ne doivent pas être bombardées, surtout quand elles n'offrent pas de résistance : dans la guerre future, personne ne peut compter être épargné.

La preuve en est d'ailleurs dans l'exemple suivant. Voici la lettre que le commandant du *Collingwood* adressait, le 24 août 1889, au bourgmestre de la ville de Peterside : « Par ordre du vice-amiral commandant la 2ᵉ division de l'escadre, je dois imposer à votre ville une contribution de 150,000 livres sterling. Je vous prie de donner au porteur toute garantie de l'exécution immédiate de cette prescription. Tout en regrettant la nécessité d'avoir à exiger une aussi forte somme de la population pacifique et laborieuse de cette ville, je ne puis toutefois procéder autrement en présence de l'énorme contribution levée par vos bâtiments de guerre sur le port florissant de Belfast. Je dois ajouter que, dans le cas où les officiers envoyés ne seraient pas de retour dans les deux heures, la ville sera brûlée, ses navires coulés, ses usines détruites. Votre bien dévoué, R. G. Harris, capitaine ».

Cette lettre fut, à l'époque, reproduite par presque tous les journaux et ne donna lieu à aucune protestation. Une question ayant été posée à cette occasion à la Chambre des communes, le premier lord de l'Amirauté y fit une réponse approbative. On voit donc que dorénavant, en Angleterre aussi, on ne reculera pas devant des opérations de ce genre ; et comme cette puissance fait autorité en matière de questions maritimes, les autres n'auront qu'à l'imiter.

---

(1) *La défense des côtes*, tome III.

On comprend que, pour éviter les dangers sérieux sus-indiqués, tous les pays se soient préoccupés de mettre leurs côtes en état de défense, en y construisant des ouvrages fortifiés et en établissant des chemins de fer pour transporter les canons d'un point à un autre, suivant les besoins de la défense.

Mais, malgré les appareils ingénieux imaginés pour apprécier les distances, on doit reconnaître que, contre des points mouvants et à peine visibles comme les navires, — surtout les nouveaux monitors et vaisseaux à tourelles, — le tir des batteries de côte n'aboutirait qu'à un gaspillage inutile de poudre et de projectiles. Un vapeur, se mouvant seulement à la vitesse de 20 kilomètres à l'heure, parcourt, en effet, 116 mètres en 30 secondes, — tandis qu'il faut environ 5 minutes pour tirer un coup d'un canon de côte, même monté sur un affût à éclipse et d'une installation parfaitement régulière. Tout ce qu'on peut faire avec des canonniers très bien instruits, c'est de réduire ce temps à deux ou trois minutes (1).

Cependant lors du bombardement d'espaces d'une grande étendue comme les villes et ports de la côte, il sera bien rare qu'un seul projectile manque son but; et, comme ces projectiles sont remplis de substances explosives, leurs effets destructeurs s'étendront à de grandes distances.

Quant au blocus des ports (2), il aura, dans la guerre future, une énorme importance : chacun des deux partis devant évidemment essayer de couper les communications par mer de son adversaire et de causer à son commerce maritime le plus de mal possible, en même temps qu'il s'efforcera de protéger le sien propre de son mieux, en tenant les navires ennemis bloqués dans leurs ports et rades.

Toutefois l'histoire nous apprend qu'aux époques où les navires n'avaient encore d'autre moteur que le vent, des bâtiments isolés et même des escadres entières réussissaient parfois à forcer un blocus et à gagner la haute mer en passant inaperçus à côté des escadres ennemies.

Or, aujourd'hui que la défense dispose, outre les batteries et les torpilles de fond mouillées le long de la côte, de torpilleurs et de torpilles mobiles qu'on peut diriger de la terre même, il sera impossible à l'escadre de blocus de se maintenir à proximité du rivage. Et du moment où elle devra s'en tenir à une certaine

---

(1) Potocki, *Cours d'artillerie.*
(2) *Blocus des ports et rades : Ses conditions nouvelles. Possibilité de le forcer.* Tome III.

distance, pas une puissance, étant donnée la vitesse de marche des navires actuels, ne sera capable de fermer, à coup sûr, les ports d'un pays ennemi ; de sorte que les croiseurs de celui-ci pourront toujours se montrer sur les mers et entraver le commerce maritime même de la puissance la plus redoutable par ses flottes.

A la suite de ces observations, nous avons entrepris l'étude des *Combats entre les bâtiments isolés, les escadres et les flottes.* Comme jusqu'ici l'expérience de la grande guerre maritime manque à l'emploi de tous les moyens techniques modernes, les opinions des spécialistes sur ce sujet diffèrent tellement qu'il est encore plus difficile de se faire une idée de la marche d'une campagne maritime que de celle d'une guerre en terre ferme. Et c'est chose bien naturelle.

Contrairement à ce qui se produit dans cette dernière, rien ne limite le champ d'une bataille navale et les deux adversaires ont toute liberté du choix de leurs mouvements. Les forces combattantes ne sont plus représentées ici par des masses d'hommes, mais par un petit nombre de forteresses flottantes, renfermant en elles-mêmes des machines de toute sorte et armées d'une force monstrueuse en canons et en torpilles, puis par des croiseurs que la vitesse de leur marche permet de comparer au géant de la légende qui marchait avec des bottes de sept lieues, et enfin par des torpilleurs dont chacun est capable de faire sauter un vaisseau.

En pleine mer, tout dépend de la volonté de celui qui dispose de la plus grande vitesse. Au cours d'un combat naval, le commandant en chef se trouve aussi dans d'autres conditions que celui qui dirige une bataille en terre ferme. A la mer, le commandant est le premier au feu, il est au centre même de la lutte et le principal objectif de l'ennemi ; ses décisions doivent être immédiates, et sortir entièrement de son initiative personnelle.

Depuis l'introduction de la vapeur, les règles de la tactique et de la stratégie navale ont presque perdu toute importance, au sens propre du mot. Mais, avec la vitesse de marche des navires actuels, avec la disposition particulière de leurs canons, avec la protection que leur assure la cuirasse et la vulnérabilité de leurs parties non couvertes, avec, enfin, le danger qu'ils courent d'être coulés à fond par une torpille habilement lancée ou même par un seul coup d'éperon, c'est devenu chose des plus difficiles d'avoir un plan arrêté d'avance : il faut agir suivant les circonstances du moment.

D'après la plupart des spécialistes, les navires, qui prendront part à une grande bataille, en sortiront tellement avariés qu'on ne pourra plus compter sur eux pour le reste de la campagne.

Mais d'autres répondent qu'il y a toujours eu des guerres, et qu'à chaque époque on a su trouver moyen de surmonter les difficultés provenant d'un changement dans le modèle des navires et de modifications de leur armement.

Voilà pourquoi nous avons dû jeter un coup d'œil sur les résultats des batailles navales les plus anciennes comme les plus récentes, et montrer que ce qui s'est dit, par exemple, de la guerre maritime au commencement et au milieu du siècle actuel, est presque la même chose que ce qu'on en disait au temps des navires à rames.

En réalité, jusqu'à la première moitié de ce siècle, les effets des batteries de côte sur les navires et de la lutte d'artillerie qu'ils se livraient entre eux n'étaient pas particulièrement terribles. Les boulets pleins lancés par les canons lisses ne portaient pas loin, n'atteignaient pas souvent leur but, et la plupart des trous qu'ils faisaient se bouchaient facilement avec les moyens qu'on avait sous la main — quelques morceaux de bois et de toile. Beaucoup plus dangereux étaient déjà les boulets rouges qui atteignaient le bordage, mais on avait aussi des moyens d'éteindre les commencements d'incendie qui venaient à se déclarer.

L'adoption des canons rayés, et surtout des obus remplis de substances explosives, changea complètement les conditions du combat. Les dégâts que peut faire un seul de ces obus frappant au point voulu sont tellement graves, qu'en comparaison l'effet des boulets rouges eux-mêmes ne semble plus être qu'un jeu d'enfants. — Les nouveaux projectiles explosifs ne se bornent pas comme ceux d'autrefois à produire une ouverture un peu plus grande seulement que leur diamètre; ils font sauter des portions entières du navire, en détruisant tout ce qui se trouve aux environs de leur point d'éclatement. Il a fallu non seulement protéger la coque des bâtiments, mais « donner à tous les cuirassés un pont blindé d'une épaisseur suffisante pour arrêter les projectiles qui l'atteignent sous de grands angles. Toute la protection donnée aux navires, par la ceinture cuirassée qui les entoure, est inutile et vaine, si un seul projectile traversant le pont en bois suffit à mettre un bâtiment hors de combat par suite des avaries qu'il cause, par exemple, à ses chaudières. Pour ne pas s'exposer à de tels accidents, pour ne pas risquer de voir les millions consacrés à la construction d'un cuirassé, anéantis par la chute d'un seul projectile, il faut absolument recouvrir le pont du bâtiment d'une cuirasse suffisamment épaisse. Toutefois, même quand le cuirassé aura ce complément de protection nécessaire, il n'y restera pas moins des œuvres vives exposées sans protection à l'effet des projectiles. Par conséquent, le navire le plus puissant, recouvert de la cuirasse la plus épaisse et la mieux disposée, peut toujours être attaqué avec succès par une artillerie relativement faible ; il suffira d'un seul obus traversant sa cuirasse, pour lui causer les plus graves avaries » (1).

Sur un bâtiment de guerre actuel se trouvent « des machines motrices, des machines dynamo-électriques, d'autres pour épuiser l'eau, pour manœuvrer le gouvernail et les cabestans, pour ventiler le navire, pour enlever les détritus, pour comprimer l'air. Chaque canon, chaque chaloupe à vapeur représente autant de mécanismes distincts très complexes, et c'est encore avec des machines qu'on manœuvre ces canons, qu'on soulève et qu'on met à l'eau ces chaloupes, etc. Ajoutez une dizaine de kilomètres de fils conducteurs électriques et une foule de dispositifs de toute sorte réunis dans les chambres des machines, où les hommes, éclairés artificiellement et plongés dans l'air comprimé, isolés entre eux et séparés de ceux qui les commandent, n'en doivent pas moins, avec une parfaite connaissance professionnelle, exécuter immédiatement et sans perdre leur sang-froid les ordres qu'ils reçoivent télégraphiquement d'un chef invisible... Voilà ce que c'est qu'une unité de combat moderne ! » (2).

Pour donner une idée du rôle que jouent les machines dans les nouveaux navires, voici une comparaison faite par le contre-amiral Makaroff (3), entre une ancienne frégate en bois et un croiseur actuel, le *Rurick*.

« Les machines et les chaudières du *Rurick* occupent une longueur de 192 pieds dans la partie la plus large du bâtiment. Or, on se rendra compte de l'espace représenté par 192 pieds, dans un navire comme le *Rurick*, en sachant que, si l'on enlevait ces machines et les soutes à charbon pour mettre de l'eau à la place, on obtiendrait un bassin dans lequel pourrait s'établir et jeter l'ancre une frégate entière d'autrefois avec son équipage et ses canons. Il resterait même encore autour de ladite frégate, un espace assez large pour en faire le tour en chaloupe.

« Dans ces 192 pieds occupés par les machines, tout est resserré jusqu'à l'impossible. Les locaux sont remplis au point qu'en se

---

(1) Poyen, *Znatchenie morskoï artillerïi v' srajeniakh poslednavo vremeni* (Importance du rôle de l'artillerie navale dans les batailles de ces derniers temps). — Saint-Pétersbourg, 1888.

(2) *Rousskoïé Soudokhodstvo* (La navigation en Russie).

(3) Général Pestitch, *Sovremennïi flott i iévo vaprocy* (La flotte actuelle et les questions qu'elle soulève).

détournant de la bielle d'une machine on rencontre immédiatement la manivelle d'une autre, et que le mécanicien, qui veut toucher telle crapaudine pour s'assurer qu'elle ne s'échauffe pas, a besoin de la dextérité d'un acrobate; de même qu'au chauffeur pour obliger, par le tirage forcé, la chaudière à produire deux fois plus de vapeur que la quantité correspondant à ses dimensions, il ne faut pas moins d'énergie et d'endurance qu'à Satan lui-même. »

Avec la complication du mécanisme, s'est augmentée la somme de connaissances qu'on doit exiger de ceux qui le manient. Aux temps anciens, quand le seul moteur des navires était le vent, le résultat du combat dépendait pour beaucoup de la façon dont on savait louvoyer de côté ou d'autre et régler ses voiles; puis, enfin de compte, la lutte se décidait par un abordage, comme sur terre par une attaque à la baïonnette. — Le moteur à vapeur a complètement modifié ces conditions.

C'est la vapeur seule qui maintenant règle la marche du combat, quelle que soit la direction du vent; et ce qui décide de l'issue de la lutte, ce sont les torpilles, l'artillerie ou l'éperon. En outre, une flotte à voiles ne pouvait dissimuler à l'ennemi la manœuvre qu'elle voulait entreprendre, tandis qu'avec la vapeur on peut cacher cette manœuvre jusqu'au dernier moment. « De sorte que l'importance du commandement et de la décision dans les actes a beaucoup augmenté. Grâce à la vapeur, le caractère national a pris une place bien plus grande qu'autrefois dans les opérations militaires d'une flotte et, en même temps qu'a diminué l'effectif des équipages, il est devenu moins nécessaire de les composer d'hommes élevés dans la marine même. (Cette diminution de l'effectif atteint jusqu'à 60 0/0 sur les grands bâtiments) (1). »

Ces deux dernières circonstances ont une importance essentielle au point de vue de l'étendue comparative d'une flotte avec le chiffre de la population apte au service maritime; et elles donnent confiance aux marins insuffisamment habitués à la mer, parce qu'ils sont convaincus qu'avec de la bonne volonté et quelque intelligence, ils pourront toujours rendre des services.

L'écrivain allemand Henning observe avec raison : « Quant à la technique militaire proprement dite des équipages, elle peut fournir partout — en Angleterre, en France, en Allemagne, en Russie, en Italie — des résultats absolument semblables ; toute la question est dans le développement intellectuel et l'énergie, tant du comman-

____

(1) Henning, *Die Küstenvertheidigung* (La défense des côtes). — Berlin, 1892.

dant que de ses hommes, puis dans l'heureuse utilisation des facteurs techniques. Il va de soi, néanmoins, qu'il y a tout avantage à commander un équipage composé de marins de profession ; mais, dans un combat, cet avantage peut être compensé par les qualités militaires du personnel ».

En somme, dans la guerre navale comme dans la guerre sur terre, la principale condition du succès est la supériorité des forces au moment décisif. Pour atteindre ce but, il faut avant tout de la vitesse, de la mobilité ; car une flotte, dont les éléments sont très mobiles, peut, suivant les besoins, tantôt diviser, tantôt concentrer ses forces, augmenter ou diminuer le nombre de ses points d'attaque, choisir à volonté ses distances de combat, et les changer si elle le juge convenable, au cours même d'un engagement.

Le plus faible des deux adversaires devra chercher son salut dans la fuite. Si la proximité d'un port ou la nuit ne lui permettent pas de se dérober, il peut encore, à défaut d'autre circonstance heureuse, être sauvé par la supériorité de sa vitesse.

Tout cela nous a conduit à cette conclusion, que c'est seulement des guerres les plus récentes, — où l'on avait déjà des cuirassés, des torpilleurs et même quelques canons à tir rapide, — qu'il est possible de déduire quelques indications précises ; mais que, pourtant, en raison des conditions exceptionnelles dans lesquelles ces guerres avaient eu lieu, il était difficile d'en tirer un enseignement pour l'avenir. Résumant les observations auxquelles pouvaient donner lieu la bataille de Lissa ou les rencontres survenues au cours des campagnes de 1870 et 1877, de l'expédition du Tonkin en 1885, des opérations navales exécutées au Chili en 1891, et enfin de la guerre du Japon contre la Chine, — nous sommes arrivé à conclure que les flottes européennes, tant en raison de leur perfection technique que de leur commandement mieux organisé et de la meilleure instruction de leurs équipages, deviennent de plus en plus puissantes ; de sorte que, si l'on veut appliquer aux campagnes maritimes futures les indications fournies par les guerres précitées, il faut les compléter en tenant compte, non seulement des perfectionnements réalisés, mais de ceux qu'on se propose d'apporter encore aux canons et aux navires.

Et voici qu'en nous appuyant sur ces données et sur l'opinion d'autorités éminentes comme White, Brassey, Bensford, Werner, Réveillère, nous devons admettre comme extrêmement probable qu'un combat, livré, avec les moyens actuels d'action, entre des flottes égales comme vitesse et comme armement de leurs bâtiments, aura très promptement pour résultat la destruction, par les projectiles et l'incendie, du pont supérieur des navires, — c'est-à-dire de l'endroit même où sont réunis les principaux éléments du commandement et de la direction, — la plus grande partie du personnel étant tuée en même temps, y compris tous les officiers qui seront venus successivement prendre la place du commandant.

En un mot, dès les premiers combats, beaucoup des vaisseaux succomberont et les autres devront aller se réparer dans les ports. Celui-là donc sera le plus fort à la guerre, qui possède le plus d'arsenaux et de réserves toutes prêtes en hommes, en matériel et en charbon sur des points choisis *ad hoc* dès le temps de paix, avec, en outre, une flotte de réserve composée de navires, peut-être d'ancien modèle, mais pourvus, tout ou moins, d'une artillerie moderne. En utilisant cette flotte de réserve, on pourra continuer de porter des coups à l'ennemi, quand les escadres de première ligne seront obligées d'abandonner la mer par suite des avaries qu'elles auront éprouvées.

Les batailles navales de l'avenir différeront encore, selon toute vraisemblance, de celles du passé même le plus récent, par ceci : que les adversaires opposés seront, non pas des bâtiments isolés mais des escadres entières composées d'une façon analogue aux armées de terre, c'est-à-dire ayant leur cavalerie, leur artillerie et leur infanterie représentées respectivement par les croiseurs rapides, les cuirassés, les torpilleurs et les contre-torpilleurs. En outre, le hasard jouera dans les guerres navales un si grand rôle, que les batailles ressembleront presque à des parties ayant pour enjeux des bâtiments qui valent des millions, et les milliers d'existences humaines dont le sort est indissolublement lié au leur.

Ce n'est pas s'amuser à des hypothèses fantastiques que de tirer, de tout cela, des conclusions sur le caractère probable des combats navals futurs. C'est chose au contraire parfaitement pratique, puisque ces conclusions doivent servir d'avertissement utile.

On imagine et on accumule sans relâche des engins de plus en plus puissants, et les flottes s'accroissent au point de constituer une agglomération monstrueuse qu'on finira par ne plus pouvoir songer à mettre en action. Que représentera une bataille navale dans ces conditions nouvelles ? Des navires qui seront autant de forteresses rangées les unes à côté des autres et se bombardant mutuellement, chacune d'elles ayant d'ailleurs la possibilité de faire à tout instant sauter l'autre, au moyen d'une torpille.

Dans un ouvrage destiné aux non-spécialistes, nous devions, on le conçoit, nous borner à signaler ce fait, que l'énormité même des forces amenées au combat rendra leur mise en œuvre difficile sinon

Quelques conclusions sur les batailles futures.
Tome III.

parfois tout à fait impossible. Ainsi, dans le chapitre intitulé : *Quelques conclusions relatives aux batailles futures,* nous avons présenté des observations sur la « Difficulté de conserver l'ordre de bataille et de diriger les escadres pendant le combat ». Puis nous avons consacré un chapitre à la *Difficulté d'assurer le commandement des navires par suite de la probabilité de la mise hors de combat de leurs commandants et de leurs équipages,* — ces résultats provenant de ce que chaque cuirassé ou croiseur peut lancer, en une minute, une masse de projectiles d'une telle puissance que leur effet total doit être évalué au chiffre de 400,000 pieds-tonnes. En outre, on se servira de torpilles chargées d'une telle quantité de substances explosives que chacune d'elles, si seulement elle éclate dans l'eau à moins de 60 pieds d'un bâtiment, suffira pour le couler.

On doit encore ajouter, — comme nous l'avons montré dans le chapitre : *Tableau de l'avenir d'après l'expérience acquise aux manœuvres,* — que, sur mer, il n'est pas toujours possible, même dans les exercices de temps de paix, de distinguer l'adversaire du camarade, et qu'il faudra manœuvrer, au cours du combat, en pleine action des torpilleurs et contre-torpilleurs amis et ennemis courant à des vitesses de 30 nœuds, soit près de 50 kilomètres à l'heure, — c'est-à-dire qu'on sera toujours sous l'influence d'un élément qui ne peut manquer d'inspirer une crainte susceptible de paralyser toute action.

Il ne faut donc pas s'étonner si, quand il s'agit de la guerre navale, les spécialistes sont encore moins en état que pour les opérations exécutées à terre de prévoir exactement comment s'engageront et se dérouleront les luttes futures (1).

Les manœuvres peuvent encore moins nous renseigner sur la marche d'un combat naval que sur celle d'une bataille en terre ferme. Nous donnons ici les observations du général anglais sir Andrew Clarke, relativement à des exercices qui, d'après lui, sont exécutés surtout pour le coup d'œil. Il s'agit de ceux concernant l'attaque et la défense des côtes (2). « Les manœuvres absurdes de ce genre, dit-il, ne sont bonnes qu'à augmenter encore la confusion, déjà très grande, des idées et à causer des catastrophes dans l'avenir. Ainsi, par exemple, on va bombarder, des quatre heures durant, tel navire qui ne supporterait pas vingt minutes le seul feu des batteries de côte. On laisse des hommes, dont le bâtiment est supposé coulé

---

(1) *Coup d'œil général sur les combats navals de l'avenir* (tome III).
(2) *La marine dans les guerres modernes.* Berger-Levrault, 1897.

à fond, s'installer dans des chaloupes sous un feu qui devrait les anéantir, et on leur permet de s'approcher du rivage et de prendre position devant des fortifications qu'il est impossible d'enlever d'assaut. On envoie d'autres détachements se jeter sur le glacis d'ouvrages fortifiés dont on ne peut se rendre maître de vive force. Tout cela n'est pas risible : c'est la négligence complète de toute préparation sérieuse à la guerre; c'est la diffusion d'erreurs qui, répandues parmi les personnes les moins capables de se faire une opinion par elles-mêmes sur la défense des côtes, pourraient amener, comme on l'a déjà vu dans le passé, des paniques honteuses et un abus criminel des forces nationales. »

L'auteur d'une étude allemande, intitulée : *La stratégie navale d'après des sources étrangères*, se demande, non sans raison, si, quand des canons tireront avec des charges de 500 kilogrammes de poudre, les hommes pourront supporter la pression des gaz lancés dans leur direction à des distances de 50 à 300 mètres, sans éprouver un déchirement du tympan ou quelque autre accident du même genre ; si même ces hommes ne seront pas tout simplement projetés hors du navire par la violence de ces gaz? Qui peut dire si les pointeurs et les tireurs en général, seront capables de découvrir un but quelconque pour leurs canons, au milieu des nuages de fumée de la poudre, et de celle des cheminées du navire, qui forment habituellement sur l'eau une couche d'épais brouillard?

Tout ce que ne couvrira pas une cuirasse épaisse sera balayé du pont par les coups du tir rapide; et quant aux êtres humains protégés par le fer, il reste à se demander si les hommes, installés dans les tourelles cuirassées, supporteront les secousses imprimées à ces tourelles par les chocs des projectiles, — comme aussi quelles destructions produiront dans les profondeurs des bâtiments ceux de ces projectiles qui viendront à y pénétrer en traversant la cuirasse, et dont l'explosion peut si facilement mettre le feu aux ponts, mâts, passerelles, chaloupes, et autres parties combustibles du navire.

Les alentours du point d'explosion d'un obus seront exposés à une destruction complète. Des milliers d'éclats de fer voleront de tous côtés avec une vitesse énorme, traversant les ponts et les cloisons. Quand l'éclatement aura lieu en un point recouvert par un blindage, celui-ci sera percé sur une grande étendue, et ses débris se transformeront eux-mêmes en éclats qui détruiront tout ce qui se trouvera dans leur voisinage, à l'intérieur du bâtiment. Celui-ci fera l'effet d'une cible de dimensions énormes, dans laquelle de puissants projectiles explosifs pratiqueront, en quelques minutes de combat, une brèche par où pourront facilement pénétrer les débris des constructions supérieures écroulées déjà sur le pont principal. L'alarme sera partout, les communications seront interrompues entre la passerelle où se tient le capitaine et les parties intérieures du navire ; tandis que les hommes qui se trouveront sur le pont et dans les batteries seront probablement tous tués ; — au point que cette machine de guerre, si superbe et si coûteuse, sur laquelle on fondait tant d'espérances, se transformera en une sorte de radeau, écrasé de décombres et tout au plus capable d'aller chercher refuge dans un port (1).

Quelques projectiles atteignant un cuirassé mettront tout de suite une partie de ses canons hors de combat et entraveront le service des plus gros d'entre eux, placés dans les tourelles, parce que la rotation de ces tourelles sera empêchée par les morceaux de fer arrachés du bâtiment et tombés sur elles, — détruiront ou endommageront les appareils qui font mouvoir le gouvernail, et enfin perceront les cheminées. Si l'obus, qui aura pénétré dans le navire, contient une forte charge, son explosion causera d'énormes dégâts. Si, par exemple, un projectile renfermant une dizaine de kilogrammes de mélinite tombe entre les deux ponts d'un cuirassé, son éclatement faussera ou brisera les poutres les plus voisines qui supportent le pont; il déchirera les plaques de fer, percera le pont lui-même, coupera les fils des circuits électriques, endommagera les cheminées et les chaudières, en un mot détruira toutes les œuvres vives du navire sur une étendue de quelques mètres autour de son point d'éclatement; et, en outre, il remplira tout l'espace intérieur où il aura éclaté d'une fumée suffocante qui empêchera d'y pénétrer avant un bon quart d'heure, si renforcée que soit la ventilation (2).

Dans toute une série de conclusions et d'observations, nous avons montré combien était douteuse aujourd'hui l'hypothèse qu'une nation pût acquérir sur une autre une supériorité notable au point de vue des qualités des navires et de leur armement. Partout s'adoptent les perfectionnements les plus récents et, dans l'état actuel de la technique, chaque innovation est promptement appliquée par toutes les puissances.

Le nombre des navires de types vieillis est grand, mais ces bâtiments moins propres à la guerre sont répartis assez uniformément entre les divers pays. Le sort des combats futurs dépendra donc sur-

---

(1) *Naval Annual*, Extrait d'un article de Déban, paru dans le journal *Le Yacht*.
(2) Extrait d'un article du journal *La Marine française*.

tout de faits accidentels qu'il est impossible de prévoir, et, en définitive, seulement de la supériorité de forces réalisée à un moment donné sur un point déterminé.

Mais, sous ce rapport, en suivant les modifications qui se sont produites depuis 1883, nous sommes arrivé à conclure que les forces relatives des flottes s'étaient très peu modifiées. Par conséquent, il nous semble que la comparaison faite par l'amiral Werner est très juste : « Nous pouvons, dit-il, nous représenter un combat naval, si les deux adversaires sont résolus et énergiques, comme celui de deux cerfs qui, dans l'excitation du rut, se jettent aveuglément l'un sur l'autre, s'attaquent mutuellement par les cornes et finalement se détruisent. Ou bien, si les deux combattants sont de caractère moins résolu, le combat naval se présente dans la forme d'une lutte athlétique dans laquelle les deux champions avançant et reculant sur une ligne immense se canonnent réciproquement à grande distance, jusqu'à ce que ni l'un ni l'autre n'aient plus assez de munitions pour frapper un coup décisif. »

Les croiseurs de guerre et les torpilleurs sont chargés d'un rôle non moins cruel que celui rempli au moyen âge par les corsaires et les pirates : c'est de faire la chasse aux bâtiments de commerce, de les attaquer de nuit, et de les couler même avec leur cargaison, leur équipage et leurs passagers, à quelque nation qu'ils appartiennent, uniquement en vue d'interrompre les communications maritimes de l'ennemi et de paralyser son commerce. Voici, par exemple, ce que nous trouvons à ce sujet dans un ouvrage intitulé : *Les guerres navales de demain* : « La guerre industrielle a ses règles précises, constantes et absolues : attaquer le plus faible sans merci, s'enfuir sans fausse honte devant le plus fort. Nos torpilleurs ou nos croiseurs, sitôt qu'ils apercevront de loin une escadre ou seulement quelque navire ennemi, même d'une force non supérieure à la leur, mais capable de leur opposer quelque résistance, — seront obligés de se cacher immédiatement. »

La conviction est devenue générale que la guerre maritime sera une guerre industrielle, une guerre impitoyable de croiseurs et de course, en dépit de tous les traités ou conventions qu'on aura pu faire. C'est ce que nous avons montré dans le chapitre intitulé : *Le droit maritime et la course*, où nous avons rapporté, sur ce sujet, les opinions des personnes compétentes (1).

Nous reproduirons encore ici quelques citations.

La guerre
de croisière
et de course.
Tome III.

______

(1) Le droit maritime et la course jusqu'en 1856. — Le traité de Paris sur le droit maritime et son application. — Les théories futures sur la destruction du commerce. (Tome III.)

Dans un article signé « Un officier de marine en retraite », publié par la *Nourelle Revue*, est formulée l'hypothèse suivante : « Un torpilleur a aperçu un bâtiment de commerce chargé d'une cargaison plus riche que n'en portaient jadis les galères espagnoles. L'équipage et les passagers se montent à quelques centaines de personnes. Le torpilleur doit-il, par un signal, faire connaître sa présence au capitaine de ce navire et le prévenir qu'il n'attend que le moment de le couler ? Mais alors le capitaine lui répondrait par des obus qui couleraient le torpilleur et son héroïque commandant, pendant que le navire continuerait sa route. Le torpilleur aura donc dû suivre de loin ; puis, la nuit, il s'approchera et coulera le bâtiment richement chargé, avec son équipage et ses passagers ; après quoi, le commandant de ce torpilleur se mettra à la recherche d'autres navires. Et tous les points de l'Océan seront témoins d'actes de barbarie semblables.... Ce qui soulèvera les protestations de bien des gens... Mais quant à nous, nous saluons au contraire, dans ces croiseurs, les représentants les plus élevés de la loi du progrès, auquel nous croyons et qui amènera enfin la destruction de la guerre elle-même. »

Pareille façon d'opérer ne se distinguerait en rien du brigandage maritime ; et naturellement, en présence de tels exploits accomplis par des croiseurs ou des torpilleurs, personne ne s'étonnerait plus de la cruauté des corsaires privés. Ce serait un retour direct aux mœurs des temps barbares.

En réalité, dans notre civilisé XIXe siècle, tous les gouvernements sont encore prêts à armer des bâtiments particuliers pour la guerre de course. La question de savoir s'ils en trouveraient les moyens a été résolue affirmativement par la guerre civile de l'Amérique du Nord, comme aussi par celles de 1870 et 1877. Ces guerres ont prouvé que les puissances maritimes ont assez de croiseurs — sans parler des vapeurs particuliers nolisés, qu'en cas de besoin elles transformeront dès le début des hostilités en navires de combat, — pour détruire ou capturer tous les bâtiments de commerce qui se hasarderaient à prendre la mer.

Ce dont rien ne pourrait les empêcher, comme nous l'avons expliqué en nous appuyant sur l'opinion des spécialistes. Car, organiser un blocus assez solide et serré des ports ennemis pour que pas un croiseur n'en puisse sortir, c'est chose à quoi il ne faut pas songer. Et ce serait d'ailleurs bien inutile ; attendu que les belligérants feront prendre d'avance la mer à leurs navires, pour que l'ennemi ne puisse pas les enfermer dans les ports. A quoi il faut ajouter que les puissances maritimes entretiennent toujours, dès le temps de paix,

quelques grands croiseurs sur les océans, comme s'ils se défiaient
des mers intérieures, dont les issues pourraient être fermées par les
flottes ennemies.

Quant à envoyer des escadres à la recherche et à la poursuite des
croiseurs de son adversaire, ce serait se lancer dans une entreprise
tellement longue que, bien avant de s'être débarrassé de ces navires
par un tel moyen, on en serait réduit à cesser la guerre par suite des
troubles intérieurs qu'elle aurait fait naître.

Et si l'on s'avisait de faire voyager les vapeurs de commerce
réunis en groupes, sous la protection de bâtiments de guerre con-
voyeurs, il arriverait très probablement que les sociétés d'assurances, pour éviter de trop grands risques, cesseraient de garantir
les navires et le fret maritime. D'autant qu'enfin, s'ils s'exposaient
ainsi constamment au risque d'une bataille, les navires marchands
ne pourraient plus guère recruter leurs équipages que parmi quelques rares chercheurs d'aventures.

Quant à protéger les routes suivies par les navires de commerce,
au moyen d'escadres appuyées sur certains points stratégiques
et croisant sans cesse sur certaines lignes déterminées, c'est une
tâche inexécutable en raison du nombre des bâtiments de guerre
qu'elle exigerait. Ainsi l'on a calculé que, pour couvrir de cette
façon la navigation de son énorme flotte de commerce, ne fût-ce
que sur les routes principales qui sillonnent les mers du globe, il
faudrait à l'Angleterre 556 croiseurs. Et après avoir entendu l'amiral anglais Grey déclarer que la flotte britannique n'est pas en état de
protéger par un tel moyen ses navires de commerce en cas de
guerre, il est inutile de parler de la situation des autres pays au
même point de vue.

Enfin, si même on admettait la possibilité de défendre, par ce procédé ou par un autre, le commerce maritime pendant les hostilités,
il en coûterait, en tous cas, des sommes énormes, et il en résulterait
un tel renchérissement des cargaisons et des produits de première
nécessité, que ceux-ci deviendraient inabordables à la masse de la
population.

Si d'ailleurs les manœuvres peuvent donner une image quelque
peu exacte des opérations que comportera la guerre navale future,
c'est précisément dans les cas où s'y exécutent seulement des
mouvements de navires, sans exercices de combat. Or, en 1888,
sur quatre escadres ayant pris part aux manœuvres anglaises, deux
représentaient la flotte nationale et les deux autres une flotte ennemie.
La base d'opérations de ces dernières était l'Irlande ; pour les pre-

mières, c'était l'Angleterre et l'Écosse. Leurs rapports numériques étaient comme 2 est à 3, c'est-à-dire comme la flotte française est à la flotte britannique. L'Irlande, d'autre part, représentait la France, et, d'une façon générale, le plan se rapprochait d'une assez vraisemblable réalité. Les bâtiments « ennemis » furent bloqués par les « anglais » dans les ports de l'Irlande pendant quelques semaines, afin : 1° de mettre à l'épreuve le « matériel » et les équipages, et 2° de se rapprocher de la réalité. C'est ainsi que commencèrent les opérations.

Eh ! bien, l'amiral « ennemi » Fryon força le blocus en évitant un combat, c'est-à-dire une rencontre avec les vaisseaux « anglais » et frappa des contributions sur les grandes villes non fortifiées des côtes d'Angleterre et d'Ecosse ; il captura les navires de guerre et de commerce qui se trouvèrent sur sa route et, sans être dérangé le moins du monde, rentra dans les golfes mêmes de Bantry-Bay et de Long-Swilly dont sa flotte était tout d'abord sortie pour effectuer ces opérations étonnantes. Ainsi l'escadre la moins nombreuse avait eu l'avantage sur la plus forte, et l'Angleterre apprenait qu'une flotte composée de croiseurs rapides et habilement conduits pouvait la mettre à deux doigts de la ruine, sans même courir le risque d'une seule bataille.

Rivalité des puissances dans les armements maritimes. De ce qui précède, nous avons dû conclure (1) que les engins de la guerre navale, aussi bien que l'influence ruineuse de celle-ci sur le commerce, seront incomparablement plus puissants dans l'avenir qu'ils ne l'ont été jusqu'à présent. La guerre future entraînera aussi sur mer des conséquences économiques et politiques tout autres qu'au temps passé, — alors que chaque pays trouvait à l'intérieur de ses frontières la satisfaction de tous les besoins de l'existence. L'emploi général des projectiles chargés de substances explosives, lancés à des distances de plusieurs kilomètres, et dont un seul, tombant dans une ville ou une localité habitée quelconque, peut produire de terribles ravages ; la vitesse avec laquelle les navires peuvent maintenant se transporter d'un point à l'autre d'une côte, sans dépendre du temps ni du vent, — tout cela frappera l'esprit des populations et même excitera des troubles. Et les conséquences de ces troubles, avec les idées socialistes actuellement régnantes, pourront ne pas se borner à de simples désordres temporaires.

Chaque année, tous les pays consacrent des sommes énormes à la préparation de la guerre maritime ; mais l'art des constructions

---

(1) Voir tome III, Conclusions.

navales progresse constamment et très vite, de sorte que partout la plus grande partie des navires se trouvent vieillis et incapables de lutter avec les bâtiments des nouveaux types, et même d'agir après la destruction éventuelle de ces derniers. Et si ces vieux navires ne sont pas mis au rancart comme choses inutiles, c'est uniquement pour ne pas jeter l'inquiétude parmi les non-spécialistes, et conserver sur les listes de la flotte un nombre respectable d'unités de combat.

Il y a dix ans déjà, — lors de l'apparition de la poudre sans fumée, — qu'on pouvait prévoir plus ou moins ce qui arrive aujourd'hui. De même qu'actuellement, en voyant les vitesses acquises par les croiseurs armés de l'artillerie la plus puissante comme par les torpilleurs du modèle le plus récent, en constatant les procédés perfectionnés dont on dispose pour lancer les torpilles au moyen de l'air comprimé et en considérant les bateaux sous-marins qu'on commence à construire, il est permis d'affirmer que même les navires des plus récents modèles, si répandus qu'ils soient dans les divers pays, ne peuvent assurer l'obtention des résultats poursuivis par la guerre.

Et cependant partout on réclame de nouveaux crédits pour l'accroissement et le perfectionnement des flottes! On se demande jusqu'où ira le mécontentement des peuples quand ils sauront que les types de navires les plus récents, et les dernières inventions techniques de l'artillerie sont connus et appliqués partout, sans que les besoins cessent d'augmenter. C'est surtout en raison des éléments hostiles qui, de nos jours, se manifestent dans toutes les couches politiques et sociales, que paraît désastreuse cette rivalité de tous les pays dans le renforcement de leur flotte; rivalité faisant que la situation relative des forces armées demeure toujours la même et qu'on aboutit seulement à consommer sans profit des ressources dont on aurait le plus impérieux besoin pour donner satisfaction aux nécessités sociales.

Le tableau suivant montre l'accroissement comparatif des dépenses consacrées à la flotte et à l'armée de terre (1).

| | Dépenses en millions de roubles | |
	Pour l'armée de terre	Pour la flotte
En 1874	615,4	158,2
— 1884	688,1	218,6
— 1891	885,1	247,2
— 1896	893,6	299,6

(1) Ces dépenses sont celles des six principales puissances : Allemagne, Italie, Autriche, Angleterre, France et Russie.

Afin de rendre plus claire cette comparaison entre les deux sortes de forces militaires, nous avons représenté par 100 les dépenses correspondant à 1874, ce qui nous a permis d'exprimer, par rapport à elles, les augmentations ultérieures qui se trouveront ainsi représentées en pour cent :

	Forces de terre	Flotte
En 1874.	100	100
— 1884.	112	138
— 1891.	144	156
— 1896.	145	189

Ce qui frappe surtout, c'est l'accroissement des dépenses navales au cours de la première des périodes examinées : alors que les crédits affectés à l'armée de terre n'augmentent que de 12 0/0, ceux absorbés par la flotte s'accroissent de 38 0/0 ; et l'on constate une augmentation presque aussi forte — 33 0/0 — sur le même chapitre, pendant la dernière période, de 1891 à 1896.

Ainsi, la comparaison que nous venons de faire des moyens de guerre maritime dont disposent les divers pays, montre clairement que les millions consacrés à cet objet ne peuvent être d'aucun avantage pratique ; même si l'on admet que les guerres restent inévitables dans l'avenir, comme elles l'étaient dans le passé.

Une lutte maritime quelque peu longue amènera un tel affaiblissement des flottes, qu'en réalité ces navires-là seuls resteront en état d'agir, qu'auront tout récemment reconstruits les nations qui disposent de grandes ressources. C'est donc très justement que Barnaby, ancien ingénieur en chef des constructions navales de l'Amirauté britannique, disait que la puissance relative des divers pays, au point de vue de la guerre navale, se mesure principalement à la composition de leur flotte de commerce — navires et marins ; — ensuite, au nombre et à l'effectif des équipages de guerre ; puis à la capacité de production des chantiers et arsenaux et seulement, après tout cela, d'après le nombre des bâtiments de combat qui figurent sur les listes au début de la guerre.

Les calculs que nous avons faits montrent que l'Angleterre seule pourrait, pendant la guerre la plus longue, s'assurer la domination sur mer en contraignant les autres puissances maritimes à céder partout. Mais, d'un autre côté, c'est à cette puissance que l'interruption des communications maritimes causerait le grave dommage ; de sorte que la crainte de ce dommage écarte, de sa part, la possibilité d'une guerre prolongée, si convaincue soit-elle d'en sortir victorieuse. Le manque des importations nécessaires pour alimenter sa population ne lui permettrait pas d'ailleurs de soutenir bien longtemps la lutte. Avec ce qu'elle récolte de froment, d'orge et de seigle, la Grande-Bretagne n'aurait pas de quoi vivre 274 jours par an; en fait d'avoine, elle n'en a que pour 76 jours.

Si même on partage l'opinion des optimistes, qui ne répond d'ailleurs à rien, et qu'on admette la possibilité pour les vivres d'arriver en Angleterre en convois escortés par des navires de guerre, il faut cependant tenir compte du renchérissement énorme qu'éprouveraient ces vivres par suite des risques courus, alors qu'en même temps se produirait une interruption des salaires industriels.

Ainsi, en continuant à augmenter sans interruption le nombre de leurs navires et à en perfectionner l'armement à grands frais, les États européens semblent se laisser glisser, comme sur une pente, vers un but qu'ils ne sauraient nettement déterminer et qu'il leur est d'ailleurs impossible d'atteindre. Mais les difficultés financières et sociales, qui s'accroissent en même temps, feront naître enfin de tels dangers que ces États devront, après d'énormes sacrifices, se résigner à la solution qu'il serait plus raisonnable d'adopter dès aujourd'hui, — c'est-à-dire renoncer à des armements stériles.

Voilà ce que l'Europe peut attendre de la guerre future. Mais, outre les sacrifices matériels et les pertes inévitables — en effusion de sang, en incendies, épidémies et famine, — cette guerre fera un mal moral énorme à l'humanité, en raison des principes d'après lesquels elle sera conduite sur mer et des actes de sauvagerie qu'elle déterminera, au moment même où la civilisation se voit menacée, par une foule de théories nouvelles, de bouleversements sociaux.

Combien faudra-t-il de travail pénible et ingrat pour réparer les pertes et guérir les blessures causées par une seule année de guerre? Combien de localités florissantes auront été transformées en déserts? Combien de villes riches seront tombées en ruines? Combien aura-t-il été versé de pleurs? Combien l'Europe comptera-t-elle de misérables? Enfin, quand se décidera-t-on à écouter la voix des honnêtes gens qui, après ce terrible exemple, demanderont à l'humanité de renoncer à des mœurs sauvages, d'après lesquelles « la force est au-dessus du droit »? Combien de temps encore ces appels resteront-ils sans résultat effectif?

IV

On voit, par les données réunies dans le quatrième volume de notre ouvrage, combien seront grands les troubles économiques entraînés par la guerre future et les pertes matérielles qui en résulteront.

La première partie de ce volume est consacrée précisément à l'examen des embarras économiques que causerait une grande guerre en Europe et nous avons cru nécessaire de donner à cet examen un développement considérable.

La question des troubles économiques et sociaux, qu'amènerait un conflit entre les Etats européens, n'a pas jusqu'ici suffisamment attiré l'attention et reste encore obscure. Cela provient en partie des rapides modifications qui, depuis la dernière guerre, se sont produites dans les conditions matérielles de l'existence et dans les tendances morales des masses, — modifications au milieu desquelles il n'est pas facile de se reconnaître. En moins d'un quart de siècle, il s'est effectué, à ces deux points de vue, des changements si importants, que les expériences des luttes passées ne peuvent servir, ici, de critérium.

L'exemple même des campagnes les plus récentes ne fournit pas de données permettant de juger de l'étendue des troubles économiques qui sont à craindre aujourd'hui. Les guerres de 1866, 1870 et 1877-78 n'ont pas été des chocs entrainant l'Europe tout entière. Mais depuis que les grandes puissances continentales se sont partagées en deux camps tout prêts à se jeter l'un contre l'autre, la lutte ne peut plus se localiser sur une frontière quelconque et doit fatalement s'étendre d'un bout à l'autre du continent.

Dans les dernières campagnes aussi, les armées, à l'exception de l'armée prussienne, se composaient principalement de vieux soldats; maintenant, au contraire, la plus grande partie des forces militaires sera formée d'hommes de la réserve, soldats et officiers, qui, jusqu'au moment de la guerre, se seront livrés à des occupations pacifiques.

Pour les personnes qui se sont occupées des questions économiques et pour celles, entre autres, qui étudient les lois de la production, il est parfaitement clair que l'enlèvement brusque au travail producteur, d'énormes contingents d'ouvriers, doit amener un trouble économique inouï. Malheureusement, les écrivains militaires et même les hommes d'État, qui ne semblent vouloir s'imposer aucune limite quant au besoin de forces militaires, perdent de vue cette considération essentielle.

Les phénomènes économiques que doit faire naître la guerre future constituent quelque chose d'absolument sans exemple jusqu'ici. Aux temps passés n'existaient pas encore ces procédés de guerre maritime qui sont basés directement sur l'interruption des approvisionnements, de la vente et de toutes les communications maritimes.

En outre, depuis la campagne de 1870, il s'est déjà manifesté de très importants phénomènes : une extension nouvelle, énorme, de la production, des moyens de communication, des relations internationales, commerciales et financières et, en même temps, une réaction d'ordre économique exercée sur l'Europe par la grande république de l'Amérique du Nord. Le colossal développement de ses produits et le danger de sa concurrence pour l'Europe paralysée par la guerre constituent un fait sur lequel on a précédemment trop peu réfléchi dans le Vieux-Monde, mais avec lequel il faut déjà compter aujourd'hui.

En présence de cet état de choses, c'est une nécessité de premier ordre, pour l'avenir même de l'Europe, de connaître l'étendue des misères et des pertes économiques inséparables de la guerre future.

L'idée de cette guerre éveille en tout pays une crainte générale. Mais cette crainte serait encore bien plus forte, si tout le monde se rendait nettement compte de la crise économique qu'une nouvelle lutte déterminerait en Europe, et si l'on comprenait combien cette crise surpasserait toutes celles dont furent accompagnées les guerres précédentes, pour entraîner peut-être, comme dernière conséquence, jusqu'à la ruine totale de l'ordre social actuel.

Avant tout, nous avons dû examiner quels sont, parmi les faits et incidents de la vie économique, ceux qui peuvent amener la guerre et ceux qui peuvent au contraire l'empêcher d'éclater. Puis nous nous sommes occupé d'élucider les questions suivantes : Comment la guerre influera-t-elle sur l'existence de la population, sur les conditions sociales et financières de l'Allemagne, de l'Italie, de l'Autriche, de la France ? Quels phénomènes déterminera-t-elle dans les diverses classes de la société et comment une lutte sanglante internationale réagira-t-elle sur l'organisation sociale, au cours même de cette lutte et après son achèvement? — L'effet produit par ces phénomènes sur l'existence des citoyens ne sera pas le même dans la région où se déroulera la guerre, que dans celles où les villes et les villages, les usines et les campagnes se videront en raison du départ de presque tous les hommes adultes valides qui devront aller se battre ; et ce sera autre chose encore pour les contrées qui, sans prendre part à la lutte, se trouveront dans sa sphère d'influence. Enfin, comme les effets de la guerre ne seront pas les mêmes au début qu'après une dévastation prolongée du pays, nous avons dû diviser les perturbations économiques en différentes périodes.

Mais nous ne pouvions limiter nos études à l'Allemagne, à l'Autriche, à l'Italie et à la France. Il fallait étudier aussi jusqu'à quel point une grande guerre européenne devait avoir une influence néfaste sur la situation économique de la Grande-Bretagne, même dans le cas où celle-ci n'y prendrait point part.

Si les eaux qui baignent les Iles-Britanniques leur donnent, contre l'invasion étrangère, une sécurité bien supérieure à celle des pays continentaux, en revanche ces eaux mettent l'Angleterre dans une dépendance plus complète de communications maritimes régulières et ininterrompues. — L'énorme flotte de la Grande-Bretagne, qui la protège contre une descente de l'ennemi, n'est pas cependant en état de garantir la sécurité de ses navires marchands sur toutes les mers du monde.

Il suffirait de quelques croiseurs rapides appartenant à des belligérants, pour interrompre le commerce maritime de la Grande-Bretagne, quand même elle ne participerait pas elle-même à la guerre. Or, avec le développement colossal de l'industrie anglaise et l'insuffisance absolue de sa production de blé pour nourrir sa population, l'interruption des communications maritimes menacerait l'Angleterre d'une énorme réduction des salaires et d'un fort renchérissement des vivres, voire directement de la famine.

En présence d'une telle crise, des tentatives révolutionnaires seraient très probables ; d'autant plus que l'armée anglaise n'est pas nombreuse et se compose de mercenaires pris parmi ce qu'il y a de plus mauvais dans la population. A tel point que, dans les troupes britanniques, les cas d'insubordination individuelle ne sont pas rares.

En outre, il existe en Angleterre une forte agitation contre les charges qu'impose au pays, tant l'entretien d'une armée de terre destinée à maintenir l'autorité de la métropole sur les contrées qui lui sont soumises, que celui d'une flotte gigantesque. En présence d'une telle situation, la Grande-Bretagne, si son intervention pouvait hâter la cessation des hostilités, préférerait sans nul doute intervenir plutôt que de rester neutre.

Quant à la Russie, il nous a fallu diriger nos études d'après un programme différent et plus étendu.

Comme nous l'avions fait pour les autres pays, nous avons examiné aussi son état de prospérité, le chiffre de ses revenus et des épargnes qu'elle a des chances de réaliser ; puis nous avons montré dans quelle mesure la guerre peut arrêter la consommation de certaines choses et augmenter la demande de certaines autres, diminuer la vente des produits exportés et peut-être priver de ses revenus une certaine partie de la population. Après quoi nous nous sommes posé cette question : Jusqu'à quel point un temps d'arrêt dans la production industrielle et le commerce, accompagné d'une baisse de cours dans les fonds d'État et les bons de crédit, causerait-il des misères économiques et amènerait-il une crise aiguë ? — Puis : Comment les perturbations sus-indiquées influeraient-elles sur le crédit de l'État et sur la possibilité de donner satisfaction aux nécessités budgétaires ?

Examinant ensuite les plans d'opérations militaires que pouvait amener la lutte entre les alliances formées par les grandes puissances du continent européen, nous avons utilisé nos principales conclusions relatives aux forces de chacune d'elles, et nous avons présenté en chiffres une comparaison du degré de résistance que chacun des États pouvait opposer à l'influence désorganisatrice de la guerre. Nous sommes ainsi arrivé à établir que le pays pour qui la guerre serait la moins dangereuse, et qui serait le moins vulnérable, c'est la Russie — en raison de sa vaste étendue, des caractères de son sol et de son climat et, plus encore, de l'état social de sa population composée en majorité d'agriculteurs. La Russie pourrait soutenir une guerre défensive pendant plusieurs années, tandis que les pays de l'Ouest et du Sud, arrivés à un plus haut degré de culture, avec un plus grand développement industriel et commercial, mais manquant de blé pour nourrir leurs habitants, n'en pourraient faire autant sans s'exposer à la ruine et même à la dislocation.

Mais précisément cette puissance incontestable de la Russie peut inspirer des hypothèses d'un caractère trop optimiste. Ainsi, de l'avis des écrivains étrangers, les militaires russes ont un peu ce défaut et perdent entièrement de vue que, malgré tout, la guerre éprouverait la Russie d'une façon très sensible et influerait même, à certains points de vue, d'une manière plus fâcheuse sur sa situation financière et économique générale, qu'elle ne le ferait dans certains pays occidentaux.

Que tous, ou même que la plupart des militaires russes tombent dans cet excès, ce serait une erreur de le prétendre. Pourtant, on ne peut nier que la force même de la Russie, sa richesse en territoire et en population ne soient susceptibles de donner naissance dans quelques esprits, à des exagérations semblables, dont le danger est chose évidente pour quiconque réfléchit sans parti pris. Car, dans combien de circonstances historiques, une opinion exagérée de leurs forces n'a-t-elle pas conduit des peuples, sinon à se lancer directement dans des entreprises guerrières, tout au moins à risquer de faire éclater la guerre par leurs façons trop brusques d'agir ?

Voilà pourquoi nous avons cru qu'il ne serait peut-être pas inutile de donner un tableau plus complet des perturbations économiques qu'entraînerait la guerre future : — d'abord en déterminant dans quelle mesure les ressources des États et des particuliers pourraient résister à la suppression de quelques branches de revenus et de salaires, et jusqu'à quel point il serait possible de se procurer les moyens d'entretenir la guerre ; — puis, en examinant également les ressources dont la nation et le gouvernement disposeraient en Russie, dans le cas où ce pays se déciderait à soutenir une guerre défensive, comme aussi dans celui où, après avoir remporté un succès, il entreprendrait de porter les hostilités sur le territoire ennemi. Ici nous nous sommes posé la question de savoir si une grande guerre européenne ne ferait pas à la longue reculer la Russie au point de vue économique et quelles conséquences il pourrait en résulter pour elle.

Toutefois une étude semblable présente, pour cet État, beaucoup plus de difficultés que pour les autres.

Quand on veut comparer la force productrice ainsi que le degré de richesse matérielle et morale des différents pays, on y prend habituellement comme exemple deux régions, l'une représentant le maximum et l'autre le minimum, au point de vue des valeurs étudiées ; puis on calcule ainsi des moyennes. Cette méthode, malgré l'à-peu près des chiffres obtenus, convient parfaitement, dans l'étude des pays de l'Ouest, pour apprécier leur degré relatif d'endurance à faire la guerre et à en supporter les conséquences. Mais, dans son application à la Russie, se présentent des circonstances tout à fait exceptionnelles : le territoire de cet empire est si grand, les conditions climatériques et ethnographiques en sont tellement variées, que des chiffres moyens n'en sauraient donner une idée approximative.

En outre, il est une circonstance d'ordre stratégique qui met également la Russie dans une situation exceptionnelle en cas de

guerre : tandis que, pour les pays de l'Ouest, les combats] décisifs
doivent avoir lieu dans les régions frontières, en Russie, l'occupation
par les troupes ennemies, même d'une large zone de territoire-frontière, ne saurait suffire à décider du sort de la guerre.

Dans cette partie de notre travail, consacrée aux plans des opérations militaires (tome II), sont exposées diverses combinaisons
mises en avant par des auteurs étrangers pour l'invasion de la
Russie par les Alliés : — telle combinaison ayant pour base l'occupation des régions Nord-Ouest, — telle autre un mouvement dirigé de
l'Ouest sur le Centre, c'est-à-dire vers l'Est, — une troisième com-
portant l'occupation d'une bande de territoire au Sud-Ouest avec
marche ultérieure sur le Centre, c'est-à-dire, dans ce cas, vers le
Nord.

Plusieurs de ces mêmes auteurs émettent l'opinion qu'une attaque
contre la Russie doit être dirigée à la fois contre Saint-Pétersbourg et contre Moscou ; les uns admettant que le succès d'une
telle entreprise forcerait le pays à mettre bas les armes, tandis que
d'autres soutiennent, avec plus de vraisemblance, que même après
l'occupation d'une vaste portion de territoire, il resterait encore à la
Russie assez de ressources pour continuer la guerre.

En conséquence, des chiffres moyens ne peuvent donner une
idée claire des choses ; et il faudrait étendre assez le cadre des
recherches pour étudier l'influence de la guerre et ses conséquences
séparément dans les différentes localités. Mais une étude aussi détaillée des résultats économiques que la guerre aurait pour la Russie
présente de grandes difficultés, parce qu'on manque d'une foule
de données numériques qui seraient nécessaires pour une discussion vraiment approfondie d'un tel sujet.

En Occident, c'est aujourd'hui un axiome, que, pour mener à bien
une grande affaire quelconque, il faut réaliser les totaux qui correspondent à chaque année et faire la balance des chiffres obtenus
— et l'on considère cette façon de procéder comme plus nécessaire encore quand il s'agit de l'État. Mais, pour cela, il ne suffit
pas de mettre en regard les recettes et les dépenses, en faisant ressortir l'excédent ou le déficit constaté en argent comptant ; il faut
encore y joindre des renseignements sur les conditions économiques de l'existence menée par les habitants, et, d'une façon
générale, sur l'état moral et matériel de la population.

Depuis longtemps il est entré dans les habitudes de faire périodi-
quement les comptes et l'inventaire de tout ce qu'on a entrepris, de
ce qu'on a fait et de ce qu'on possède de ressources disponibles à un

moment donné. Et tout le monde comprend que c'est seulement par cette opposition des efforts et des succès, des ressources consommées et des résultats obtenus, qu'on peut se procurer des indications utiles pour l'avenir.

En Russie, on n'a commencé à recueillir des données statistiques sérieuses et abondantes que depuis le commencement du règne d'Alexandre II. Les recherches faites à cette époque, et particulièrement exécutées par les zemstvos, renferment de riches matériaux sur la situation économique réelle de la population. Mais ces travaux ont mis à nu l'affreuse misère, l'usure colossale, le servage véritable dans lequel tombent parfois les associations d'artisans et même des communes rurales tout entières. Il est donc très naturel que, dans les sphères administratives, on ne voie généralement pas d'un bon œil les travaux statistiques des zemstvos.

Nous rappellerons ici l'aphorisme de Gœthe : « On dit que les chiffres gouvernent le monde... Non : les chiffres montrent seulement comment le monde est gouverné ».

Avec l'avènement au trône de l'empereur Alexandre III, se ralentit l'activité qu'on avait mise à étudier l'état du pays. Dans plusieurs gouvernements on protesta contre l'affectation, par les zemstvos, de crédits aux travaux statistiques ; et tous ces zemstvos furent avisés que leurs études ne devaient pas porter sur la situation économique générale, mais se borner à recueillir des données en vue de certains résultats agricoles déterminés : tels que l'établissements des prix pour les transactions, les assurances, etc. Même quelques-unes des personnes qui s'étaient occupées de recherches statistiques foncières se virent accusées de tendances coupables et furent l'objet de pénalités administratives.

Quant aux travaux officiels, bien que les études aient été continuées par les sections de statistique des ministères, par les commissions instituées, pour le même objet, dans les gouvernements et par la commission centrale, il n'est sorti de ces travaux que des colonnes de chiffres sans explications ni critique. Quelques-unes des monographies ainsi publiées renferment des matériaux précieux; mais elles n'ont permis d'élucider aucun des faits les plus importants relatifs à l'existence nationale, ni de déterminer les conditions essentielles de celle-ci.

Dans les recueils et documents publiés de 1880 à 1890 et quelques années plus tard encore, a graduellement diminué le nombre des données quelque peu instructives; et quelques-unes de ces publications ont même entièrement cessé. Cet appauvrissement de la sta-

tistique a été d'autant plus fâcheux qu'en même temps se renouve-
lait, et s'étendait le fameux système de « contentement de soi-même »,
qu'on avait vu régner vers 1830 et 1840. Ce système, qui consiste
à soutenir qu'en Russie tout est bien, que nous n'avons rien à
apprendre de l'Europe et que c'est plutôt elle qui devrait s'instruire
au spectacle de nos vertus, — puis et surtout, que les forces de la
Russie sont inépuisables, que nous « chasserons à coup de bonnets »
tous les envahisseurs, — ce système, dont le but était de faire
considérer comme inutiles et même comme nuisibles, non seulement
les nouvelles réformes, mais les anciennes, avait conduit, en son
temps, la Russie à la guerre de Crimée, à la chute de Sébastopol et
aux plus amères désillusions.

Pourtant quand il reparut, vers 1880, par une réaction nouvelle,
bon nombre d'optimistes officiels s'étaient rencontrés pour peindre
l'état du pays sous les plus brillantes couleurs, lorsque, tout à coup,
une mauvaise récolte vint révéler la misère complète de la population
sur une énorme étendue du territoire, et permit de constater la profonde ignorance des optimistes en question.

En présence d'une telle situation, quoique les recherches sur les
difficultés économiques, qui se manifesteraient en Russie au cas
d'une guerre, fussent possibles sur quelques points, elles ne pouvaient, à beaucoup près, embrasser, dans toute sa complexité, l'économie politique du pays ; et, en outre, par suite de la pénurie des
données qu'on possédait sur les quinze dernières années, il fallut, en
beaucoup d'endroits, se contenter de chiffres qui remontaient à une
époque déjà lointaine ; encore dut-on, pour se les procurer, avoir
recours à d'autres documents que ceux des publications officielles.

Nous avons entre les mains des matériaux assez abondants,
susceptibles d'être utilisés dans ce but ; matériaux dont une partie
nous reste de nos précédents ouvrages (1), mais dont une partie
aussi a été spécialement recueillie pour la présente étude, sur
l'état économique de la Russie et les changements que la guerre lui
ferait subir.

C'est en nous servant de ces matériaux que nous avons établi
les documents suivants : 1° Baisse du cours des fonds russes et
influence de la guerre sur les finances ; 2° Perturbations économiques résultant de l'interruption du commerce extérieur et de la diffi-

---

(1) *Influence des chemins de fer sur la situation économique de la Russie ; Les
finances de la Russie au XIXe siècle ; L'amélioration du crédit*, etc.

culté d'utiliser les voies ordinaires de communication ; 3° L'industrie dans les usines et manufactures russes en cas de guerre ; 4° Endurance économique de la population pendant et après la guerre ; 5° État moral de cette population, et 6° Conclusions.

Mais la nécessité, par nous admise, de ne pas se borner à l'emploi de données obtenues par des moyennes, a eu pour conséquence que, sur chaque question spéciale, nous n'avons pu formuler notre opinion que brièvement. Aussi, pour faciliter l'examen des renseignements cités, nous présentons, au lieu de tableaux bourrés d'une masse de chiffres, des figurations graphiques. Cette méthode nous a semblé la plus commode en la circonstance.

Dans des cas où, sur beaucoup de faits même particulièrement caractéristiques, on se prononce parfois d'après des documents qui ne font voir qu'un côté des choses, ou qui ne renferment que les chiffres susceptibles de démontrer une thèse déterminée, les données que nous fournissons et la comparaison que nous en faisons avec les chiffres analogues, relatifs à d'autres pays, peuvent être de quelque utilité en empêchant la formation d'opinions erronées.

Nous nous jugerions récompensé au delà de nos mérites pour cet essai de recherches, s'il pouvait faire comprendre la nécessité d'élucider largement, par la statistique, les effets d'ordre économique que pourrait avoir la guerre sur la situation du pays. Un exposé complet et impartial de cette question montrerait, nous en sommes convaincu, que, dans l'état actuel de la Russie, la diminution des dépenses consacrées aux préparatifs de la guerre n'est pas moins nécessaire — est peut-être même plus nécessaire encore — pour elle, que pour les autres États de l'Europe. Cette question présente un intérêt de premier ordre pour le bien du peuple et le développement des forces vives de l'Empire.

Justifions cette affirmation par quelques chiffres. La dette de la Russie, depuis la dernière campagne contre la Turquie, a fort augmenté ; de sorte que la baisse des fonds, inévitable en cas de guerre, se traduirait aujourd'hui par une perte incomparablement plus forte qu'il y a vingt ans. Et comme en outre le pays continue d'avoir besoin de capitaux pour développer sa prospérité, la perturbation résultant de la baisse des papiers de crédit ne fera que croître et sera plus grande encore à l'avenir qu'elle ne pourrait l'être aujourd'hui.

Le 1er janvier 1896, en fait d'argent, de titres d'État, — ou garantis par lui, — il se trouvait, dans les établissements de crédit du Gouvernement, des communes ou privés, les trésoreries et sociétés d'assurances, un total de :

Encaisse métallique . .   200 millions de roubles
Effets. . . . .   2.293   —   —

D'autre part, en la possession de particuliers, dont les uns en Russie, mais la plupart au delà des frontières, il existait :

Des valeurs métalliques pour   2.039 millions de roubles
Des effets pour . . . .   1.037   —   —

Mais il se rencontre, en outre, dans le pays, — où elles sont l'objet de transactions considérables, — des parts, actions, obligations, etc., non garanties par l'État, et dont la valeur nominale représente en tout une somme de 128 millions de roubles métalliques. et de 1,150 millions de roubles-crédit.

Si nous admettons qu'au moment d'une guerre l'abaissement des cours soit de 25 0/0 pour les papiers garantis par le gouvernement et de 35 0/0 pour les autres, — c'est-à-dire si nous admettons seulement la baisse qui s'est manifestée au moment des guerres de 1870 et 1877 — on voit clairement quelles énormes perturbations économiques se produiront.

La baisse du cours des valeurs en circulation à l'intérieur de l'Empire représente à peu près 1,100 millions de roubles ; une partie importante de ces fonds garantissent les obligations du Trésor et se trouvent déposés dans divers établissements de crédit.

Quand la Russie aura mobilisé 2,800,000 soldats, elle aura besoin chaque jour, pour leur entretien, de 7 millions de roubles. En outre, il lui faudra des sommes importantes pour venir en aide aux 531,000 familles des hommes appelés sous les drapeaux.

On comprend qu'en un pareil moment, l'État ne pourrait songer à placer de nouveaux titres pour se procurer l'argent comptant dont il aurait besoin pour faire la guerre. Et, pour faire face à une dépense quotidienne d'environ 7 millions de roubles, on ne pourrait cependant éviter d'émettre des titres dans d'énormes proportions.

Il est même difficile de prévoir jusqu'où tombera le cours du papier-monnaie pendant la guerre future, quand il faudra, pour la faire, des milliards de roubles.

Feu N. K. Bunge, dans sa réponse à certain mémoire du conseiller secret Smirnoff, soutenait que, si l'on. émettait du papier-monnaie pour 300 millions de roubles, le cours baisserait de 25 kopecks par rouble, c'est-à-dire 25 0/0, et qu'en cas d'émission pour une somme beaucoup plus forte, on ne pouvait même prévoir jusqu'où descendraient ces valeurs. Il est très probable toutefois que la baisse atteindra les limites qu'on a vues au commencement du siècle actuel, c'est-à-dire que le papier-monnaie perdra les trois quarts de sa valeur nominale.

La conséquence sera, d'après N. K. Bunge, une élévation du prix de tous les objets. Par conséquent le Trésor, qui aura touché les impôts en papier-monnaie au cours nominal, devra payer tout plus cher. L'entretien de l'armée et de la flotte exigera donc un énorme accroissement de dépenses. Une partie importante de la population urbaine et tous les fonctionnaires civils et militaires, qui vivent de leur solde, se trouveront dans une gêne extrême. Ce bouleversement du système monétaire peut amener des troubles dans l'ordre social.

Pendant la guerre de 1877-78, les opérations du commerce extérieur sur la frontière européenne ne se sont pas arrêtées. Mais au cours d'une guerre contre la Triple-Alliance, les exportations de la Russie en Europe cesseraient complètement. Avec la diminution des demandes pour les produits agricoles, leurs prix s'abaisseront et, avec eux, les revenus des cultivateurs et des paysans. En outre, il se produira encore de grandes variations dans les prix, précisément parce que c'est toujours l'exportation qui règle les cours.

De l'interruption de celle-ci résultera une réduction importante du trafic des voies ferrées; et, comme la plupart des chemins de fer appartiennent à l'État ou sont garantis par lui, c'est le Trésor qui supportera la diminution de leurs recettes. D'un autre côté, les chemins de fer, surtout ceux qui conduisent aux frontières de l'Ouest, seront occupés par les transports de troupes, d'abord complètement au début de la guerre et plus tard encore dans de fortes proportions; de sorte que le trafic commercial se trouvera placé dans des conditions tout à fait anormales.

Ainsi : interruption des exportations, baisse réelle des valeurs (malgré ce qu'on pourra faire pour soutenir les prix nominaux par de grandes émissions de papier-monnaie), irrégularité des livraisons et grandes variations des prix dans diverses localités : — toutes conditions qui devront fortement réagir sur la marche du commerce. Il est même difficile de prévoir ce que deviendra celui-ci et par quelles influences les prix seront déterminés. Ce trouble des affaires sera d'autant plus sensible qu'en Russie il existe fort peu d'argent comptant à la disposition de la classe commerçante, ainsi que de la population en général.

Puis, cette population n'ayant pas l'habitude de s'aider elle-même, le Gouvernement serait obligé de s'occuper de ses besoins et des crises qui, sous l'influence de la guerre, surviendraient dans telle ou telle partie du domaine économique. Et cependant cette guerre même lui imposerait déjà tant de dépenses qu'il pourrait se voir dans l'impossibilité absolue de fournir de tels secours.

Une grande conflagration européenne aurait le même effet ruineux pour l'industrie russe ; mais le plus grave, c'est que la réduction des salaires industriels mettrait un grand nombre d'ouvriers dans une situation sans issue.

Et comme les salaires sont très faibles en Russie comparativement aux pays étrangers, il serait très possible que les ouvriers n'eussent aucune épargne pour parer à leur interruption. Ce qui veut dire que la crise causée par la guerre éprouverait les classes ouvrières de la plus désastreuse façon.

Quand on examine ainsi l'endurance relative de la population russe au cours de la guerre et après elle, et quand on étudie soigneusement le niveau moyen de son bien-être matériel et moral, en tenant compte des différences que présente ce niveau dans les diverses régions de l'Empire, on arrive forcément à conclure qu'en général la masse de cette population souffrira. La situation comparativement la meilleure sera justement celle des régions qui, selon toute vraisemblance, serviront de théâtre aux hostilités, et par conséquent ne fourniront pas de ressources au Trésor.

Ainsi la guerre future menace l'État et la population d'une suppression de recettes et d'une situation difficile pour les finances, le commerce et l'industrie ; situation qui sera rendue plus pénible encore par suite du peu d'argent comptant disponible en Russie. Plus un pays est riche, mieux sa population vit en temps de paix et plus il dispose de ressources pour faire la guerre, ou en supporter les conséquences. En Russie, pendant la paix, les cultivateurs et les propriétaires terriens, en raison du bas prix des produits agricoles, arrivent à peine à joindre les deux bouts. L'endettement des paysans ne cesse de s'accroître, et l'hypothèque sur le travail, c'est-à-dire le travail pour rien au profit des usuriers, est un fait très ordinaire. En outre, le système financier qui vient seulement d'être remis en ordre serait bouleversé de nouveau par de grandes émissions de papier-monnaie.

Ce sont seulement les marchands, grâce à leur nombre relativement faible, et les accapareurs, en profitant de ce que la population agricole russe est intellectuellement moins développée que celle des autres pays, qui trouveraient pendant la guerre des occasions favorables de faire des affaires, en exploitant les besoins du peuple.

Il est donc à craindre de voir les effets de la guerre se manifester par une telle crise économique et une telle baisse des forces productives elles-mêmes, que la guérison du mal serait très longue. De sorte que, sans être menacée des révolutions qu'on peut redouter de voir éclater dans l'Europe occidentale à la suite d'une grande guerre, la Russie n'en aurait pas moins à redouter de celle-ci de très sérieuses conséquences.

De même, l'obligation de ne pas rester en arrière des autres nations dans ses dépenses d'armement, constitue pour la Russie un fardeau plus lourd que pour la France et l'Allemagne, et on peut dire aussi que pour l'Autriche-Hongrie. Dans ces pays, le budget de la guerre, si élevé qu'il soit, ne représente qu'une faible partie de ce que l'État, les villes, les sociétés privées et les communes rurales consacrent à des dépenses productives, à des améliorations agricoles ou hygiéniques, au développement des communications, du commerce et de l'industrie et enfin, — ce qui n'est pas le moins important, — à répandre l'instruction parmi le peuple. En Russie, les sommes absorbées par l'entretien des forces de terre et de mer constituent le tiers du budget total; et si on retranche du reste les intérêts de la dette nationale, on trouve que toutes les autres dépenses de l'État, susceptibles d'avoir un caractère quelque peu productif, ne forment ensemble qu'un total inférieur au prix de revient des forces armées. Et, en dehors du Gouvernement, est-il personne en Russie qui fasse beaucoup de dépenses productives?

En présence de toutes les conséquences qui viennent d'être indiquées, on ne peut manquer d'arriver à conclure qu'un conflit général, survenant en Europe, ferait encore reculer la Russie au point de vue économique, et pour longtemps.

Tels sont les dangers qu'entraînerait manifestement la guerre; et cependant il est encore très douteux que même la plus heureuse puisse valoir au pays de quoi le dédommager des sacrifices qu'elle lui aurait imposés.

Les faits et les chiffres précités prouvent bien, il est vrai, qu'en cas d'invasion, la Russie est moins vulnérable que les autres puissances, — grâce à sa population nombreuse, endurante et dévouée à la patrie, comme aussi en raison de son étendue, des caractères de son sol et de son climat. Toutefois, au cas d'une guerre offensive, ces conditions mêmes, qui représentent une force pour la défense, deviennent des désavantages.

En outre, il est d'autres facteurs négatifs, d'un caractère matériel et moral, que nous avons soigneusement évalués, bien qu'en temps de paix ils soient peu apparents à l'extérieur, et qui, lors du bouleversement produit par la guerre, pourraient acquérir une importance particulière.

Tout cela nous conduit à conclure que, pour la Russie, une lutte armée, quelle qu'en soit l'issue, ne serait pas moins ruineuse, — quoique par d'autres motifs, — que pour ses ennemis.

Mais ce n'est pas tout : l'élucidation complète des effets que la guerre pourrait avoir sur la situation économique de l'Empire nous amène aussi à une autre affirmation, savoir : que dans l'état actuel de la Russie, une réduction des frais de préparation militaire ne lui est pas moins, et peut-être même lui est encore plus nécessaire qu'aux autres États européens.

Cette réduction des dépenses absorbées aujourd'hui sans utilité par l'entretien des troupes, — et en pure perte puisqu'il n'y a pas probabilité d'une guerre prochaine, — présente, pour le bien de la nation et le développement des forces vives du pays, un intérêt de premier ordre. Car la Russie a besoin de ressources pour une autre lutte : pour la lutte à soutenir, non point sur le champ de bataille, mais contre l'état économique suranné, la misère et l'ignorance du peuple. Les progrès de sa vie intérieure et le développement de ses forces productives sont d'un intérêt plus pressant pour ce pays, — qui, en cas de guerre, devrait au début des opérations se tenir très probablement sur la défensive, — que l'augmentation de l'effectif de ses armées, du nombre de ses cuirassés ou torpilleurs, et de sa marine en général.

Continuant à nous occuper de la guerre future, nous avons dû examiner les différentes formes de sa répercussion probable sur les besoins de la consommation et de l'économie politique nationales (1).

Répercussion de la guerre sur les besoins quotidiens de la population. Tome IV.

La gêne dans la satisfaction des besoins quotidiens des masses, l'interruption ou bien le temps d'arrêt dans l'action des forces productives de la nation et l'apparition de la famine : tels sont les périls dont la perspective menaçante peut arrêter la résolution d'entreprendre la guerre, et qui, au cas où l'on aurait passé outre,

---

(1) Excès et déficit de production pour les denrées et autres objets de consommation dans les différents États de l'Europe (tome IV).

peuvent, d'un moment à l'autre, imposer leur *veto* décisif à sa continuation. Il faut ajouter ici, pour certains États, encore un danger, une nouvelle apparition venant après celle de la famine, — comme un fantôme en remplace un autre dans les visions de Macbeth, — nous voulons dire le danger de mouvements révolutionnaires, non seulement politiques mais sociaux.

Voilà pourquoi, en parlant de la guerre future, nous nous sommes décidé à examiner avant tout dans quelle situation se trouveront, pendant sa durée, ces États qui, en temps normal de paix, ont besoin d'importer de grandes quantités de blé et autres produits; et nous avons recherché si, par des mesures quelconques, il était possible de soustraire ces pays à la misère.

Cet examen nous a montré que la puissance la plus dangereusement menacée sous ce rapport, en cas de guerre générale, est l'Angleterre, qui importe, surtout d'au delà de l'Océan, environ la moitié des grains, froment, orge, seigle, dont elle a besoin pour nourrir sa population.

La situation sera préférable, mais pourtant encore très gênée, pour l'Allemagne et l'Italie : pays dont chacun a besoin, pour deux à trois mois chaque année, de grains étrangers en grande partie russes. A la France il ne faut de ces grains étrangers que pour un mois par an, et l'Autriche peut complètement s'en passer.

Les meilleures conditions se rencontreront évidemment en Russie : l'Empire exportant au contraire les denrées en question, dont il produit au delà de ses besoins, dans la proportion de 21,6 0/0.

Mais un fait à noter, c'est que l'état des pays qui ont besoin d'importer des grains va en empirant chaque année, tant par suite de l'accroissement de leur population, qu'en raison d'une réduction de l'étendue des terrains ensemencés.

Ainsi, dans la période de 1894-95, les importations se sont augmentées comparativement à la période de 1888-91 :

En Allemagne. . .	de 48 0/0 (de 2.107 à 3.103 tonnes).
En France.	de 13 0/0 (de 951 à 1.083 —).
En Angleterre. . .	de 54 0/0 (de 3.491 à 5.378 —).

Et, d'une de ces périodes à l'autre, s'est accrû, comme il suit, le nombre de jours pendant lesquels, chaque année, la population doit se nourrir de grains importés :

En Allemagne. . .	33 jours (de 69 à 102 jours).
En France.	4 — (de 32 à 36 —).
En Angleterre. . .	96 — (de 178 à 274 —).

Outre cette insuffisance de blé, la Grande-Bretagne, l'Allemagne, la France et l'Italie éprouvent également un déficit sur d'autres produits d'une nécessité quotidienne : tels que l'avoine pour la nourriture des chevaux, la viande et le sel.

Nos calculs sur l'étendue des besoins ressentis pour les produits sus-indiqués montrent que les projets, imaginés pour constituer des réserves en temps de paix, n'ont pas été mis à exécution.

La quantité d'approvisionnements qu'il faudrait entretenir et renouveler exigerait des dépenses annuelles si considérables, qu'actuellement il serait difficile d'obtenir des Parlements le vote des crédits nécessaires à les couvrir.

Après avoir examiné l'effet que doit avoir la guerre future sur les différents côtés de la vie d'un État et d'une nation, nous passons à une étude précise, basée sur des chiffres, de ce qu'ont coûté aux peuples les guerres du passé et du prix auquel leur revient la « paix armée », c'est-à-dire la préparation à la guerre future.

Depuis le milieu de ce siècle, il en a été de l'outillage militaire comme de l'outillage industriel. Grâce aux progrès de la science et à l'incessante succession d'inventions techniques, on a, d'une part, consacré des capitaux énormes à développer le travail producteur des nations ; et d'autre part, on en a englouti de non moins considérables pour augmenter, compléter et améliorer la force militaire improductive des États. Mais, tandis que le développement de l'industrie et, avec lui, l'accumulation de la richesse ont marché très inégalement dans les diverses contrées de l'Europe, les charges militaires se sont accrues avec une vitesse uniforme et dans des proportions plus ou moins analogues pour tous les pays : riches ou pauvres, avancés ou arriérés. Dans ces derniers, les dépenses extraordinaires consacrées à l'armement ont eu pour résultat de constituer un obstacle direct au développement de l'industrie, et à l'amélioration de l'état économique en général.

On pouvait supposer que chez les nations en possession de puissantes forces industrielles et où d'énormes épargnes sont accumulées, les totaux des dépenses annuelles pour l'armée et la flotte devraient, malgré la rapidité de leur accroissement, soulever moins de plaintes de la part de la population. Mais il en est autrement, — parce que précisément, dans tous ces pays, la société a déjà bien mieux compris la stérilité de cette interminable et ruineuse rivalité en fait d'armements. Ce qui a fait naître et ce qui développe tous les jours, dans ces contrées, la lutte contre le militarisme et les charges qu'il fait peser sur la population. Dans les États où les budgets

Les frais des guerres passées et le rapport des charges militaires aux revenus des pays. Tome IV.

doivent être votés par des Parlements, les partis libéraux et, en particulier, les radicaux ont fait, de la lutte contre le militarisme, la pierre angulaire de leur programme.

Ils appellent l'attention sur ce que les charges militaires ne sont pas également réparties entre les classes de la population, parce qu'elles portent principalement sur les objets de première nécessité. Et ils s'élèvent contre la possibilité même de la guerre, où ils ne voient que dommage et destruction. Ils montrent que la constitution de l'armée la meilleure et la plus nombreuse, si elle entraîne la ruine du pays, va contre son but, qu'on prétend être la nécessité de défendre les intérêts de ce pays; et ils assurent enfin que le renforcement des armements, poussé au degré où il est depuis ces trente dernières années, s'il continuait encore pendant quelque temps, finirait par anéantir un travail de civilisation qui a demandé plusieurs générations pour s'accomplir. On se répète les paroles du grand capitaine de Moltke (1), que « c'est la guerre qui supprimera les guerres ».

Les partisans d'une augmentation constante des budgets militaires répondent à cela, que le bien-être de la population des grandes puissances fortement armées n'est nullement inférieur à celui dont elle jouit dans les États neutres ou pacifiques, qui n'entretiennent que peu de troupes permanentes, ou même comptent uniquement sur leur milice, — comme la Suisse, la Belgique et la Suède. Ils font en outre valoir qu'une grande partie des sommes, consacrées à l'entretien des troupes et aux armements, restent dans le pays et même contribuent à soutenir des branches d'industrie importantes. Enfin, ajoutent-ils, si grandes que puissent être les dépenses absorbées par la défense du pays, elles sont rendues nécessaires par les terribles conséquences que, dans les conditions actuelles de la guerre, la défaite entraînerait après elle. La paix, dit-on en un mot, ne peut être assurée que s'il ne subsiste aucun doute sur l'égalité et même la supériorité d'armement des États qui n'ont pas eux-mêmes d'intentions belliqueuses. A ce point de vue, l'exagération même des dépenses militaires ne serait qu'une sorte de prime d'assurance contre les malheurs de la guerre.

L'ancien chancelier allemand, comte Caprivi, disait au Reichstag en 1890 : « Vienne la guerre, et pas une personne capable de porter les armes ne restera chez elle ». Effectivement, sur les 24,230,832 individus que comprenait la population mâle de l'Alle-

---

(1) Wiede, *Der Militarismus* (Le militarisme). — Zürich, 1877.

magne en 1890, environ 8,500,000 se trouvaient entre 20 et 45 ans.
L'effectif de l'armée allemande sur le pied de guerre était alors
évalué à 4,392,000 hommes, c'est-à-dire à plus de la moitié de la
population mâle adulte, et non trop âgée. Mais, en cas de besoin,
l'autre moitié eût été également appelée, à l'exception des invalides.
Et l'on dirait encore que les grandes dépenses consacrées à l'armement constituent, contre les misères de la guerre, une prime d'assurance avantageuse malgré tout, même au point de vue économique !

Mais on oublie que l'exagération des armements peut conduire,
sinon à une guerre internationale, au moins à une guerre sociale ;
et il y a là un fait dont l'étude présente un très grand intérêt. En
examinant les dépenses causées par toutes les luttes armées qui ont
eu lieu au cours du xixe siècle et le rapport des dépenses du temps
de guerre aux revenus nationaux, nous sommes arrivé à conclure
que tous les préparatifs faits en vue de la guerre ont, aussi bien
que celle-ci, constitué des charges lourdes et ruineuses pour les
nations européennes belligérantes, — aussi bien quand elles ont été
victorieuses que quand elles ont été vaincues.

Ce n'était pas chose difficile à établir en calculant le rapport des
dépenses militaires aux revenus des différents pays, en temps de
paix comme en temps de guerre. La situation actuelle n'est, en
réalité, pas autre chose qu'une guerre à l'état latent. Les préparatifs
militaires et l'inquiétude qu'ils inspirent sont devenus aussi coûteux
et dommageables que l'étaient autrefois les guerres elles-mêmes.

Les dépenses de la paix armée, pendant une période de vingt-
deux ans, représentent, rien que pour le ministère de la guerre, en
France et en Allemagne, une somme totale de 22 milliards de francs.
La fièvre militaire, c'est-à-dire le désir ardent de rivaliser avec les
autres ou de les devancer dans la voie des armements, s'est emparée
même des États de troisième ordre, — ce qui, de leur part, n'est tout
simplement qu'une façon de « jouer au soldat », aux frais du budget.

Mais la technique militaire est arrivée partout à un tel degré,
qu'aucune invention ne peut rester longtemps secrète; et les
transformations fréquentes de l'armement, comme l'augmentation
constante de l'effectif des troupes, ne font que ruiner les nations.

Le feld-maréchal de Moltke disait au Reichstag qu'avec le temps,
« les peuples finiront par ne plus pouvoir supporter les dépenses
militaires ».

C'est là une vérité dont les masses ont de plus en plus conscience.
En Allemagne, lors du vote qui eut lieu en 1893 sur le nouveau projet
de loi militaire, les députés qui votèrent *contre* représentaient

1,097,000 électeurs de plus que ceux qui votèrent *pour*. De 1887 à 1893, l'opposition faite au militarisme avait grandi dans le rapport de 1 à plus de 7. En 1893, il y avait du côté des représentants de l'opposition 4,233,000 électeurs, et de l'autre côté, 3,225,000 seulement. Ainsi, quoique le Parlement eût donné, cette fois, une majorité au projet militaire, si l'on compte les électeurs que représentaient les députés votant dans un sens ou dans l'autre, on peut dire que le pays s'était au contraire prononcé *contre*, par une majorité de plus d'un million de voix. Anomalie qui provenait, au dire des adversaires de la loi militaire, de la façon illogique dont les circonscriptions électorales sont déterminées.

Dépenses de la guerre future et moyens de les couvrir. Tome IV.

Mais si grandes que soient les sommes annuelles consacrées par tous les États de l'Europe à l'entretien de leurs troupes et à leurs armements, c'est-à-dire consacrées à la préparation de la guerre, elles ne constituent pourtant qu'une faible partie des sacrifices pécuniaires qu'exigerait la conduite de la guerre elle-même. Voilà pourquoi nous avons dû consacrer un chapitre spécial aux *Dépenses de la guerre future et moyens de les couvrir.*

En nous basant sur ce qu'ont coûté les dernières campagnes, nous sommes arrivé à évaluer, pour les cinq grandes puissances de l'Europe continentale réunies, les dépenses de la guerre future à un total de 104,890,000 francs *par jour* (1).

En outre, pour venir en aide aux familles des soldats, les différents États devraient dépenser, *par jour :* en Allemagne, 1,957,000 fr.; en Autriche, 526,000 ; en Italie, 511,000 ; en France, 1,318,000 ; en Russie, 637,000 ; soit, de ce chef, une dépense quotidienne de 4,950,700 francs pour les cinq pays réunis.

Le total des dépenses militaires probables, qu'une année de guerre imposerait à ces États, représente ainsi, en millions de francs : pour l'Allemagne, 10,681 ; pour l'Autriche, 5,327 ; pour l'Italie, 5,187 ; pour la France, 10,727 ; et pour la Russie, 11,756.

Et comme, de l'avis des autorités militaires, la guerre future ne

		Hommes	Francs
(1)	Pour l'Allemagne	2.550.000	25.500.000
	— l'Autriche	1.304.000	13.040.000
	— l'Italie	1.281.000	12.810.000
	Total pour la Triple-Alliance		51.350.000

		Hommes	Francs
	Pour la France	2.554.000	25.540.000
	— la Russie	2.800.000	28.000.000
	Total pour la Double-Alliance		53.540.000

durera pas moins de deux ans, nous nous trouvons en présence de cette question capitale : Sera-t-il possible de se procurer les moyens de conduire une pareille lutte jusqu'à son terme ?

Et nous sommes arrivé à conclure que les conditions actuelles de la guerre sont bien moins favorables, quant à la recherche des ressources nécessaires pour la faire, qu'elles ne l'étaient autrefois. Des difficultés extraordinaires se présentent ; et les gouvernements qui peuvent craindre des mouvements révolutionnaires, — non seulement politiques mais sociaux, — sont obligés de compter avec ce facteur. La crainte de la famine, de la banqueroute, de la misère domine toutes les classes de la société.

Avec la fermeture des voies ordinaires de communication, avec l'interruption des commandes et l'approche de l'inquiétude générale, les usines, les fabriques, les mines, beaucoup d'ateliers industriels, à l'exception des spécialités qui sont nécessaires aux armées, seront forcés de cesser le travail de production. C'est dire que les moyens d'existence de la population diminueront brusquement et se réduiront chaque jour de plus en plus. Si l'on tient compte de ces circonstances, on arrive à conclure que la guerre privera des millions d'hommes de leur morceau de pain quotidien.

En même temps, dans la plupart des Etats, par suite de la suppression des importations, les prix des objets nécessaires à la vie s'élèveront extraordinairement. En outre, les hommes mariés, enlevés et envoyés en quelques heures à leurs corps de troupes, par la rapide mobilisation des armées modernes, laisseront, dans la plupart des cas, leurs familles sans ressources pour le lendemain. Dans de telles conditions, il est impossible de compter sur une rentrée régulière des impôts. Et les gouvernements devront recourir à des moyens extraordinaires, non seulement pour couvrir les dépenses de la guerre, mais pour faire face aux besoins ordinaires de l'Etat. Mais si la lutte se prolonge quelque peu, il deviendra extrêmement difficile de trouver les moyens extraordinaires de subvenir aux dépenses de la campagne ; et, pour quelques pays, qui se trouvent dans des conditions économiques et financières moins favorables, ce sera même impossible.

Toutefois, les pertes que la préparation de la guerre et cette guerre elle-même causeront aux divers peuples, ne peuvent être égales, — à cause de la différence que présentent la situation financière de chacun d'eux, les besoins de leur population et son genre d'existence. Nous devions donc examiner les conséquences économiques qui résulteront, dans chaque contrée, du maintien d'un grand nombre

Inégalité des pertes économiques que la guerre future causera dans les différents pays. Tome V.

de soldats sous les drapeaux, puis l'importance des pertes en hommes qu'entraînera la guerre.

Dans le chapitre : *Inégalités des pertes économiques causées dans les divers pays par la guerre future*, nous avons dû, pour arriver à des conclusions quelque peu instructives, comparer entre eux non seulement les chiffres absolus de ces pertes, mais le degré relatif d'importance qu'elles pouvaient avoir pour chaque nation : tant en raison de l'inégalité de valeur économique des diverses sortes de travail, que par suite de la façon dont telles ou telles de ces pertes seraient ressenties par un certain nombre d'ouvriers.

Influence de la tactique et de l'organisation administrative sur l'approvisionnement des armées en vivres et en munitions. Tome IV.

Après avoir exposé ce que sera la guerre future au point de vue technique, quels seront les moyens de la conduire et sous quelle forme s'y présenteront les opérations militaires; après avoir fait connaître au lecteur les données relatives aux questions économiques et financières qui se rattachent aux armements et à la lutte elle-même, nous avons entrepris l'étude des principes d'organisation de l'approvisionnement des armées. Ces principes se sont modifiés concurremment avec les changements survenus dans la composition des troupes et dans leur armement.

L'énormité des armées modernes et la complexité de leur armement donnent une importance toute particulière, et sans exemple, à l'organisation régulière de l'approvisionnement des troupes en vivres et munitions. Assurer ses propres approvisionnements et gêner ceux de l'ennemi semble constituer l'axe même autour duquel tourneront nécessairement toutes les combinaisons stratégiques et les mouvements des troupes sur le théâtre des hostilités.

L'appel sous les drapeaux de presque toute la population civile capable de porter les armes, c'est-à-dire d'hommes qui n'auront plus la pratique de la vie militaire et seront en général habitués à une meilleure nourriture que celle qu'il sera possible de leur donner à la guerre, — voilà qui compliquera notablement le mécanisme même de l'alimentation des armées.

En outre, les armes actuelles agissant à de grandes distances et pouvant, en une minute, lancer autant de projectiles qu'on en consommait jadis au cours d'une campagne entière, exigeront de bien autres quantités de munitions qu'autrefois. Avec l'énormité des armées et les longs séjours probables qu'elles feront dans des camps — établis, tant devant les passages fortifiés des frontières que devant les autres lignes de défense de l'ennemi, — les ressources locales des habitants s'épuiseront vite. La constitution d'approvisionnements, au moyen de vivres amenés de très loin, prendra dès lors une importance considérable et présentera des difficultés comme on n'en avait encore jamais rencontré jusqu'ici.

Nourrir les troupes et leur fournir les moyens de combattre, c'était chose relativement facile à l'époque où la baïonnette jouait le principal rôle, où les armées n'étaient pas nombreuses, ni les champs de bataille plus étendus que le terrain de manœuvres actuel d'une brigade.

Mais déjà, en 1870, de grandes forces prirent part aux batailles. Ainsi, dès le mois d'août de cette année, les Allemands avaient 430,000 hommes en campagne. A Saint-Privat, ce furent deux masses d'environ 180,000 hommes chacune, qui luttèrent l'une contre l'autre sur un front de 18 kilomètres, — front si étendu que de Moltke n'apprit que le lendemain le succès des opérations de la garde prussienne.

Qu'arrivera-t-il dans la guerre future?

Le général Leer suppose que l'effectif des troupes d'un seul parti, opérant sur un seul théâtre de guerre, pourra atteindre, en y comprenant les services accessoires, le chiffre énorme de 1,200,000 hommes. Cette masse devra se subdiviser en cinq armées distinctes, de 240,000 hommes d'effectif, et dont chacune aura un front de 16 kilomètres sur une profondeur double.

Au cours des chapitres qui traitent de cette question, nous avons suffisamment expliqué jusqu'à quel point le perfectionnement des armes avait rendu dangereuse l'attaque des positions fortifiées. D'où un accroissement de l'importance stratégique des fortifications, et la conviction générale que les opérations de la guerre future consisteront surtout dans l'attaque et la défense d'ouvrages fortifiés. Partout on a organisé des systèmes complets de travaux défensifs dans les régions frontières et sur les principales routes de pénétration à l'intérieur du territoire ; de sorte que, selon toute vraisemblance, la lutte aura lieu sur un terrain préparé d'avance pour la soutenir.

Puis des fortifications s'élèveront sur les champs de bataille eux-mêmes. Actuellement, dans toutes les armées, les soldats sont exercés à construire de légers retranchements de campagne à l'aide des outils de pionnier dont ils sont pourvus. Il suffit ainsi de quelques dizaines de minutes pour établir tout un réseau d'abris au moins commencés et qui, plus tard, en cas de besoin, peuvent être renforcés et complétés de façon à constituer une solide défense. Mais même dans leur premier état, ces abris assurent au défenseur une supériorité énorme ; et l'assaillant devra éprouver de si grandes pertes en les attaquant qu'il ne pourra briser du premier choc la résistance ainsi opposée.

Et, d'autre part, les chefs d'armées devront, à l'avenir, compter plus que jamais avec les pertes, ne fût-ce qu'en raison de l'agitation contre la guerre répandue par les socialistes dans les pays de l'Ouest. On en a eu récemment un exemple édifiant en Italie, quand, par suite des pertes éprouvées en Abyssinie, il fallut, lors de l'embarquement de nouvelles troupes, recourir à des mesures spéciales pour empêcher la désertion, qui prenait des proportions considérables. L'importance des pertes, causées avant tout par le perfectionnement des armes, sera attribuée à l'ignorance et même à la mauvaise volonté des chefs.

Ce même perfectionnement des armes donne une telle supériorité à la défense qu'il sera très difficile de se rendre maître de tout le système des fortifications établies dans la région frontière, ou en arrière d'elle, sous la forme d'une seconde et d'une troisième ligne de protection. Là encore, la question des approvisionnements se présentera au premier plan. Pour l'armée de siège, concentrée sur un même point, il faudra amener de loin tout ce qui lui sera nécessaire. Nécessité semblable a, de tous temps, constitué un grand danger pour les armées : l'ennemi pouvant empêcher l'arrivage régulier des convois, en opérant sur les communications. L'illustre cardinal de Richelieu a écrit : « L'histoire offre plus d'exemples d'armées ayant péri faute de vivres et de discipline que par les armes de l'ennemi, et je puis certifier que toutes les campagnes entreprises de mon temps n'ont échoué qu'à cause de cela » (1). Il va de soi que pour les grandes armées modernes, ce danger s'est encore augmenté.

D'un autre côté, l'assaillant, songeant à l'énormité des pertes qu'il devra supporter pour se rendre maître, après une série de combats, de tout le système de fortifications établi sur un terrain donné, préférera, autant que possible, opérer sur les communications des défenseurs, pour les contraindre par la famine à se rendre, — comme on amena Metz et Paris à capituler.

Ce même calcul sur l'insuffisance des vivres de l'ennemi peut s'appliquer non seulement à la conquête d'un point fortifié quelconque ou d'une certaine localité, mais encore dans le sens plus large d'un plan stratégique général. Le fait est qu'au point de vue de l'approvisionnement des armées, lors de l'interruption des

_____

(1) *Journal des Sciences militaires* : « Principes généraux des plans de campagne. » (Testament politique du cardinal de Richelieu.)

communications commerciales par la guerre, les différents États de l'Europe se trouveront dans des conditions essentiellement différentes.

En Russie et en Autriche, la guerre amènera, avec la suppression des exportations, un excédent de blé ; en Allemagne, en France, en Italie, de l'arrêt des importations résultera, au contraire, un déficit énorme dans les ressources d'alimentation de la population — déficit qu'on ne pourra combler par aucun moyen et à aucun prix.

En Allemagne, comme nous l'avons dit plus haut, la récolte annuelle de blé laisse un déficit de deux ou trois mois de nourriture, et celle d'avoine en laisse un de 18 à 30 jours ; en France, il manque du blé pour un mois, de l'avoine pour 20 à 40 jours ; en Italie, le blé manque pour deux mois et demi, et l'avoine pour 8 à 38 jours.

Par suite de l'insuffisance de la récolte et de l'éventualité de la famine, les prix du blé, dans les États dont il s'agit, monteront fortement aussitôt après la déclaration de guerre, et l'administration militaire aura beaucoup de peine à se procurer les vivres dont elle aura besoin ; d'autant qu'elle peut rencontrer, chez la population dont l'existence ne sera pas assurée, du mécontentement et même une résistance directe à ses achats.

Lors des guerres passées, il s'est produit dans le service d'alimentation des armées beaucoup d'insuffisance et d'irrégularités, en Italie et en Russie ; mais dans l'armée prussienne ce service a fonctionné parfaitement, et, dans l'armée autrichienne, d'une manière satisfaisante.

Et quoique, sous ce rapport, les succès de l'armée allemande en 1870 aient été favorisés par des circonstances heureuses qu'on ne peut guère compter voir se reproduire, il n'en est pas moins très naturel, tant les hommes aiment à s'illusionner, que les armées allemande et autrichienne, — qui se considèrent comme les mieux garanties au point de vue de l'alimentation, — fassent tous leurs efforts pour désorganiser le service des vivres chez leurs adversaires, c'est-à-dire pour atteindre ceux-ci dans ce qui paraît être leur côté le plus faible.

Mais il ne sera pas bien difficile d'entraver l'arrivage régulier des approvisionnements. La longue portée et la précision des fusils actuels, avec l'absence de fumée de leurs coups, faciliteront les opérations des détachements de partisans ; et il est très probable que ces détachements joueront un rôle considérable dans la guerre future. Les Allemands, d'après ce qui s'est passé en 1870, sont convaincus que, dans leur armée plus que dans toute autre, les officiers sont doués d'initiative et de savoir-faire et qu'il en résultera, pour les troupes allemandes, une supériorité très importante sur les troupes françaises et russes dans la guerre de partisans.

Or, le principal but des opérations de partisans, c'est de couper les communications de l'ennemi. Pour l'arrivage régulier des vivres et des munitions, on ne peut compter que sur les chemins de fer. Mais en temps de guerre, il est facile de faire subir aux voies ferrées des dégradations susceptibles d'entraîner des interruptions plus ou moins longues du trafic ; ce qui peut même amener une situation pire que du temps où toute l'organisation des communications reposait sur la circulation par les routes ordinaires.

Ces routes qui servaient autrefois de voies de transport n'avaient presque rien d'artificiel. Leur caractère (courbes, montées, descentes, etc.) n'était déterminé que par les modifications de la forme du terrain, et, en elles-mêmes, elles étaient invulnérables. Sur toute leur étendue, il n'y avait d'exposés à la destruction que de petits ouvrages d'art, tels que ponts, remblais, etc. Les chemins de fer sont au contraire artificiels d'un bout à l'autre. Leur établissement demande beaucoup de temps, de travail et d'argent, et cependant il suffit d'une seule cartouche de dynamite pour détruire la voie sur un point, et interrompre pendant longtemps le mouvement régulier sur toute une ligne.

Nous donnons ici l'opinion émise à ce sujet par un écrivain militaire russe (1) : « C'est un problème très difficile à résoudre, que d'assurer la garde d'une voie ferrée et de toutes ses installations. Il ne saurait être question de l'occuper matériellement sur toute sa longueur, parce que cela exigerait une dépense exagérée de troupes ; d'autre part, des postes trop faibles et trop éloignés les uns des autres, ne garantissent pas la voie et seront facilement enlevés par l'ennemi.

« L'histoire militaire confirme pleinement cette opinion ; il suffit de rappeler les raids de Stonemann, de Morgan, de Grirson en 1862-64, les ponts que firent sauter les Français à Fontenoy, Buffon, La Roche en 1870-71, comme aussi la destruction par les Allemands du chemin de fer près d'Orléans. »

Mais, autrefois, ce n'étaient là que des épisodes accidentels, tandis que maintenant les attaques dirigées sur les communications de l'ennemi seront élevées à la hauteur d'un principe fondamental ; et

---

(1) Klembovsky, *Partisanskia déistvia* (Les opérations de partisans).

dans toutes les armées, c'est la cavalerie entière, sans parler de détachements spéciaux, qu'on chargera de ces incursions dévastatrices. Dès la première minute de la déclaration de guerre, des corps volants s'élanceront de tous côtés et menaceront les derrières de l'ennemi, détruisant chemins de fer et télégraphes, saccageant dépôts et magasins. Et cette tactique, comme nous l'avons expliqué dans le chapitre sur *L'importance et le rôle de la cavalerie* (1), continuera d'être appliquée pendant toute la durée de la guerre.

Avec la longue portée et la précision des armes actuelles, l'absence de fumée ne pouvant trahir leur présence, il sera bien difficile de protéger les convois qui suivront les routes ordinaires. Leur fournir des escortes nombreuses est impossible sans affaiblir notablement l'armée, et, avec une faible escorte, on n'atteindra pas le but. Même la plus soigneuse protection des voies de l'arrière ne les mettra pas à l'abri des attaques imprévues de tirailleurs isolés et de petits détachements. En un mot, les derrières d'une armée seront pour elle comme le talon d'Achille. Les combinaisons militaires se résumeront dans l'organisation de mouvements ayant pour but de couper l'armée ennemie de ses lignes de communication et de sa base d'opérations.

En Allemagne, aux grandes manœuvres, on s'occupe tout spécialement d'études de ce genre et les officiers sont notés avec soin, quant à leur aptitude à diriger éventuellement des corps de partisans.

Mais, sans doute, le défenseur prendra lui aussi des mesures pour paralyser les tentatives de l'ennemi ; et, comme conséquence de ces efforts mutuels, se produiront des rencontres accidentelles fréquentes entre les détachements opposés. Avec la puissance destructive du feu de mousqueterie actuelle, une troupe ennemie, attaquée à l'improviste, subira certainement de grandes pertes ou pourra même être détruite. Sous ce rapport, la situation de l'armée russe est particulièrement avantageuse, en raison de ses nombreux régiments cosaques si bien préparés à une guerre de ce genre.

Ainsi, comme résultat général, à l'heure actuelle, avec l'énormité des armées et la probabilité de leurs longs stationnements devant les passages fortifiés des frontières et les lignes de défense intérieures de l'ennemi, la question de l'alimentation et du logement des troupes présentera des complications que jusqu'ici l'on n'avait

---

(1) Tome I, pages 283 à 353.

jamais rencontrées, — chez les uns par suite de l'impossibilité de se procurer et de leur envoyer ce qui leur sera nécessaire, — chez d'autres en raison des désordres économiques qui se manifesteront. Le risque de l'insuffisance des vivres constituera en tous cas, dans les guerres futures, le plus grave de tous les dangers ; car il aura pour conséquences la famine, les maladies et l'affaiblissement de la discipline.

Dans l'armée russe, comme l'ont montré les guerres précédentes, le service des approvisionnements a toujours été le côté faible. Les troupes russes se mettaient ordinairement en campagne avec des forces et des ressources insuffisantes ; et c'était seulement après constatation des fautes commises dans ce sens, qu'on prenait les mesures convenables pour atteindre le but.

Mais le ministère de la guerre a manifesté, dans ces derniers temps, une sollicitude toute particulière pour assurer à l'avenir les ressources nécessaires ; et comme la Russie dispose d'un excédent de blé, on peut compter que, dans une guerre défensive, les vivres ne feront pas défaut. Tout autrement peut se présenter la situation dans une guerre offensive, surtout si les troupes devaient marcher sur les traces d'une armée ennemie battant en retraite, c'est-à-dire parcourir un territoire dont les ressources seraient déjà épuisées.

Nous ne nous interdirons pas d'apprécier jusqu'à quel point pourront encore s'appliquer, de notre temps, les paroles suivantes empruntées au rapport fait au tsar, sur les campagnes de 1812 à 1815, par l'intendant général Kankrine : « Chez nous, toute l'administration est entourée d'obscurité, parce que nous n'avons pas de règles fixes pour la revision des comptes. De là vient que chacun, au lieu de se mettre résolument à l'œuvre, ne songe d'abord qu'à sauvegarder sa responsabilité ; parce qu'on sait par expérience que l'homme le plus honnête et le meilleur serviteur peut courir les plus graves dangers, s'il s'est plus occupé de faire marcher son service que de se mettre à couvert, — tandis que dans ce dernier cas, même si son service a périclité, il restera parfaitement indemne ».

De notre côté, nous ne pouvons qu'exprimer l'opinion qu'il serait avantageux, à l'exemple de la Prusse, d'appeler au service en temps de guerre, des personnes de profession commerciale, choisies bien entendu parmi celles dont la situation et l'intelligence sont une garantie contre toute chance de malversations. Et nous pensons, en outre, qu'il conviendrait d'organiser, sur toutes les opérations préparées, un contrôle confié, non pas simplement à des fonctionnaires, enclins à ne chercher que l'observation des formes, mais à des commerçants éminents et dignes d'estime.

Nous sommes en outre profondément convaincu qu'il serait nécessaire d'élaborer, dès le temps de paix. un projet sur la constitution, en cas de guerre, au moyen de personnes dignes de confiance, de comités locaux chargés de veiller aux besoins de l'armée, sur tous les points où se trouvent des bureaux et succursales de la Banque Impériale.

Comme, dans toute combinaison d'opérations offensives exécutées contre la Russie par l'Allemagne et l'Autriche, il semble inévitable de voir bloquer Varsovie — ville qu'on a transformée en forteresse, mais qui n'en renferme pas moins une population de plus de 600,000 âmes, — nous avons dû insister sur la préparation des approvisionnements de vivres qui lui seraient nécessaires. C'est une question dont il faut se préoccuper à l'avance et dont la solution doit être étudiée dans le calme du temps de paix. Et Varsovie est si près de la frontière, qu'une fois la guerre déclarée, on n'aura ni le temps, ni le sang-froid d'assurer les besoins de la population, coupée de toute communication avec les pays environnants.

Dans cette ville, la plupart des personnes ne regardent qu'avec un sentiment de curiosité les travaux de fortifications élevés autour d'elles, si loin sont-elles de penser que le siège puisse vraiment jamais en avoir lieu. C'est ainsi qu'au témoignage de Sarcey (1), la population parisienne, en dépit même des travaux exécutés sous ses yeux pour renforcer et armer les remparts de la capitale française, n'admettait pas l'idée que Paris pût être assiégé.

Il faut pourtant prendre à temps les mesures nécessaires pour éviter ou soulager les misères qu'amènerait fatalement le siège de Varsovie. Comme exemple de ce qui est à craindre et de ce qu'on peut faire sous ce rapport, nous avons le siège de Paris en 1870-71 : — cas unique du blocus d'une ville ayant un million d'habitants. Nous avons, du reste, consacré à cette question un chapitre spécial : *La sécurité de Varsovie en cas de siège* (2).

La sécurité de Varsovie en cas de siège. Tome IV.

---

(1) Francisque Sarcey, *Le siège de Paris.*
(2) Tome IV.

V

L'augmentation des horreurs de la guerre, jointe à l'obligation imposée à tant de personnes d'y prendre part, ne pourra qu'accroître l'antipathie qu'elle inspire aux masses populaires. Et comme aujourd'hui l'état d'esprit de ces masses influe bien plus fortement qu'autrefois sur la marche des affaires politiques, nous croyons nécessaire d'examiner ce côté de la question générale de la guerre, qui concerne son effet moral sur les peuples et les troubles pouvant résulter de l'antipathie qu'elle leur inspire. Dans le tome V, nous avons dû examiner les efforts qui se sont manifestés dans les hautes couches sociales et dans la littérature des nations civilisées, pour supprimer la guerre et assurer une paix éternelle au moyen d'un désarmement général et de l'établissement de commissions arbitrales ou d'un tribunal international.

Historique du développement des idées de solution, par voie pacifique, des difficultés internationales. Tome V.

Avant tout nous y donnons un *Historique du développement de l'idée de résoudre, par voie pacifique, les difficultés internationales.* On y verra comment se sont graduellement multipliées et renforcées les voix qui convient les peuples à cette œuvre humanitaire, — tant au nom des progrès de la civilisation qu'à celui des doctrines religieuses sur la fraternité et l'amour mutuel des hommes, depuis l'antiquité jusqu'à nos jours.

La question de la paix perpétuelle dans la littérature des peuples civilisés. Tome V.

La poésie, la littérature et les arts, qui, autrefois, ne s'occupaient de la vie nationale que pour chanter les exploits des guerriers et célébrer la gloire des conquérants, envisagent maintenant, sous un jour tout différent, la vie des sociétés humaines et cherchent d'autres voies que celles qui conduisaient les triomphateurs à une gloire payée par le sang des vaincus et des vainqueurs. Même les humoristes qui, dans le mouvement littéraire, jouent le rôle des tirailleurs, s'attaquent déjà souvent aux côtés et aux caractères ridicules de la vie militaire — et la raillerie est une arme qui ne manque pas de force. Aussi n'avons-nous pas cru inutile de montrer où en est *La question de la paix perpétuelle dans la littérature des peuples civilisés.*

Socialisme, anarchisme et propagande contre le militarisme. Tome V.

Avec la diffusion de l'instruction et l'accroissement du bien-être, la guerre constitue un phénomène qui rappelle l'état le plus primitif de l'humanité, et qui peu à peu est devenu en contradiction avec l'esprit de la vie contemporaine. Et comme les préparatifs militaires pèsent lourdement sur les masses, comme la question de l'éventualité d'une guerre nouvelle intéresse directement un nombre d'hommes toujours plus grand dans chaque pays, il n'est pas étonnant que les partis directement hostiles à l'organisation sociale et politique actuelle aient pris le militarisme comme but principal de leurs attaques et s'en soient fait, du même coup, une arme excellente contre l'ordre de choses existant.

Pensant que ce mouvement ne peut être négligé, dans l'étude des divers faits susceptibles d'influer sur la marche de la guerre et ses conséquences dans l'Occident, nous avons consacré un chapitre spécial au *Socialisme, anarchisme et propagande antimilitariste,* en cherchant à déterminer la force et le rôle de ces courants dans les temps prochains. Ici nous avons dû mentionner l'apparition et l'action de ce qu'on a nommé « l'Internationale », — c'est-à-dire « l'alliance internationale des travailleurs », — et rappeler, avec l'influence politique croissante du parti socialiste en Allemagne, en France et en Italie, certains des mouvements qu'il a déterminés. Il n'est pas douteux, — si fantastique soit l'idéal poursuivi par les socialistes et les communistes, — que leur activité pratique et la façon dont ils répandent dans les masses un état d'esprit hostile aux entreprises militaires et aux dépenses énormes faites en vue de la guerre pendant la paix, refrènent jusqu'à un certain point l'ardeur des transformateurs et « perfectionneurs » militaires, qui perdent entièrement de vue les ressources de la population et négligent toute proportionnalité entre ces ressources et les dépenses qu'ils réclament.

En présence de l'éventualité des mouvements sociaux provoqués par le manque de travail, par la famine et la détérioration du complexe organisme politico-social actuel, il fallait se demander si tous les pays seront simultanément en état de soutenir la guerre pendant longtemps, et ce qu'il adviendra des millions d'hommes appelés sous les drapeaux, quand il ne restera plus dans les rangs qu'une poignée d'anciens officiers, si bien que le commandement subalterne passera à des sous-officiers récemment promus, c'est-à-dire à des hommes appartenant eux-mêmes à la masse laborieuse ? Dans les contrées de l'Europe centrale on peut se poser encore cette question : Les armées se laisseront-elles désarmer en rentrant chez elles, et ne peut-il point survenir des catastrophes même pires que celle présentée par la Commune de Paris ?

Le maréchal Soult soutenait qu'il fallait deux années au soldat pour oublier sa famille et son village et que, pendant les deux années suivantes seulement, il se pénétrait de l'esprit militaire. Or, de nos jours, la plupart des soldats seront des hommes qui, quelques semaines auparavant, auront été forcés d'abandonner leurs occupations pacifiques sans même avoir pu mettre leurs affaires en ordre et en laissant leurs familles exposées aux privations et à la famine.

Plus la guerre est devenue meurtrière, plus elle demande au soldat d'abnégation et d'initiative personnelle, — plus il est difficile de
se la figurer soutenue avec succès par une armée déjà pénétrée
de l'esprit sceptique et des idées socialistes. C'est cette difficulté, susceptible en certains pays de se manifester tout à coup, qui constitue
à proprement parler le rapport du mouvement socialiste à l'objet de
notre travail. Nous n'avions certes pas la prétention d'écrire ici une
histoire du socialisme, et nous n'en avons dit que ce qui nous a paru
nécessaire pour expliquer comment la question de la conduite d'une
grande guerre s'était compliquée — au moins pour certaines nations
— d'un élément qu'on ne pouvait pas négliger. Ainsi, nous avons
donné quelque esquisse des protestations socialistes contre le capi-
talisme, uniquement afin de montrer le caractère menaçant de ce
mouvement.

Dans le chapitre : *L'inégal accroissement de la population dans
les divers pays pourrait être une cause de guerre*, nous avons jugé
nécessaire d'examiner spécialement la différence d'accroissement
de la population chez différentes nations, comme un motif des craintes
qu'elles peuvent s'inspirer mutuellement ; motif qui, à un moment
donné, peut augmenter beaucoup la gravité de telle ou telle cause
éventuelle de conflit, en raison de l'intention, qu'on peut nourrir
secrètement depuis longtemps, de régler ses comptes avec un
voisin redouté, et de se débarrasser d'un danger qui ne peut que
s'accroître.

Il est trop clair qu'un pays où la population augmente plus vite que
dans les autres, c'est-à-dire où, d'abord le chiffre des naissances
surpasse notablement celui des morts, et qui, de plus, possède un
territoire capable de nourrir un plus grand nombre d'habitants, doit
forcément aussi développer sa puissance et sa richesse. Les différences d'accroissement n'ont pas encore conduit, de nos jours, à des
résultats décisifs sous ce rapport ; mais avec le temps elles doivent
prendre de telles proportions que la seule inégalité dans le mouvement de la population peut entièrement changer les rapports de force
entre les différentes nations et entre des races entières.

Et l'on ne saurait perdre de vue ce phénomène caractéristique
que, dès aujourd'hui, les grands États de l'Europe sont divisés en
deux groupes d'alliés : d'une part, le groupe de trois pays qui ont un
accroissement de population modéré (Allemagne, Autriche-Hongrie et
Italie) ; de l'autre, celui de deux pays dont l'un (la Russie) a le plus
grand accroissement de population, tandis que dans le second (la
France), cet accroissement est le plus faible de tous et presque nul. Il

est impossible de ne pas voir, dans ces faits, comme un effort instinctif pour maintenir l'équilibre, — effet d'une sorte de loi de la
statique, semblable à celle qui maintient le niveau de l'eau.

Mais dans ce cas, ce phénomène ne présente qu'un effort humain
qui n'est pas capable de modifier les effets naturels d'un accroissement abondant dans certains pays et moins abondant chez d'autres.
Ainsi, le niveau des eaux intérieures, c'est-à-dire des rivières, des
lacs et même des mers fermées, demeure inégal, en dépit des lois de
la statique, par suite de la plus ou moins grande abondance des
pentes et des courants, dans telle ou telle région, par suite aussi
de l'existence des forêts, des inégalités du sol et de sa constitution
géologique.

C'est un fait connu que l'accroissement de la population, en
France, est insignifiant, presque nul. Cela, d'ailleurs, a son bon
côté : la lutte pour l'existence non seulement ne devient pas plus
vive, mais, avec le développement de la production, elle se calme
et s'affaiblit, et le niveau du bien-être général augmente ; il se forme
des épargnes qui, par le placement dans les Caisses de ce nom ou
sur les fonds d'État, s'accumulent en capitaux énormes. Toutefois,
quand on considère un avenir quelque peu lointain, par exemple
cinquante ou cent années, on ne peut se dissimuler que le phénomène en question, c'est-à-dire l'insignifiance relative du mouvement
annuel de la population, ne doive, avec le temps, faire descendre la
France à l'état de puissance secondaire.

En Autriche-Hongrie, l'accroissement est faible aussi, à l'exception de certaines régions. En Allemagne, l'excès de la natalité sur la
mortalité est, relativement à la France et à l'Autriche, considérable.
Mais l'Allemagne ne peut pas loger cet excédent de population ; il
déborde par delà ses frontières et ne peut même tout entier s'établir
dans leur voisinage, de façon à augmenter la proportion de la race
allemande dans le centre ou au moins l'est de l'Europe. Le flot
allemand en poussant vers l'Est (*Drang nach Osten*) avait commencé
déjà de couler sur les gouvernements polonais et sur ceux du sud-
ouest de la Russie. Mais les efforts de la politique prussienne pour
germaniser les provinces à population mixte, — notamment l'expulsion brusque, de Prusse, par Bismarck, de quelques dizaines de
milliers d'ouvriers polonais et galiciens, — ont attiré l'attention du
gouvernement russe sur l'invasion allemande, à laquelle il a opposé
une barrière en interdisant l'achat de terres en Russie par les
étrangers.

L'Allemagne est déjà visiblement inquiète de voir son excès

de population contraint de s'en aller par delà l'Océan, où il est perdu pour la mère patrie et va renforcer d'autres pays. Elle prévoit déjà l'affaiblissement, à la longue, de la nation allemande comparativement à l'accroissement colossal de la population en Russie, aux États-Unis et dans les colonies anglaises.

D'après les calculs des statisticiens allemands, en l'an 2000, c'est-à-dire dans 103 ans, la population des États-Unis, de la Grande-Bretagne et de l'Irlande, réunie à la population européenne des colonies anglaises, comprendra 460 millions d'âmes ; celle de la Russie d'Europe en comptera 300 millions ; tandis que l'Allemagne n'atteindra qu'à 80 millions d'habitants et la France à 50. L'excès des naissances sur les décès ajoute, il est vrai, chaque année, 11,7 âmes sur 1,000 à l'Allemagne ; et si ce n'était l'émigration, la population allemande atteindrait, en l'an 2000, le chiffre de 170 millions. Mais comme cela représenterait une moyenne de 300 âmes par kilomètre carré du territoire allemand, c'est-à-dire constituerait une population trop dense pour que le pays la puisse nourrir, il est évident que l'émigration ne peut cesser et qu'elle enlèvera constamment à l'Allemagne son excédent de population.

Il est clair que, dans l'avenir, la domination appartiendra aux races qui auront su, en temps opportun, s'emparer de territoires assez vastes et pourront établir leur population rapidement grossissante dans leurs propres domaines : soit, par conséquent, aux races slaves et anglo-saxonnes. L'Amérique est loin et sa croissance n'inquiète pas encore l'Allemagne ; mais celle de la Russie l'alarme déjà et cette alarme augmente sans cesse. Il est impossible de méconnaître qu'en dehors des considérations de la politique courante, — telles que, par exemple, la crainte d'une guerre avec la France, à qui la Russie prêterait son concours au lieu de le prêter à l'Allemagne comme en 1870-71, — les hommes d'État allemands n'aient de plus fortes et plus sérieuses raisons de craindre la Russie elle-même et de souhaiter son affaiblissement, afin que la supériorité de ses forces n'augmente pas jusqu'à rendre chimérique toute pensée de lutter avec elle.

Mais, entre une préparation à cette lutte et son début effectif sur l'initiative de l'Allemagne, il y a loin encore. Le fait est que, pour ce pays, le succès final d'une guerre avec la Russie paraît douteux et que même tels brillants succès, qui permettraient aux Allemands d'enlever à leurs adversaires quelques provinces, les mettraient eux-mêmes dans une situation difficile dont on ne saurait à l'avance prévoir l'issue.

L'ensemble de tous les nouveaux dangers et complications qu'on vient de signaler et qui, à l'avenir, seraient inséparables d'une grande guerre, conduit naturellement à se demander : Cette guerre est-elle réellement possible dans de telles conditions ? Question à laquelle répondent, dans une certaine mesure, les efforts évidemment faits dans ces dix dernières années par les gouvernements, pour écarter toute difficulté susceptible d'amener une guerre en Europe. Mais il n'est pas douteux que, dans ces efforts, il n'y ait une garantie très sérieuse du maintien de la paix pour longtemps, sinon pour toujours, — pour peu qu'en même temps on cherche à diminuer ces matériaux inflammables représentés par les antipathies nationales, et les tendances opposées des différents peuples, par leurs espérances de venger des défaites dont le temps n'a pas encore effacé le souvenir, par les guerres de tarifs douaniers et la concurrence coloniale, puis enfin, — même aujourd'hui encore pour certains pays, — par les discussions religieuses. En un mot, la consolidation effective de la politique pacifique des cabinets amènerait peu à peu la suppression paisible des motifs de différends qui troublent encore l'Europe et présentent un danger constant pour la paix, malgré tout le désir des gouvernements d'en éviter la rupture.

La guerre pourrait être causée d'un instant à l'autre, précisément par ces éléments de désordre que représentent les mécontents de l'organisation sociale et du régime international actuels. Elle amènerait des troubles dont ne manqueraient pas de profiter les partis qui cherchent des bouleversements. C'est donc aux hommes d'État qu'il appartient, au milieu des malentendus et des chocs d'intérêts, de peser les chances de succès que pourrait avoir un recours aux armes, et de les mettre en balance avec les victimes que ferait la lutte, avec les misères qu'elle causerait, comme aussi avec le péril social qui peut en être la conséquence.

Il est nécessaire toutefois de ne pas perdre de vue que, si pacifique que puisse se montrer la politique des cabinets dans chaque circonstance, et quel que soit leur intime désir d'écarter toute cause de guerre, la base même du système politique actuel constitue à elle seule un danger pour la paix et a été établie précisément dans l'hypothèse d'une lutte internationale. Cette base, c'est la Triple-Alliance, qui oblige l'Allemagne et l'Autriche-Hongrie à se défendre mutuellement avec toutes leurs forces, si l'une d'elles était menacée d'un conflit avec la Russie. Cette alliance, d'abord double, avait pour but d'aider l'Allemagne, dans une guerre

L'unification de l'Allemagne. Dangers et alliances qui en sont résultés. Tome V.

contre la France, si la Russie s'était mise du côté de cette dernière, et de défendre l'Autriche-Hongrie, si la Russie la menaçait d'une attaque par suite de leur rivalité dans la presqu'île des Balkans. Plus tard, l'Italie se joignit à cette alliance, ce qui la transforma en « triplice », sans en changer les conditions et en y ajoutant seulement une garantie au profit de l'Italie, contre l'hostilité éventuelle de la France.

Ainsi la Triple-Alliance reste dirigée surtout contre la Russie ; ce qui a conduit celle-ci à lui opposer cet accord qu'on appelle l'entente cordiale entre la Russie et la France. De cette façon, les grandes puissances du continent européen se divisent maintenant en deux groupes d'alliés : une double et une triple alliance, dont l'existence a précisément pour résultat qu'une guerre entre deux États quelconques se transformerait immédiatement en une conflagration générale.

Mais, si l'on veut peser les forces dont peuvent réellement disposer les deux partis, pour soutenir une telle guerre jusqu'à ce qu'elle ait donné des résultats sérieux, il ne suffit pas de calculer le nombre des bataillons, escadrons et batteries qui pourraient être mis en ligne de part et d'autre au début des hostilités, ni d'évaluer la puissance des forteresses, le développement du réseau stratégique, en un mot d'établir les côtés faibles et forts de l'un et de l'autre organisme militaire. On doit encore se rendre un compte exact du but même poursuivi par les alliés, afin de comprendre quel est chez eux l'intérêt dominant, et de savoir dans quelle mesure on peut compter sur l'exacte observation de leur part, jusqu'à la fin, des traités qui les unissent. En outre, il faut examiner, si tous les États alliés seraient capables, même avec la meilleure volonté du monde, d'observer ces traités. L'existence de ceux-ci n'est point à elle seule une garantie suffisante — bien des exemples passés le prouvent — de l'effective et certaine exécution des obligations qu'ils imposent aux contractants.

De nos jours, on peut considérer la complète observation des traités conclus en vue d'éventualités déterminées, comme moins bien garantie encore qu'à l'époque où elle dépendait uniquement de ceux qui les avaient signés. Aujourd'hui un obstacle peut se rencontrer dans quelque vote d'un Parlement, ou même simplement dans une manifestation décisive de l'opinion publique, et empêcher l'accomplissement d'obligations acceptées par tel ou tel gouvernement, dans une circonstance déterminée.

Il faut donc avant tout se rendre bien compte des motifs qui ont conduit à la conclusion· de la Triple-Alliance dont l'initiative a été prise par l'Empire allemand — ce qui prouve évidemment que l'intérêt de cette puissance doit y être prédominant.

Pour faire comprendre ce côté proprement politique de la question d'une guerre de l'Allemagne et de ses alliés contre la Russie et la France, nous avons dû jeter un coup d'œil sur la façon dont s'est faite l'unité allemande, sous le sceptre des Hohenzollern, et sur les rapports qu'a eus avec ce pays la politique russe, à certains moments du demi-siècle qui s'achève : d'abord, quand l'Allemagne eut, jusqu'à un certain point, des raisons d'être mécontente de la Russie, et ensuite quand, une fois cette Allemagne unifiée, les intérêts de la Russie furent à leur tour très nettement lésés par la politique de Berlin.

C'est pour cela que nous avons introduit, dans notre ouvrage, un chapitre où nous étudions l'unification allemande, ainsi que les dangers et les alliances qu'elle a fait naître.

Nous résumons ici le contenu de ce chapitre. On y expose l'ancienne impuissance de l'Allemagne et ses efforts vers l'unité, contenus d'abord par la résistance que l'empereur Nicolas Iᵉʳ opposait aux mouvements nationaux en général; puis la préparation du terrain où devait s'établir l'hégémonie de la Prusse, par les guerres de Crimée, Austro-Française et du Mexique ; ensuite la convention de 1863 avec la Russie, comme le premier pas vers la réalisation des objectifs poursuivis par la Prusse. Enfin, nous examinons l'importance de la part prise par la Russie à l'unification de l'Allemagne et la résistance que cette même Russie opposa ensuite à un nouveau démembrement de la France, la situation créée par la guerre d'Orient de 1877-78, et par la politique bismarckienne des « pots-de-vin », enfin le rétablissement de l'équilibre détruit, grâce à la formation des alliances actuellement existantes.

La conclusion à laquelle nous sommes arrivé consiste en ce que, malgré la disparition, dans les rapports entre la Russie et l'Allemagne, de cet élément de présomption et d'irritation personnelle, que représentait Bismarck, ce qui fut constitué par la politique prussienne, au détriment de la Russie, reste en vigueur. Au lieu d'une neutralisation mutuelle de la Prusse et de l'Autriche dans la Confédération germanique, nous voyons cette dernière solidement établie dans la presqu'île des Balkans, mais par là même en rivalité avec la Russie, tandis qu'elle est à demi soumise à la Prusse. Nous voyons l'unité allemande sous le sceptre militaire des Hohenzollern et la Triple-Alliance sous la direction de Berlin; puis nous sommes témoins des transports de joie nationale, vraiment sans exemple, qui accueillent, en France, les avances de la Russie. Il a été affirmé du haut du trône, que, de la part de ce pays, les rapports amicaux avec la France ont pour but le maintien de la paix. En réalité, l'accord franco-russe rétablit en Europe l'équilibre qu'avait détruit la conclusion de la Triple-Alliance. Mais malgré le sincère désir de la puissante Russie de maintenir la paix, la complète solidité de l'état actuel des choses ne pourrait être assurée que si l'on réussissait à obtenir une réduction générale des armements. Tant que, de part et d'autre, ceux-ci continueront d'augmenter, l'Europe représentera deux camps énormes entre lesquels la paix ne se maintiendra que grâce à la plus ou moins égale préparation des deux partis à la guerre future.

Question du degré de probabilité de la guerre au point de vue politique. Tome V.

Après une telle conclusion, il était naturel de chercher à montrer les causes susceptibles, — en dehors de l'accroissement inégal de la population, — de contribuer à amener la guerre et, par conséquent, de faire voir quelles pouvaient être, dans les différents pays, les prédispositions à la faire. — Tel est l'objet du chapitre intitulé : *La question du degré de probabilité de la guerre au point de vue politique.*

Nous y avons examiné quelle probabilité la guerre avait d'éclater sur l'initiative des quatre principales puissances du continent : l'Autriche, l'Allemagne, la France et la Russie.

De la part de l'Autriche-Hongrie, l'initiative de la guerre pourrait venir de sa situation dans la presqu'île des Balkans. Outre les intérêts commerciaux, il y a là aussi des intérêts de race ; attendu que des éléments de population serbe et roumaine font partie de la monarchie des Habsbourg. Depuis que l'Autriche est sortie de la Confédération germanique, le centre de gravité de sa politique s'est déplacé vers l'Orient, où elle est devenue la rivale naturelle de la Russie. L'Autriche a toujours été plus faible que sa voisine de l'Est; mais, par suite du rapide accroissement de la population russe et des progrès de son développement, le rapport entre les deux puissances s'est, en général, constamment modifié au désavantage de l'Autriche, et cette dernière ne pourrait plus, sans alliés, entreprendre une guerre contre la Russie.

Il est certes impossible de contester qu'un grave événement quelconque survenant dans la presqu'île des Balkans, — tel par exemple qu'une guerre entre les États chrétiens qui s'y trouvent ou une insurrection éclatant en Turquie même, premier symptôme de sa disloca-

tion, serait susceptible d'amener un conflit d'intérêts entre la Russie
et l'Autriche, — conflit dans lequel pourrait, à l'extrême rigueur,
se mettre du côté de celle-ci son alliée, l'Allemagne. Mais quoi qu'il
en soit, la multiplicité même des races de la monarchie austro-
hongroise, et le désaccord qui règne entre elles, outre l'antipathie
bien connue de l'Empereur François-Joseph pour les entreprises
belliqueuses, ne permettent pas de supposer l'Autriche capable de
se jeter dans la « politique d'aventures » et de commencer les
hostilités.

Relativement à l'Allemagne, nous sommes arrivé à conclure
qu'elle pourrait être entraînée dans une guerre avec l'empire russe,
par suite d'un conflit sérieux avec la France ou même d'une lutte
entre l'Autriche et la Russie. Elle pourrait aussi être amenée à s'en
prendre directement à cette dernière, comme nous l'avons déjà
observé, par les craintes que lui inspirent le rapide accroissement
de la population russe et les progrès de son développement intérieur. Hors de cela, l'Empire allemand n'a pas d'intérêts particuliers
qui puissent l'entraîner dans une lutte avec son voisin de l'Est.
Les affaires de la péninsule des Balkans ne le touchent pas directement, et il ne peut souhaiter faire aucune conquête aux dépens de la
Russie.

Quant à combattre ce pays pour l'affaiblir ou empêcher sa
puissance de se développer trop rapidement, l'Allemagne ne pourrait en prendre l'initiative que si la guerre se trouvait provoquée
par quelque autre cause immédiate et qu'elle ne pût écarter. Cet
État a pu conclure des alliances dans la prévision qu'une guerre
éclatant entre elle et la Russie devra être une lutte, non seulement
pour le premier rang, mais pour l'existence même et susceptible
peut-être d'en entraîner toute une série d'autres. Mais commencer
la guerre avec la Russie directement pour l'affaiblir, l'Allemagne,
on l'a déjà dit plus haut, ne peut le faire ; d'abord en raison de
l'incertitude du succès, et puis parce que, même en supposant
celui-ci complet, elle se trouverait, au lendemain de sa victoire,
dans une situation très difficile. Attendu que l'annexion d'une zone
quelque peu importante de territoire, en vue d'affaiblir la Russie,
introduirait dans l'Empire allemand trop d'éléments étrangers,
à la prompte assimilation desquels il ne faudrait pas songer. Déjà
même, une partie importante des 7,400,000 âmes qui peuplent les
provinces orientales de la Prusse appartiennent à la race slave ; et
les Allemands n'ont pas d'intérêt à multiplier sur leur territoire cet
élément de population.

En pesant les probabilités d'une guerre provenant de l'initiative de l'Allemagne, nous avons insisté, entre autres choses, sur les craintes inspirées à d'aucuns par la personnalité du jeune empereur allemand, dont le caractère se distingue surtout par son impétuosité et sa tendance à vouloir paraître agir d'une façon tout à fait indépendante. Nous avons dû observer toutefois, que la vivacité de certaines paroles de ce souverain, surtout au début de son règne, ne se rencontre pas au même degré dans ses actes, et qu'il y avait même des exemples de la façon dont il savait céder devant l'opinion publique ; qu'enfin, malgré la diversité des « cours » de sa politique intérieure, il s'en est tenu néanmoins, en toute circonstance, à un système bien déterminé. Ce qui fait que, dans une question d'une aussi grosse importance qu'une grande guerre européenne, il ne semble pas qu'on puisse avoir à craindre, de sa part, des résolutions inopinées. Ici on peut ajouter, que l'Allemagne n'ayant pas entrepris cette guerre contre la Russie, alors que la France n'était pas encore entièrement prête au point de vue militaire et que l'armée russe n'était pas pourvue d'armes à tir rapide, il n'est pas probable qu'elle en prenne l'initiative aujourd'hui, que les forces sont égales de part et d'autre et que le réseau ferré russe est terminé.

Considérant ensuite la Russie, nous avons d'abord constaté que, possédant la sixième partie de la surface des terres du globe, ce pays n'a évidemment pas besoin d'acquisitions territoriales. La guerre de 1877-78, qui a conduit cette puissance aux portes de Constantinople, a démontré péremptoirement qu'elle ne vise à aucune conquête en Europe. Sans doute, cette guerre passée ne prouve pas l'impossibilité de voir éclater une guerre future, mais c'est toujours chose vaine que de parler d'impossibilités. Après les affreux massacres de Bulgarie et la défaite subie par la Serbie, l'intervention russe d'alors était très naturelle. Et, dans l'avenir, il va de soi que la Russie ne souffrirait aucune conquête dans la presqu'île des Balkans, pas plus que l'Allemagne ne permettrait aux Français d'occuper la Belgique, ou la France aux Allemands de s'emparer de la Hollande.

Le plus important en ceci, c'est qu'au cours des vingt années écoulées depuis cette guerre, la Russie, non seulement n'a pas fourni de prétextes à la résurrection de la question d'Orient, dans le but d'en retirer quelques bénéfices, mais qu'au contraire, elle a montré de la répugnance à en profiter. Ainsi, après avoir signé un traité de paix avec la Turquie, à San-Stefano, elle a consenti au remplacement de ce traité par celui de Berlin ; elle n'a pas protesté contre l'occupation perpétuelle de la Bosnie et de l'Herzégovine par les Autrichiens ; elle a reconnu le prince actuel de la Bulgarie, malgré l'acceptation par celui-ci pendant longtemps, pour son pays, du régime représenté par Stambouloff, et directement provocateur à l'adresse de la Russie. Enfin, c'est sur l'initiative directe du gouvernement russe que s'est effectué, lors de la guerre gréco-turque, l'accord des puissances pour le rétablissement de la paix. En cette circonstance, la Russie a définitivement prouvé qu'elle ne songeait point à profiter d'un prétexte quelconque pour se mêler des affaires de la presqu'île des Balkans, tant qu'elle n'y serait pas contrainte par quelque autre intervention étrangère.

L'amour de la paix professé par la Russie moderne a plus d'une fois été reconnu par tous les souverains et hommes politiques de l'Europe. La solidité de ce sentiment a pour garantie les soucis du développement intérieur de l'Empire. L'élévation même de l'accroissement annuel de la population oblige à se préoccuper d'autant plus de la situation économique des paysans et de l'émigration. La crise agricole demande aussi des soins particuliers. L'importante question de la régularisation du système monétaire et la construction du grand chemin de fer de Sibérie exigent que l'on conserve intactes toutes les ressources du pays. Une guerre les engloutirait et conduirait à de nouvelles émissions indéterminées de papiers de crédit. Et de fait, il y a lieu de supposer que ces sortes de considérations ont empêché la Russie d'intervenir militairement dans le récent conflit turco-grec. Les travaux féconds entrepris à l'intérieur du pays sont, d'ailleurs, une garantie de ses sentiments pacifiques, même indépendamment des preuves matérielles indiquées plus haut.

Il est vrai qu'à l'étranger on attribue constamment à l'Empire russe des idées d'annexion à l'égard des Slaves du Sud. Mais ce soupçon ne repose sur aucune base sérieuse. La Serbie et la Bulgarie sont redevables de leur existence indépendante à la Russie qui ne saurait songer à s'annexer ces pays par la force. Et si jamais devait se réaliser l'unité slave, elle se ferait bien plus sûrement par les progrès intérieurs de la Russie elle-même qu'à la suite d'entreprises militaires toujours fort aléatoires. Enfin, si cette unité s'accomplissait par voie pacifique, par l'attraction naturelle du grand Empire du Nord, par l'effet de ses forces matérielles et morales si rapidement croissantes, ce ne serait certes pas un danger pour la paix. Ce serait au contraire un grand pas dans la voie de la solution des questions internationales par les moyens qui doivent, avec le temps, remplacer la guerre, comme correspondant mieux au progrès intellectuel et à la conception morale de l'humanité contemporaine.

Passant ensuite à la France, nous trouvons précisément, dans le grand prix attaché par cette nation à l'amitié russe, la preuve qu'elle ne se lancera jamais dans une guerre sans la certitude d'être aidée par la Russie. Et si l'on doit être convaincu que cette dernière ne veut pas faire de conquêtes dans son intérêt particulier, à plus forte raison peut-on être parfaitement certain qu'elle ne se laissera pas entraîner dans une guerre offensive pour reconquérir l'Alsace et la Lorraine.

L'expérience de 1870 et le caractère même de la forme actuelle du gouvernement de la France nous garantissent que cette nation n'ira pas non plus guerroyer à ses risques et périls. La guerre de 1870 fut l'œuvre d'un ambitieux qui s'était maintenu sur le trône par toute une série d'autres guerres, et qui, grâce à un système de primes au rengagement militaire, avait donné à son armée, à un très haut degré, le caractère de légions permanentes professionnelles. Aujourd'hui la situation est tout autre.

Il est vrai que la perte des deux provinces qui lui ont été enlevées est encore amèrement ressentie par la France. Mais maintenant, il faudrait que la résolution d'entreprendre une guerre meurtrière fût prise par des millions de citoyens qui devraient eux-mêmes marcher immédiatement au combat. Pas un des gouvernements qu'a eus la France ne s'est décidé à l'engager dans un duel avec l'Allemagne. Les républicains, qui dirigent aujourd'hui le pays, et qui en constituent tout le personnel administratif, n'ont aucune envie de jouer, sur une carte, l'existence même de la République. Or, celle-ci courrait forcément, aussi bien dans le cas d'une victoire que dans celui d'une défaite, un grave danger susceptible de se présenter : — soit sous la forme du commandant en chef qui aurait triomphé de l'Allemagne, — soit sous celle de l'homme qui, en cas de défaite, serait investi des pouvoirs de dictateur pour écraser la nouvelle « Commune », certainement plus terrible que la première, dont une catastrophe militaire ne manquerait pas de provoquer l'explosion.

Enfin, la diffusion même du bien-être dans la France actuelle constitue, jusqu'à un certain point, une garantie contre des entreprises trop téméraires de sa part. Pour 38 millions d'habitants, ce pays compte près de 14 millions de cotes foncières distinctes, — sans parler même d'une énorme quantité de petits et moyens rentiers. Une telle constitution sociale, sous la domination politique des classes qui possèdent, ne saurait avoir de propension pour les guerres de conquête où elle risquerait sa ruine.

D'après toutes ces considérations, malgré la haine des Français pour l'Allemagne, qu'on n'a pu réussir encore à calmer, il n'y a point, semble-t-il, de sérieux motifs de craindre que la France prenne l'initiative d'une guerre, et il est certain que les Allemands parlent bien plus du danger d'une « revanche » française que les Français ne songent à la réaliser.

Ainsi, d'une façon générale, nous arrivons à conclure qu'une grande guerre européenne est peu probable dans un temps prochain. Les principaux sujets de conflit, où l'on en pouvait trouver les causes, existent déjà depuis longtemps ; et puisque cette guerre n'a pas eu lieu à une époque où la situation était plus tendue qu'aujourd'hui, la probabilité diminue d'autant de la voir éclater bientôt.

Mais nous répétons que, malgré les plus sincères efforts des cabinets pour écarter les crises aiguës d'où peut sortir la guerre, il n'a pu jusqu'à présent s'établir, entre les puissances, d'entente effective ayant pour objet de guérir pacifiquement les maux dont l'Europe n'est point parvenue à se débarrasser. Quant à la paix éternelle, on ne peut qu'y rêver. Et il est impossible de considérer comme définitivement fermée l'ère de la guerre, dont le danger est loin d'avoir encore complètement disparu.

Ici nous rencontrons la question qui ressort d'elle-même d'une étude des terribles engins de destruction conçus par la technique militaire dès le temps de paix : Dans l'état actuel de l'art militaire, les guerres permettront-elles d'obtenir des résultats assez importants, pour que ces terribles engins demeurent, comme autrefois, les seuls et derniers arguments (*ultima ratio*) de la solution définitive des conflits soulevés entre les intérêts nationaux?

Pertes probables en hommes daus les guerres de l'avenir. Tome V.

Il n'est pas douteux que ce ne soit là une question de première importance dans l'appréciation des préparatifs militaires, d'envergure toujours croissante, qui se font aujourd'hui. Afin d'élucider cette question, nous avons examiné dans un chapitre spécial les pertes probables en hommes que causera la guerre future.

Avant tout, il faut observer que l'accroissement futur de ces pertes, comparativement avec le passé, peut provenir tout à la fois : des progrès de la technique et des maladies occasionnées par la difficulté de nourrir et d'abriter les millions de soldats des armées modernes, comme aussi de la tendance qu'auront ces soldats à éviter de combattre en simulant maladies et blessures, puis enfin de l'augmentation du nombre des déserteurs.

En faisant des hypothèses sur la proportion dans laquelle les modifications survenues dans la composition des troupes, dans leur armement, etc., peuvent augmenter les pertes à la guerre, nous rencontrons, il est vrai, des éléments et des conditions qui n'ont pas changé, et qui s'appliquent simplement à de plus grands effectifs. La différence entre les effets qu'auront ces facteurs à l'avenir et ceux qu'ils avaient dans le passé est facile à faire ressortir par une simple évaluation de la composition actuelle des armées. Mais ces facteurs ne sont pas nombreux. En général, presque toutes les données se sont modifiées à un tel point qu'il a fallu établir des règles tactiques entièrement nouvelles. Par conséquent, pour formuler des conclusions sur l'étendue probable des pertes dans la guerre future, il n'y a pas d'autre moyen que d'examiner successivement jusqu'à quel point l'effet de chacun des facteurs qui se sont modifiés peut influer sur la marche du combat.

Avant tout, il faut observer que l'on ne peut déterminer les pertes dont il s'agit en se basant sur celles qu'ont entraînées les guerres antérieures au milieu du siècle actuel, attendu qu'avant cette époque, la statistique des pertes était très imparfaite, — comme l'était celle même de toute la population, tant qu'elle n'a eu pour base que les listes fournies par les autorités locales, et qui n'étaient pas vérifiées sur les registres de l'état civil. La statistique de la population n'a commencé d'avoir des bases un peu sérieuses que depuis l'institution d'un contrôle quotidien de tous les habitants. Quant aux indications fournies sur les pertes à la guerre, elles étaient établies d'après les rapports des commandants des troupes dans les batailles ; rapports où, généralement, on exagérait les pertes subies par l'ennemi, mais quelquefois aussi les siennes propres ; — par exemple lorsqu'on avait été dans l'impossibilité de se maintenir dans ses positions. Tout dépendait ici du but qu'on avait en vue. En outre, avec le faible effectif des troupes qui prenaient part aux combats, il suffisait d'une petite inexactitude dans l'indication des pertes en valeur absolue, pour en produire une très grande dans leur évaluation en pour cent du total.

D'ailleurs, même aujourd'hui, les seules données vraiment exactes sur les pertes éprouvées à la guerre sont celles qui se rapportent à l'armée prussienne ou à l'armée allemande en général. Chez les Prussiens, dès l'époque de la campagne de Bade en 1849 (1), on envoyait après chaque affaire, au ministère de la guerre, la liste exacte

____

(1) *Jahrbücher für die deutsche Armee und Marine :* Die Verlustlisten aus dem Kriege 1870 bis 1871 (Les listes de pertes de la guerre 1870-71).

des tués et blessés, dressée d'après un modèle spécial, avec indication du corps, de la situation militaire et du lieu de naissance de chacun. Dans les autres pays les pertes subies par les troupes continuaient encore à s'évaluer comme auparavant, d'après les rapports envoyés sur les combats eux-mêmes ; et si peut-être l'évaluation en était plus exacte que précédemment, cette exactitude n'était cependant pas absolue.

Quelles ont été les pertes dans les guerres les plus récentes ?

Les pertes éprouvées pendant la guerre de 1870-71 ne sauraient être données comme exemple de celles qu'on subira probablement à l'avenir. D'abord les forces en présence étaient inégales. Le second Empire « avait fait de la France une machine sans ressort, désorganisée, en voie de se détraquer et couverte de poussière (1) ». La guerre fut considérée comme entreprise « par la présomption d'une seule personne » et les troupes se trouvèrent absolument insuffisantes.

Ce qui prouve jusqu'où était tombé le moral de l'armée française, c'est que l'ennemi put y faire prisonniers 21,508 officiers et 702,047 soldats. Les forces de cette armée ne s'élevaient en tout, au début, qu'à 336,000 hommes ; et les Allemands en mirent successivement en campagne jusqu'à 1,183,389. Néanmoins les pertes totales des Allemands pendant cette guerre atteignirent, d'après leurs indications, 127,897 hommes. En comparant ce chiffre à l'effectif total des forces mises sur pied, on n'obtient qu'un pour cent assez faible. Mais la chose prend un autre aspect si l'on tient compte de ce que, sur ce total des pertes, 87,730 hommes furent mis hors de combat dans l'espace d'un mois et demi seulement, pendant le temps où les Allemands eurent affaire à l'armée française régulière.

Sur les 336,000 hommes de troupes françaises, par suite de leur désorganisation, 180,900 seulement opérèrent, qui, en un mois et demi, mirent hors de combat 87,730 Allemands (2) ; et cela, principalement à coups de fusil, puisque l'artillerie française ne put presque pas agir. Imaginons donc ce qu'il en eût été si, au lieu de mitrailleuses et de canons médiocres, et même de fusils Chassepot, les Français avaient disposé des canons actuels et des fusils de petit calibre, et si les champs de bataille n'eussent pas été couverts de fumée !

L'armement des troupes russes et turques, pendant la guerre de 1877, était encore imparfait ; et il ne faut pas oublier non plus que, sur la partie européenne du théâtre des hostilités cette guerre, comme celle de Crimée, eut un caractère tout spécial : les opérations

---

(1) Claretie, *Histoire de la Révolution de 1870-71.*
(2) Engel, *Die Verluste der deutschen Armeen* (Les pertes des armées allemandes).

convergeant toutes uniquement vers la prise d'une place forte : Plewna en 1877, comme Sébastopol en 1855. La prise de Plewna décida du sort de la campagne.

On n'a pas de données sur les pertes de l'armée turque dans cette campagne. Quant aux troupes russes, sur le théâtre de la guerre en Europe, leur effectif était de 592,000 hommes dont 106,000 tombèrent malades dans le cours de l'année 1877. Il en fut évacué 118,000. Si l'on ajoute à ce chiffre 36,000 tués, morts de leurs blessures ou disparus, on arrive à une perte de 154,000 hommes, — soit un quart du total, — dans l'espace de trois mois.

Mais ces chiffres de pertes portant sur l'ensemble de l'armée ne donnent pas une idée de l'importance de celles qui furent subies dans les principales affaires. Car une grande partie des troupes n'arrivèrent sur le théâtre de la guerre qu'après les plus sanglants combats. Il serait donc plus exact d'indiquer séparément les pertes éprouvées dans les trois assauts livrés à Plewna. Or, en attaquant ces fortifications, c'est-à-dire en exécutant des opérations du genre de celles qui, dans la guerre future, se renouvelleront le plus souvent, les troupes russes perdirent, en tués et blessés :

Le 8/20 juillet	36 0/0 de leur effectif
Le 18/30 —	21 0/0 —
Le 30 août/11 septembre. .	20 0/0 —

Pour se faire une idée des pertes futures au moyen de comparaisons avec le passé, il faut noter que celles dues aux armes blanches continueront d'être aussi insignifiantes qu'elles l'ont été déjà dans les guerres les plus récentes.

Relativement aux pertes causées par le feu, il faut observer que, si l'on juge seulement d'après les tirs d'expérience des derniers fusils et canons à tir rapide, — sans tenir compte de ce que, dans certaines troupes, ces armes n'étaient introduites que depuis très peu de temps, ni de ce que les nouveaux perfectionnements proposés viennent seulement d'être essayés, — l'effectif des pertes précédentes s'augmenterait encore : pour le feu de mousqueterie, dans la proportion de 5 à 13 (1) et, pour le feu d'artillerie, dans celle de 15 à 30 (2).

---

(1) Le professeur Hebler (*Das kleinste Kaliber oder das zukünftige Infanteriegewehr*) apprécie comme il suit l'effet des fusils :

Fusil modèle 1871.	100 0/0	Fusil des États-Unis.	1.000 0/0
Fusil français modèle 1886. .	433 0/0	Fusil de 5 millimètres . . .	1.337 0/0
Fusil allemand	474 0/0		

(2) Langlois, *l'Artillerie de campagne.*

Mais le chiffre des pertes dépend aussi des règles tactiques qui, d'une part, peuvent les augmenter, et, de l'autre, peuvent en partie neutraliser la puissance croissante des armes.

Rappelons brièvement ici l'importance de ces nouvelles règles.

Par suite du peu de fumée de la poudre, qui ne permet pas de juger dans quelle direction se trouve l'ennemi, et grâce à la longue portée des canons, qui augmente le danger des rencontres inattendues, les troupes sont obligées de s'entourer d'un réseau d'éclaireurs et d'étendre beaucoup les opérations de partisans pour couvrir leurs flancs et leurs derrières, de même que pour agir sur les communications de l'ennemi. Cette sorte de petite guerre peut amener un grand nombre d'affaires de peu d'importance dont l'ensemble se traduira par des pertes d'hommes considérables.

Ce qui aura encore une énorme influence sur l'augmentation des pertes, c'est l'emploi, plus fréquent que jamais, qu'on fera des retranchements de campagne. Toutes les troupes sont pourvues actuellement d'outils de pionnier, et les spécialistes sont d'avis que la guerre future aura le caractère d'une lutte pour l'occupation de positions fortifiées. Au cours même de la lutte s'élèveront, sur tous les points favorables, des ouvrages dont il ne sera pas facile de s'emparer brusquement et auxquels un siège prolongé peut faire atteindre des dimensions énormes — comme ce fut le cas à Plewna.

L'exécution, dans certains cas, du tir par-dessus ses propres troupes, et l'explosion possible de caissons ou de dépôts de munitions contribueront aussi à faire des victimes.

Les pertes en officiers et par là même l'affaiblissement du commandement dans les troupes semblent une conséquence directe de la poudre sans fumée et de la grande précision des nouvelles armes, qui permettra aux tireurs de choisir leurs victimes. Ainsi, dans deux batailles de la guerre du Chili, les officiers eurent 23 0/0 de tués et les soldats 13 0/0 seulement, de même qu'il y eut 75 0/0 de blessés parmi les officiers et 60 0 0 parmi les hommes de troupe. En outre, comme la majorité des soldats seront des réservistes (il y en aura, pour 100 hommes de l'armée active : — dans l'armée russe, 361, — dans l'armée allemande, 566, — dans l'armée française, 573), il est encore bien plus important qu'autrefois d'avoir des règles de combat élaborées rationnellement et nettement formulées. Pourtant jusqu'ici beaucoup de questions restent discutées et, par suite, on manque d'instructions et de règlements sur la conduite de l'attaque. On remarque aussi de fréquents changements dans les règles et l'introduction de prescriptions nouvelles, ce qui conduit à la confusion et au désordre. Et cependant, avec l'armement actuel, toute erreur tactique peut se payer bien plus cher qu'autrefois : il suffit de quelques minutes pour qu'un corps entier soit détruit par le feu.

La longue durée aussi des affaires ne peut manquer d'influer sur l'accroissement des pertes. Certains auteurs pensent que les batailles pourront durer plusieurs jours. Avec les nouveaux avantages dont jouira la défense, elle pourra parfois tenir longtemps, même contre des forces supérieures, en attendant l'arrivée de renforts. D'où, souvent indécision dans les victoires et possibilité de résistance dans les échecs. Les armes perfectionnées ont rendu extrêmement difficile l'exécution d'une attaque générale et décisive.

Même s'il est contraint de battre en retraite, le défenseur s'efforcera de s'établir sur une ligne nouvelle ; en même temps il manœuvrera de façon à obliger, par son feu, l'ennemi à se déployer, tantôt sur un point, tantôt sur un autre, et, par suite, à ralentir son mouvement en avant. Pour enlever la seconde ligne de défense ainsi préparée, il faudra un nouveau combat ; ce qui, fatalement, augmentera les pertes et pourra, en outre, amener la fatigue ou même la démoralisation dans les troupes assaillantes, — d'où peut résulter, pour celles-ci, un accroissement du nombre des malades.

Le haut degré de nervosité de notre génération est admis par tous les savants. Cette nervosité devra s'exalter tout particulièrement dans les combats de nuit, et par suite de l'épuisement des forces, conséquence d'une lutte prolongée. Et quelques médecins ont été jusqu'à émettre l'hypothèse qu'il pourrait y avoir là, non seulement une cause d'accroissement des pertes, mais de quoi déterminer l'aliénation mentale complète de bien des chefs subalternes, c'est-à-dire immédiats, de la troupe. Circonstance qui peut avoir des résultats désastreux pour leurs camarades et leurs subordonnés.

Afin de diminuer les pertes des assaillants d'un ouvrage fortifié, on propose : d'affaiblir le feu de mousqueterie de la défense au moyen d'un tir préparatoire d'artillerie ; de faire avancer l'infanterie en ordre dispersé : les hommes utilisant tous les couverts naturels qu'offre le terrain et, en outre, après chaque bond en avant, ébauchant de légers abris en terre, pour s'embusquer derrière eux et tirer sur la ligne attaquée ; enfin, on profiterait des ténèbres de la nuit pour exécuter l'attaque décisive.

On pense encore que l'étendue même du champ de bataille — étendue imposée tant par l'effectif des troupes engagées que par la longue portée des armes — contribuerait à diminuer les pertes :

l'éparpillement même des corps de troupe facilitant leur mouvement de retraite dans le cas où ces pertes seraient trop sensibles.

Tout cela peut avoir son importance, mais ne doit pas être pris dans un sens absolu. Ainsi le succès d'une préparation de l'attaque des positions par le canon suppose la supériorité de l'assaillant en artillerie; si, à ce point de vue, les deux partis sont d'égale force, les deux artilleries opposées ne pourront que se paralyser mutuellement. Ensuite, l'exécution de l'attaque en s'avançant graduellement et en ordre dispersé, n'empêchera pas qu'avant de porter le coup décisif, pour s'emparer des positions, les lignes de tirailleurs ne doivent se resserrer, comme on l'a vu dans la guerre de 1870, où déjà l'attaque s'exécutait dans cette même formation. Enfin, au sujet de l'utilisation des couverts naturels, on peut observer que, sauf des cas exceptionnels, l'ennemi ne choisira pas, pour s'y fortifier et s'y défendre, un terrain qui puisse en offrir aux assaillants.

Quant à l'ébauche d'abris légers par ces derniers, il faut se souvenir que pareille opération devra se faire sous le feu de l'ennemi et coûtera des pertes; il n'est pas douteux que les hommes, ne pouvant parcourir tout d'une traite quelque deux kilomètres sous le feu de la défense, se coucheront de temps à autre et accumuleront devant eux de petits tertres de terre, puis feront eux-mêmes le coup de feu contre la défense; mais au cours de chaque bond, de même qu'au moment de l'assaut final, ils n'en seront pas moins exposés entièrement à découvert, au feu des défenseurs.

La retraite, exécutée en ordre dispersé, ne peut diminuer les pertes que si la troupe qui se retire trouve moyen de s'abriter derrière un bâtiment, un bois, etc. Autrement, avec la grande portée des armes actuelles, la retraite ne réduira pas le nombre des victimes, mais désorganisera complètement la troupe qui l'aura exécutée, et qui se trouvera même perdue pour l'assaillant.

Enfin, avec les millions d'hommes des armées modernes, les combats de nuit ne peuvent avoir qu'une importance secondaire.

Ainsi donc, en pesant de part et d'autre les effets des armes nouvelles et des nouvelles règles tactiques, nous arrivons à conclure que la balance penche du côté d'un accroissement notable des pertes occasionnées par les combats, et qu'en général la guerre future entraînera forcément des pertes beaucoup plus grandes que celles d'autrefois.

Tenant compte, en outre, de ce que, selon les spécialistes, les divers combats, aussi bien que les campagnes entières, se prolongeront davantage, — à moins toutefois que l'énormité même des pertes n'oblige à les interrompre, — nous avons essayé d'évaluer numériquement de combien, par exemple, le nombre des victimes de la guerre future devra, sous l'influence réunie des causes ci-dessus indiquées, dépasser le chiffre qu'il atteignait dans les guerres précédentes.

Pour cela, nous avons observé d'abord que les pertes causées par le feu de mousqueterie — qui, jusqu'à présent, s'élevaient en moyenne à 18 0/0 — s'augmenteront encore probablement dans la guerre future, d'après les conclusions auxquelles nous avons été conduit :.

Par l'accroissement de la puissance de choc, de . . . 7 0/0
       —   de la force de rotation et l'effet de la déformation des balles, de . . 4 0/0
       —   de la précision du tir, de 18 0/0

Par l'emploi des nouveaux moyens d'observation et de mesure des distances, de 2 0/0

Par l'absence de fumée, d'encrassement, de ratés et de détérioration des cartouches par l'humidité, de . . . 2 0/0

Par l'augmentation du nombre des cartouches, de. . . 12 0/0

Ainsi, au total, le chiffre des pertes causées par le feu de mousqueterie s'élèverait probablement à 63 0/0, c'est-à-dire qu'il aurait presque quadruplé. Et cette hypothèse n'est pas exagérée, comme le montrent les résultats de deux combats livrés pendant la guerre du Chili ; — dans des conditions pourtant très défavorables aux nouvelles armes, puisqu'elles étaient maniées par des miliciens et non par des soldats réguliers, et que les hommes qui en étaient armés ne les avaient reçues que quinze jours avant la bataille.

Alors que les anciens fusils mettaient hors de combat 34 0/0, les nouveaux fusils Mannlicher de petit calibre en ont mis 82 0/0, infligeant ainsi à l'ennemi une perte 2 fois 1/2 plus forte ; perte telle que la continuation des opérations est devenue impossible. En même temps le pour cent des hommes tués sur le coup, par les balles de petit calibre, était de 29, tandis qu'avec les balles anciennes il était de 12 seulement : soit encore une proportion 2 fois 1/2 plus considérable.

Passons maintenant à l'artillerie. Ses effets se sont tellement accrus par suite de la plus grande rapidité du tir, de l'augmentation de portée et du perfectionnement des projectiles, que le calcul des pertes causées en tenant compte du nombre de ces projectiles lancés dans un temps donné, de celui de leurs éclats et de la surface battue, conduit à un résultat manifestement *absurde ;* c'est-à-dire qu'on arrive à trouver comme mis hors de combat, beaucoup plus d'hommes qu'il n'en pourrait entrer en ligne sur le théâtre de la lutte.

Ainsi, par exemple, l'effet des canons dont les Français étaient armés en 1891 est cent seize fois (116 fois) plus puissant que celui de leurs pièces de 1870. Et quand sera terminée la construction des canons à tir rapide adoptés aujourd'hui, — qui, d'après les spécialistes, auront une puissance plus que double (1), — la nouvelle artillerie française sera environ 233 fois plus puissante que celle employée contre les Allemands en 1870. On comprend que les pertes causées aux combattants par l'effet de ces canons s'accroîtront dans la même proportion.

Ce qui contribuera encore à augmenter le chiffre des pertes, c'est que la probabilité d'atteindre le but visé, avec les pièces substituées à celles de 1870, est passée de 10 0/0 à 30 0/0, et que la précision des canons à tir rapide est encore bien plus considérable.

En outre, avec ces nouvelles bouches à feu, on consommera presque deux fois plus de projectiles qu'avec les anciennes. D'après les calculs du général Langlois, dans un combat de l'avenir, s'il dure seulement deux jours, on ne tirera pas moins de 267 coups par pièce ; et, s'il se prolonge pendant trois ou quatre jours, on ira jusqu'à 500.

Quand le nombre n'était que de 136 à 140 coups par pièce, les armées de la Double et de la Triple-Alliance avaient déjà, d'après les calculs du général Müller que nous avons rapportés, de quoi tuer ou blesser, avec le canon, plus de 11 millions d'hommes. Ce qui veut dire qu'en passant à 267 coups par pièce, les pertes pourront aller jusqu'à 22 millions, et avec 500, jusqu'à 41 millions. Par conséquent, rien qu'avec le tir de l'artillerie, on détruirait huit fois plus d'hommes qu'il n'en peut être amené sur les champs de bataille. Ces chiffres semblent invraisemblables. Pourtant ils ressortent directement des calculs d'écrivains militaires autorisés, comme le professeur français général Langlois et le général d'artillerie prussien Müller.

Pendant la guerre de 1870, les pertes causées par l'artillerie s'élevèrent à 9 0/0 de l'effectif des troupes. Mais il est impossible de se faire une idée, même approximative, des proportions dans lesquelles il faudra grossir ce chiffre pour la guerre future.

En tous cas, même en laissant de côté l'accroissement ultérieur du nombre des pièces, comme aussi de celui des projectiles emportés dans les caissons des batteries et des parcs, il faut admettre

---

(1) Wille, *Das Feldgeschütz der Zukunft* (Le canon de l'avenir).

que les effets de l'artillerie actuelle peuvent s'exprimer par un chiffre
de pertes qui ne sera plus 9 0/0 de l'effectif ennemi, mais bien 180 0/0
et même 360 0/0 de cet effectif, — en supposant tous les canons du
dernier modèle. Et si on fait, de plus, entrer en ligne de compte, l'augmentation considérable qu'éprouvera ensuite le nombre des pièces
par rapport à l'effectif des troupes, on arrive, toujours par comparaison avec 1870, à des chiffres bien plus invraisemblables encore.
Seulement, ici, l'invraisemblance proviendrait, non pas d'une exagération de la puissance même des canons, mais simplement de ce
que ces engins seraient capables de détruire des armées beaucoup
plus nombreuses que celles qui peuvent être amenées en réalité sur
le champ de bataille.

Pourtant, chaque année, l'artillerie se perfectionne et se développe; et en même temps devient inévitable aussi l'accroissement des
pertes que subiront, en peu de temps, au cours d'une affaire, les
deux partis — et surtout l'assaillant — à tel point que la continuation
du combat ne sera manifestement plus possible.

Nous citerons ici quelques mots prononcés par le prince de Bismarck quand il était encore chancelier, c'est-à-dire quand les derniers perfectionnements des canons et de l'artillerie en général
n'avaient pas encore été réalisés. Quoique Bismarck n'ait jamais
commandé réellement un corps de troupe et n'ait servi que dans la
landwehr, il connaissait mieux que personne les intentions de
l'État-Major allemand; et par conséquent son opinion n'est pas de
mince importance. Or, voici ce qu'il a dit de la guerre future : « Dès
le début de la lutte s'engageront peut-être à la fois trois ou quatre
batailles sur différents points, où prendront part, de chaque côté,
de 200 à 250,000 hommes. De sorte que pour commencer les opérations, il faudra en tout un million de soldats et on n'en pourra pas
mettre davantage en action ; car ne sera-t-il pas nécessaire d'en
garder pour les combats ultérieurs, bien que ceux-ci puissent ne
pas avoir lieu ? (1) ».

Ce dernier cas serait maintenant le plus probable, depuis les progrès et perfectionnements récemment apportés à l'armement des
troupes.

Presque tous les hommes éminents, qui ont étudié ces questions,
admettent que la guerre future devra être très longue ; tant par suite
de l'effectif, inouï jusqu'à présent, des troupes engagées, qu'en raison
du peu de probabilité de voir, dès le début des opérations, l'un des

____

(1) *Fortnightly Review* : W. Smalley, 1893.

deux adversaires se montrer tellement supérieur à l'autre, comme effectif, organisation et armement, qu'on puisse espérer voir se dessiner rapidement le sort des armes.

« Nous admettons, dit de Moltke dans ses Mémoires, qu'on ne verra se renouveler ni la guerre de Trente Ans, ni même celle de Sept Ans. Néanmoins, quand des millions d'hommes seront en face les uns des autres et combattront énergiquement pour leur existence nationale, on ne peut guère compter que la question se décide par quelques victoires. » Nous mettrons en parallèle cette opinion de de Moltke avec celle de Bismarck ; et, nous souvenant avec quel soin le premier de ces deux hommes pesait chacun de ses mots, nous arriverons à conclure qu'en disant : « Nous admettons volontiers que ni la guerre de Trente Ans, ni même celle de Sept Ans ne se renouvelleront », il a pu seulement vouloir dire qu'à son avis, les conflits armés dureraient malgré tout plusieurs années.

Le général Leer s'est prononcé très nettement pour une durée probable d'un an à deux. Et comme depuis l'époque où il a formulé cette opinion, l'effectif des armées s'est beaucoup accru en même temps que les conditions de la lutte sont encore devenues plus complexes, on ne peut s'empêcher d'en conclure que les durées indiquées par lui représentent un minimum.

Il va de soi qu'en supposant une plus longue durée de la guerre, avec les forces destructives d'aujourd'hui, il faut admettre en même temps que les grandes batailles seront plus rares. Mais on sait que les maladies, et la mortalité qui en résulte, ne font pas moins de victimes quand la guerre se prolonge, que toute une série de batailles sanglantes.

Les armées actuelles, précisément en raison de leur énormité, et des difficultés qu'on éprouvera à les mouvoir, les loger, les nourrir, seront exposées à de terribles privations et, par là même, perdront une masse d'hommes par suite de maladies. Les pertes par blessures ne sont d'ailleurs que la moindre part de celles qu'éprouvent les troupes à la guerre. Ainsi, dans les campagnes passées, elles n'ont représenté que le quart du total, les trois autres quarts étant dus aux maladies et à l'épuisement des forces.

Des chiffres détaillés, relatifs aux guerres du siècle actuel, montrent que les pertes causées par les maladies ont été triples et même quadruples de celles provenant des blessures. Il n'y a eu d'exception qu'en 1870, du côté des troupes allemandes.

Dans les guerres de l'avenir, il faut, pour différentes raisons, s'attendre à des conditions encore moins favorables. Rien que par suite de l'énormité des armées, l'approvisionnement régulier des troupes deviendra très difficile ; d'autant plus que ces troupes, devant stationner longtemps sur leurs lignes de défense, la mauvaise nourriture et l'ennui amèneront plus fatalement que jamais le développement des maladies et l'entassement des malades sur certains points ; entassement qui, à son tour, ne manquera pas d'aggraver aussi bien les maladies produites par la contagion que celles provenant des blessures ; d'où, finalement, augmentation de la mortalité.

Ensuite il faut songer que les armées modernes seront composées d'hommes moins habitués aux fatigues et aux privations d'une campagne ; et que cependant, malgré la plus grande légèreté de son fusil, le soldat d'infanterie portera sur lui, en général, une charge plus lourde que par le passé. A la suite d'une manœuvre de deux semaines exécutée par la garnison de Strasbourg, un tiers de l'effectif fut mis hors de combat par la fatigue, et les hôpitaux furent combles de malades. Il est vrai que c'était en hiver et que beaucoup d'hommes entrèrent à l'hôpital avec des congélations de différentes parties du corps (1).

Or, au cours d'une longue guerre de l'avenir, ce n'est pas les fatigues de quinze jours de manœuvres que les troupes auront à supporter, ce sera peut-être celles d'un hiver tout entier et même de deux.

Influence des fusils et canons actuels sur le caractère des blessures.
Tome V.

Nous aurions pu terminer là nos études, si des considérations humanitaires ne nous avaient engagé à porter encore notre attention sur cette masse toujours croissante de souffrances qui, par suite des engins nouveaux et des conditions actuelles du combat, attendent les victimes de la guerre. Nous avons donc consacré un chapitre spécial à examiner l'influence que les balles modernes exerceront sur le caractère des blessures qu'elles déterminent.

La plupart et les plus compétents de ceux qui ont étudié cette question sont arrivés à conclure que les blessures produites par les nouvelles balles à enveloppe seront incomparablement plus graves que celles occasionnées par les projectiles d'autrefois ; en même temps, par suite des grandes distances d'où seront faites les blessures, comme en raison de l'intensité du feu et de sa terrible puissance, les blessés seront obligés de rester longtemps sur le champ de bataille et le nombre de morts sera beaucoup plus grand que par le passé. D'autres personnes, il est vrai, ne partagent pas ces opinions pessimistes ; elles pensent, au contraire, que la différence entre les blessures est plutôt à l'avantage de celles causées par

----

(1) *L'Écho de l'Armée.*

les armes nouvelles, qui seraient en effet plus faciles à guérir, même si les blessés restent plus longtemps sans secours. L'hémorragie, dit-on, sera toujours plus faible, — chaque soldat étant pourvu de certains effets de pansement, — puis la science disposant aujourd'hui de moyens bien plus sûrs pour préserver les blessures de la gangrène, et enfin le nombre des médecins et infirmiers attachés aux troupes étant bien plus considérable.

Toutefois, au Congrès médical de Rome, il a été constaté, d'après les recherches et expériences exécutées par ordre du ministère de la guerre prussien, que les désordres causés dans l'organisme par les balles actuelles dépassaient de beaucoup les limites moralement admissibles.

Et de fait, les balles à enveloppe produisent aux petites distances une action « explosive »; elles brisent les crânes en menus morceaux en faisant jaillir la masse cérébrale. Aux grandes distances, ces mêmes balles ne produisent pas de semblables effets; mais elles blessent encore bien plus gravement que celles dont on se servait jadis. Ainsi, tandis que les anciennes balles en plomb s'aplatissaient sur les os, à 800 mètres, et de plus près encore, les balles à enveloppe, même à de bien plus grandes distances, traversent le crâne, c'est-à-dire font des blessures mortelles.

Quant aux vaisseaux sanguins, les blessures qu'y déterminent les nouvelles balles diffèrent notablement de celles produites par les anciennes : tandis que ces dernières blessures avaient le caractère de déchirures, celles des nouveaux projectiles semblent faites par un instrument tranchant; ce qui explique l'abondance de l'hémorragie, surtout dans la cavité thoracique et dans le tissu cellulaire sous-cutané.

Les petits vaisseaux sont, la plupart du temps, complètement coupés, les deux extrémités restant alors entièrement béantes. Dans les gros, de larges déchirures sont causées, non pas directement par la balle même, mais par l'action de fragments osseux dans le voisinage de la blessure produite par l'arme à feu.

En un mot, la balle cuirassée coupe les vaisseaux comme un couteau tranchant et ne permet plus aux lèvres de la blessure de se reprendre; de là une hémorragie, interne ou externe, qu'on ne peut arrêter et qui amène la mort (1).

---

(1) Habart, *Ueber die Einwirkung der 8 Millimeter Geschosse auf die Gefässe und die Knochen der Lebenden* (De l'effet des balles sur les vaisseaux et les os des êtres vivants). — Vienne, *Med. Presse*, n° 14.

Quand les nouvelles balles atteignent le ventre, la vessie, le foie, la rate, elles entraînent une mort très douloureuse, et les blessures qu'elles font sont très rarement guérissables.

La plupart de celles déterminées dans les os par les balles à enveloppe sont extrêmement graves. Les coups tirés à très petite distance sont caractérisés par une large destruction de la substance osseuse et des parties molles environnantes. L'os brisé sur une grande étendue donne surtout de petits éclats qui, le plus souvent, sont entièrement séparés les uns des autres. Jusqu'à 100 mètres de distance presque tous ces éclats d'os sont bien distincts. Vers 600 mètres, ils offrent déjà de plus grandes dimensions et la destruction des parties molles est moins étendue. A 1,000 mètres, la balle ne peut déjà plus traverser les os, surtout les gros, et la résistance qu'elle en éprouve la fait dévier. Il en résulte une déchirure encore assez longue, mais les éclats sont plus gros et restent unis aux parties molles, quelques-uns même conservent leur périoste. A 1,200 mètres, l'effet est presque le même, seulement avec moins d'intensité (1). Ce n'est qu'à partir de 1,600 mètres que la diminution de la force vive de la balle se fait bien nettement sentir. Les éclats, en général très grands et beaucoup moins nombreux, restent en place ; par conséquent la lésion des parties molles situées derrière l'ouverture d'entrée dans l'os est moins sérieuse, et on n'y rencontre que des menus fragments de substance osseuse. La balle qui frappe un diaphyse s'aplatit simplement et ne glisse dessus que dans des cas exceptionnels. A partir de 2,000 mètres, ce glissement commence à être plus fréquent, pourtant il ne constitue pas la règle.

Tel est l'effet des balles actuelles ; mais quand le calibre se réduit à 5 millimètres, les blessures, comme le prouvent les expériences, deviennent encore bien plus sérieuses que celles produites par les balles de 8 millimètres et au-dessus.

En outre, les balles à enveloppe, qui d'abord avaient fait naître les prévisions les plus optimistes, se sont montrées dangereuses pour cette autre raison qu'elles sont susceptibles de se déformer plus encore que les balles de plomb. Quand une de ces nouvelles balles ne pénètre pas dans le corps directement, c'est-à-dire comme dans le premier objet atteint par elle, quand elle commence par frapper le sol ou un obstacle quelconque, puis arrive au corps par ricochet, elle y entre déjà déformée et y produit de très graves blessures ;

---

(1) Loukomsky, *La XIVe section de médecine et chirurgie militaires au Congrès de Rome en 1894.*

c'est absolument comme si les fusils étaient chargés avec des morceaux de plomb découpés.

Le docteur von Koller assure que ces déformations de la balle se produisent dans 4,5 0/0 des cas de blessures faites à des hommes ou à des animaux. — La proportion atteint même 14 0/0 dans les coups tirés sur des chevaux.

Les anciennes guerres ne nous fournissent pas d'indications sur des blessures de ce genre causées par les armes à feu, — car, autrefois, les blessures produites par ricochet ne présentaient, avec les autres, aucune différence bien tranchée et sautant aux yeux.

Dans la guerre future, il ne sera pas difficile de distinguer ces blessures à cause de l'ouverture d'entrée du projectile qui sera très grande,· éraillée et déchirée ; elles constitueront une catégorie de plaies particulièrement mauvaises.

Mais quand elles atteignent les grands os creux, les balles se déforment la plupart du temps, c'est-à-dire :

Jusqu'à	100	mètres	60	fois	sur 100
—	200	—	82	—	
—	600	—	100	—	
—	700	—	86	—	
—	1.000	—	30	—	
—	1.200	—	25	—	

Le docteur Bircher (1), médecin principal de l'armée suisse, pense que, pour la guerre future, on peut admettre que les différentes blessures se produiront, relativement au passé, dans la proportion suivante :

	A la tête	Au tronc	Aux extrémités Supérieures	Inférieures
0/0 de blessures constatées jusqu'ici sur les champs de bataille	12	18	30	40
0/0 de blessures constatées jusqu'ici dans la guerre de siège.	30	15	25	30
0/0 de blessures qui se présenteront à l'avenir sur les champs de bataille.	20	15	30	35

C'est-à-dire qu'il y aura beaucoup plus que par le passé, de blessures nécessairement mortelles.

L'expérience de la guerre du Chili établit pleinement que la proportion des blessures mortelles, qui, dans les guerres précédentes, ne dépassait pas 19 0/0 du total, s'élèverait à 49 0/0 avec l'emploi du fusil Mannlicher.

_____

(1) Bircher, *Neue Untersuchungen über die Wirkung der Handfeuerwaffen.*

La conviction profonde des effets terriblement meurtriers du fusil de petit calibre a déterminé le professeur Kocher à déclarer au congrès de Rome que, comme on l'a déjà dit, le fusil actuel a dépassé de beaucoup les limites moralement admissibles.

Les balles employées à la guerre sont devenues de véritables balles explosives qui devraient être entièrement interdites par une convention internationale et remplacées par des balles d'acier ou de cuivre.

Quant aux blessures causées par les projectiles de l'artillerie, comme la plupart proviendront des balles et éclats de shrapnells et d'obus, elles ne différeront pas beaucoup de celles qui se produisaient dans les précédentes guerres.

Enfin, non seulement blessures et maladies seront plus graves, mais il sera bien plus difficile de secourir les malades blessés que pendant les guerres d'autrefois.

On ne peut nier que ce côté de la question ne soit resté peu étudié jusqu'ici. Toute l'attention des spécialistes a été absorbée par la recherche de moyens techniques permettant de produire des effets aussi destructeurs que possible et par l'augmentation de l'effectif des troupes.

C'est ce que signale, par exemple, le docteur Port, médecin principal de l'armée bavaroise, quand il accuse les stratèges allemands d'avoir, dans leur ardeur à perfectionner les moyens de destruction, négligé l'étude des moyens d'améliorer la façon dont les blessés seront secourus sur le champ de bataille. Bien mieux : ils refusent aux médecins les ressources nécessaires pour assurer ces secours dans des conditions convenables et avec la promptitude nécessaire, en prétendant que les opérations militaires en seraient entravées; ainsi les brancardiers qui se trouvent aux points de pansement sont mis à la disposition des commandants de compagnies et non à celle des médecins.

Et pourtant les nouvelles armes produiront des blessures exigeant qu'on porte, aux blessés, des secours plus prompts et mieux compris.

Cette question des secours à donner aux blessés et malades en temps de guerre méritant la plus vive attention de la part de tous, — puisque tous auront de leurs proches dans les armées futures, — nous avons consacré à ladite question un chapitre de notre ouvrage, sous le titre de : *Secours aux blessés et malades pendant la guerre, autrefois et à l'avenir*. Et tout en ne pensant pas que notre voix puisse avoir un effet plus efficace, en cette circonstance, que celle de

tant d'autres qui déjà se sont fait entendre dans les sphères médi-
cales, nous n'en avons pas moins considéré comme un devoir,
dans un ouvrage consacré à la guerre future, d'en élucider le côté
qu'on peut considérer comme le plus directement révoltant.

Dans les dernières campagnes, les blessés ont souvent manqué
de soins ; d'abord, parce que, dès 1870, il ne fut pas aussi
facile qu'auparavant d'organiser des ambulances bien disposées :
« Les balles et les boulets, dit Pirogoff (1), atteignent mainte-
« nant bien plus loin ; il est difficile de trouver, près du lieu du
« combat, un endroit sûr ; et, si on le trouve, les rapides déplace-
« ments des troupes le rendent promptement dangereux. La seconde
« raison, c'est que, dans les guerres actuelles, les points de panse-
« ment sont bientôt encombrés de blessés, des rangs entiers tombant
« en très peu de temps sous les coups des armes à tir rapide. D'où
« impossibilité d'éviter un terrible entassement des blessés dans les
« ambulances, pour peu qu'on les y garde quelque temps et que le
« commandement ne les fasse pas évacuer et transporter au loin le
« plus vite possible.

« Après le combat de Wissembourg, les Français blessés res-
« tèrent deux jours sur le terrain. Dans le village de Remilly furent
« entassés plusieurs milliers de blessés de Gravelotte. On mit
« deux jours et deux nuits pour les évacuer sur des charrettes de
« paysans formées en convoi ; et pour ces milliers de blessés (il y
« en a eu jusqu'à 10,000), on ne disposait en tout, les premiers
« jours, que de quatre médecins. Après les batailles sous Metz, on
« transporta également jusqu'à 3,000 blessés à Gorze, où le profes-
« seur Langenbeck n'avait aussi sous la main que quatre médecins
« et dut se borner pendant les premiers jours à classer les blessés. —
« Enfin ceux-ci, répartis dans divers hôpitaux, y furent envoyés par
« voies ferrées, et transportés pendant deux ou trois jours dans des
« wagons à marchandises n'ayant qu'à peine été pansés. »

Pirogoff dit encore : « De même qu'autrefois, les blessés restés
« après une affaire étaient qualifiés, dans le langage de nos vieux
« soldats, de *pertes* et *débris*, de même encore aujourd'hui, c'est
« bien comme *pertes* et *débris* qu'ils demeurent étendus sur le champ
« de bataille jusqu'à ce qu'on les relève et les recueille d'une façon
« quelconque. Mais la vitesse et la longue portée du tir actuel
« font que les hommes sont emportés par files entières et que l'entas-

____

(1) N. J. Pirogoff, *Rapport sur une visite des établissements sanitaires en Allemagne
et en Lorraine.*

« sement des blessés atteint en quelques instants des proportions
« énormes. Celui qui a vu, ne fût-ce que de loin, toutes les souf-
« frances de ces victimes de la guerre, ne *traitera* certainement pas,
« avec les chauvins, les aspirations pacifiques des nations de *félicité*
« *bourgeoise*. Le chauvinisme qui provoque les nations à la discorde
« et aux massacres est digne de leurs malédictions, et l'huma-
« nité tout entière doit bénir les rois qui n'ont pas de gloire san-
« glante... »

La situation des blessés ne fut pas meilleure pendant la guerre
de 1877-78. Non seulement ils restèrent sans secours médicaux, mais
même sans eau, pendant vingt-quatre heures. Tout un jour ils
s'étaient battus et le jour suivant ils demeurèrent étendus sans
secours au point de pansement, dit le professeur Botkine — et cela
tout simplement parce qu'on n'avait pas le temps de songer à eux ; des
hommes ont péri par suite de la malpropreté et de la négligence
dont ils ont été victimes. Dans les hôpitaux, non plus, la situation des
hommes n'était pas satisfaisante.

Les mémoires d'un contrôleur général font connaître clairement
que le service hospitalier, tant au Caucase qu'en Bulgarie, au cours
des opérations militaires de 1877-78, se faisait remarquer par une
énorme insuffisance, — *surtout comparativement avec les établissements organisés par la Société de la Croix-Rouge et les ressources
privées*. Le matériel fourni par l'intendance aux hôpitaux du temps
de guerre était de mauvaise qualité ; les pharmacies manquaient du
nécessaire ; ce dont les hôpitaux avaient besoin n'arrivait pas à
temps, et souvent il en résultait l'impossibilité, pour les médecins,
de soigner les malades. Ces défectuosités se firent surtout fortement
sentir lors de l'épidémie de typhus qui éclata parmi les troupes
aussitôt après la fin de la guerre.

Le principal fondé de pouvoirs de la Société de la Croix-Rouge,
P. A. Richter, a écrit dans son rapport les lignes suivantes (1) : « Que
manquait-il aux hôpitaux militaires ? C'est une question à laquelle il
est plus simple de répondre en la retournant. Car on aurait plutôt
fait d'indiquer les objets dont ne manquaient pas les hôpitaux militaires que d'énumérer tout ce qui leur faisait défaut ». Plus loin, il
ajoute que « l'imprévoyance et l'incurie de l'administration militaire
en cette circonstance ne peuvent être imputées, à proprement parler,
à l'organisation des hôpitaux ».

----

(1) *La Croix-Rouge en Roumanie et dans le Nord de la Bulgarie en 1877-78.* —
Saint-Pétersbourg, 1879.

Entre autres choses, Richter insiste longuement sur les plaintes auxquelles donnait lieu le manque d'effets d'habillement.

Tout le monde est intéressé à ce que rien de semblable ne se reproduise dans la guerre future. Aussi non seulement n'est-il pas superflu de rappeler ces faits, mais c'est même absolument nécessaire. Mentionnons encore l'observation suivante de Pirogoff : « Chez nous, les fautes et les erreurs commises au début ne se corrigent pas ensuite (1); et cela parce que les coupables ne sont ni les administrateurs ni les médecins, mais les institutions et organisations administratives elles-mêmes ».

Chacun sait en effet combien il faut de temps et de peine pour introduire et réaliser des améliorations dans l'administration.

Prenons comme exemple la France. En 1870, elle commit l'erreur impardonnable de se croire prête à la guerre. Aujourd'hui encore on y entend affirmer la possibilité d'un désaccord entre ce qui existe actuellement et ce qui devrait exister d'après les documents officiels. Quand, en 1881, on pria le général Farre, ministre de la guerre, de veiller à faire parvenir le matériel médical nécessaire aux troupes d'Algérie et de Tunisie, il répondit : « Nos ambulances ne manquent de rien ». Et il se trouva en réalité que, sous ce rapport, rien n'était prêt. Bien que tout le matériel nécessaire eût été largement acheté, il ne parvint pas au point où l'on en avait besoin. De plus, il arriva qu'au Keff, en mai 1881, après de nombreuses demandes inutilement adressées au général Forgemol, les officiers furent forcés d'ouvrir une souscription afin d'acheter du sucre, du vin et du café pour les malades d'une ambulance improvisée. A Ghardimaou, en mai 1881, les blessés et les malades de la colonne du général Logerot attendirent pendant douze jours le matériel de l'ambulance permanente. A la Goulette, en mai et juin 1881, les baraques ne furent élevées qu'au fur et à mesure de l'arrivée des malades; et les officiers qui se trouvaient parmi ceux-ci furent obligés de s'installer à leurs frais dans les misérables cafés de la ville. Sur toute l'étendue de la côte qui va de la Goulette à Philippeville, les ambulances et les hôpitaux étaient tellement encombrés que, jusqu'au mois d'août, il fut impossible de recevoir, dans aucun d'entre eux, les malades évacués de la Goulette. Il fallut les renvoyer à la côte et les réembarquer jusqu'à ce qu'enfin on parvint à les amener à Philippeville. A Pont-de-Fahs, en octobre 1881, 400 malades de la brigade Philibert, qui n'avaient

---

(1) Pirogoff, *Les soins médicaux à la guerre et les secours privés.*

pour les soigner qu'un seul médecin, furent obligés, faute de moyens de pansement, d'attendre l'arrivée d'horribles voitures requises parmi la population pour les évacuer sur Tunis (1). Les choses n'allèrent pas mieux dans l'armée italienne pendant la guerre d'Abyssinie.

Or, il faut d'autant plus se préoccuper des soins à donner aux blessés et aux malades, que, par lui-même, le nouvel armement empire encore la situation : l'accroissement du nombre des blessés complique la tâche du service de santé ; le temps dont il disposera pour agir se trouve abrégé par le feu précis, répété et à longue portée, qui, dans certains moments, rendra complètement impossible de transporter les blessés et de leur donner les premiers soins. La dépense de forces qu'il faudra faire s'augmentera en raison de la distance plus grande que, par suite de la longue portée des fusils et des canons, on devra mettre entre le point de pansement et la ligne de bataille.

Un des plus remarquables chirurgiens de notre siècle, le professeur Billroth, a dit que, pour être pleinement en état de donner aux blessés les soins nécessaires, le personnel sanitaire devrait avoir un effectif égal à celui des combattants. Et ce n'est pas une exagération, mais l'expression même de ce fait que, dans les conditions actuelles du combat, et avec la durée probable des batailles, il sera presque impossible d'assurer aux blessés des secours médicaux complètement opportuns et satisfaisants. L'opération même du relèvement des blessés devra s'effectuer sous le feu, et par conséquent sera extrêmement pénible. Il faudra que les infirmiers, avec leurs brancards, se glissent derrière des abris en se baissant et en rampant comme les tirailleurs eux-mêmes. Car, autrement, ils peuvent être tués, eux et les blessés qu'ils portent. Puis le relèvement de ceux-ci sera rendu plus difficile encore par l'obligation où l'on se verra de les chercher derrière les abris où ils étaient tapis. Et les lenteurs qui résulteront de là peuvent, avec la longue durée qu'on prévoit pour les batailles, entraîner une plus grande proportion de décès, dus non seulement aux hémorragies, mais causés même simplement par la faim.

A des époques où le feu d'artillerie et de mousqueterie était sans comparaison plus faible qu'aujourd'hui, un blessé laissé sans secours sur le champ de bataille pouvait encore espérer être sauvé. Maintenant que ce champ de bataille tout entier sera, on peut le dire, cou-

---

(1) *Nouvelle Revue*. Les secours aux blessés en temps de guerre.

vert d'une pluie incessante de balles et d'éclats d'obus, il reste trop peu de place pour cette espérance. Pourtant ce n'est pas encore là que s'arrête le tableau des horreurs de la guerre future.

Le médecin général bavarois Port (1) appelle l'attention sur un autre danger qui peut menacer les blessés. Après la bataille de Wœrth, il partit avec des infirmiers pour porter secours aux blessés et rencontra un grand nombre de turcos qui avaient besoin de soins. Alors, entrant sous bois, il y trouva des monceaux de cadavres disposés comme des sortes de murs en travers des chemins. Et il observa que les rangées de corps placés à la base de ces murs étaient régulièrement disposées, tandis qu'au-dessus d'elles les cadavres gisaient en désordre. Ces derniers cadavres étaient évidemment ceux de soldats qui s'étaient couchés sur les murs en question après leur établissement. Port examina tous les corps avec soin pour chercher si par hasard ne se trouveraient point parmi eux des hommes donnant encore signe de vie. Mais tous étaient morts : « Et j'ai compris alors, remarque le médecin, que le poids même des corps placés par-dessus comme aussi les coups de nouvelles balles avaient tué sans doute tel homme tout d'abord couché vivant. »

Port admet que ces amoncellements de corps, gisant immobiles, se renouvelleront dans la guerre future, par ce fait même que les tranchées-abris, creusées à la hâte, ne sont pas réunies à l'arrière par des communications abritées ; de sorte que les hommes envoyés comme renforts aux tirailleurs devront parcourir un terrain entièrement découvert et, en se hâtant de se tapir dans les tranchées, pourront occasionner des blessures à ceux qui s'y trouvent couchés. Quand, dans ces tranchées, se seront accumulés beaucoup de tués ou supposés tels, il faudra les en retirer, mais il sera impossible de les rejeter en arrière pour ne pas gêner l'arrivée éventuelle des renforts. On sera donc obligé de les entasser en avant, c'est-à-dire du côté de l'ennemi, en se faisant avec eux une sorte de parapet. Pour ceux encore vivants, ajoute le docteur Port, cela vaudra peut-être mieux — car une nouvelle balle mettra promptement un terme à leurs souffrances, tandis que restés couchés dans la tranchée leur supplice durerait plus longtemps.

Ainsi l'introduction des fusils à longue portée, le perfectionnement des canons, l'énorme accroissement de l'effectif des armées et enfin les changements survenus dans la tactique, exigent qu'une réforme radicale soit également introduite dans la façon de porter secours

---

(1) Docteur Julius Port, médecin général bavarois, *Den Kriegsverwundeten ihr Recht* (Ce qu'on doit aux blessés de guerre). — Stuttgart, 1896.

aux blessés sur le champ de bataille. Avant tout, dans l'intérêt du service sanitaire, il faut lui assurer l'autonomie nécessaire en donnant l'autorité convenable à ceux dont relèvent tant son personnel officiel que celui qui s'y joint volontairement pour porter secours aux blessés.

Sans cette coopération des particuliers au service de santé, il ne serait guère possible à l'avenir de faire face aux nécessités de la guerre. Et cette participation doit être préparée à l'avance ; autrement on peut se trouver réduit aux extrémités les plus fâcheuses.

En Russie tout particulièrement, faute d'organes directeurs, il faudrait instituer des comités chargés de veiller : 1° sur les hôpitaux ; 2° sur les magasins de matériel sanitaire ; 3° sur le transport des malades et blessés ; 4° sur les approvisionnements des hôpitaux.

Une organisation rationnelle de ces comités pourrait avoir les plus grands avantages.

Expliquons notre pensée par un exemple. Pirogoff dit : « Vers la fin de septembre 1877, dans notre inspection des hôpitaux, nous avions déjà trouvé des pieds gelés par centaines ; et les malades questionnés par nous étaient presque unanimes à attribuer la cause de leurs souffrances aux bottes humides que depuis longtemps ils n'avaient pas retirées. » Si, dans chaque compagnie, on avait eu des chaussons de feutre, ne fût-ce que pour la moitié de l'effectif, on eût évité bien des cas de congélation en permettant aux hommes, pendant le repos, de retirer leurs bottes et de les faire sécher.

Ceux dont relève l'organisation militaire doivent ne pas oublier que, si tout accroissement du personnel attaché au service de santé semble ne pouvoir se faire qu'aux dépens de l'effectif combattant, qui s'en trouve momentanément affaibli, cet accroissement n'en contribue pas moins en réalité à la conservation de ce même effectif combattant ; puisqu'il a pour résultat de ramener dans les rangs une plus grande proportion de blessés, et de diminuer la mortalité, — en même temps qu'il relève le moral de l'armée, car il est une preuve de sollicitude pour tous ceux qui sont victimes de la guerre.

Et de nos jours, où, dans les combats entre les énormes armées européennes, les engins de mort peuvent, avec une vitesse sans exemple et à des distances extraordinaires, lancer des projectiles dont les éclats couvriront une vaste étendue de terrain, et détermineront, sur chaque champ de bataille, une large zone où la mort sera certaine pour quiconque s'y hasardera, — le moral aura, dans une armée, une importance incomparablement plus grande qu'autrefois. D'autant qu'on ne pourra plus attaquer qu'en ordre dispersé et que chaque soldat aura toute facilité pour s'esquiver de la lutte.

VI

Quiconque a lu avec attention le résumé que nous venons de faire des cinq volumes de notre ouvrage n'a pu manquer d'en tirer cette conclusion que, si les nations européennes se rendaient clairement compte du caractère et des conséquences économiques et sociales que la guerre aura dans les conditions actuelles, les protestations élevées contre elle seraient certainement plus fréquentes et plus formelles qu'elles ne le sont. Mais on ne peut affirmer qu'il en résulterait du même coup, dès maintenant, l'abandon du système des armements renforcés. D'un côté, partout encore, sauf en Angleterre, subsiste l'opinion traditionnelle que les grandes armées sont un point d'appui pour les gouvernements; et de l'autre, la diffusion des idées anarchistes fait croire à la nécessité d'armées nombreuses pour protéger contre ces idées l'ordre de choses existant. On est même convaincu que le passage sous les drapeaux, imposé maintenant aux masses populaires, a sur elles une action bienfaisante en leur faisant contracter des habitudes d'ordre, de discipline et d'obéissance.

Mais l'influence heureuse, qu'on prétend ainsi exercée sur les masses par le service armé, se trouve démentie par ce fait même, qu'en dépit des obligations militaires imposées à tous, les idées anarchistes ne font que se répandre de plus en plus parmi les masses populaires dans les pays de l'Europe occidentale. Il serait bien plutôt à craindre, semble-t-il, qu'en instruisant ces masses au maniement des armes, en leur apprenant à se grouper et à manœuvrer en formations régulières, l'obligation générale du service militaire n'offrît moins de garanties sociales que l'ancien service à long terme des soldats de profession.

Toutefois, les sociétés ne voient généralement pas les choses d'aussi loin; et elles ne s'attachent qu'à ce qui leur semble le moins dangereux pour le moment. Or, ce moindre danger, les classes dirigeantes croient l'apercevoir dans les armées nombreuses. Quant à la manière de voir des autres classes de la société, — manière de voir dont la manifestation constitue ce qu'on appelle l'opinion publique, — elle n'est que trop souvent déterminée par les faits que le hasard fait surgir devant elles, et qu'elles considèrent précisément sous le jour où les leur présente un metteur en scène soigneusement dissimulé. L'opinion publique n'étudie ni n'apprécie elle-même; aussi est-elle très sujette aux illusions, aux entraînements et erreurs de toute espèce. Et c'est ainsi sans nul doute qu'elle se représente l'entretien des grandes armées comme avantageux, non seulement pour la sécurité générale, mais pour la prospérité de l'industrie qui leur fournit des armes, et du commerce qui les pourvoit de vivres et de tout ce dont elles ont besoin.

D'ailleurs, de notre temps, la question n'est pas facile à résoudre, de savoir si le militarisme est vraiment chose inévitable. On dit : toujours il y a eu des guerres et toujours il y en aura ; et si, dans la suite des siècles dont nous connaissons l'histoire, la guerre fut possible et put fournir la solution des difficultés internationales, comment admettre qu'on pourra se passer d'elle à l'avenir ? A cela, nous pouvons répondre en montrant que des changements essentiels sont survenus, non seulement dans l'effectif, l'armement, l'instruction et la tactique des troupes, mais dans la nature même des éléments qui les constituent.

Le rapport entre les effectifs du pied de paix et du pied de guerre était autrefois absolument différent de ce qu'il est aujourd'hui. La guerre se faisait avec des armées permanentes formées de soldats qui servaient pendant très longtemps. De nos jours au contraire, ces armées seront composées en grande partie de soldats et même d'officiers qui, jusqu'à la veille des hostilités, se seront adonnés à des occupations pacifiques. Parmi les hommes des anciennes classes appelées sous les drapeaux, il se trouvera des pères de famille enlevés à leurs affaires, obligés d'abandonner leur maison, leurs enfants et leur travail.

A la guerre future s'appliqueront entièrement les observations suivantes que le célèbre écrivain militaire Jomini (1) formulait à une époque où les troupes européennes commençaient seulement à prendre un caractère national :

« Les armées ne sont plus composées aujourd'hui de troupes recrutées volontairement, du superflu d'une population trop nombreuse. Ce sont des nations entières qu'une loi appelle aux armes, qui ne se battent plus pour une démarcation de frontière, mais en quelque sorte pour leur existence.

« Cet état de choses nous rapproche du iiiᵉ et du ivᵉ siècle, en nous rappelant ces chocs de peuples immenses, qui se disputaient le continent européen ; et si une législation et un droit public nouveaux ne viennent pas mettre des bornes à ces levées en masse, il

____

(1) *Grandes opérations.* — La citation est empruntée à l'étude du général Lewal : *La chimère du désarmement.*

est impossible de prévoir où ces ravages s'arrêteront; la guerre deviendra un fléau plus terrible que jamais, car la population des nations civilisées sera moissonnée. »

Tandis qu'à l'intérieur de chacun de ceux-ci, s'arrêtera la vie économique normale, les communications s'interrompront; et si la guerre se prolonge pendant une notable partie de l'année, alors surviendront les banqueroutes financières, un terrible enchérissement de toutes choses et la famine avec toutes ses conséquences. Pour éclairer également les deux faces de la question relative à la possibilité d'exécution, dans l'avenir, d'une guerre prolongée, les seules connaissances militaires ne suffisent pas; il faut aussi avoir étudié les conditions et les lois économiques, et cela ne rentre point dans la spécialité des membres de l'armée.

Ce qui rend plus difficile encore l'élucidation de ce problème, c'est que la direction des affaires militaires appartient aux classes les plus privilégiées de la société. Quand les non-spécialistes se prononcent contre la probabilité des grandes guerres dans l'avenir, les militaires écartent facilement leur opinion en faisant simplement observer qu'ils ne connaissent pas la question. Et ces mêmes militaires sont bien forcés de présenter comme un fait inévitable ce qui constitue l'objet essentiel de leurs fonctions en temps de paix. Ils ont été élevés dans l'étude de l'histoire des guerres, et leurs occupations pratiques développent en eux l'énergie et l'esprit de dévouement. Mais par là même elles ne leur permettent pas de s'attarder à se faire un tableau complet des misères de la guerre future ; elles émoussent directement leur imagination à cet endroit.

Et cependant, comme nous l'avons dit, les transformations radicales survenues dans la technique militaire, dans la composition de l'armée et l'organisation économique internationale sont si grandes qu'il faut justement une puissance considérable d'imagination pour se représenter ce qui devrait arriver maintenant, tant sur les champs de bataille que dans toute la vie d'un pays frappé par l'immense calamité d'une grande guerre, sous la forme encore sans exemple qu'elle devrait revêtir.

Toutefois, on ne peut nier qu'en présence d'un tel état de choses le mécontentement national ne devienne de plus en plus sensible. Autrefois, on n'entendait guère que des voix isolées s'élever contre le militarisme, et les protestations à son endroit n'étaient pour ainsi dire que platoniques. Mais depuis que l'obligation universelle du service militaire le fait peser sur des millions d'individus, les intérêts de l'armée sont plus étroitement liés à ceux de la société civile ; et les pertes colossales auxquelles il faut s'attendre sous les coups des armes actuelles, se présentent à l'esprit des nations avec une clarté toujours grandissante.

Il est donc probable qu'on verra constamment s'étendre la propagande contre le militarisme dont, au point de vue moral, la base n'était d'ailleurs pas mieux défendable autrefois qu'aujourd'hui. Mais de notre temps s'est jointe, au sentiment moral dans cette affaire, la conscience qu'on a de la complexité croissante des intérêts matériels menacés par la guerre, et de l'énorme accroissement de puissance des moyens de destruction ; — en même temps que celle du manque d'expérience chez les chefs, et de tout ce qu'il y a maintenant d'incertain et d'inconnu dans le domaine de la tactique elle-même.

Tout cela contribue à faire envisager la guerre par les nations comme un fléau vraiment terrible. De sorte que les voix qui s'élèvent aujourd'hui contre elle ne sont pas seulement l'écho des protestations morales qu'elle fait naître, mais des craintes directes qu'on a de la misère qu'elle doit amener. Et si l'on admettait autrefois que « la voix du peuple, c'est la voix de Dieu ! », c'est-à-dire que l'opinion publique devait, en fin de compte, l'emporter sur la force brutale, — aujourd'hui que, dans la plupart des États, les masses prennent directement part aux affaires du gouvernement, et qu'en outre il existe des courants menaçants pour l'organisation sociale tout entière, cette opinion publique n'est-elle pas devenue un facteur de première importance, tant au point de vue du militarisme qu'en raison de l'influence qu'elle peut avoir sur l'esprit des armées elles-mêmes ?

Voix contre le militarisme

Nous avons signalé, dans les tomes IV et V, la lutte énergique engagée contre les institutions militaires, dans les pays occidentaux. Il est vrai que les partisans de la solution des difficultés internationales par une voie pacifique quelconque ne semblent avoir encore obtenu aucun succès. Pourtant, en réalité, cela n'est pas entièrement exact ; en ce sens que les gouvernements ont de plus en plus conscience de la nécessité de maintenir la paix, et que les hommes d'État expriment ouvertement leurs craintes des affreuses misères qu'amènerait la guerre : au point qu'on entend formuler ces craintes par les Souverains eux-mêmes du haut de leur trône.

Les manifestations de ce genre n'ont pas été rares depuis l'achèvement de cette partie de notre ouvrage. Comme exemple, nous citerons quelques mots de la réponse faite par l'Empereur François-Joseph à la délégation hongroise en novembre 1891. Ayant rappelé les assurances pacifiques de tous les gouvernements, le vieux monarque continua ainsi : « Il est vrai que cela n'a pas encore suffi à écarter tous les dangers qui menacent la situation politique de l'Europe, ni à mettre un terme aux armements universels ; mais, en voyant le besoin de la paix compris aussi unanimement par tous, on peut admettre qu'il y a néanmoins espoir d'atteindre, avec le temps, le but dont il s'agit. Qu'il me soit donc donné de communiquer à mon peuple la bonne nouvelle que le terme est proche des inquiétudes et des charges qu'entraîne tout ce qui est une menace pour la paix. » Ces paroles furent prononcées immédiatement après les séances du Congrès de la Paix qui s'était tenu à Rome, et elles prouvèrent que les réunions de ce genre ne sont pas sans produire quelque impression même sur les gouvernements.

On peut encore mentionner les plus récentes déclarations faites dans le même esprit par les rois d'Italie et de Danemark. La Chambre belge a adopté à l'unanimité une déclaration en faveur de la solution à l'amiable des difficultés internationales, et pour l'établissement d'un tribunal arbitral permanent, à ce destiné. Le gouvernement belge a exprimé son approbation complète de cette résolution. Semblable déclaration a été formulée au Storthing norvégien.

Un pas plus décisif encore a été fait dans cette voie par la signature, à Washington, en janvier 1897, d'une convention préparatoire entre la Grande-Bretagne et les États-Unis, relativement à l'institution d'un tribunal arbitral pour résoudre les difficultés qui s'élèveraient entre ces deux puissances. Cette convention fut présentée au Sénat américain, par un message où le président Cleveland exprimait l'espoir que la réalisation d'un tel accord entre nations de même famille servirait d'exemple aux autres pays ; qu'il leur apprendrait à régler leurs différends par un moyen plus conforme à l'esprit de la civilisation, et que ce serait, dans l'histoire même de celle-ci, le commencement d'une ère nouvelle. Voici le résumé des dispositions de la convention proposée, telles qu'elles furent communiquées au journal *Daily Chronicle*.

La première partie concerne la solution des questions relatives à des indemnités pécuniaires. Si la somme réclamée ne dépasse pas 100,000 livres sterling, le jugement est confié à un tribunal composé d'un juriste nommé par l'Angleterre et d'un autre désigné par les États-Unis. Ces deux juristes en choisissent eux-mêmes un troisième, qui doit servir d'arbitre. S'il s'agit d'une somme supérieure à 100,000 livres sterling, on s'adresse d'abord au même tribunal, et s'il est unanime dans la décision à intervenir, celle-ci est définitive. S'il n'y a pas unanimité, chacune des parties peut en appeler à un nouveau tribunal composé de deux juristes anglais, deux américains et un arbitre choisi par eux. La solution prise à la majorité des voix, par ce tribunal, est définitive.

Les différends relatifs à des possessions territoriales sont réglés par un tribunal composé de trois juges américains et trois juges anglais de rang supérieur. Leur décision est définitive si elle est prise à la majorité d'au moins cinq contre un. En cas de majorité plus faible, chacune des puissances a le droit de soumettre l'affaire à la décision définitive d'un pays ami.

Au cas où, dans le premier tribunal, — composé de deux juristes, — ceux-ci ne s'entendraient pas pour le choix d'un arbitre, ce dernier serait choisi après entente entre le tribunal suprême des États-Unis et le tribunal suprême anglais (*Privy Counsel*) ; et s'il n'y avait pas entente entre ces deux tribunaux, l'arbitre serait désigné par le roi de Suède et Norvège.

A cette convention, le Sénat de Washington fit diverses objections. Entre autres on formula des critiques contre l'attribution du rôle d'arbitre au roi de Suède. Mais, en tous cas, cette convention préparatoire constitue un phénomène curieux. Elle fut déterminée par le conflit qui s'était élevé entre les deux puissances à propos de l'affaire du Venezuela. D'ailleurs, cette affaire n'avait pas une importance de premier ordre ; et même si sa solution avait eu lieu précisément d'après la décision du tribunal, cela n'eût sans doute pas constitué une garantie que les deux parties se soumettront toujours aux arrêts de juges qui n'ont d'autre autorité que celle d'arbitres sans disposer d'aucune force pour les faire exécuter.

Quoi qu'il en soit, le système du militarisme a été parfois, de notre temps, publiquement critiqué, même par des hommes d'État. Ainsi, le 16 juin 1893, Gladstone, parlant à la Chambre des Communes, a dit que la guerre était « une honte pour la civilisation ». Le maréchal Canrobert, un des chefs de l'armée devant Sébastopol, écrivait à la Conférence parlementaire qui s'est tenue à Londres en 1890 : « Vous avez raison de travailler à supprimer la guerre ; je sais ce qu'elle est : c'est une vilaine chose. Il ne faut pas de guerres. » Un ancien ambassadeur d'Angleterre à Paris, au banquet qui lui fut offert à l'occasion de son départ, s'exprima ainsi : « Toute l'Europe est devenue un camp où fourmillent des millions de soldats avec un double rang de forteresses sur chaque frontière. Les cuirassés remplissent nos ports et encombrent la mer. La lutte pour l'extension des forces militaires a pris un développement inattendu. Et comme, grâce au télégraphe, le globe terrestre n'est plus qu'un paquet de nerfs, le moindre coup frappé sur un point quelconque peut amener de terribles désastres. Un fait insignifiant entraînerait le bouleversement de tout ce qui existe et provoquerait la guerre dans des conditions si terribles qu'on n'aura jamais encore rien vu de tel, non seulement en Europe, mais dans aucune autre partie du monde ».

Des paroles de condamnation semblables ont été formulées aussi par les représentants des intérêts moraux et intellectuels. Les cardinaux américains Gibbons et Logh et le cardinal anglais Vaughan se sont prononcés en faveur de l'établissement d'un tribunal permanent pour la solution des conflits entre nations de race anglo-saxonne. Pasteur, lors de l'inauguration de l'Institut qui porte son nom, a dit : « La lutte est, semble-t-il, entre deux lois opposées : — la loi du sang, de la mort qui, produisant tous les nouveaux moyens de destruction, force les nations à se tenir constamment prêtes à agir sur le champ de bataille — et la loi de la paix, du travail, du salut qui tend à débarrasser l'homme des maux qui l'assiègent. L'une parle de conquêtes sanglantes et l'autre nous pousse à venir en aide à l'humanité. Cette dernière estime la vie d'un homme à plus haut prix que toutes les victoires, tandis que l'autre sacrifie des centaines de milliers de vies humaines à l'ambition d'un seul ».

Un autre savant français, Flammarion, a écrit ce qui suit : « Quoique, de nos jours, on puisse soutenir très justement que la force prime le droit, les hommes sont en général assez avancés pour comprendre très bien toute la fausseté de cette affirmation. Et, sans doute, le temps n'est déjà plus éloigné où il n'existera ni guerres, ni armées permanentes ; où les hommes se sentiront humiliés de ne travailler que pour entretenir des soldats à ne rien faire ; où la France, l'Europe et tous enfin, se débarrassant de cette honte, le monde respirera librement après avoir arraché et jeté au feu cette lèpre déshonorante et absurde qui s'appelle « le budget de la guerre » !

Il faut bien reconnaître qu'une des raisons qui maintiennent le système du militarisme, c'est l'existence d'une caste de profession-nels militaires. Nous avons plus d'une fois appelé l'attention sur l'importance du changement qui s'est produit dans la composition des troupes, par suite de l'adoption générale du service obligatoire et de la courte présence des hommes sous les drapeaux : les armées ont pris ainsi un caratère national. Lors de la mobilisation des troupes, bon nombre d'officiers seront eux-mêmes des hommes appelés de la réserve, c'est-à-dire que ce ne seront pas des profes-sionnels. Mais, néanmoins, ces professionnels militaires existent toujours : ce sont les officiers de l'armée permanente. C'est entre

Les professionnels militaires.

leurs mains qu'est l'instruction des cadres destinés à contenir les millions d'hommes qui doivent marcher en campagne ; c'est à eux qu'appartient le commandement de toutes les fractions tant soit peu importantes de ces armées immenses. Pendant la paix, ce sont eux qui complètent les armements et perfectionnent l'organisation militaire, non seulement au point de vue de la défense, mais aussi pour faciliter l'exécution de guerres de conquêtes.

On comprend que l'existence, dans les pays européens, de cette caste nombreuse et influente qui, en Prusse, par exemple, semble même en partie héréditaire et comprend beaucoup de personnes d'une haute éducation, constitue l'un des soutiens du militarisme, indépendamment des autres conditions sur lesquelles il est fondé. Aussi est-il très probable que, même si s'établissait et se consolidait en Europe la conviction qu'il est impossible de faire la guerre avec les engins d'aujourd'hui et en raison des conséquences qu'elle aurait pour les nations, le désarmement n'en serait pas moins quelque peu retardé par suite de l'existence même d'une caste militaire nombreuse : celle-ci continuant à soutenir que les guerres sont inévitables, et qu'une simple réduction d'effectif des armées permanentes ferait courir les plus grands dangers.

Après avoir appelé l'attention sur cet élément actif et influent du militarisme, nous avons dû toutefois reconnaître que, par le cours même de la vie contemporaine, sa puissance et son influence devront avec le temps plutôt s'affaiblir qu'augmenter. Les conditions de l'existence sont devenues telles que la carrière militaire est beaucoup moins attrayante aujourd'hui qu'autrefois et qu'elle le deviendra de moins en moins par la suite. Aux époques lointaines, les gens de guerre et les chefs des troupes dominaient dans l'État ; la noblesse même, tant à Rome qu'au début du moyen âge, se composait des cavaliers de l'armée (*Equites*, Chevaliers). L'institution et le développement des armées permanentes, à une époque déjà plus récente de l'histoire, a constitué de nouveau une caste militaire jouissant d'une situation privilégiée.

Mais les changements survenus depuis lors dans l'organisation politique et sociale, l'importance croissante de la science, de l'industrie, du capital et enfin le nombre toujours plus grand des militaires, ont notablement amoindri les privilèges dont ils jouissaient dans la société et le prestige de leur uniforme. Le développement de la lutte pour l'acquisition des moyens de satisfaire aux besoins complexes de l'existence oblige la plupart des personnes, qui ont reçu de l'instruction, à ne voir, dans le service militaire, qu'une carrière ingrate.

Il n'est pas, en effet, de branche de l'activité humaine dans laquelle, étant donné ce qu'on exige des officiers comme instruction et tenue extérieure, le service et le travail soient aussi mal rémunérés que dans la profession militaire.

Et comme le nombre des corps de troupe entretenus en temps de paix continue toujours de s'accroître, afin d'assurer des cadres aux armées énormes que donnerait la mobilisation, les gouvernements n'ont pas le moyen de donner aux officiers l'augmentation d'appointements qui serait nécessaire pour assurer des conditions convenables d'existence, surtout à ceux qui sont mariés. C'est un fait dont les autorités militaires supérieures se sont partout préoccupées; car, partout, la pénurie d'officiers s'est déjà fait sentir. Mais les améliorations qu'on a pu réaliser sont naturellement restées très faibles, et bientôt ont paru insignifiantes comparativement aux besoins. Augmenter les appointements des officiers jusqu'à leur promettre une existence exempte de gêne et la possibilité de réaliser quelques petites économies, — comme cela a lieu dans les autres professions libérales, — c'est chose à quoi on ne peut pas songer. Il faudrait pour cela une augmentation du budget de la guerre que, dans les pays occidentaux, les Parlements n'accorderaient jamais, et à laquelle, en Russie, le gouvernement ne pourrait guère se décider ; d'autant plus que, même sans cela, les dépenses militaires ne font que s'accroître. Et quant à des réductions compensatrices portant sur d'autres chapitres du budget de la guerre lui-même, comme, par exemple, sur les dépenses d'administration, d'armement ou d'entretien des établissements d'instruction, cela pourrait avoir une répercussion fâcheuse sur toute l'organisation de l'armée.

Cependant l'insuffisance des appointements devait avoir pour conséquence inévitable, d'éloigner peu à peu les meilleurs éléments de la carrière militaire. D'autant plus, répétons-le, que, dans les idées de la société moderne, le prestige spécial aux gens qui portent les armes s'est déjà dissipé. Le mouvement qui se produit, dans la société, contre le militarisme, conduit même à une manière de voir directement opposée. L'idéal moderne s'éloigne de plus en plus de l'admiration pour les actions d'éclat accomplies sur le champ de bataille et pour la gloire des conquêtes. Les idées qui se répandent invinciblement dans la société sont que le but essentiel des efforts sociaux doit être de diminuer la somme des souffrances physiques et morales qui arrêtent le progrès de l'humanité, et même peuvent amener sa dégénérescence. Et l'obstacle à cela est, avant tout, précisément dans les colossales dépenses que nécessitent l'entretien des armées et des flottes, la construction et l'armement des forteresses. La rivalité qui existe, sous ce rapport, entre les États européens, a pour résultat qu'on n'aperçoit pas de terme à l'accroissement de ces dépenses, comme si l'humanité était condamnée à rouler éternellement le rocher de Sisyphe qui l'écrase. On entend se plaindre de ce que le militarisme voudrait absorber, toute la sève sociale, ou, comme on dit dans un conte, « qu'au lieu d'épis de blé, les champs produisissent des sabres et des baïonnettes, et que sur les arbres, au lieu de fruits, il se formât des obus ». Les hommes qui ont choisi la carrière militaire ne sont évidemment pas responsables de cette situation pénible, indépendante de leur volonté, et dont ils sont eux-mêmes, en partie, victimes. Mais l'opinion publique ne discute pas les motifs personnels, et fatalement, elle fait retomber sur la caste militaire l'antipathie que lui inspire le système du militarisme.

On peut objecter que les savants aussi sont souvent mal rétribués, que cependant ils travaillent assidûment et n'abandonnent pas leurs études. Mais c'est que chacun d'eux est soutenu d'abord par le haut intérêt de ces études, et ensuite par l'espoir d'attacher son nom à une découverte ou à une invention, et la possibilité de s'enrichir enfin en cas de succès. Rien de semblable pour un officier. Pour une solde insignifiante, il se voit chargé d'une tâche qui n'est pas mince, mais mesquine, et surtout désespérément uniforme. Chaque année, après les réunions dans les camps, recommence pour lui le travail de l'instruction des recrues et des exercices. Enfin, l'espoir même de se distinguer à la guerre lui fait défaut ; car personne, en réalité, ne croit à la proximité d'une guerre. Pour l'officier d'instruction moyenne, les limites réelles de ses désirs sont représentées par le commandement d'une compagnie. S'il reçoit celui d'un bataillon, sa situation ne s'en trouve pas beaucoup améliorée, et la lenteur de l'avancement ne lui laisse que peu d'espoir de parvenir au grade de lieutenant-colonel, qui borne sa carrière. Car, pour arriver au commandement d'un régiment et des unités plus considérables, il faut avoir passé par l'Académie (1).

Enfin, même pour ceux qui continuent de se consoler dans l'attente d'une guerre et de l'occasion de se distinguer, il y a bien peu d'espoir d'atteindre la situation désirée. Nous avons eu souvent l'occasion de nous entretenir avec des militaires de différentes natio-

____

(1) Il s'agit des officiers russes en tout ceci. Mais ce que dit l'auteur s'applique également, avec quelques modifications de détail, à ceux des autres armées. *(Note du traducteur.)*

nalités, et chez tous nous avons trouvé la conviction que, dans la guerre future, bien peu d'entre eux atteindront leur but. Avec la suppression de la fumée sur les champs de bataille, la précision du tir, la règle de tirer surtout contre les chefs, et l'obligation pour les officiers de donner l'exemple aux soldats, il reste à ceux-ci trop peu de chances de rentrer chez eux sains et saufs. Nous avons en outre observé que bien des officiers étaient découragés plus encore par cette idée que, dans les conditions actuelles de la lutte, il sera extrêmement difficile de se distinguer et de se faire remarquer, parce que les conditions mêmes de la lutte ne permettront pas aux supérieurs d'observer la conduite de leurs subordonnés.

Les temps sont passés où l'officier, s'élançant en avant, entraînait ses hommes derrière lui et, par une attaque hardie à la baïonnette, faisait brèche dans les rangs ennemis; où un escadron, apercevant une batterie ennemie mal soutenue, se jetait sur elle au galop, sabrait les servants, enclouait les canons ou les culbutait dans un fossé. Le courage aujourd'hui n'est pas moins nécessaire que par le passé, il l'est même davantage ; mais c'est le courage de la ténacité, du sacrifice, et non plus de l'héroïsme scénique. Le combat a pris un aspect plus mécanique que chevaleresque. L'initiative personnelle des chefs n'est pas moins nécessaire qu'auparavant, mais il faut qu'elle soit strictement d'accord avec la tâche dévolue à une troupe nombreuse, et par suite elle est moins apparente. De là vient que, dans la conduite du combat moderne, l'individualisme semble tenir moins de place qu'à l'époque où, dans la lutte, le plus brillant rôle pouvait échoir aux plus petites unités.

Il est vrai que la guerre conservera toujours les caractères qui la rendent attrayante pour les natures turbulentes et remuantes, incapables de se résigner au travail et à la vie régulière, et qui trouvent précisément du charme dans le danger. Mais, pour ceux-là même, il ne sera pas sans importance de voir la vie remuante du militaire et l'activité fiévreuse du combat dépouillées de cette auréole exceptionnelle qui les mettait au-dessus de tout travail pacifique. De plus en plus, la société s'emparera des idées qu'un célèbre ministre et historien français, Guizot (1), exprimait par la question suivante : « Est-ce qu'on peut considérer le monde comme une immense forêt abandonnée aux amateurs de chasse, et remplie de nations uniquement pour permettre aux chasseurs de montrer leur adresse et leur audace ? Est-il avantageux pour un pays de s'exposer aux aven-

------

(1) Guizot, *Mélanges politiques et historiques*, 1869.

tures, et n'y a-t-il donc pour lui d'autre gloire que celle acquise en courant des dangers ? »

Il est à remarquer que plus jeunes et plus instruits sont les officiers, plus ils envisagent la guerre sous un jour pessimiste. Et quoique les militaires ne parlent pas ouvertement contre elle, — ce qui ne s'accorderait pas avec leur profession, — il est impossible de ne pas observer qu'ils en proclament de plus en plus rarement et de moins en moins formellement la nécessité, et surtout les prétendus avantages. Nous pouvons ajouter que, précisément parmi les militaires, nous avons rencontré beaucoup de personnes approuvant entièrement l'idée de montrer comment le côté technique de la guerre future se rattache à des conditions économiques ; ils trouvaient cela plus convaincant que des conclusions basées seulement sur des considérations techniques qui sont de peu d'effet sur les esprits routiniers.

Derniers progrès de la technique.

Il faut d'autant plus tenir compte de tout cela, qu'en raison de l'impossibilité de résoudre par la guerre les questions internationales les plus importantes, la situation créée par le système du militarisme devient, d'année en année, plus pénible à supporter. Comme nous l'avons dit, la poudre sans fumée a bouleversé les conditions de combat, mais la technique progresse toujours ; et dix ans seulement après cette invention, un écrivain militaire autorisé comme le général Wille pouvait déjà constater d'autres progrès plus importants encore.

Un savant russe, le professeur D. J. Mendeleïeff, affirme nettement que les progrès de la technique militaire conduiront à la suppression de la guerre :

« Le perfectionnement des armes à feu et l'étude des substances explosives, — dit-il, — voilà l'un des meilleurs et plus sûrs moyens d'arriver à la paix universelle. Ayant dû m'occuper de cette question et prendre l'opinion de beaucoup de personnes éminentes, et étant le fils de mon pays qui ne peut que souhaiter une paix éternelle, j'affirme sans hésiter que le perfectionnement des armes à feu a, entre autres choses, pour but la consolidation de la paix générale ; que l'envie de se battre est inversement proportionnelle au carré — sinon au cube ou même à une puissance encore plus élevée — de la distance à laquelle la portée des armes oblige les adversaires à rester les uns des autres ; qu'en rendant plus régulière la combustion des explosifs et en augmentant la vitesse initiale des projectiles qu'ils servent à lancer, nos contemporains aident puissamment à la diffusion des lumières et du progrès ; et qu'enfin l'étude approfondie de ces substances explosives répond aussi bien directement qu'indirectement aux progrès de la science et de l'industrie. »

Dans le volume consacré à la guerre maritime, nous avons parlé des canons pneumatiques de Zalinski, lançant des projectiles explosifs d'une telle puissance, qu'ils doivent tout balayer sur une étendue considérable de terrain. Ces engins peuvent être employés pour la défense des côtes ; et même on pourra s'en servir dans la guerre de campagne, en perfectionnant quelque peu leur mode de transport. Ainsi, un changement important dans les conditions actuelles de la lutte pourrait être réalisé, même sans la découverte de nouveaux explosifs.

Il ne faut donc pas s'étonner de l'opinion exprimée sur la guerre future par le prince de Bismarck, dans un de ses entretiens (1) : « A la question de la guerre les chimistes seuls peuvent répondre : c'est celui qui croira posséder la meilleure poudre qui donnera le signal du combat ». Mais en un temps où la science, en raison pour ainsi dire de l'intercommunication des réservoirs dont elle sort, se trouve partout au même niveau, il ne peut plus y avoir de secrets absolus. — Les esprits, partant des mêmes données, arrivent partout et presque en même temps, aux mêmes découvertes. Qu'une poudre un peu plus puissante vienne à être adoptée par un pays, les autres suivent immédiatement. Quant à compter, dans une affaire aussi complexe qu'une grande guerre, sur la puissance de quelques hommes de génie ou la vertu de quelques formules magiques, c'est chose désormais impossible.

Les progrès des armes portatives sont si rapides, qu'au témoignage des auteurs compétents, l'ensemble des améliorations, introduites dans les armes à feu au cours de cinq siècles, ne se peuvent comparer, comme importance, avec celles qui ont été réalisées depuis la dernière grande guerre européenne. Mais, dans toutes les armées, on expérimente déjà de nouveaux fusils, du calibre de 5 millimètres. Comme nous l'avons dit dans notre ouvrage, le professeur Hebler, l'un des hommes qui connaissent le mieux les armes portatives, apprécie comme il suit leur valeur relative. Celles dont sont actuellement pourvues les armées européennes sont, dit-il, de 4 à 7 1/2 fois plus puissantes que celles employées en 1870-71 ; les fusils américains le sont même 10 fois. Et la valeur de ces derniers est double de celle des plus récents fusils russes de

____

(1) Bewer, *Bei Bismarck* (Chez Bismarck).

3 lignes. Mais la nouvelle arme qui correspondra vraiment à l'état actuel de la technique, vaudra quarante fois celles qu'on avait en 1870 et douze fois autant que le fusil russe de 3 lignes.

Quant aux bouches à feu, il résulte des indications que nous avons données, que, par suite du perfectionnement même des canons et de l'augmentation de leur nombre dans les armées, l'effet de l'artillerie contemporaine doit être hors de toute comparaison avec celui qu'elle produisait dans les guerres d'autrefois. En prenant pour unité la puissance de l'artillerie française en 1870 et en la multipliant successivement par les différents coefficients qui représentent l'augmentation des effets de cette arme, — par suite des divers perfectionnements des bouches à feu et de l'accroissement de leur nombre, — nous arrivons à conclure, qu'après l'adoption des canons à tir rapide actuellement en cours de fabrication, l'artillerie française sera 233 fois plus puissante qu'elle ne l'était en 1870.

Et, sans nul doute, on ne s'en tiendra pas là. Déjà l'on travaille à inventer de nouveaux modèles de canons qui permettraient d'utiliser entièrement la force de la poudre. On augmente aussi le nombre de projectiles portés par les caissons qui accompagnent les pièces. Nous citerons ici, comme exemple, l'invention d'un appareil qui supprime « l'éclair » produit par le coup. Avec la poudre sans fumée et sa faible détonation, il est déjà difficile de déterminer la position des batteries ennemies. Mais encore est-on aidé en cela par la flamme brillante qui accompagne chaque coup. Si l'on fait disparaître cette flamme, et si l'on supprime entièrement le bruit de la détonation, l'artillerie pourra frapper l'ennemi à quelques kilomètres de distance, tout en restant complètement invisible.

C'est le résultat qu'a cherché à réaliser le colonel français Humbert, en imaginant un appareil qui supprime l'éclair et le bruit du coup.

Pourtant les énormes perfectionnements apportés dans ces derniers temps aux fusils, aux canons et à leurs projectiles, ne représentent pas encore tout ce qui a été récemment imaginé pour augmenter la puissance du mécanisme de la guerre. Depuis 1870, comme nous l'avons exposé, on a considérablement perfectionné, et aussi inventé divers engins qui, quoique seulement auxiliaires, n'en doivent pas moins avoir une certaine importance dans la guerre future. Les inventeurs sont constamment au travail dans cette branche de la science militaire, si bien que sans cesse on voit paraître de nouveaux appareils et engins applicables à la guerre. Tels sont, par exemple, de légères échelles transportables formées de minces tubes métalliques servant à former des observatoires pour surveiller les mouvements de ses propres troupes et de celles de l'ennemi. En Belgique, chaque bataillon et chaque batterie possède une de ces échelles. Tels encore des revolvers à longue portée qui, attachés au fourreau du sabre-baïonnette, peuvent en partie remplacer le fusil ; des télémètres d'une précision extraordinaire, à l'aide desquels on peut distinguer les officiers dans les rangs ennemis ; des lanternes portées à la ceinture, lançant des rayons lumineux à grande distance, et pouvant entraver l'exécution des attaques de nuit par surprise, si fort recommandées par quelques auteurs.

La rivalité que mettent les divers pays à perfectionner et à augmenter leurs armements excite naturellement l'émulation des techniciens les plus savants, qui s'efforcent à l'envi d'accroître la puissance de tels ou tels des engins employés à la guerre et d'en imaginer encore de nouveaux. Toutes ces inventions fournissent nouvelle matière à la rivalité qui existe entre les États sur le chapitre des armements. Et que le lecteur ne s'imagine pas que les militaires appartenant aux armes dites « spéciales » soient les seuls à s'occuper de ces questions. Au contraire, ce sont de simples particuliers qui travaillent le plus activement à inventer et à perfectionner les engins de guerre ; ce sont les techniciens des usines et les propriétaires d'établissements métallurgiques et industriels.

Ainsi, la fameuse maison Krupp, dont les revenus surpassent ceux de tous les industriels, capitalistes et propriétaires fonciers de l'Allemagne, est assez riche pour pouvoir consacrer des sommes considérables à des recherches dans le domaine des inventions techniques ayant quelque rapport aux choses de la guerre. Et d'autres usines importantes peuvent en faire autant, quoique sur une moindre échelle. Dès lors, voici comment les choses se passent. On propose, par exemple, un nouveau modèle de canon à tir rapide : le gouvernement s'adresse à quelques établissements de premier ordre et leur demande de confectionner un certain nombre de pièces du nouveau modèle, en spécifiant qu'au mieux réussi sera payée une somme considérable à titre de prime, et qu'à l'usine d'où il sortira, seront commandés tous les canons de ce genre dont on aura besoin.

Il n'est pas étonnant qu'avec cette rivalité entre les États, d'une part, et, de l'autre, l'appui qu'ils prêtent ainsi aux grandes entreprises d'ordre technique appuyées sur les progrès de la science, ces progrès et ceux des armements continuent à se développer avec une rapidité remarquable. Assurément, cela n'est pas sans utilité pour l'accroissement de la production en général ; mais la conséquence la plus évidente n'en est pas moins le développement toujours plus colossal des moyens de destruction. Lesquels, d'ailleurs, ne sont pas plutôt réalisés sous une certaine forme qu'ils se trouvent surpassés et surannés ; les sommes énormes qu'ils ont coûtées étant ainsi absolument perdues ; car, pour remplacer ces engins par d'autres plus perfectionnés, il faut dépenser encore des sommes beaucoup plus considérables.

Et l'on marche dans cette voie sans arrêt possible, allant d'une organisation coûteuse à une autre plus coûteuse encore. Mais en même temps — et c'est là ce qui permet d'espérer qu'on abandonnera quelque jour cette route désastreuse et ruineuse pour les peuples — chaque jour pénètre plus profondément dans l'esprit et la conviction des gens, cette vérité, que la guerre est quelque chose de profondément immoral, et qu'en sacrifiant à sa préparation le plus clair des ressources populaires, on fait aux nations un mal irréparable. De plus en plus souvent, les esprits sont assiégés par cette triste question : Que ne pourrait-on faire pour les malheureux, pour améliorer l'existence des ouvriers des villes et des campagnes, pour l'assistance des enfants abandonnés, des infirmes et des vieillards sans ressources, par exemple, avec les 30 milliards que, depuis 1870, la France a dépensés pour faire la guerre et pour préparer la guerre future ?

Rivalité dans l'accroissement des effectifs des troupes. Passant ensuite à l'augmentation, dans tous les pays, du nombre des hommes soumis à l'appel aux armes en cas de guerre, nous avons signalé : — d'abord les difficultés qui en résulteront dans l'organisation militaire et la conduite même de la guerre, — puis cette circonstance, que les effectifs de la réserve et des milices, et peut-être même, dans une certaine mesure, ceux des troupes permanentes qui devront encadrer toute la force armée pendant la guerre, grossissent et grossiront constamment. C'est une conséquence de l'accroissement de la population et de la réduction graduelle de la durée du service actif, que la Prusse, la première, abaissa jusqu'à trois ans ; exemple que suivirent, non seulement l'Allemagne entière, mais tous les autres pays, en adoptant aussi le service de trois ans, ou du moins en se rapprochant de ce terme. Depuis, l'Allemagne a même introduit dans ces derniers temps le service de deux ans, et cet exemple ne peut manquer d'amener d'autres pays à le suivre de plus ou moins près ; car la rivalité entre les États ne se manifeste pas seulement dans les engins techniques, mais aussi au point de vue de l'effectif des hommes ayant reçu l'instruction militaire, dont on peut disposer dans un suprême effort en cas de guerre.

En même temps, il n'est pas douteux que, plus est énorme le

nombre des hommes appelés sous les drapeaux, plus s'abaissent
leurs qualités militaires. Il est évident que le soin de les instruire
et de les diriger convenablement pendant la guerre ne peut être
confié qu'à des officiers, ayant fait choix de la carrière militaire et
s'en étant fait une spécialité. Et plus le service militaire se complique,
plus devient nécessaire une préparation bien complète des chefs.

Cependant, comme nous avons essayé de l'expliquer, le rapport
entre le nombre des officiers spécialement instruits et expérimentés
— ou même des sous-officiers sur qui on peut compter — et l'effectif
des troupes sur le pied de guerre va constamment en diminuant.
Même parmi les officiers généraux et supérieurs, les militaires
instruits ne sont, de nos jours, qu'en minorité. Quant aux officiers
subalternes, il n'y en a presque pas, dans les troupes actives, qui
aient l'expérience de la guerre ; et dans quelques années il n'y en
aura plus du tout. Les spécialistes militaires se trouvent, en ce qui
concerne l'acquisition de l'expérience, dans des conditions différentes
des spécialistes des autres sciences. La pratique journalière du
chimiste, du médecin, du mécanicien, représente pour lui une série
d'études expérimentales ininterrompues. Mais la guerre seule peut
donner l'expérience aux spécialistes militaires ; et sans celle du
combat, si complète qu'ait été leur préparation théorique, ils n'en
seront pas moins toujours des novices en fait de guerre.

Il semblerait qu'à la rigueur, les manœuvres exécutées en Les manœuvres.
temps de paix avec de grandes unités puissent donner une idée du
maniement des masses, de l'étendue des pertes, etc. ; mais la plupart des choses que nous voyons aux manœuvres ou que nous
lisons dans leur description constituent évidemment une illusion.
Ainsi en est-il avant tout de la bonne volonté des troupes, de l'ordre,
du brillant. « Les boucliers brillent », comme disait déjà Xénophon ;
la musique résonne, les troupes massées s'avancent, les changements
de front, les alignements, les nouvelles formations s'exécutent dans
la perfection. Tout cela produit l'impression de la force, tout cela
promet la gloire. Mais pendant une route, ce n'est déjà plus cela,
et à plus forte raison pendant une bataille. Les privations, les maladies, les souffrances de toutes sortes détruisent les hommes en plus
grand nombre encore que les balles et la mitraille.

En outre, les manœuvres ne donnent aucune idée du facteur le
plus important, du facteur moral, c'est-à-dire de l'effet produit par
les dangers du combat, dangers qui se sont accrus dans des proportions énormes. Comment ne pas admettre qu'il faut vraiment une
grande force d'imagination pour se figurer l'effet produit par une

dizaine de milliers de balles lancées par un bataillon en une minute et dont chacune, même tirée au hasard, peut aller traverser 5 hommes à 600 mètres ; puis l'effet des projectiles d'artillerie dont l'explosion en 1870, avec la poudre au salpêtre, ne donnait que 37 éclats, tandis qu'elle en produit maintenant de 300 à 800 ; puis encore, l'effet des grands obus d'acier pesant 37 kilogrammes et qui avec la poudre ordinaire ne se brisaient qu'en 42 morceaux, tandis que maintenant, chargés à la pyroxyline, ils en produisent 1,204 (1) et s'envoient à 7 kilomètres ; l'effet enfin des obus et des shrapnells qui donnent des centaines d'éclats et de balles, couvrant, comme d'une grêle, une surface de 6,000 mètres carrés. Et c'est seulement par l'imagination, quand on connaît ces données, qu'il est possible de se rendre tant soit peu compte de l'effet de ces engins et de l'impression que peuvent produire de pareils dangers. Ce n'est nullement en assistant aux manœuvres du temps de paix, où l'on ne voit rien de tout cela.

De plus, ces manœuvres ne peuvent donner l'idée, même approximative, d'un véritable combat, et de la marche des opérations militaires en général, parce qu'il y manque encore, outre le feu réel, un autre facteur nouveau et caractéristique de la guerre future : l'action des grandes masses de troupes. La faiblesse de l'effectif de paix des unités, non seulement ne permet pas de se figurer le tableau des combats futurs, mais elle peut même conduire à se faire des idées fausses et à se représenter des combinaisons qui ne sont possibles qu'aux manœuvres.

Une autre raison encore, qui fait que ces exercices ne sauraient ressembler aux combats futurs, c'est que ceux-ci se livreront sur des terrains semés d'obstacles et d'ouvrages fortifiés de toute sorte. Pour obtenir quelque chose de semblable en temps de paix, il faudrait dépenser des sommes énormes en indemnités payées aux propriétaires des champs et des maisons. Les règles mêmes qu'on suit aux manœuvres sont telles que, dans un combat réel, elles ne pourraient être appliquées qu'exceptionnellement.

On dira bien qu'à ces manœuvres, il y a des arbitres chargés de veiller à la vraisemblance des opérations. Mais l'opinion, qui semble très juste, de bien des personnes, c'est que si l'on confiait ce rôle d'arbitres à tels ou tels généraux que nous avons cités, comme par exemple Müller, Rohne, Langlois, Janson, Leer, Skougarevsky, Mignot ou même à des écrivains militaires comme Regenspoursky,

____

(1) Langlois, *L'Artillerie de campagne.*

Hœnig, Moch, Nigote, et si en outre ces arbitres demeuraient
entièrement libres de décider quel mouvement est possible et quel
mouvement ne l'est pas, il faudrait bientôt supprimer ces exercices.

De tels arbitres feraient en effet enlever, de l'échiquier des manœuvres, toutes les pièces — tours, cavaliers, etc. — qui, dans les
conditions données, ne pourraient plus prendre part à cette guerre
pour rire. Ils feraient observer qu'une division sur le pied de paix ne·
devrait jamais traverser un passage que, dans le même laps de
temps, ne pourrait point franchir une division sur le pied de guerre,
c'est-à-dire d'un effectif double. Une aussi stricte appréciation des
faits pourrait être instructive pour le public et même le convaincre
de l'impossibilité de livrer des combats avec des millions d'hommes.
Mais à un autre point de vue, une telle rigueur se trouverait sans
doute inapplicable. Ainsi, quand le comte Waldersee, étant arbitre
aux manœuvres, eut décidé qu'un corps de troupes, qui venait d'exécuter brillamment une attaque sous la conduite de l'empereur Guillaume II, aurait été, dans un combat réel, entièrement détruit, il
arriva peu après que le comte Waldersee, qui était alors chef de l'État-
Major général, fut remis simple commandant de corps d'armée (1).

Les expériences de mobilisation, en temps de paix, ne donnent
pas non plus une image des circonstances qui se présenteraient en
temps de guerre. On appelle habituellement les réservistes d'une
circonscription déterminée, et ces hommes savent qu'ils ne sont
appelés que pour peu de temps et reviendront bientôt à leurs affaires.
Il ne se produit aucun bouleversement dans la vie économique du

---

(1) L'auteur de l'ouvrage : *Le combat et les feux de l'infanterie* (Paris, 1892) fait
très bien ressortir les conclusions fausses tirées des manœuvres dans l'armée française, et
qui, d'après la maligne observation des écrivains militaires allemands, ne laissent pas
de se rencontrer aussi dans les troupes russes (Löbell, *Jahresberichte*). Ainsi, aux
manœuvres, l'attaque commence habituellement à une trop grande distance, se poursuit
ensuite très tranquillement, en terrain découvert, sous le feu le plus intense de l'ennemi.
Et en fin de compte, quand les assaillants ont atteint la position, ses défenseurs sont
considérés comme battus; bien que, d'après le caractère de cette position, d'après la durée
du combat et la quantité de batteries dirigées contre l'attaque, on dût admettre que, si
les assaillants sont arrivés au point attaqué, ce n'a pu être qu'en si petit nombre et dans un
tel état, qu'il leur eût été impossible de s'en emparer.

Un tel succès imaginaire fait de l'effet; seulement il en produit aussi un très fâcheux,
parce que les manœuvres ne doivent pas être une représentation théâtrale, mais bien une
image de la guerre, sinon dans toute sa réalité, au moins sans altération à plaisir de
celle-ci. Il faut se rappeler que les troupes appliquent au combat les règles qu'elles ont
apprises aux manœuvres du temps de paix. Et si ces manœuvres ne peuvent tenir lieu de
l'expérience de la guerre, au moins faut-il éviter qu'elles n'induisent les hommes en de
funestes erreurs.

pays. Pour les corps de troupes constitués, tout est préparé d'avance sur des points déterminés, et il n'y a pas d'ennemi dont les mouvements puissent obliger de déplacer tel ou tel de ces points, de modifier la marche même de la concentration, etc. Les chemins de fer fonctionnent très régulièrement. Les vivres arrivent partout à temps ; les wagons vidés sont remplacés par d'autres et leur déchargement est assuré par des centaines d'ouvriers requis, dont on ne disposerait pas en temps de guerre. Le matériel enlevé des trucks est chargé sur les voitures qui suivent les troupes. En un mot, tout se passe avec une régularité parfaite — même si, à la gare, où s'effectuent les opérations, il a fallu amener des ouvriers et des voitures par centaines pour que les transbordements à effectuer n'entravent pas le trafic de la voie.

Mais, en cas de guerre, tout cela se passera d'une façon quelque peu différente. Les autorités administratives seront accablées de travail. En raison de l'appel des hommes sous les drapeaux et de la réquisition des chevaux par les troupes, il ne sera pas facile de réunir, à la station voulue, les ouvriers et les voitures dont on aura besoin. Et pour peu qu'à une seule des gares il y ait un retard dans l'arrivée et le déchargement des trains, la ligne tout entière s'en ressentira. En outre, il surviendra d'autres événements inattendus. Nous avons appris par une personne chargée, lors d'un essai de mobilisation, d'organiser les charrois dans un district de Galicie, que, pour les constituer, il lui avait été prescrit de requérir toutes les voitures qui se trouvaient dans le district. Mais quand cette personne eut fait savoir qu'on ne pourrait pas faire tenir toutes à la fois dans les rues, les voitures qui se trouvaient chez les habitants, l'ordre en question fut rapporté.

Ainsi donc les manœuvres ne peuvent donner une idée réelle de la marche des opérations futures, et toutes les affirmations rassurantes des militaires ne doivent pas empêcher le public de réfléchir très sérieusement aux horreurs sans exemple et aux pertes économiques qui résulteront d'une grande guerre. L'essentiel aujourd'hui pour une nation, c'est que toutes les personnes instruites cherchent à se rendre compte d'avance de ce qu'elles verront en pareil cas, et que chacun, dans la mesure de ses forces, serve la cause de la paix, en s'efforçant de répandre des idées justes sur ce qui attend l'humanité en présence des moyens actuels de faire la guerre.

Comme les éléments les plus importants du combat réel font défaut aux manœuvres, elles ne peuvent faire acquérir de véritable expérience, même aux officiers qui connaîtront bien le plan d'opérations des unités placées sous leurs ordres. Et cependant, pour la guerre future, des officiers expérimentés .seront plus que jamais nécessaires. Dans la composition des troupes, s'est augmentée peu à peu la proportion des éléments provenant de la population urbaine, parce que les villes attirent la population et se développent rapidement. Or, les recrues provenant des villes constituent, généra-lement parlant, une mauvaise acquisition pour les troupes. Elles sont physiquement plus faibles et moins endurantes ; et on ne peut perdre de vue ce fait, que, dans une certaine mesure, elles sont habituées à une nourriture meilleure.

Mais, ce qui est plus important, le soldat provenant des classes sociales urbaines est très inférieur aussi, comme esprit militaire, au paysan enrôlé. Le maréchal Soult a dit qu'il fallait deux ans au soldat pour oublier sa famille et son village, puis deux autres années encore pour se pénétrer de l'esprit militaire. Pourtant avec la brièveté du temps de service actuel, la plus grande partie de l'effectif du pied de guerre se composera d'hommes qui, depuis quelques semaines seulement, auront dû quitter leurs occupations du temps de paix, sans avoir pu mettre leurs affaires en ordre et en laissant leurs familles exposées aux privations et à la famine. Sous ce rapport, les ouvriers des villes, appelés au service, ainsi que les domestiques, employés et petits commerçants, se trouveront évidemment dans des conditions bien plus mauvaises que les paysans.

Tout cela doit influer sur l'état d'esprit du citadin-soldat ; et plus s'étendent les villes, plus se spécialisent les professions, — ce qui caractérise précisément l'organisation économique actuelle, — plus faible nécessairement sera l'esprit militaire des troupes. Et cependant, la guerre devient de plus en plus périlleuse, et il est difficile de se représenter cette guerre faite avec succès par une armée déjà imbue d'esprit sceptique, et peut-être même ayant subi l'influence des théories socialistes.

Les dangers qui peuvent provenir de la diffusion de ces idées dans les masses, de leur infiltration possible dans l'armée, ont été signalés dans plusieurs discours de l'empereur Guillaume. En France on a, pour la guerre, une antipathie dont témoigne, en l'excitant, toute une littérature où l'on trouve l'expression du mécontentement qu'inspire l'ordre présent des choses, d'une désillusion profonde à l'endroit de l'idéal d'autrefois, et, si l'on peut ainsi dire, d'une lassitude de la vie, d'un véritable dégoût pour les conditions actuelles de l'existence.

Cette prédisposition d'esprit n'implique pas, de la part de tous ceux qui en sont affectés, la manifestation d'idées socialistes ouvertement exprimées. Chez beaucoup d'entre eux, elle affecte la forme indirecte d'aspirations vagues vers quelque chose de nouveau, mais surtout une répulsion pour tout ce qui existe.

Relativement à la guerre et aux idées dont émane l'esprit militaire, ces tendances dites « décadentes » constituent un courant non moins hostile que le socialisme. Presque chaque jour paraissent en France des brochures dans lesquelles, comme dit le général Lewal, « se multiplient les attaques contre l'armée, où l'on couvre d'outrages le drapeau, qu'on y qualifie de chiffon, et les insignes de l'honneur qu'on appelle les hochets de la vanité, où l'on excite au mépris des hommes de devoir capables de se sacrifier à l'intérêt du pays, de combattre et de mourir sans espoir d'autre récompense qu'un bout de ruban honorifique ».

Mais, plus dangereux encore pour les traditions militaires sont les efforts dirigés contre elles par des écrivains éminents et populaires comme Émile Zola, qui s'efforcent de discréditer l'idée même du dévouement et de la discipline militaire. Zola, dans *La Débâcle*, nous montre tous les chefs incapables et indifférents au sort de l'armée et du pays, sans qu'un seul d'entre eux remplisse son devoir comme il devrait le faire.

Nous donnons ici un échantillon des opinions de l'auteur de *Le Lys rouge*... « La caserne est une invention odieuse des temps nouveaux. Elle ne remonte pas au delà du xviie siècle. Avant cela, on ne connaissait que le corps de garde, relativement innocent, où les soldats mercenaires passaient leur temps à jouer aux cartes et à raconter des histoires. La caserne fut imaginée sous Louis XIV, qui se montra le précurseur de la Convention et de Bonaparte. Mais ce fléau n'a vraiment atteint toute son étendue que depuis l'établissement du service militaire obligatoire pour tous. Contraindre les gens à s'entre-tuer, tel a été l'acte honteux et criminel commis par tous les gouvernements, quelle que soit leur forme. Ainsi, aux époques qui maintenant sont considérées comme demi-barbares, les villes et les gouvernements chargeaient de leur défense des mercenaires qui faisaient la guerre avec leur bravoure et leur prudence particulières ; il y avait de grandes batailles où l'on tuait en tout cinq ou six hommes. Et quand les chevaliers allaient à la guerre, c'était de leur plein gré et sans y être contraints qu'ils risquaient leur tête ; en réalité, d'ailleurs, ils n'étaient bons qu'à cela. Il ne serait venu à l'idée de personne, au temps de saint Louis, d'envoyer à la guerre un homme instruit et intelligent. Même à cette époque, on n'arrachait pas les laboureurs à leur champ pour les traîner à la guerre. Mais maintenant, on force un malheureux paysan à être soldat. On le chasse de sa maison sur laquelle s'élève paisiblement la fumée de son souper, on l'arrache des prairies où paissent ses troupeaux, des bois et des champs qui forment son patrimoine. Dans la cour d'une caserne malpropre, on lui apprend à tuer les gens dans les règles ; en même temps on le menace, on le maltraite, on le met en prison ; on lui assure que l'honneur exige tout cela, et, s'il veut se dérober à cet honneur-là, on le fusille. »

Une propagande du même genre a lieu en Italie, ainsi qu'en Autriche et même en Allemagne, quoiqu'en ce dernier pays, toutefois, avec une certaine réserve.

Et cependant il devient de moins en moins probable qu'on puisse atteindre, par la guerre, des résultats positifs quelconques. Dans le chapitre consacré aux *Plans des opérations militaires*, nous avons essayé de faire voir quels obstacles presque insurmontables rencontrerait désormais une invasion des Allemands en France — et inversement — aussi bien qu'une invasion des troupes russes en Allemagne ou des troupes austro-allemandes en Russie.

Dans le cours de ces vingt-cinq dernières années, tous les États ont élevé, dans le voisinage des frontières qui les séparent, des forteresses de dimensions inconnues jusqu'à présent ; et ils continuent sans cesse à accumuler des forces et des travaux de défense dans les localités avoisinantes. La différence essentielle entre le présent et le passé consiste précisément en ce que la fortification des frontières ne se présente plus sous la forme d'un certain nombre de places fortes isolées, mais sous celle d'un système embrassant des zones entières, et qu'en outre, chaque place ne se compose plus seulement d'un ouvrage central avec quelques bastions, mais d'un ensemble de forts et abris voûtés susceptibles de constituer un camp retranché pour une armée entière, avec encore, à l'extérieur, des positions fortifiées préparées pour des batteries et des tirailleurs, puis diverses défenses accessoires et tout un approvisionnement de matériel pour en organiser d'autres. Dans le voisinage des champs de bataille probables, sont installés des dépôts de munitions parfaitement abrités et des emplacements protégés pour y placer les réserves à proximité du lieu du combat ; enfin, des chemins de fer et des télégraphes ont été construits à l'avance pour faciliter les communications.

Tous ces préparatifs tourneront en général au profit de la défense ; et les progrès réalisés dans la construction des fusils et des

Improbabilité d'atteindre par la guerre aux résultats visés.

bouches à feu contribueront surtout au même objet, — car c'est justement le défenseur qui peut le mieux en tirer parti.

On peut dire que, dès maintenant, les forteresses puissantes et les camps retranchés situés dans les régions frontières ont reçu leur complet développement et sont terminés. Les demandes ultérieures de crédit auront pour objet, selon toute vraisemblance, l'agrandissement des places fortes intérieures ou l'élévation de nouveaux ouvrages sur quelques points du territoire susceptibles d'avoir une importance stratégique sérieuse. Mais, outre cela, si même l'envahisseur parvenait à s'emparer des forteresses permanentes ou à tourner quelques-unes d'entre elles en les bloquant avec des forces suffisantes, il arriverait que, dans sa marche ultérieure de pénétration en territoire ennemi, il verrait s'élever devant lui, partout où le terrain se prêterait à la défense, une foule de centres de résistance, de petits ouvrages fortifiés rapidement construits, qui représenteraient, pour ainsi dire, sous une autre forme, les places-frontières qu'il aurait prises ou tournées.

En tous cas, ces dernières retiendront longtemps devant elles des forces considérables, de sorte que la marche des opérations sera forcément ralentie. Et entre temps, l'approvisionnement régulier d'énormes armées en territoire ennemi présentera de grandes difficultés.

Quand nous avons examiné l'hypothèse d'une invasion austro-allemande en Russie, nous avons admis qu'au début de la guerre l'avantage du nombre serait du côté des Alliés, par suite du temps plus long qu'exige la mobilisation des troupes russes, et en particulier leur concentration sur la frontière. Sous ce rapport, l'Allemagne l'emporte quelque peu sur la France, de même que l'Allemagne unie à l'Autriche sur la Russie. Mais cette supériorité des forces alliées s'affaiblira ensuite constamment, tant en raison des pertes par le feu et les maladies, que grâce à l'achèvement de la concentration des troupes russes.

Finalement, l'examen des plans d'opérations militaires sur le territoire russe nous a conduit à considérer comme improbable l'obtention de résultats susceptibles de contraindre l'un ou l'autre des belligérants à l'acceptation d'une paix désavantageuse; puis à conclure que l'invasion des Alliés en Russie, tout comme celle des armées russes en Prusse et en Autriche, ne peuvent amener que l'épuisement des forces des deux partis. Et comme toutes ces conditions, qui ont rendu la guerre plus destructive et plus dangereuse que jamais pour l'existence économique des nations, ne feront, avec le temps, que se

développer de plus en plus, il est clair que plus tard éclaterait une
grande guerre en Europe, et plus difficilement elle permettrait d'arriver à autre chose qu'à une ruine générale. Les pertes économiques
mettraient un terme à cette guerre avant que le sort en eût pu être
tranché par les armes.

Et ensuite, si cette terrible expérience ne paraissait pas définitivement concluante, il va de soi qu'après la lutte il faudrait compléter et développer encore tout l'appareil militaire, c'est-à-dire augmenter l'écrasant fardeau qui pèse sur les nations. Et comme cela devrait
s'accomplir au lendemain d'une guerre qui aurait amené la ruine
même du pays dont les armes auraient été favorisées par la victoire,
on peut dire que le principe du militarisme, absorbant tout, serait
poussé jusqu'à l'absurde.

L'effectif des forces qui prendraient part à la guerre future serait
vraiment sans exemple. En 1870-71, la lutte n'était qu'entre deux
puissances, tandis qu'à celle de l'avenir, cinq au moins y prendraient
part ; sans parler de la possibilité d'une intervention de la Turquie et
de l'Angleterre. Mais toute comparaison de cette guerre avec l'une
quelconque de celles du passé est impossible, parce que, dans ce
dernier quart de siècle, les effectifs des armées se sont accrus partout
avec une rapidité sans exemple. Ainsi, au cas où un conflit eût
éclaté, par exemple en 1869, entre les pays qui constituent maintenant
la Triple-Alliance d'une part, et la France avec la Russie de l'autre, le
total des forces militaires de toute sorte mises en jeu n'aurait atteint
que 5,230,000 hommes ; actuellement, il s'élèverait déjà à 17,500,000.

Et cet énorme accroissement d'effectif entraînerait une si grande
augmentation de dépenses et de victimes, que la guerre future aurait
le caractère d'une lutte pour l'existence même des nations. Il est vrai
que celle de 1870-71 nous avait donné un exemple semblable.
Ce fut une guerre sans merci, amenée par des haines séculaires, une
guerre de « revanche » de la part des Allemands contre les anciennes
victoires des Français, une guerre où l'on fusilla les volontaires,
où l'on brûla les villages, où l'on imposa des contributions inouïes
au vaincu, qu'avant tout on s'efforça de ruiner et d'affaiblir pour
longtemps.

Une nouvelle guerre dans l'Europe centrale serait évidemment
une seconde édition de la même lutte. Mais combien elle l'emporterait sur celle-ci, par son étendue, par sa longueur, par les
moyens de destruction qu'elle mettrait en jeu ?

La campagne franco-allemande a duré au total 180 jours, pendant
lesquels il n'a pas été livré moins de 15 grandes batailles et 159 com-

bats, et pris 26 places fortes de diverse importance, dont Strasbourg, Sedan, Metz et Paris (1). Et ces succès des armes allemandes s'expliquent en grande partie, il ne faut pas l'oublier, par le défaut de préparation des Français, par l'incapacité de leurs chefs et par l'extraordinaire démoralisation qui, dans ces conditions, s'empara de l'armée française. Sans ces circonstances tout à fait exceptionnelles, il est très probable que, pour venir complètement à bout de la France, il eût fallu des efforts plus grands encore, de plus nombreux combats, et peut-être l'occupation du territoire français tout entier.

Mais aujourd'hui, l'égalité même des forces et des ressources techniques de part et d'autre, ainsi que leur énorme accroissement, rendraient la guerre autrement opiniâtre, longue et sanglante, et finalement aussi, autrement dévastatrice, — en raison même de l'acharnement des troupes, qui, d'après le témoignage de l'histoire, augmente toujours quand la lutte se prolonge (2).

La dévastation du territoire où se dérouleraient les hostilités serait si complète, les pertes qu'il éprouverait comme production, comme épargne, comme crédit, atteindraient une telle étendue, qu'il serait impossible d'y lever des contributions susceptibles de payer les dépenses des vainqueurs. Et cependant, ces vainqueurs auraient besoin de nouvelles ressources pour réorganiser leur appareil militaire. D'où cette question : Les peuples, pour qui se serait déclarée la victoire, consentiraient-ils ces nouveaux sacrifices après l'avoir remportée ? Quant aux vaincus, ils se trouveraient sans doute pour longtemps hors d'état de rétablir leurs forces militaires.

Les inventions techniques applicables à la guerre se succéderont à l'avenir non moins rapidement que pendant ces dernières dizaines d'années. La science, comme par une sorte d'ironie du destin, rend stériles tous les sacrifices faits par les peuples pour perfectionner leur armement d'après ses propres indications. Un jour voit augmenter la résistance de la cuirasse et le lendemain la puissance de choc des projectiles lancés contre elle ; puis s'allonge la portée des fusils d'infanterie et des canons de campagne ; et de la sorte, de nouveaux progrès de la technique viennent annuler les résultats des énormes dépenses qu'on venait de faire pour les suivre.

Il est vrai que cette rivalité des États en matière d'armements ne date pas d'hier. Mais autrefois, les changements n'étaient pas aussi rapides ni aussi ardemment suivis par tout le monde. Et,

---

(1) *Politische Geschichte der Gegenwart* : Wilhelm Müller, 1872.
(2) *Doukh khristianstva i patriotism* (L'esprit chrétien et le patriotisme).

ce qui est plus important encore, les fusils, canons, projectiles et vaisseaux de guerre actuels coûtent par eux-mêmes beaucoup plus cher que les anciens ; outre qu'en raison de l'effectif des troupes, il faut renouveler ce matériel en quantité dix fois plus grande qu'autrefois.

Par suite de l'accroissement de la population urbaine et de la spécialisation croissante du travail, la proportion des individus que la guerre priverait de salaires va en augmentant chaque année.

La statistique montre que les changements d'ordre économique survenus depuis 1870, tant pour les causes qui viennent d'être indiquées qu'en raison de la dépendance mutuelle croissante des États, — en fait d'industrie et de commerce, comme au point de vue de l'importation toujours plus abondante, en Europe, des produits alimentaires transocéaniens, — sont déjà très considérables. Mais ces changements augmenteront encore ultérieurement dans le même sens, attendu qu'on ne voit pas de causes susceptibles d'agir en sens opposé.

Et pourtant sans cesse grossissent les budgets de tous les États européens et chaque élévation des impôts produit des mécontentements dès le temps de paix. Citons ici quelques paroles d'un éminent économiste français, M. Frédéric Passy : « Il faut, dit-il, que « l'Europe conserve la paix ou bien elle ne restera pas à la tête de la « civilisation. Il faut que l'Europe renonce à ses injustices, à ses « violences, à son respect superstitieux pour la force, à ses habitudes « de discordes et de conquêtes. Elle ne doit plus jeter à l'abîme son « or, le sang de ses enfants, les fruits de son travail et de ses épar- « gnes. Autrement cette Europe, qui sent aujourd'hui par moments « que le sceptre de la civilisation commence à trembler dans sa « main, verra sa royauté passer définitivement par delà l'Océan ; « et les autres peuples, qui consacrent leurs forces à travailler, à « produire, à vivre, mais non pas à tuer et à s'exposer à se faire tuer, « prendront la tête, et feront oublier la gloire dont a brillé longtemps « l'Ancien Continent » (1).

Et, de fait, l'Europe a trouvé dans l'Amérique un dangereux concurrent. La publication américaine *Tenth Census* (Dixième inventaire), consacrée à la statistique de l'industrie manufacturière, fait à ce sujet quelques observations instructives : « L'un de nos principaux avantages, c'est que nous sommes affranchis de l'impôt du sang, de l'entretien d'une armée permanente ; et, par suite, nous pouvons consacrer nos ressources à des choses utiles et productives... Notre armée permanente n'est pas autre chose qu'une garde de la fron-

---

(1) Frédéric Passy, *Journal des Économistes* : « L'avenir de l'Europe ».

tière. Malgré la considération dont sont entourés ses officiers, peu de jeunes gens choisissent cette carrière, et plus on ira, moins elle sera recherchée. De sorte que nous n'avons à supporter, ni le poids de l'impôt constitué par l'entretien d'une armée permanente, ni l'inconvénient beaucoup plus grave de voir une foule de personnes détournées des carrières utiles et productives.

« Voilà notre principal avantage sur l'Europe. Pourquoi craindrions-nous la concurrence de l'Allemagne, s'il nous prenait envie de la battre sur les marchés neutres qui nous sont aussi bien accessibles qu'à elle?... Avec les conditions actuelles de la concurrence, alors que, dans le commerce international, des différences de prix d'un demi-cent (1) par yard, d'un cent par boisseau ou d'un demi-penny par livre, pour les principales marchandises, prennent une importance énorme, aucune nation ne peut rester en possession du marché, si elle est écrasée par les dépenses intérieures qu'exige l'entretien d'une armée permanente. Et à la protection dont l'Allemagne couvre ses produits contre les nôtres, dans les ports neutres, nous opposons un moyen de concurrence plus dangereux : nous lui enlevons ses ouvriers. »

Les données statistiques confirment pleinement cette manière de voir. Les États-Unis se contentent d'une armée de 25,000 hommes et s'enrichissent. La valeur de la fortune du pays, exprimée en dollars, atteignait, par habitant, une moyenne de :

99 dollars . . . . en 1850

181 » . . . . en 1870

338 » . . . . en 1880

1.008 » . . . . en 1890

Ainsi, nous voyons que la valeur de la fortune nationale par habitant s'est accrue de 157 dollars entre 1870 et 1880, puis de 670 dollars — ou quatre fois autant — dans la période décadaire suivante. Or, si nous faisons sur ce sujet une comparaison avec les États qui sont dans la situation la plus favorable, et notamment avec l'Angleterre, voici ce que nous trouvons :

En 1850, la fortune nationale des États-Unis s'élevait à 1,700 millions de livres sterling et celle de l'Angleterre à 4,500 millions de livres ; trente ans après environ, en 1888, le rapport était déjà renversé : l'Angleterre possédait 6,000 millions de livres et les États-Unis

____

(1) Il s'agit ici du *cent*, monnaie américaine représentant la 100ᵉ partie du dollar, et valant, par conséquent, environ 5 centimes.

11,000 millions de livres. Observons encore à ce sujet que la fortune
nationale de la France est évaluée à 8,000 millions de livres et celle
de l'Allemagne à 5,000 millions. Ainsi non seulement les États-Unis
sont le plus riche pays du monde, mais les richesses de cette contrée
s'accroissent dans une proportion incomparablement plus forte que
celle des États européens. Et cela n'a rien d'étonnant.

Tandis que l'Europe s'endette de plus en plus, les États-Unis se
débarrassent de leurs dettes. Bientôt ils n'en auront plus, et, de leurs
guerres passées, il ne restera chez eux que le souvenir. Une énorme
accumulation de richesses en Amérique peut devenir un danger pour
l'Europe. Hanauer, un Américain d'une certaine notoriété qui réside à
Francfort, pense que si les États européens arrivent à se ruiner à force
d'armements et de guerres, et que les États américains constituent une
alliance générale pacifique, la richesse, et avec elle la civilisation,
passera d'Europe en Amérique, l'une retournant à la barbarie, à
moins que l'autre, voulant elle-même jouir de la paix, ne la lui impose.

Mais avant tout l'Amérique profitera de la première guerre éclatant en Europe, et de la ruine de l'industrie européenne qui en sera
la conséquence, pour s'emparer de tous les marchés et ne plus les
laisser ensuite échapper de ses mains.

D'ailleurs, même en dehors de cette perspective éloignée, il faut
bien prévoir que le temps est proche où les États européens ne pourront plus compter sur la rentrée régulière de leurs impôts pour couvrir leurs dépenses. Les ressources extraordinaires que leur ouvre
le système de conversions, c'est-à-dire de la réduction de l'intérêt payé
pour leurs emprunts, et la possibilité d'augmenter leurs dettes d'une
façon partiellement dissimulée, finiront aussi par s'épuiser.

L'emploi improductif des capitaux et la réduction des intérêts
payés pour les emprunts auront pour résultat des pertes surtout
sensibles aux classes qui soutiennent l'organisation sociale actuelle
et qu'on appelle « conservatrices ».

En 1894, il a été converti des titres pour 13 milliards de francs : ce
qui a causé à leurs propriétaires une perte de 119 millions.

Suivant l'observation d'un auteur allemand, les porteurs de titres
se trouvent un peu dans la situation de la vieille rosse conduite à
l'abatage, que l'un tirait par devant, que l'autre poussait par derrière,
et qui marchait elle-même. La force qui tire les capitalistes en avant,
c'est l'augmentation des salaires, et ils sont poussés par la réduction
de l'intérêt des valeurs ; en même temps, ils sont accablés par
l'impôt progressif sur les revenus, les successions, les immeubles,
ainsi que par les droits dont sont frappés le commerce et l'industrie.

Pour se défendre, les capitalistes se lancent dans des affaires. En Europe, dans ces derniers temps, s'est fortement développé l'esprit d'entreprise industriel ; il s'est fondé un grand nombre de sociétés par actions et les gouvernements favorisent ce mouvement. Les classes conservatrices, considérées comme le plus solide appui du pouvoir, voyant baisser leurs revenus, vendent leurs titres d'État, et achètent des titres industriels qui rapportent davantage. Les valeurs d'État passent de plus en plus dans les mains des classes moyennes, c'est-à-dire des gens qui vivent de leur travail, mais réalisent des épargnes.

Tous ces changements concourent à faire que, lors de la guerre future, les pertes économiques qu'elle entraînera surpasseront de beaucoup celles que la guerre amenait autrefois. La baisse du cours des titres de rente sur l'État, survenant au moment même où, par suite de la diminution des salaires, beaucoup de gens seront contraints de réaliser une partie de leurs épargnes, causera des pertes sensibles aux classes moyennes et jettera le trouble parmi elles. Et comme, parmi les entreprises industrielles, les unes devront diminuer leurs affaires et renoncer à une partie de leurs recettes, tandis que d'autres seront tout à fait arrêtées, les classes les plus aisées subiront des pertes énormes et même pourront être en partie ruinées. Très instructif à ce point de vue est l'accroissement des dettes des propriétaires ruraux, qui s'est produit en l'espace de dix années et que le tableau suivant fait connaître exprimé en millions de marks :

En 1887, le montant des dettes s'est accru de 133 millions de marks

1888	—	—	—	88	—	—
1889	—	—	—	121	—	—
1890	—	—	—	179	—	—
1891	—	—	—	156	—	—
1892	—	—	—	207	—	—
1893	—	—	—	209	—	—
1894	—	—	—	228	—	—
1895	—	—	—	237	—	—
1896	—	—	—	265	—	—

Ainsi, en dix années, l'endettement s'est augmenté de 1 milliard 800 millions de marks. Une augmentation aussi considérable constitue un fait d'autant plus dangereux, qu'en même temps diminuent les revenus de la terre, en dépit des droits protecteurs mis sur le blé.

Le revenu des terres affermées par l'État qui, en 1896, représentait

842,000 marks, est tombé dans ces derniers temps à 130,000, c'est-à-dire a diminué de plus de 15 0 0.

Et cependant, si la guerre se trouvait ajournée à une époque indéterminée et même devenait peu probable, les préparatifs qu'elle nécessite, l'entretien des forces armées et les perpétuelles transformations de l'armement causées par les inventions nouvelles, n'en exigeront pas moins des dépenses de plus en plus grandes. Mais simultanément, d'une part, naissent de nouveaux besoins, et, d'autre part, apparaît plus clairement à la conception populaire que d'autres besoins, depuis longtemps éprouvés, n'ont pas reçu satisfaction, faute, dans les budgets, de ressources disponibles, et malgré une augmentation constante du fardeau des impôts. Dans cette opposition de faits, devenue manifeste pour un nombre de personnes qui s'accroît tous les jours, il y a, pour les États, un sérieux danger.

De notre temps, les affaires militaires, comme celles du gouvernement, ont cessé de constituer des secrets accessibles seulement à un petit nombre de personnes. Le service obligatoire universel, la diffusion de l'instruction et l'extension de la publicité ont eu pour résultat de permettre, même aux masses populaires, de se rendre compte, au moins dans une certaine mesure, des conditions fondamentales de l'organisation de l'État. En même temps, pour tous ceux qui ont passé par l'armée, il est devenu manifeste, sans avoir besoin d'interroger les spécialistes, qu'avec les armes actuelles, des corps entiers ou des escadres peuvent être facilement anéantis dès le premier combat, et qu'en pareilles circonstances les vainqueurs pourront très bien ne pas souffrir moins que les vaincus.

On se demande si l'augmentation des dépenses pour les armements continuera éternellement. Les besoins dont il s'agit ne peuvent avoir de limites, pas plus que n'en ont la puissance inventive de l'esprit humain et la rivalité des États. Rien d'étonnant par conséquent si l'énormité des dépenses militaires et l'augmentation des impôts servent d'arguments favoris aux agitateurs. Ceux-ci formulent, entre autres choses, cette pensée, que les milliers de châteaux du moyen âge, d'où les chevaliers sortaient pour courir sus aux marchands de passage, étaient encore pour un pays, un fardeau moins pénible à supporter que les préparatifs actuels de la guerre ; ceux-ci exigeant des milliards et des milliards qu'on ne peut trouver qu'en écrasant d'impôts les objets de première nécessité.

Pour montrer les moyens employés à la propagande de ces idées, nous avons donné, dans une planche du tome IV, un dessin qui fait voir jusqu'à quel point les tarifs de douane influent sur le renchérissement des choses nécessaires à l'ouvrier et à sa famille. C'est ainsi que les agitateurs s'efforcent de prouver—et ils atteignent ce but sans beaucoup de difficultés — que c'est toujours à cause de cette rivalité, stérile mais sans limites, entre les nations, qu'à toutes les frontières sont établis des droits de douane, sur les produits des tanneries, distilleries, sucreries ; que l'inspecteur du fisc surveille les plantations de tabac ; que le laboureur a sur le dos le collecteur de l'impôt foncier et que, dans la chaumière où l'on a tout juste de quoi manger, on se voit saisi par ordre du tribunal ou de la police, faute d'avoir payé les impôts.

Admettons que, tout cela ayant pesé jusqu'ici sur des gens malheureux sans doute et qui ressentaient vivement la charge d'une telle situation, mais qui toujours avaient vécu dans cette idée que les guerres sont inévitables, le mécontentement n'ait pu faire naître que des désordres partiels et isolés, tels que, par exemple, les troubles de Sicile, qui furent causés précisément par le poids des impôts.

Seulement, tous les jours se répand davantage cette idée qu'il ne devrait pas du tout y avoir de guerre. Les congrès de la paix, auxquels prennent part même les hommes politiques les plus en vue, montrent qu'il est possible de résoudre pacifiquement les différends entre les peuples et que, peut-être, les énormes dépenses consacrées à l'entretien de l'appareil militaire sont sans aucune utilité.

Les congrès de la paix et leur influence.

Nous avons fait voir comment sont peu à peu devenues plus puissantes et plus nombreuses les voix qui réclament la suppression du militarisme, tant au nom du progrès de la civilisation humaine qu'en conformité de l'enseignement religieux qui prêche aux hommes la fraternité et leur recommande de s'aimer les uns les autres. La poésie, la littérature et les beaux-arts, qui jadis ne s'occupaient pas de la vie nationale, et ne s'intéressaient qu'aux exploits guerriers et à la gloire des conquérants, considèrent aujourd'hui l'existence des sociétés humaines d'une façon déjà bien différente, et cherchent d'autres voies que celles qui conduisaient les triomphateurs à une gloire acquise au prix du sang des vaincus et des vainqueurs. Les humoristes, qui, dans les mouvements littéraires, jouent le rôle de tirailleurs, s'en prennent déjà souvent à certains côtés et caractères repoussants de l'existence militaire, et le ridicule est aussi une arme qui ne manque pas de valeur.

On se demande, d'après cela : Si cette idée continue à se répandre que la concurrence des États, en fait de dépenses, n'est que ruineuse et stérile, ne peut-il pas en résulter pour l'Europe un danger plus grand encore que la guerre elle-même? Sous le fardeau croissant des impôts, la conviction qu'un tel état de choses ne saurait se prolonger, sans aucun espoir d'en sortir, peut d'abord rester entre un certain nombre de personnalités isolées, mais ensuite se répandre dans des sphères plus étendues. On comprend, dans ces conditions, le succès d'une propagande qui, par elle-même, ne peut rien créer, mais cherche à détruire l'organisation existante.

Dans le dernier congrès international ouvrier, tenu à Londres, a été prise une résolution motivée de la manière suivante : « Attendu que la paix universelle constitue la base essentielle de la fraternité des peuples et des progrès du bien-être pour l'humanité, que les peuples ne désirent pas la guerre, mais que celle-ci est provoquée par l'avidité et l'égoïsme des gouvernements, comme aussi des classes sans autre but que de s'emparer des marchés du monde entier dans l'intérêt particulier de ces classes dirigeantes et contrairement à celui des ouvriers, — le Congrès déclare, qu'entre les travailleurs de toutes les nations il n'existe aucun désaccord, vu qu'ils n'ont tous d'ennemis communs que la classe des capitalistes et des propriétaires, etc. »

Le congrès ouvrier à Londres.

Tout en admettant parfaitement l'absurdité des combinaisons sociales au nom desquelles les agitateurs propagent des mouvements de ce genre, il faut bien reconnaître que les idées émises sur la possibilité d'employer, d'une façon plus productive, les énormes capitaux absorbés par les préparatifs de la guerre, tirent une certaine valeur des déclarations mêmes des monarques et des hommes d'État, qui proclament si souvent que la paix est nécessaire et qu'ils seraient désolés de la troubler. Mais en face de ces déclarations les masses populaires se demandent : Pourquoi donc alors consacrent-ils tant d'efforts et de ressources à augmenter leurs moyens de faire la guerre, et pourquoi maintiennent-ils un état de choses qui doit fatalement quelque jour amener celle-ci? On comprend que les masses ne trouvent pas de réponse satisfaisante à cette question et continuent de croire que, malgré tout, les gouvernements ont l'intention de faire la guerre. L'exemple du passé leur montre qu'on ne s'arme pas pour maintenir la paix, mais pour faire la guerre, et qu'en particulier, quand on renforce ses armements, on finit ordinairement par se battre.

Influence des déclarations des monarques sur la paix.

Ce qui prouve bien quel est l'état d'esprit des masses populaires au point de vue des armements, c'est l'accroissement, dans les Parlements, du nombre des adversaires du militarisme et des partisans des doctrines socialistes. Ainsi, en Allemagne, en 1893, lors de la

L'antimilitarisme dans les Parlements.

discussion du nouveau projet de loi militaire, les députés qui votèrent contre représentaient 1,097,000 électeurs de plus que ceux qui votèrent pour. De 1887 à 1893, l'opposition au militarisme s'était accrue dans la proportion de 1 à plus de 7. Du côté des représentants de l'opposition, il y avait, en 1893, 4,233,000 voix d'électeurs, et du côté des partisans du projet, 3,225,000 seulement. De sorte que, bien que cette fois la majorité du Reichstag se soit prononcée *pour* le projet militaire, on peut dire, en tenant compte du nombre d'électeurs représentés par les députés, que le pays se prononça, à la majorité de plus d'un million de voix, *contre* le projet. Anomalie qui provenait, au dire des adversaires de celui-ci, de la délimitation défectueuse des circonscriptions électorales établies par la loi. Suivant l'expression de Victor Hugo : « La chair à canon se met à raisonner et ne paraît plus flattée du rôle d'hécatombe ». En France, les partis socialistes ont recueilli, en 1893, 600 mille voix et, en 1896, un million.

En tout cas, dans l'état actuel des choses, l'humanité se trouve en présence de l'alternative que voici : ou la ruine amenée par la continuation de la paix armée, ou une catastrophe définitive causée par la guerre.

Rappelons-nous la description que nous fait de celle-ci le comte L.-N. Tolstoï : « Un champ désert, humide, le froid, l'angoisse; devant : l'ennemi qui tue, derrière : des chefs inexorables, du sang, des blessures, des souffrances, des cadavres qui pourrissent, et une mort obscure, inutile ». Et si pareil tableau ne suffit à retenir ni les politiciens insoucieux de l'avenir, ni les téméraires qui, d'un cœur léger, risquent leur vie, que derrière lui, tout au moins, leur apparaissent les conséquences de la guerre, non moins redoutables que celle-ci même !

La guerre pourrait convenir à ces éléments turbulents de la population qui sont mécontents de l'ordre de choses, tant social qu'international, actuellement existant. Elle produirait des ruines dont n'hésiteraient pas à profiter les partis qui ne rêvent que le bouleversement de cet ordre de choses.

Ainsi, lors des différends et des conflits d'intérêts qui surviennent entre les nations, c'est aux hommes d'État qu'il appartient de mettre les chances de succès que promettrait le recours aux armes, en balance avec les misères affreuses et les victimes que ferait la guerre, comme avec le péril social qui peut en être la conséquence.

Les troupes se laisseront-elles désarmer après la guerre? Ils ne peuvent manquer de se demander ce qu'il sera possible de proposer au peuple après une guerre, comme compensation de ses

énormes sacrifices. Le vaincu évidemment serait tellement épuisé
qu'il n'y aurait pas moyen d'en tirer la moindre contribution pécu-
niaire ; tout ce qu'on pourrait lui imposer serait l'abandon de
quelque lambeau de territoire-frontière complètement ruiné, et qui
serait pour le vainqueur plutôt une charge qu'un avantage.

Dans ces conditions, jusqu'à quel point peut-on compter voir le
calme régner parmi les millions d'hommes appelés sous les drapeaux, lorsque dans leurs rangs ne restera plus qu'une poignée d'anciens officiers, et que le commandement subalterne sera entre les
mains de nouveaux promus pris parmi les sous-officiers, c'est-à-dire
d'hommes appartenant à la classe ouvrière ? Rendront-ils leurs
armes, dans les États de l'Europe centrale où la propagande s'est
déjà considérablement répandue dans les masses ? Se laisseront-ils
désarmer après la guerre, et ne peut-il pas survenir à cette occasion
des événements encore plus horribles que ceux qui ont signalé le
rapide triomphe de la Commune de Paris ?

Plus se prolongera l'état actuel des choses, et plus un tel danger
deviendra la conséquence probable d'une grande guerre. On ne
peut contester que le service militaire universel, en arrachant à
des travaux productifs un bien plus grand nombre d'individus, n'ait
facilité la diffusion de principes subversifs parmi les masses. Jadis
on ne connaissait que les socialistes, maintenant sont apparus aussi
les anarchistes, puis les « sans patrie ». Il n'y a pas si longtemps
encore que les partisans d'une révolution n'étaient en tout qu'une
poignée d'hommes. Maintenant ils sont représentés dans tous les
Parlements, et à chaque élection nouvelle leur nombre augmente
dans la représentation nationale de chaque pays, aussi bien en Allemagne qu'en France, en Autriche et en Italie. Et, singulière coïnci-
dence, c'est seulement en Angleterre et aux États-Unis que les
assemblées représentatives sont presque indemnes de ces éléments
d'une future dislocation des sociétés contemporaines. Ainsi, en
même temps que s'accroissent les charges, s'augmente le niveau de
cette marée montante qui menace de bouleverser notre état social.

Telles sont les conséquences de ce qu'on a appelé la « paix armée »:
la ruine lente, amenée par les dépenses de préparation à la guerre,
ou la ruine rapide si cette guerre éclate, et enfin, dans les deux cas,
le bouleversement de l'ordre social existant.

Nous avons déjà vu des signes manifestes de l'impossibilité où
seront les États européens d'augmenter indéfiniment leurs impôts,
comme l'exige inévitablement le système de la rivalité perpétuelle
dans les armements : « La guerre tuera la guerre ». Mais on se

demande s'il en faudra encore une pour cela. Un savant allemand bien connu, von Thünen (1), dit que « l'intérêt national et l'intérêt général de l'humanité sont actuellement ennemis l'un de l'autre ; et qu'un degré plus élevé de civilisation les mettra d'accord et les fera coïncider ».

Symptômes
d'un changement.

Mais nous sommes encore loin d'en être là, semble-t-il, quoique déjà se remarquent les symptômes d'un certain changement dans les esprits. Nous donnons ici une observation du comte L. Tolstoï : « Il est des moments, écrit-il, où une plus haute conception de la vérité, après s'être manifestée tout d'abord à certaines personnes, passant ensuite des unes aux autres, finit par s'emparer d'un si grand nombre d'individus, que l'ancienne opinion publique, basée sur un degré inférieur de compréhension, commence à s'ébranler, tandis que l'opinion nouvelle est déjà prête à s'établir, mais n'est point établie encore. Il est de ces époques semblables au printemps, où cette ancienne opinion n'a pas encore disparu, et où celle qui doit la remplacer ne s'est pas encore affirmée ; où les hommes commencent à juger leur conduite et celle des autres d'après les idées nouvelles, tout en continuant, dans la vie de chaque jour, à se soumettre par inertie, par routine, à des principes qui, précédemment, constituaient le degré le plus élevé de la conception intellectuelle, mais qui maintenant sont en contradiction manifeste avec lui. Et alors ces hommes, sentant, d'un côté, la nécessité de se conformer aux nouvelles idées, de l'autre, ne pouvant se résoudre à renoncer aux anciennes, se trouvent dans une situation d'ébranlement et d'hésitation tout à fait anormale ».

Il resterait donc à souhaiter que les idées nouvelles et plus humaines prissent le dessus avant que, par suite de quelque circonstance imprévue, l'Europe ne se trouve en proie à d'affreuses misères.

Possibilité
de supprimer
les armements
et la guerre.

De même qu'il suffit d'une seule secousse pour faire cristalliser tout d'un coup une dissolution saturée d'un sel quelconque, de même, dans l'état actuel des choses, il est positivement impossible d'affirmer qu'en face de certaines conditions, qui peuvent se manifester brusquement même en cas de guerre, les masses resteront absolument passives et ne passeront pas à l'état d'ébullition. Bien plus, avec la composition nationale des armées modernes, on ne peut même pas compter qu'une ébullition semblable ne se propagera pas dans leurs rangs. Les officiers sans doute représentent un élément en qui l'on peut avoir confiance ; mais dans quelle mesure seront-ils

____

(1) Von Thünen, *Der isolirte Staat.*

capables de maintenir la discipline ? C'est encore là une chose pouvant dépendre de la puissance du mouvement qui se sera produit dans la nation.

Et si nous parlons ainsi des dangers que des circonstances occasionnelles peuvent faire naître, cela ne veut pas dire du tout que nous tombions dans un pessimisme exagéré. Nous admettons pleinement, au contraire, qu'à force de prudence les Gouvernements parviendront à écarter la guerre, pourvu qu'un hasard inattendu ne vienne pas annuler les résultats des efforts communs qu'ils font pour maintenir la paix, et qui même finiront par amener la limitation des armements.

POUR ET CONTRE

la possibilité de régler à l'amiable, par un tribunal international, les différends qui surgiraient entre les États européens.

Quand on examine la possibilité de faire régler à l'amiable les difficultés qui surgiraient entre les États européens, il est impossible de passer sous silence ce fait que, même dans l'état normal de l'Europe, alors qu'on ne voit poindre, nulle part à l'horizon politique, de ces « points noirs » que Napoléon III faisait remarquer à l'ambassadeur d'Autriche avant la guerre de 1859, il n'existe pas moins des embarras chroniques, de vieilles questions encore non définitivement résolues, causes permanentes d'animosité et de conflits entre les peuples.

Tant que l'horizon reste clair, ces embarras demeurent à l'état latent, et l'on peut espérer que le temps y portera remède. Mais, en réalité, tout l'édifice du monde moderne s'est construit sur les ruines du passé ; et nombreux sont les volcans, depuis longtemps éteints, qui couvent sous les fondations de l'équilibre politique actuel.

Aussi, ne faut-il pas oublier qu'un nouveau conflit quelconque risquerait fort de faire surgir un danger tout à fait étranger, pour ainsi dire, au conflit lui-même, en réveillant d'anciens litiges non encore oubliés ni aplanis par le temps. En d'autres termes, outre le danger résultant d'un dissentiment accidentel entre nations, il faut tenir compte aussi de celui que constituent tant de brandons de dis-

Causes de
conflits
internationaux.

corde toujours fumants, héritage du passé, et que n'ont pu recouvrir
encore les mousses de l'oubli.

Il est absolument invraisemblable, selon nous, qu'une guerre,
dans ses conditions actuelles et avec ses terribles conséquences,
puisse découler directement de ces questions « non résolues », que
nous ont léguées les anciennes guerres. Mais, en général, on pense
autrement, et c'est précisément là qu'est le danger réel. Car, telle est
la cause, à notre avis, de tous les armements qui épuisent l'Europe.
Ce n'est certainement pas de l'attente 'dun conflit accidentel secondaire, susceptible d'éclater entre divers États, qu'est née cette rivalité ruineuse dans leurs préparatifs militaires. C'est bien plutôt la
crainte incessante et générale de voir l'un quelconque de ces petits
litiges faire apparaître de nouveau ces spectres menaçants qu'on
appelle : « Alsace-Lorraine », « Héritage de l'Homme malade »
(du sultan), etc., etc.

Cette crainte et, avec elle, le système des armements excessifs
ne pourra disparaître que lorsque tout le monde aura compris que
si, après vingt ans et plus, ces « grosses » questions léguées par le
passé n'ont pas amené la guerre, il deviendra, chaque année, moins
probable de la voir éclater à cause de l'une d'elles. Et par conséquent, on n'aura pas à craindre de voir un État quelconque profiter
d'un conflit nouveau et secondaire pour faire sortir une grande guerre
d'une de ces vieilles questions. Celles-ci seront tenues pour définitivement liquidées et classées dans les archives de l'Histoire, dès
que chacun comprendra clairement qu'une grande guerre européenne, avec les moyens qu'on possède aujourd'hui, ne pourra ni
résoudre ces questions, ni conduire à un résultat définitif, c'est-à-
dire à l'occupation du territoire entier de l'une des parties et au
triomphe complet de l'autre.

Impossibilité
d'aplanir les
conflits au moyen
d'une guerre.

Mais, comment convaincre aujourd'hui l'Europe de cette vérité?
Ce qui reviendrait à lui faire admettre la stérilité des armements
excessifs et la nécessité de débarrasser les peuples de cette lourde
charge. Admettons que cinquante ans s'écoulent encore sans qu'une
guerre vienne résoudre les « grandes questions » que nous a léguées
le passé. La plupart des personnes qui réfléchissent accorderont,
sans doute, que, dans cette hypothèse, il serait devenu réellement
impossible de voir la guerre sortir de ces questions. Seulement ne devrait-on pas chercher à faire naître cette conviction ? Car ces cinquante ans de « paix armée » consommeraient la ruine de l'Europe.

C'est en partant de cette idée que nous allons tâcher de jeter
un coup d'œil sur les questions menaçantes restées, dit-on, sans

solution. Toutefois, nous voulons le faire, en supposant que des circonstances naturelles et économiques accessoires ont accéléré cette compréhension des choses. L'hypothèse est, pour le moment, tout à fait arbitraire ; mais elle a l'avantage de renfermer le germe d'une idée qui doit forcément aboutir, œuvre grandiose et bienfaisante, à la possibilité, pour l'Europe, du désarmement général.

Supposons donc, pour un moment, qu'un phénomène cosmique quelconque ait provoqué en Europe des pluies extraordinaires pendant toute une série d'années. Par suite de ces pluies abondantes, les récoltes ont manqué coup sur coup ; les cours d'eau sont sortis de leur lit, et les inondations ont tout dévasté. Les mauvaises récoltes ont amené la disette, et l'on réclame à grands cris l'envoi de céréales d'Amérique, ce qui a pour résultat d'en faire hausser notablement les prix. La population agricole de l'Europe peut se nourrir à peine, et des sommes colossales s'en vont au delà des mers pour payer les vivres nécessaires aux habitants des villes. Sous l'influence de ces deux causes, il se produit une forte réduction dans la demande des produits de l'industrie manufacturière. Et certaines usines diminuent la durée du travail journalier, tandis que d'autres ont cessé totalement de produire. En même temps, sous l'influence de la misère générale, augmente l'offre du travail, et les salaires baissent au point qu'une bonne partie de la population est menacée d'un dénuement complet.

Cependant, voilà que, dans une capitale européenne, pour un motif quelconque se réunissent un certain nombre de souverains, princes et ministres de divers pays. Admettons, par exemple, que ce soit à Londres, à l'occasion d'un nouvel anniversaire décennal de la reine Victoria. Ces hauts personnages échangeront tout naturellement leurs idées sur la crise générale. La situation des peuples est en effet bien grave. La faim et les épidémies qu'elle fait naître provoquent déjà de l'agitation ; les populations affamées réclament le secours de l'État, mais les caisses publiques sont vides par suite des mauvaises récoltes. Les sommes colossales exportées en Amérique et dans d'autres parties du monde pour acheter des céréales ont rendu tout emprunt impossible en Europe. Le mécontentement populaire croît de plus en plus, et des troubles sérieux commencent déjà à se produire. Les gouvernements ne peuvent pas se résoudre à prendre d'énergiques mesures militaires contre ces mouvements, d'abord en raison même de la grande misère du peuple et aussi parce qu'ils n'ont plus une entière confiance dans leurs troupes elles-mêmes, — surtout en Angleterre, où l'on a déjà constaté quelques cas d'insubordination dans certains corps.

Perspective
de guerre
au sujet de
la question
d'Orient.

L'agitation, qui s'étend plus ou moins un peu partout, a fini par devenir une véritable insurrection dans la presqu'île des Balkans et y a donné naissance à l'une de ces crises politiques partielles qui, de l'avis général, sont d'autant plus dangereuses, qu'elles peuvent réveiller les « grandes questions » qui sommeillent et qui divisent les États de l'Europe en deux grands camps ennemis.

Admettons aussi que cet événement coïncide précisément avec la réunion, à Londres, des souverains et ministres des différents États. On sent bien qu'un conflit est à craindre entre les grandes puissances, mais les sphères gouvernementales de l'Europe entière, en présence de la misère générale des populations, comprennent mieux que jamais la nécessité d'éviter le danger d'une guerre.

ssais de création
d'un tribunal
arbitral pour le
règlement de
la question
d'Orient.

Sous la pression des circonstances exceptionnelles du moment, le Congrès de Londres tentera le premier essai d'entente sur la constitution d'un tribunal arbitral, qui pourrait aplanir les difficultés causées par les troubles de Turquie, en s'appuyant sur la résolution des puissances d'interdire la guerre, avec menace d'une action commune contre la partie qui ne voudrait pas se soumettre à la décision prise par le tribunal international.

En même temps, les membres de la « Ligue de la paix », émus de la misère du peuple et de l'imminence d'un nouveau danger, accourent aussi à Londres et y ouvrent une session extraordinaire du Congrès de la paix. Ainsi se renouvelle à l'improviste, dans cette capitale, la réunion de ce Congrès, qui déjà y tint ses assises, il y a quelques années. Cette assemblée réitère ses décisions, mais, sous l'empire de la crise qui sévit, elle leur donne une forme plus catégorique et plus pressante. Elle envoie ensuite des délégués aux gouvernements des grandes puissances.

Efforts faits pour
donner une
importance
plus étendue
au tribunal
arbitral.

Le Congrès de la paix s'adresse également aux hauts personnages réunis à Londres et occupés à écarter le danger de la question d'Orient, et leur propose d'instituer un tribunal international en leur soumettant la proposition suivante : S'il paraît nécessaire, en ce moment même, d'examiner la question d'Orient, il faut également se servir de cette conférence pour liquider toutes les grandes questions qui constituent un danger permanent pour la paix européenne ; il faut aussi profiter des circonstances extraordinaires dans lesquelles se trouve l'Europe pour essayer de la débarrasser des germes d'hostilité perpétuelle, des dangers séculaires de guerre et de la charge écrasante des armements, devenue insupportable pour l'Europe accablée sous la misère et la crise économique.

Supposons, en outre, que, dans les circonstances indiquées, les gouvernements estiment qu'il ne leur est pas possible d'écarter simplement ces propositions. Ne pas même les honorer d'un examen, ce serait montrer de l'indifférence pour la pénible situation des peuples, et il pourrait en résulter des conséquences fâcheuses. Au Parlement, le vieux Gladstone — qui s'est, du reste, déjà prononcé contre les charges de la paix armée et en faveur de l'institution d'un tribunal arbitral (1) — ne ménagerait ni ses avertissements, ni ses exhortations. Dans ce moment critique, sa voix retentirait avec une nouvelle vigueur et prédirait la possibilité de catastrophes épouvantables, si, dans un pareil moment, les gouvernements ne s'entendaient pas pour soumettre les litiges internationaux à la décision d'un tribunal arbitral.

Du reste, dans tous les États de l'Europe, la conscience du danger imminent l'emporterait, en un moment critique, sur les préjugés nationaux et l'amour-propre. Il est permis de croire qu'en présence d'une calamité publique générale doublée encore du spectre menaçant de la guerre, il ne se trouverait pas, en Europe, un cœur assez cruel et assez dépourvu de charité chrétienne pour ne pas frémir devant l'épouvantable catastrophe qui pourrait subitement devenir inévitable. Tous trembleraient devant l'inconnu, devant l'appréhension d'un hasard quelconque, susceptible d'entraîner brusquement les plus graves conséquences. Les conditions actuelles ne sont plus ce qu'elles étaient encore au cours du demi-siècle qui a suivi les guerres du premier Empire français. A cette époque, chaque État avait un budget et une armée qui ne variaient guère, et n'inquiétait pas ses voisins par des armements considérables. Il fallait alors un temps assez long pour se préparer à la guerre, et, dans l'intervalle, on pouvait aisément ménager une entente ou chercher l'entremise officieuse d'autres États. Il suffit, aujourd'hui, de quelques jours, pour que des peuples entiers soient sous les armes et marchent à la frontière.

Sous la pression des circonstances présentes, non seulement la Conférence de Londres fait tous ses efforts pour conjurer le danger le plus prochain et régler à l'amiable l'incident d'Orient, mais elle

Nomination d'une commission d'examen.

---

(1) Dans un discours remarquable, Gladstone — mort depuis que ces lignes sont écrites — a reconnu que toutes les précautions qu'on désigne sous le nom de « paix armée » sont, en réalité, inutiles et même nuisibles ; et il a vivement réclamé l'institution d'un tribunal arbitral ; il en a même prédit la création prochaine. La tâche de ce tribunal serait, entre autres, de diriger la politique des gouvernements européens dans une voie sûre, la voie de la raison, du bon sens, de la justice et du respect des droits réciproques.

reconnaît encore la nécessité de céder à l'opinion publique et de nommer une commission spéciale chargée d'examiner la question de savoir s'il semble réellement possible, en présence des points litigieux existants et des intérêts divergents des États européens, d'arriver à une entente internationale sur l'institution d'un tribunal arbitral permanent pour trancher les litiges et les conflits ; commission qui n'aurait d'ailleurs que le pouvoir de soumettre la question à une étude préparatoire, sans le droit de décider définitivement ; aussi pourrait-on parfaitement y admettre des représentants d'États de second rang.

En même temps, on apprend que les Chambres de Belgique, de Suisse et des pays scandinaves ont renouvelé leurs décisions — prises, en réalité, antérieurement déjà — sur la solution des questions litigieuses internationales par un tribunal arbitral, mais qu'elles leur donnent, maintenant, une forme plus catégorique, et que, voulant appuyer cette institution sur une base pratique, elles acceptent le projet déjà élaboré par Sir Edmond Hornby, de fonder et de mettre en activité un tribunal international. Au cours des débats sur ce point, quelques orateurs ont demandé, sans détour, qu'à l'avenir il ne soit plus permis aux gouvernements européens de procéder autrement que par l'institution de ce tribunal, en renonçant aux armements exagérés ; en déclarant que, dans le cas contraire, l'opinion publique de tous les pays pousserait à la création d'une fédération européenne générale et pourrait même s'élever contre l'existence de nations indépendantes.

Et de fait, sous l'influence de la misère générale et de la crainte d'une guerre prochaine, une agitation énergique se fait sentir parmi les peuples de l'Europe pour la création d'un tribunal arbitral et contre la possibilité même d'une guerre. Les États-Unis d'Amérique envoient des agents, en Europe, avec d'importantes sommes d'argent pour activer la propagande en ce sens (1). Tandis que les journaux d'Europe, eux-mêmes, provoquent des signatures à

---

(1) Shermann avait fait au Sénat de Washington la proposition d'autoriser le président des États-Unis, en conformité de la décision du 3 avril 1890, à charger les agents diplomatiques de l'Union de proposer aux gouvernements l'institution d'un tribunal international, ou la nomination d'une commission chargée de se rendre à l'étranger pour entamer des négociations à ces fins. Les gouvernements furent informés de cette décision, mais ils n'y firent point de réponse. Les partisans de la paix, encouragés par le développement que prenait l'idée en Angleterre, décidèrent cependant de reprendre l'affaire sous une nouvelle forme et d'envoyer des agents chargés de faire des représentations directes aux gouvernements. Ils avaient déjà réuni 60,000 dollars dans ce but.

une adresse conçue dans le même esprit, et recueillent promptement des milliers de signatures dans chaque État (1).

Supposons encore qu'en présence du danger imminent et de l'état général des esprits, les chefs d'États, présents à Londres, se soient réunis en une conférence et que l'empereur François-Joseph l'ait ouverte par les paroles suivantes, qu'il a véritablement adressées, d'ailleurs, à un diplomate non accrédité à la cour de Vienne, et qui ont été reproduites par un journal parisien (2) :

Ouverture de la Conférence. Discours de l'Empereur François-Joseph.

« Qui, de nos jours, peut désirer la guerre ? a dit le vénérable
« monarque. Personne ! Il est impossible que quelqu'un caresse un
« désir aussi funeste, je le crois du moins. Je ne sais qui a dit que
« les guerres avaient toujours été le résultat du désir des nations
« elles-mêmes, et qu'elles y avaient poussé leurs gouvernements qui
« eussent, au contraire, préféré la paix. Cette opinion n'est évidem-
« ment pas conforme à la vérité.

« Quel intérêt pousserait les nations à souhaiter la guerre ? Elles
« ne peuvent la désirer. La guerre est quelquefois la conséquence
« de conditions malheureuses, sans que personne l'ait intention-
« nellement provoquée. Elle constitue toujours une calamité, dont
« la faute est imputable à l'inexpérience des hommes ou à leur
« manque de sang-froid. Quoi qu'on dise, la guerre n'est pas une
« nécessité inéluctable. Pour l'éviter, il suffit d'avoir un peu d'intel-
« ligence et de savoir se contenir. »

Nous ajouterons encore ici les paroles suivantes, extraites d'un discours officiel prononcé par le même monarque, l'année dernière, après la session du Congrès de la paix, à Rome :

« Le besoin de la paix étant si unanimement reconnu par tous,
« il y a lieu d'espérer qu'avec le temps on atteindra le but si ardem-
« ment désiré : écarter les dangers politiques et arrêter les arme-
« ments.

« Qu'il me soit donné d'annoncer à mes peuples la bonne nou-
« velle que le terme approche des soucis et des peines de toute
« espèce, cortège inséparable de tout ce qui menace la paix (3). »

---

(1) Sur la proposition de la commission de propagande au Congrès de la paix en 1897, la résolution suivante fut adoptée :

« Le Congrès prend connaissance du fait qu'en Scandinavie un demi-million de signatures ont été apposées sur une pétition tendant à assurer la paix, et il recommande le mode d'action et le moyen qu'ont employés les amis de la paix, dans ce pays, pour arriver à un aussi beau résultat. »

(2) L'*Événement* et *Die Waffen nieder*, journal rédigé par Bertha von Suttner.

(3) Extrait du discours à la délégation hongroise, en 1897.

Admettons encore que le ministre russe des affaires étrangères, marchant sur les traces de son prédécesseur (1), eût appuyé énergiquement la magnanime initiative du monarque austro-hongrois, et qu'on fût arrivé à reconnaître la nécessité de charger la Conférence de Londres d'examiner, après avoir aplani le conflit de la presqu'île des Balkans, les décisions du dernier Congrès de la paix et la question de savoir s'il ne serait pas possible, sans léser les intérêts matériels et moraux des divers États, de créer un tribunal international de ce genre, offrant pleine et entière garantie pour la solution rationnelle et impartiale de toutes les questions litigieuses.

Pour les travaux préparatoires, on nommerait une commission dans laquelle seraient admis, comme nous l'avons dit déjà, les représentants des États de second ordre, un certain nombre de juristes éminents et d'autres savants. Cette commission aurait pour unique tâche de réunir les matériaux nécessaires et de rédiger un rapport avec des conclusions motivées.

Supposons que pour président de cette commission préparatoire on ait choisi le savant économiste et ministre de la marine britannique Goschen, et que le programme des travaux par lui proposé ait été accepté sans discussion. Admettons enfin que la commission, d'accord avec son président, ait reconnu qu'il fallait examiner avant tout quels sont les motifs d'antagonisme entre la France et l'Allemagne ; attendu que les efforts de la France pour rentrer en possession de l'Alsace-Lorraine constituent les principales raisons qu'on ait de craindre l'explosion d'une guerre.

Nous voilà donc arrivés à l'examen de la plus importante de toutes les questions litigieuses que le passé nous ait laissées à résoudre. Sous forme de débats entre les représentants des parties intéressées, nous allons essayer d'examiner s'il semble juste, ou même seulement possible de donner, par la guerre, à des questions de ce genre, une solution nouvelle et définitive.

Dans cette discussion, il est tout naturel que la parole revienne, en première ligne, au représentant militaire de la France. Celui-ci admettrait sans doute que la question d'Alsace-Lorraine est la cause principale des inquiétudes de l'Europe et rend inévitable une rivalité constante dans es armements. Il ajouterait que cette situa-

____

(1) Feu le secrétaire d'État N.-C. Giers était un partisan convaincu des idées de paix, et il a exprimé ces sentiments dans sa lettre au président du Congrès de la paix, à Anvers.

tion restera sans issue tant que la France ne sera pas rentrée en possession des deux provinces qui lui ont été enlevées par la violence.

« La France ne consentira jamais à renoncer définitivement à
« l'Alsace. Elle a cédé à la force, elle protestera toujours. Elle se
« souviendra sans cesse. Dans dix ans, dans cent ans, peu importe,
« la question subsistera entière ; le temps n'y fera rien. Elle attendra
« le moment propice, et cette heure viendra, sans nul doute... (1). »

L'Allemagne a arraché deux provinces à la France sans avoir préalablement demandé le consentement de l'Europe. A quel propos la France devrait-elle maintenant entrer dans un arrangement qui consacrerait cet acte de violence par la reconnaissance de l'Europe entière ?

Le représentant de l'Allemagne pourrait répondre que la question se trouve ainsi posée d'une façon trop partiale. Il s'appuiera sur cette parole, prononcée jadis par de Moltke, que « la possession de Metz et de Strasbourg est indispensable à la sécurité de l'Allemagne », de même que sur ces mots de l'ancien chancelier de Caprivi : « que, dans l'annexion de l'Alsace-Lorraine en 1871, l'Allemagne n'a pas vu seulement une perte pour la France — perte justifiée comme une punition pour la guerre qu'elle avait provoquée — mais encore la solution définitive des conflits de frontières, qui existaient depuis des siècles et qui provenaient de ce que ces territoires, allemands dans le principe, avaient été conquis par la France ; que maintenant, l'Allemagne les avait repris et que, si les Français s'appuyaient sur le sort de l'Alsace-Lorraine, pour chercher à présenter, en quelque sorte, la paix de Francfort comme non définitive, ils n'en eussent pas moins rêvé une revanche, même dans le cas où, après leur défaite, ces provinces leur eussent été laissées. » Le comte de Caprivi ajoutait que la France avait montré son désir de revanche en n'épargnant, après 1870, aucun sacrifice pour compléter ses armements et ses préparatifs, ce qui d'ailleurs, à son avis, lui faisait honneur.

Là-dessus, ce sera nécessairement le tour du représentant d'un État complètement étranger à la dispute et n'appartenant ni à la triple, ni à la double alliance, d'entrer dans la discussion ; admettons, par exemple, le représentant de la Suède. Cette voix neutre devra réfuter cette théorie, que les traités reconnaissant à la France la possession des territoires contestés auraient une importance plus grande que le traité de Francfort, par lequel la France cède

---

(1) Nous avons extrait textuellement cette phrase de l'ouvrage du général Lewal : *La chimère du désarmement.*

ces provinces à l'Allemagne, et que la conquête de l'Alsace-Lorraine par la France devrait être considérée comme un fait définitif, tandis que celle de l'Allemagne, reprenant son bien, ne pourrait l'être jamais. Le représentant de la Suède s'en référera à la façon dont plusieurs écrivains français, comme Lacretelle, Voltaire et Rousset, décrivent la prise de Metz et de Strasbourg par la France.

Lacretelle raconte que : « Le connétable Anne de Montmorency « réclamait du Sénat de Metz l'ouverture des portes de la forte- « resse. En vain, le Sénat représentait-il au connétable que Charles- « Quint lui-même, lorsqu'il marchait contre la France, n'avait pu « obtenir de Metz que d'y entrer de sa personne. Le vieux et rusé « guerrier s'emportait en voyant ces signes de défiance et parais- « sait disposé à s'en venger par le siège de la ville. Enfin, il fut « convenu (et les magistrats avaient cru tout sauver par ce traité) « que le connétable entrerait seulement avec des gens de sa suite et « deux compagnies, qu'on appelait enseignes. Montmorency s'ap- « plaudit de pouvoir opérer, par un stratagème facile, une conquête « si importante. Des officiers entrèrent dans Metz sous l'habit de « ses domestiques; quant aux compagnies, qui devaient être de « trois cents hommes, il en porta le nombre jusqu'à plus de quinze « cents... Le peuple s'effraya, s'attroupa et fut dispersé. Les Fran- « çais coururent aux autres portes et les firent ouvrir. La plus « grande partie de l'armée était entrée dans la ville... François « Rabutin, qui écrivait alors, commente ce procédé par ces mots : « *Car nous étions adonc les plus forts !* (1) » Cette prise de Metz excita alors en Allemagne un mécontentement général. En même temps que Metz, les Français occupèrent Toul et Verdun.

Voltaire décrit, de la manière suivante, la prise de Strasbourg par Louvois, ministre de la guerre de Louis XIV :

« Les magistrats furent gagnés. Le peuple fut consterné de voir à « la fois vingt mille Français autour de ses remparts; les forts qui « les défendaient près du Rhin, insultés et pris dans un moment; « Louvois aux portes et les bourgmestres parlant de se rendre. Les « pleurs et le désespoir des citoyens, amoureux de la liberté, n'em- « pêchèrent pas qu'en un même jour le traité de reddition ne fût « proposé par les bourgmestres, et que Louvois ne prît possession « de la ville. Vauban en a fait depuis, par les fortifications qui l'en- « tourent, la barrière la plus forte de la France (2). »

---

(1) Charles Lacretelle, *Histoire de France pendant les guerres de religion*. Paris, 1832.
(2) Voltaire, *Le siècle de Louis XIV*, volume II.

Rousset enfin, rapportant les félicitations envoyées par le général marquis de Boufflers à Louvois à l'occasion de la prise de Strasbourg, félicitations dans lesquelles il est dit que : « Cet événement « extraordinaire servira d'exemple à l'avenir pour montrer que tout « doit se soumettre au roi dès les premières semonces », raisonne comme il suit: « M. de Boufflers ne connaissait pas la profonde et « terrible vérité qui devait bientôt démentir ses paroles. C'est préci- « sément ce jour (la prise de Strasbourg) qui marqua la naissance « de la coalition et le commencement des représailles dirigées contre « la France. Cet événement a fait mûrir la haine et les passions des « ennemis de la France ; il a fait que, sur une seule parole du prince « d'Orange, on s'est soulevé contre la duplicité et l'orgueil de « Louis XIV. C'est à partir de ce jour que commencèrent les grandes « calamités et les dernières humiliations dont furent empreintes les « dernières années de son règne (1). »

L'orateur pourrait terminer sa réfutation par le résumé ci-après : La France a conquis Strasbourg en 1681 ; l'Allemagne, en 1870 ; et quoique, par conséquent, en 1898, la domination allemande sur la capitale de l'Alsace n'embrasse qu'une période encore sept fois plus courte que celle de la France jadis, cela ne constitue aucune différence au point de vue juridique. La France elle-même a annexé Nice et la Savoie en 1860. Or, si l'on voulait restaurer les frontières actuelles sur la base de celles qui existaient autrefois, on ne sait où l'opération devrait s'arrêter. Il est clair que, par la force, on peut établir une frontière quelconque n'importe où. Mais c'est aussi, non seulement avec égalité de chances, mais à égalité de droit qu'un État peut conquérir des territoires qui ne lui ont jamais appartenu, à aucune époque de l'histoire.

Il est vrai que les Français se plaignent encore d'autres offenses et des cruautés commises par les Allemands, en 1870 et 1871. D'abord, ces plaintes sont jusqu'à un certain point exagérées ; ensuite, on peut se demander si Napoléon I er a agi autrement en Allemagne au commencement du siècle. Si les Français veulent porter un jugement impartial, ils doivent reconnaître que la guerre de 1870-1871 fut la revanche définitive de l'Allemagne pour les guerres de conquête de la France depuis Louis XIV.

Les Allemands
ne sont pas seuls
à avoir commis
des cruautés
en France.

Claretie, le célèbre littérateur et académicien français, exprime ses regrets de voir cette haine réciproque, qu'entretiennent, tantôt d'un côté et tantôt de l'autre, des injustices et des empiétements.

----

(1) Camille Rousset, *Histoire de Louvois*, volume III. — Paris, 1863.

Il parle des fusillades révoltantes commises par les Allemands sur les francs-tireurs français, qui, en réalité, n'étaient pas autre chose que le landsturm de la France. Mais il relève aussi ce fait que, de leur côté, les Français ne se sont pas fait faute, sous Napoléon Ier, de fusiller des hommes tels qu'André Hofer, le libraire Palm et d'autres patriotes allemands. Il dit encore :

« L'incendie de Saint-Cloud fut comme un reflet se produi-
« sant à la distance d'un siècle, des incendies que nous avions
« allumés dans le Palatinat. Les flammes de Saint-Cloud reluiront
« peut-être de même en Allemagne dans un siècle. Une guerre en
« engendre une autre. »

Et dans un autre passage :

« Quand Jules Favre se plaignait des pillages et des dévastations
« faits par les Prussiens dans les environs de Paris, ainsi que de
« la destruction de Saint-Cloud au moyen du pétrole, Bismarck l'in-
« terrompit et lui dit avec douceur : « Il y avait jadis en Allemagne
« une petite ville peu connue et dont vous ignorez jusqu'au nom,
« Monsieur Jules Favre. Dans une maison d'humble apparence
« située dans cette ville, vivait un gentilhomme. Un jour, les grena-
« diers de Davout se présentèrent dans cette localité ; ils brûlèrent
« la petite ville et la maison dont je parle : elle appartenait à mon
« père. J'y étais, j'ai assisté à la scène (1). »

La France a subi une défaite et souffert bien des maux ; mais ce fut la faute de son propre gouvernement et de l'incapacité des chefs militaires que ce gouvernement avait nommés, non pas en raison de leurs services et de leurs mérites, mais à la faveur. En outre, les forces en présence étaient trop inégales ; les troupes françaises n'étaient guère que le tiers de l'effectif de l'armée allemande. Il en résulte que cette défaite n'a rien de honteux pour la France ; elle est simplement une conséquence de l'incapacité de son gouvernement. Du reste, la Prusse a bien subi jadis un Iéna.

Le représentant militaire de la France ne laissera sans doute point passer ces observations en silence. Mettons dans sa bouche ce qu'a réellement écrit un général français :

« La France est assez riche de succès militaires pour pouvoir
« oublier ses défaites. Elle l'a prouvé maintes fois, entre autres en
« Crimée, où elle a soutenu, aidé, sauvé les Anglais, sans songer

---

(1) En ajoutant ces derniers mots, M. de Bismarck a un peu exagéré ; car il est né le 1er avril 1815, et les grenadiers de Davout ne sont pas allés en Allemagne après cette date.

« à Waterloo. En 1815, elle avait accepté le traité imposé. Elle
« rendait ses conquêtes, mais conservait ses anciennes limites.
« Vaincue par la coalition, elle n'avait pas été humiliée.

« En 1871, le traité de Francfort est entièrement différent. La
« France a été iniquement démembrée, contre le vœu des provinces
« arrachées. La force a primé le droit. Un jour, nous pourrions
« peut-être oublier la défaite, mais oublier l'Alsace-Lorraine,
« jamais ! La douleur des revers s'efface avec le temps. Waterloo
« en témoigne ; tandis que la douleur du démembrement demeure
« incessante. Le fait constant de la séparation de ces provinces,
« esclaves à présent, ravive sans cesse le chagrin de leur
« perte (1). »

Il est clair que deux ou trois discours n'épuiseront pas les débats
sur une question aussi grave. Supposons que le représentant de la
Suisse prenne maintenant la parole en raison de ses rapports de
voisinage avec la France. Il reconnaitra, par exemple, que cette
question est douteuse. Il accordera que l'administration française,
en Alsace-Lorraine, n'a jamais touché aux particularités originelles
de ces provinces, qu'elle n'a pris aucune mesure coercitive pour en
franciser la population, et que c'est précisément pour cela que leur
attachement à la langue de leurs ancêtres, à leurs mœurs et aux
particularités organiques qu'ils ont héritées de leurs aïeux n'a
jamais poussé les Alsaciens-Allemands à chercher la rupture de
leur lien politique avec la France, tandis que c'est la supériorité de
l'organisation politique et sociale française qui les a poussés dans les
bras des Français. Le procédé de la France à l'égard des Allemands
annexés a donc été plus politique, plus sage et couronné d'un meilleur succès que les efforts des autorités allemandes pour germaniser
violemment des Polonais et des Danois, efforts qui n'ont fait
qu'éveiller chez ces annexés résistance et antipathie.

La population du territoire enlevé à la France était réellement
attachée à cette nation. Mais les conditions se sont modifiées sous
bien des rapports. Le gouvernement, la littérature et la presse allemande ont fait tous leurs efforts pour réveiller l'esprit allemand au
fond du cœur des Alsaciens, et y ranimer le sentiment, la conscience
de l'unité de race. Ces efforts, qui se sont manifestés dans toute
l'Allemagne, rapprochés du prestige de la victoire et de la puissance
de cet État, devaient, avec le temps, produire une certaine impres-

____

(1) Citation textuelle de l'ouvrage : *La chimère du désarmement*, par le général
Lewal.

sion sur les habitants de ces provinces. D'autre part, tout ce qu'ils ont vu se passer en France depuis 1870 ne pouvait guère renforcer leur lien moral avec ce pays : les troubles perpétuels, la haine irréconciliable des partis, le chauvinisme à outrance. Enfin, la population de l'Alsace-Lorraine ne peut pas se dissimuler qu'elle a beaucoup moins de charges à supporter que celles qui grèvent actuellement le peuple français, par suite de sa colossale dette d'État. Aussi, n'ose-t-elle pas souhaiter son retour à la France, ce qui serait souhaiter une nouvelle guerre, dont souffrirait précisément l'Alsace-Lorraine toute la première. Vous voulez, ajouterait le représentant de la Suisse, reconquérir ces territoires au moyen d'une guerre. Mais ils deviendraient eux-mêmes le théâtre de cette guerre. Or, nous connaissons les armées actuelles et leurs effroyables moyens de destruction. Après la guerre, que resterait-il debout dans toute la contrée située entre le Rhin et la Moselle ? Pas un homme, pas un être vivant, pas une maison, pas un arbre ! Vous voulez être pour ces provinces, comme la mauvaise mère qui consentait, devant le tribunal de Salomon, qu'on coupât son enfant en deux. Vous aimez l'Alsace-Lorraine d'une curieuse façon, en lui souhaitant des malheurs de toute espèce et même sa perte, pourvu qu'elle ne soit plus séparée de la France et lors même qu'elle nagerait aujourd'hui dans le bonheur. Il est vrai que chacun aime à sa manière !

Une victoire de la France engendrerait une nouvelle guerre.

Admettons qu'une nouvelle guerre éclate et que la France soit victorieuse. Mais après cette guerre, qui, dans les conditions actuelles, serait ruineuse, l'Allemagne vaincue serait tellement épuisée qu'il serait impossible d'en obtenir une contribution en argent. Le seul dédommagement que la France en pourrait retirer pour ses sacrifices serait l'annexion de tout le territoire jusqu'au Rhin. Mais ce territoire serait alors tellement dévasté qu'il constituerait pour la France une charge plutôt qu'une acquisition avantageuse.

Les Français peuvent répondre que ce pays n'en serait pas moins conquis par eux. Soit. Admettons donc que la France se consolerait ainsi de ses désastres de 1870-71 par une pleine et entière revanche. Mais ensuite, les Allemands voudraient, à leur tour, prendre *leur revanche de cette revanche*. Vous ne pouvez pas vivre sans revanche pour une guerre malheureuse, et vous voudriez qu'un autre peuple supportât patiemment et tranquillement un soufflet reçu ! Alors, vous ne connaissez guère les Allemands. La première guerre future serait donc forcément suivie d'une seconde, et ainsi de suite, indéfiniment, jusqu'à ce que l'une des deux nations parvînt à morceler le territoire de son adversaire et à le partager avec les États voisins.

Ainsi que nous l'avons déjà dit, l'Alsace-Lorraine, après son retour à la France, aurait à supporter de bien plus lourdes charges qu'aujourd'hui, et c'est à peine si elle aurait, comme compensation, une existence plus heureuse et plus prospère. Par contre, il est facile de prévoir quelles seraient, à l'intérieur, les conséquences d'une victoire pour la France elle-même. Les libres institutions de la République s'écrouleraient et seraient remplacées par une dictature. La victoire elle-même serait un piédestal pour le candidat à cette dictature ; il s'ensuivrait tout naturellement une période de militarisme, et le niveau du bien-être public subirait une notable dépression. Il est assez difficile de dire si, dans ces conditions, la situation des Alsaciens serait meilleure qu'aujourd'hui, mais cette perspective ne peut pas sembler fort attrayante.

Les élections au Reichstag en 1893, après la dissolution du Parlement qui avait rejeté le nouveau projet de loi militaire, nous ont déjà fourni des indices bien significatifs sur l'esprit dans lequel la population d'Alsace-Lorraine envisage l'avenir. Elle donna ses voix à six partisans bien décidés du projet, parmi lesquels le prince Alexandre Hohenlohe, fils du gouverneur de cette époque (aujourd'hui chancelier de l'Empire). Mais, ce qu'il y a de remarquable, c'est que, cette fois-là, les candidats de l'opposition, tant catholiques que socialistes, ne firent, dans leur programme électoral, que combattre le projet militaire et ne se présentèrent plus comme les candidats de la « protestation » contre l'annexion du territoire à l'Allemagne. Dans leurs discours électoraux, il ne fut plus question de « protestation ».

La population ne
proteste plus.

Ce fut un incontestable succès pour l'Allemagne. On l'a surtout attribué à l'administration pleine de tact et de modération du prince Hohenlohe, qui n'avait pas voulu suivre le système antérieur de taquinerie et de mesquines chicanes. En tout cas, ce résultat a montré que le principe de la « protestation » s'affaiblit en Alsace-Lorraine, et que la masse de la population de ce pays n'est nullement solidaire de ceux qui prêchent la revanche en France.

Il ne saurait, du reste, en être autrement, car les plus zélés partisans de la France et de la protestation ont émigré au delà des Vosges, après avoir, dans le délai réglementaire, vendu à vil prix leurs propriétés à leurs compatriotes restés dans le pays ou à des Allemands. Et si, dans le Reichsland, l'opposition est demeurée, jusqu'ici, plus forte que le parti gouvernemental, cela provient, dans une large mesure, de ce que le parti ouvrier se met, en Alsace comme en Allemagne même, du côté de l'opposition. En France, on ne tient pas compte de cette circonstance. Une autre preuve du changement qui s'est produit dans l'esprit de cette population, c'est, d'après des témoins oculaires absolument dignes de foi, l'excellente réception qui fut faite à l'empereur Guillaume lors de sa dernière visite à Metz et à Strasbourg.

Projet de plébiscite. Il est bien probable que le représentant de la France ne voudrait pas admettre ces preuves de refroidissement des Alsaciens envers son pays ni se prononcer en faveur d'un projet de plébiscite. Supposons alors qu'on s'adresse directement à la population pour lui demander son avis sur la question. Au cas où l'Alsace-Lorraine donnerait ses voix à l'Allemagne, il ne resterait à la France qu'à se soumettre et à oublier. Un tel résultat prouverait que la germanisation de ce territoire a dépassé l'attente même de ses maîtres actuels.

Mais si la population témoignait toujours de son ancien attachement à la France, celle-ci ne se réconcilierait jamais avec le sort actuel de ces provinces qui lui ont été enlevées par la conquête.

On peut admettre que le président insisterait sur la nécessité de s'en tenir strictement à la réalité des choses et des intérêts qui peuvent être déterminés par la statistique; ce qui lui permettrait de constater, au point de vue des sentiments, que, si les idées de revanche n'ont pas disparu en France, il y a encore bien loin de là à l'intention réelle de prendre cette revanche, et que, de tous les hommes politiques français sérieux, il n'en est pas un qui voulût risquer de franchir cette distance.

Importance des déclamations sur la revanche. Le représentant de la Belgique neutre pourrait ajouter que c'est une erreur de croire que l'idée de revanche domine aujourd'hui en France. Elle constitue bien plutôt un thème à déclamations diverses et sans autre succès que celui toujours facilement obtenu par les phrases ronflantes. Il existe en France une foule de gens raisonnables, qui ne désirent nullement une guerre avec l'Allemagne avec autant de passion que les politiciens s'efforcent de le faire croire. Avant tout, il ne faut pas juger la France entière d'après Paris seul. Paris offre à la lutte des partis un champ beaucoup plus favorable que toute autre ville. Outre les monarchistes, les républicains et les socialistes avec toutes leurs subdivisions, on y rencontre un parti spécial que l'on pourrait dénommer : « Les Parisiens ». Ce parti est fort par ses capacités, ses aptitudes, sa connaissance de la situation, sa finesse et son intervention dans la presse, mais il ne représente pas exclusivement et toujours l'une des tendances susmentionnées. Il fronde et critique constamment; il est toujours en opposition avec le gouvernement existant. Ses rapports avec les faits sont uniquement négatifs; il est mécontent de tout, mais il ne produira jamais aucune idée utile et pratique pour créer quelque chose d'autre. Il se compose principalement des représentants du prolétariat intellectuel et des Alsaciens irréconciliables, qui n'ont trouvé aucune occupation. A eux se joignent aussi tous les membres d'une catégorie, non sans importance numérique, de véritables Erostrates : — caste qui a soif de produire de l'effet à tout prix et qui, pour cela, n'hésiterait même pas à brûler un temple (1).

Il ne faut pas oublier, toutefois, que tous les ministères qui se succèdent en France doivent donner chaque fois, à leur entrée au pouvoir, l'assurance solennelle qu'ils ont la ferme intention de maintenir la paix. Il en ressort clairement que le vœu positif de la majorité du peuple français, le vœu de la province, vœu qui est connu des gouvernants et qui émane du pays lui-même, est immuablement en faveur de la paix. On ne revient le plus souvent sur l'idée de revanche que pour obtenir un succès extérieur, mais cela ne signifie pas grand'chose.

La preuve que l'idée d'une solution pacifique des conflits internationaux n'est pas étrangère à la nation française, c'est la façon même dont la proposition Barodet, — un membre de la Ligue parisienne de la paix, — fut accueillie dans la séance du 8 juillet 1895 de la Chambre des députés française. Cette proposition, appuyée d'une pétition couverte de dix mille signatures, fut acceptée par l'Assemblée à l'unanimité, moins la voix d'un député, qui s'abstint. La Chambre vota : « Le gouvernement est invité à conclure un traité entre la République française et les États-Unis d'Amérique aux fins d'instituer un tribunal arbitral permanent entre les deux États ».

Il est clair que cette décision ne touchait en rien aux rapports de la France avec l'Allemagne, mais elle n'en constitue pas moins, dans une certaine mesure, une démarche pacifique. Aussi est-elle digne d'une attention sérieuse, d'autant qu'elle fut prise à l'unanimité. Bien caractéristique est cet autre fait qui s'est passé en juillet 1897. Le célèbre poëte et patriote François Coppée s'était adressé, par un article chaleureux, au patriotisme de ses concitoyens pour venir en aide à la population d'une certaine région d'Alsace qui avait eu

------

(1) Hillebrand, *Frankreich und die Franzosen* (La France et les Français).

fort à souffrir des intempéries. Or, les dons recueillis furent si insignifiants que Coppée se crut obligé de rembourser l'argent aux donateurs ; il n'avait pas osé le distribuer aux victimes.

N'est-ce pas là, en quelque sorte, une preuve que, malgré le conseil de Gambetta, les Français pensent aujourd'hui moins à l'Alsace qu'ils n'en parlent? Toutefois, l'institution d'un tribunal arbitral international pour l'Europe entière nous paraît nécessaire, ne fût-ce que pour empêcher quelque surprise : c'est à-dire que les braillards ne finissent par réussir, contrairement au vrai sentiment de la plus grande partie du peuple français, à entraîner toute la nation dans une guerre.

C'est précisément pour la France qu'une telle mesure serait avantageuse en soustrayant le pays à la prédominance anormale et démesurée de Paris. Paris a fait des révolutions. Paris a amené des guerres ; aussi n'est-ce pas sans raison que, dans ses *Origines de la France contemporaine*, Taine dépeint une partie des Français comme des tigres, des hyènes et des loups, tandis que les autres ne sont que des agneaux qui se laissent tranquillement dévorer. Ce serait évidemment l'intérêt de la France entière d'enlever à Paris la possibilité de prendre l'initiative d'une guerre. Les dangers que présente le caractère de la population parisienne, pour le siège d'un gouvernement, furent déjà reconnus par Louis XIV, qui transféra sa résidence à Versailles. Dans sa jeunesse, à l'époque de la Fronde, ce prince avait appris à connaître les bruits et les vagues houleuses de la foule parisienne. Après la proclamation de la République en 1870, l'Assemblée nationale, comme chacun sait, siégea pendant quelques années à Versailles. Chaudordy (1) a justifié cette mesure, en se référant à l'exemple donné par les États-Unis d'Amérique, qui ont établi le siège du gouvernement de l'Union loin de la pression des masses, qui se fait toujours sentir dans une grande cité.

Du reste, on entend aussi, dans un autre sens, s'exhaler des récriminations sur l'influence prédominante et dangereuse de Paris. A côté des chauvins, il est des braillards d'un tout autre genre, derrière lesquels se cache un parti organisé qui abhorre la guerre et hait le militarisme. Presque journellement apparaissent des brochures qui, comme l'a dit le général Lewal (2), « aggravent encore « toutes ces atteintes portées à l'armée, toutes ces injures adressées « au drapeau traité de loque, aux décorations qualifiées de hochets

_____

(1) Chaudordy, *La France à la suite de la guerre*. — Paris, 1887.
(2) Général Lewal, *La chimère du désarmement*.

« de la vanité, tous ces mépris déversés sur des hommes de devoir,
« qui savent, au grand profit du pays, marcher, combattre et mourir
« pour quelques morceaux de rubans. »

Certains littérateurs populaires sont encore plus dangereux pour
les traditions militaires. Ces écrivains, qui se concentrent à Paris,
dirigent tous leurs efforts contre ces traditions; ils s'ingénient à
discréditer les idées de sacrifice personnel et même de discipline;
ils taxent les chefs d'incapables et d'indifférents au sort du soldat
et au bonheur du pays; ils les accusent de ne pas faire leur devoir
comme il faut.

En aucun autre pays, il n'y a, autant qu'en France, d'agitateurs
contre le militarisme. Ailleurs, les socialistes seuls s'en montrent
adversaires ; en France, il s'est déjà formé un parti dont les
membres se qualifient eux-mêmes ouvertement de « sans-patrie ».
Il n'y a pas encore bien longtemps que les partisans de la révolution
aux conseils municipaux et départementaux ainsi qu'au Corps
législatif n'étaient qu'une poignée, mais leur nombre s'accroît à
chaque nouvelle élection.

Il en résulte que l'institution d'un tribunal arbitral international
dont la possibilité fait l'objet de cette étude ne serait pas moins
à désirer pour la France que pour les autres États. D'après une
observation de Tocqueville (1), « la nation française peut être
conduite avec un fil tant que personne ne résiste, mais ingouver-
nable dès que l'exemple de la résistance est donné quelque part ».
Le temps cicatrise toutes les plaies. Aussi la blessure qu'a reçue la
France il y a bientôt trente ans finira-t-elle également par se fermer.
Les Français sauront se réconcilier avec un état de choses inévitable, pour peu qu'ils arrivent à comprendre qu'en faisant ce sacrifice, ils favorisent l'avènement d'une ère bénie pour le monde
civilisé, avènement qui serait assuré par une réconciliation comme
celle dont nous parlons ici. Probablement cela n'aurait pas lieu sans
protestations, mais il faut cependant qu'en fin de compte le bon
sens ait le dessus.

Maintenant, nous voulons encore une fois donner la parole au
représentant de l'Allemagne. Il admettra que la réunion de l'Alsace-
Lorraine à l'empire allemand ne s'est pas faite suivant les vœux et
le désir des populations de ces provinces, mais il ajoutera que cette
annexion était indispensable pour la sécurité de l'Allemagne; il
fallait absolument avoir un solide rempart pour protéger l'empire

Inexactitude
de l'idée que
les peuples sont
disposés à se
sacrifier.

____

(1) Tocqueville, *L'ancien régime*.

contre les attaques incessantes de la France, qui remontent jusqu'au règne de Louis XIV. La protection individuelle, c'est-à-dire l'obligation de se protéger soi-même, semble être le premier devoir de l'État ; aussi la restitution de Metz et de Strasbourg est-elle impossible. Le peuple allemand ne veut pas rester en arrière du peuple français pour le patriotisme ; en aucun cas, il ne renoncera à la possession du territoire impérial ; aussi est-il prêt aux plus grands sacrifices pour le conserver.

A cela le représentant du Danemark, par exemple, pourrait répliquer que la disposition des peuples à se sacrifier n'est pas mieux établie pour l'Allemagne que pour la France. En réalité, les Allemands, lors de la guerre de 1870, avaient en vue un but beaucoup plus élevé que d'assurer leurs frontières ; ils cherchaient l'autonomie, l'unité nationale. Et pourtant on pourrait faire observer que, lorsqu'il s'est agi de réunir les ressources financières nécessaires pour la guerre avec la France, les dons volontaires fournis par l'Allemagne représentèrent une somme absolument dérisoire, soit en tout 394 thalers.

C'est avec beaucoup de raison que le célèbre écrivain russe, le comte Léon Tolstoï, a dit :

« Ce qu'on appelle « patriotisme », de nos jours, n'est qu'un
« certain état d'esprit produit et entretenu sans cesse chez les
« nations au moyen des écoles, de la religion et de la presse,
« tout en lui imprimant la direction qui convient au gouvernement ;
« c'est aussi une disposition passagère que les classes dirigeantes
« provoquent par des moyens exceptionnels, une excitation des
« couches intellectuellement et moralement inférieures de la nation,
« qu'on fait passer ensuite pour l'expression des volontés du
« peuple. »

Importance de Metz et de Strasbourg aux mains de l'Allemagne.

Supposons maintenant que l'orateur, après avoir ainsi parlé, en arrive à conclure qu'abstraction faite d'éventualités impossibles à prévoir, il faudrait tout d'abord examiner si la solution de la question de l'Alsace-Lorraine doit réellement précéder la recherche des voies et moyens par lesquels on pourrait aboutir à arrêter la marche progressive des armements à outrance. Admettons aussi que cette idée ait rencontré l'approbation générale de la Conférence.

Le représentant de la France pourra peut-être exposer encore que la possession de Metz et de Strasbourg par l'Allemagne constitue précisément un danger permanent pour le maintien de la paix ; parce que les Allemands ont pris ainsi des positions trop rapprochées de

Paris, ce qui crée à la France une situation humiliante et intolérable, dont elle ne s'accommodera jamais à aucun prix (1).

Le général belge Brialmont, avantageusement connu comme ingénieur stratégiste, membre fort considéré et bien vu de la conférence, pourrait répliquer à cela qu'il y a vingt-cinq ans, en effet, on aurait pu admettre que les conclusions, tant de l'une que de l'autre partie n'étaient pas dénuées de fondement sérieux ; mais il ajouterait que, depuis lors, la situation s'est notablement modifiée à plus d'un point de vue. Depuis 1870, la France a dépensé des milliards pour rendre ses frontières inaccessibles et pour être, au cas d'une rupture de la première ligne de défense, prête à recevoir l'ennemi sur les autres lignes établies plus en arrière. Les frontières de la France sont semées de forteresses en telle abondance qu'il ne reste plus que d'étroits passages entre elles. Elles sont défendues, même en temps de paix, par de grosses masses de troupes, établies à proximité et faciles à compléter par de nombreuses lignes de chemins de fer. Il en résulte qu'aujourd'hui il n'est guère possible de songer à une invasion subite des Allemands en France. Une rupture des lignes frontières n'est même praticable qu'après toute une suite de batailles. Et même cette rupture opérée, l'ennemi ne pourrait pénétrer dans l'intérieur du pays, sans courir de grands dangers. Sur tous les points de la frontière orientale ayant quelque importance stratégique, tels, par exemple, qu'à une certaine distance des ouvrages fortifiés, aux cols des montagnes, aux traversées principales des fleuves et des rivières et à certains passages des grandes routes, des régions entières sont pourvues de mines souterraines, reliées à des centres, où se trouvent des postes chargés d'en déterminer l'explosion. De l'avis des Français, ces endroits devraient se transformer en véritables « cimetières ». La France doit donc convenir que ses frontières actuelles sont suffisamment fortes et que, même au point de vue militaire, la question de l'Alsace-Lorraine n'est pas une question de nécessité absolue.

Un membre quelconque de la conférence, le représentant des Pays-Bas, par exemple, proposerait de résumer les débats et ferait remarquer que, de tous les arguments présentés par le représentant de la France, le seul qui n'ait pu être réfuté, c'est que la nation française souffre dans son amour-propre de la perte de l'Alsace-Lorraine. Il pourrait ajouter ensuite que l'esprit de militarisme, produit par les tendances à la revanche, et les dépenses excessives

Le spectre de la guerre exerce, en France, une influence fâcheuse, au point de vue moral.

____

(1) Colonel Stoffel, *De la possibilité d'une future alliance franco-allemande.*

qu'entraînent ces tendances causent à la France un dommage bien plus sensible que ne le fera jamais cette blessure d'amour-propre. Les sommes énormes englouties par les armements sont enlevées à maintes œuvres utiles qu'il serait possible d'entreprendre pour le bien du peuple. Que ne pourrait-on faire avec cet argent en faveur des pauvres, pour l'amélioration de l'existence des ouvriers des campagnes et des villes, pour les soins à donner aux enfants abandonnés, aux infirmes et aux vieillards ! Enfin, l'augmentation constante des dépenses donne aux radicaux l'occasion de dire que la République n'a pas amélioré les conditions d'existence de la population et que les espérances fondées sur elle ne se sont pas réalisées.

Il fut un temps où tous les peuples avaient les yeux tournés vers la France comme vers la source d'où devaient sortir des destinées meilleures pour l'humanité. C'est elle qui projetait sur le monde les rayons des idées humanitaires et bienfaisantes, de l'affranchissement de l'arbitraire et du fanatisme, de l'anéantissement des préjugés, de la liberté des citoyens dans l'État et des nationalités, des droits de l'homme et des droits des peuples. C'est ce rayonnement qui faisait la vraie gloire de la France. Mais maintenant que les Français ne pensent, dans leur for intérieur, qu'à renouveler l'effusion du sang, cette gloire pâlit aux yeux des peuples, et l'amour-propre national français y perd aussi notablement. Un spectre sombre se dresse devant la France, et en paralyse la vie entière ; ce spectre prédit une boucherie épouvantable et l'anéantissement des meilleures forces morales. Ce spectre couvre de son ombre cette France noble et éclairée, qui avait su s'attirer les sympathies des peuples ; il plonge ce pays dans la noire perspective d'une grande calamité publique, qui se prépare déjà pour lui-même et pour ses voisins. C'est à peine s'ils méritent le nom de patriotes, ceux qui disent : « Laissez-nous multiplier les arsenaux et les casernes, augmenter les impôts, fondre des canons et fabriquer des fusils ; laissez-nous nous endurcir le cœur et nous boucher les oreilles, pour ne pas entendre les plaintes et les menaces des pauvres gens, dont nous abreuvons la vie d'amertume et de misère par nos impitoyables exigences. »

Dommages
causés aux pays
neutres.

Chaque peuple est bien libre, sans doute, dans ses désirs ; mais il ne faut pas oublier pourtant que tels désirs peuvent devenir fort dangereux non seulement pour le peuple qui les forme, mais pour d'autres encore. L'entrelacement des intérêts économiques croissant constamment en Europe, une guerre ne sera pas uniquement pernicieuse et funeste pour les parties directement intéressées, mais aussi pour les nations neutres. Or, celles-ci sont-elles condamnées à se soumettre aux dommages qui leur seraient ainsi causés? En d'autres termes, tout État a-t-il le droit illimité de faire la guerre, ou bien ce droit peut-il être circonscrit, et de quelle façon? Telle est la courte définition de la question générale qui fait l'objet de son observation.

Il ne faut pas seulement tenir compte des considérations économiques, mais bien aussi de l'énorme quantité de victimes, de vies humaines que coûterait le rachat de l'Alsace-Lorraine par les armes. Car il ne suffirait pas alors aux Français de reconquérir ces deux provinces ; ils devraient encore anéantir complètement l'armée allemande et même occuper Berlin. Le talon d'Achille, c'est-à-dire le point faible de toute l'organisation militaire française, a toujours été dans le ravitaillement de l'armée. L'administration peut bien soutenir aujourd'hui que tout est prêt ; mais elle l'a toujours fait jusqu'ici, et en réalité, il en était tout autrement. Le maréchal Lebœuf, ministre de la guerre en 1870, disait aussi à la Chambre des députés de l'empire français que « tout était prêt, jusqu'au dernier bouton de guêtre ». Les expéditions que la France, depuis cette époque, a entreprises hors d'Europe, ont prouvé que ce qui « devrait être » continue à ne pas concorder avec « ce qui est ». Aujourd'hui, les effectifs ont encore augmenté et, avec eux, les difficultés de leur entretien. Or, si, sur ce terrain, quelqu'un a l'avantage, ce serait bien plutôt l'Allemagne, ainsi que l'expérience l'a démontré. Lors d'un débat au Reichstag allemand sur le budget de la guerre, le député Vollmar a fait remarquer que, de l'avis des militaires compétents eux-mêmes, il n'est pas plus possible de diriger que d'entretenir des armées composées de millions d'hommes. Le ministre de la guerre von Gossler a répondu : « Il serait, en effet, impossible d'entretenir des armées de millions d'hommes si l'on avait affaire à des masses désorganisées ; mais avec notre organisation, il en est tout autrement. Nous préparons la prochaine guerre de telle façon qu'il soit possible de la commencer. Quel en sera le résultat? c'est naturellement ce que personne ne peut savoir. »

Les effets du fusil actuel sont six fois plus considérables que ceux du fusil de 1870, et l'armée allemande en possède déjà un nouveau. Le professeur Hebler estime qu'on fabrique aujourd'hui des fusils dont les effets sont quarante fois supérieurs à ceux de 1870. Les pièces à tir rapide, qui sont déjà en service dans quelques armées et que d'autres sont en train d'adopter, font un feu de trente à quarante fois plus efficace que celles employées dans la guerre franco-allemande. En même temps, l'artillerie a augmenté le nombre de ses pièces. Et, outre que les canons à tir rapide lancent une grêle de projectiles à des distances pouvant aller jusqu'à cinq kilomètres, chaque shrapnel éclate en 300 morceaux, dont chacun peut porter la mort à un demi-kilomètre.

Le célèbre chirurgien Billroth a clos le mémorable discours qu'il a prononcé au sein de la délégation autrichienne de 1890, en déclarant que les propriétés des projectiles actuels et leur portée ne permettaient pas de venir assez tôt au secours des blessés et qu'il était même douteux qu'on pût guérir ceux-ci, tant sont énormes les armées d'aujourd'hui. Il est bon aussi de se souvenir des communications du Dr Porth, médecin en chef de l'armée bavaroise, qui dépeint comme horribles les effets des balles et des éclats provenant des projectiles de l'artillerie. Il est vrai que ce sont seulement des médecins et encore des médecins militaires qui le disent. Mais on peut encore se référer aux paroles suivantes, prononcées par le général Hœseler en présence de l'empereur d'Allemagne lors des manœuvres de 1897, près de Hambourg : « Si cela continue, on ne peut pas savoir qui, dans un combat sérieux, restera encore debout pour enterrer les morts. »

Si nous ajoutons aux ravages causés par les projectiles, ceux provenant des maladies, les pertes totales subies par les troupes dépasseront certainement l'augmentation de population qui pourrait revenir à la France de l'Alsace-Lorraine reconquise. On peut bien aussi admettre que, si la victoire devait pencher en faveur de la France, celle-ci ne se contenterait probablement pas de reprendre ses provinces perdues, car les vainqueurs ne se distinguent généralement pas par leur modération. Elle régulariserait et étendrait ses frontières en s'appropriant toutes les provinces rhénanes. Alors la soif de revanche ne ferait que passer de la rive gauche à la rive droite du Rhin, et la haine des peuples ne pourrait que s'affermir et se renforcer encore davantage. Mais les forces de la France ne seraient plus suffisantes pour renouveler une pareille guerre.

Affaiblissement de la race française par suite des guerres antérieures.

Les grandes guerres de ce siècle ont eu pour conséquence d'affaiblir la race française. Napoléon Ier a sacrifié deux millions de Français sur les champs de bataille, et Napoléon III un million. Ainsi, le premier et le troisième quart de ce siècle ont fauché la fleur de la population. Plus tard encore, la France a sacrifié une bonne partie de sa population masculine dans son plus bel âge ; les hommes les plus sains sont tombés : 50,000 au Tonkin et 20,000 sur divers points du territoire africain ; 50,000 environ sont revenus de ces expéditions invalides et infirmes. Un tel gaspillage de vies humaines ne peut qu'exercer un effet pernicieux sur les forces de la génération nouvelle. Le service militaire même est funeste sous ce rapport, si l'on procède à un recrutement exagéré. La nature a fixé, pour la longévité et le perfectionnement de la race, certaines limites que ne peuvent pas atteindre les malades et les faibles. Mais la guerre, qui enlève au pays ses forces les plus saines et les meilleures dans une très forte mesure, a franchi ces limites. Les nouvelles guerres, qui seront sans exemple quant au nombre des hommes appelés sous les armes et des victimes, les outrepasseront bien davantage encore, et provoqueront une dégénérescence définitive de la race. Tous les gens valides à peine adultes seront envoyés au combat, et il ne restera plus que le rebut : les phtisiques, les infirmes, les syphilitiques, les scrofuleux, etc. Il n'est pas sans intérêt de reproduire ici l'opinion du professeur Le Fort à ce sujet :

« Le peu de résistance que nous opposons aux mutilations, aux
« blessures et aux opérations chirurgicales, ne démontre-t-il pas
« que notre race a dégénéré? On ne saurait l'affirmer positivement,
« mais cette supposition est peut-être voisine de la vérité. Une
« nation qui, pendant des siècles, a perdu des masses d'hommes
« dans les guerres, une nation qui impose l'abstention temporaire
« du mariage aux jeunes gens les plus aptes à perpétuer la race,
« en ne le permettant qu'aux seuls contrefaits, scrofuleux, ou autres
« individus ayant des défauts physiques, doit nécessairement avec
« le temps diminuer au point de vue numérique et dégénérer au
« point de vue physique. Notre population n'augmente que dans une
« très faible mesure, et cela constitue déjà un symptôme alarmant.
« Y a-t-il dès maintenant des signes de dégénérescence chez nous,
« ou bien y a-t-il seulement lieu de soupçonner leur présence ? —
« Je n'ose répondre à cette question (1). »

Voilà ce qu'écrivait un savant français.

Il est certain que l'influence du militarisme sur les forces physiques et sur la santé des générations futures doit se faire sentir chez tous les peuples qui entretiennent une plus ou moins grande partie de leur population sous les armes et plus particulièrement chez ceux qui font souvent la guerre. Un auteur allemand distingué, Häckel (2), exprime à cet égard à peu près le même avis que Le Fort.

Influence pernicieuse sur la race de l'entretien des grandes armées.

« Le système néfaste du militarisme — dit-il — a pris, depuis un

____

(1) Léon Le Fort, *Chirurgie militaire.*
(2) C. Häckel, *Natürliche Schöpfungs Geschichte* (Histoire naturelle de la création).

certain temps déjà, une suprématie sans exemple, par l'alliance peu
naturelle de l'obligation générale de servir avec le principe de l'armée
permanente. Celle-ci se complète chaque année de tous les éléments
les plus forts et les plus sains, choisis parmi les populations, qui
sont sacrifiés à la guerre; tandis que les hommes faibles et débiles
restent à la maison et fondent les familles. Grâce à la loi d'hérédité,
les infirmités physiques et bien souvent aussi morales non seulement
se transmettent aux générations futures, mais encore se développent
à foison chez ces dernières. Aussi ne faut-il pas s'étonner de voir les
faiblesses de l'organisme et du caractère se développer de plus en
plus parmi les peuples civilisés. Et à quoi sacrifie-t-on ainsi les
meilleures forces, la fleur de la population? Le plus souvent à des
choses qui n'ont absolument rien de commun avec le bonheur de
l'humanité et qui devraient être parfaitement étrangères aux nations
civilisées. »

Mais il est encore un phénomène particulier qui se manifeste en
France : l'arrêt dans l'accroissement de la population. Il est très instructif de comparer l'Allemagne et la France, au point de vue de l'accroissement de la population dans ces deux pays, pendant les cent
dernières années. La population allemande a presque doublé durant
cette période, tandis que celle de la France n'a guère augmenté
que de moitié, d'où il ressort que l'accroissement en France a été
presque six fois plus faible qu'en Allemagne. Ce phénomène est
d'autant plus important pour la France que cet accroissement si faible
diminue encore de plus en plus. Au cours des treize dernières années,
l'augmentation en Allemagne a été de 13 sur 1,000 habitants; par
contre, on a constaté pendant cette même période, en France, une
certaine diminution sur le chiffre de la population (1). Il en résulte
très clairement que la puissance du peuple français, surtout après
une nouvelle guerre, sera fortement amoindrie par rapport à l'Allemagne, où le progrès de l'augmentation reste normal. En France

---

(1) En France, les chiffres ci-après démontrent la diminution dans le nombre des
naissances : en 1881, il y a eu 937,000 naissances; en 1890, il n'y en avait plus que 838,000,
c'est-à-dire que le chiffre annuel s'est réduit de 100,000 environ. L'augmentation de la
population dans les dernières années a été la suivante :

Sur 1,000 âmes :

Dans les années 1890 à 1892 :

en Allemagne, il y a eu augmentation de + 36,5 ; en France il y a eu diminution de — 1,5 ;

Dans les années 1893 et 1894 :

il y a eu augmentation : en Allemagne, de + 25,6 ; en France, de + 1,01.

même, les adversaires de la guerre disent ouvertement que, si une nouvelle lutte éclate, la France disparaîtra de la carte du monde (1).

C'est peut-être une exagération, mais ce que nous avons dit suffit pour montrer d'une façon évidente combien les fruits d'une guerre seraient amers pour la France, même en cas de victoire. Mais que deviendrait cette nation après une nouvelle défaite dans une lutte qui prendrait des proportions dont on n'a pas encore pu se faire d'idée jusqu'ici ?

Si la France voulait consentir à entrer en relations normales avec l'Allemagne, le peuple français verrait s'ouvrir pour lui un avenir paisible, qui lui permettrait de développer sa force créatrice tout entière, ses talents inventifs, le don, inné chez lui, d'exposer des idées géniales. La France se remettrait de nouveau à la tête des nations, les éclairant du flambeau du progrès universel et du bien-être général. Une fois que ce pays n'aura plus besoin de consacrer toute sa puissance intellectuelle à la découverte de nouveaux moyens de destruction, ni de sacrifier la plus grosse part de sa richesse à ses préparatifs de guerre, son génie brillera d'un nouvel éclat, l'amour-propre national trouvera satisfaction plus largement que jamais, et Paris deviendra en réalité la capitale du monde.

Il est très probable que le délégué militaire de la France ne se laissera pas persuader quand même par toutes ces bonnes raisons. Il dira qu' « on ne peut pas prévoir l'issue de la guerre, mais que « la France a beaucoup de chances de son côté. Elle ne peut « accepter le compromis proposé, pour les raisons déjà exposées. « Elle a droit de compter sur ses ressources militaires, sur l'avan- « tage que lui donne sa faculté de consacrer, aux préparatifs de « guerre, des sommes plus considérables que ses rivales ; avantage « d'autant plus important que l'accroissement de sa population ne « lui assure pas de forces suffisantes. Après le désarmement, la « puissance relative des nations serait marquée surtout par le « rapport entre leurs populations. La France ne saurait donc sous- « crire au désarmement sans faire le jeu de ses adversaires.

« En renonçant à l'avantage qu'elle a d'être, au point de vue « technique, aussi bien outillée pour la guerre que qui que ce soit, « la France se résignerait à une infériorité résultant du fait que « sa population est moins nombreuse que celles des puissances « rivales.

____

(1) Réponse d'un Socialiste à M. Coppée.

« Voilà le danger inhérent aux propositions fallacieuses qu'on
« fait à la France. Elle a réparé ses pertes matérielles, elle attendra
« désormais les dédommagements qui lui sont dus sans se départir
« de sa confiance en elle-même. Forte de la conscience de son bon
« droit, elle doit être prête à le revendiquer au moment propice.
« Le mot désarmement ne devrait être prononcé en France que
« pour le flétrir et le repousser. Il n'appartient pas à ce pays
« d'émettre de pareilles propositions et encore bien moins d'en
« commencer l'exécution. Ceux qui le lui conseillent tiennent un
« langage trompeur, accomplissent une œuvre fatale, antipatrio-
« tique (1). »

Nous mettrons encore la réponse à ces fières paroles dans la
bouche du représentant des Pays-Bas, attendu que cet État n'est pas
directement intéressé dans la querelle. Il déclarera qu'il a posé tout
différemment la question, en montrant que la France ne retirerait
même d'une guerre heureuse pour elle, que les plus funestes conséquences. On ne peut séparer entièrement la force militaire d'une
nation du chiffre relatif de sa population, et la supériorité numérique
de celle-ci doit, à la longue et malgré tout, exercer une certaine
influence sur la force des effectifs militaires.

Dangers d'une
guerre pour
la République.

Il y a, du reste, d'autres motifs encore qui devraient engager la
France à ne pas rechercher la guerre. Le choix d'un général en chef
ne serait pas déjà une tâche si facile pour la République. Qui procé-
derait à cette nomination ? Le conseil des ministres ou la majorité
parlementaire, qui appartient à un certain parti politique ? Le choix
de celle-ci ne pourrait être impartial, aussi son élu ne posséderait-il
pas l'autorité suffisante, tant sur l'armée qu'aux yeux du pays même.
Le nombre des généraux et même des chefs de corps expérimentés
diminue tous les jours, et les luttes de partis minent et détruisent
toute autorité.

Ce ne sont pas seulement les socialistes, mais les monarchistes
et les cléricaux qui contribuent à cela. Comme il n'y a pas un seul
des partis monarchistes ou ultra radicaux qui se sente assez fort
pour arriver au pouvoir par la voie normale, ils comptent tous sur
le chaos qu'amènerait inévitablement l'ébranlement de la République
bourgeoise actuelle, et ils basent leurs espérances sur l'appui qu'ils
pensent trouver dans une partie de l'armée.

Il en est tout autrement en Allemagne. L'empereur possède non
seulement le pouvoir en personne, mais encore une autorité incon-

---

(1) Extrait du livre : *La chimère du désarmement*, par le général Lewal.

testable sur l'armée, autorité que jamais le Président de la République n'obtiendra, à moins qu'un général victorieux soit nommé Président, se fasse ensuite dictateur, puis rétablisse le trône. Il n'y a que l'autorité d'un monarque pour assurer, dans l'armée, la discipline à tous les grades.

Cette autorité sur la troupe donne au pouvoir impérial allemand un avantage immense sur un adversaire chez qui la lutte entre les partis amène la désagrégation jusque dans l'armée elle-même, dont le chef suprême, le ministre de la guerre, varie pour ainsi dire à chaque changement de ministère, et se voit critiquer sans merci, non seulement par la presse civile, mais même par les organes militaires. Ainsi, par exemple, il a paru dans le *Figaro* une interview de son correspondant avec un prétendu « chef de l'armée française », article qui a produit une impression très désagréable en Russie. Un journal russe a fait observer à cette occasion que, d'après cette interview, les soldats français ne marcheraient pas au combat si leur chef ne leur plaisait pas ; qu'il ne serait pas possible de considérer comme bonne une telle armée, et que, par suite, tout ce racontar lui paraissait bien invraisemblable.

Dans un article sur l'armée française, publié par la *Fortnightly Review*, Sir Charles Dilke accuse directement les généraux français de se laisser entraîner, par ambition et par haine réciproque, à se faire faire de la réclame personnelle dans les journaux, et l'auteur termine en citant les paroles de Saint-Genest, le Caton de la France moderne : « Malheureux pays, malheureuse armée ! Tes soldats sont disciplinés, mais tes généraux appellent l'anarchie ! » Ce n'est pas en vain qu'on dit qu'en France, depuis trente ans déjà, l'esprit et l'intérêt de parti ont la haute main sur tout, au grand avantage des ennemis du pays, et au grand détriment de la France elle-même. Et quel motif a-t-on d'espérer voir s'améliorer cet état de choses ?

Prépondérance de l'esprit de parti dans l'armée

On prétend qu'aujourd'hui l'armée française est dans une situation autre qu'en 1870 ; qu'elle est réellement toute prête à entrer en campagne et que son esprit s'est manifestement relevé ; mais tout en admettant volontiers cela, il n'y a pas lieu de croire qu'elle soit mieux préparée que l'armée allemande, et que son esprit soit plus élevé que celui de cette dernière.

En 1870, la France n'était nullement prête à la guerre ; par contre, il y régnait une incroyable légèreté et une ignorance complète. On en trouve la preuve dans l'inaction de la flotte à cette époque. Henning dit que l'amirauté française ne possédait pas même de données sur la possibilité d'agir contre les ports mili-

Enseignements tirés de la guerre de 1870

taires allemands. On avait projeté d'attaquer Hambourg, Lubeck, Stettin et Brême ; mais la flotte française, commandée par l'amiral Willaumez, ne s'aperçut que sur les lieux mêmes de ce qu'elle aurait dû apprendre par les cartes géographiques, c'est-à-dire que ces villes étaient situées sur des fleuves à 12 ou 15 kilomètres de leur embouchure dans la mer, de sorte que « demander leur bombardement, c'était comme si l'on eût parlé pour une flotte anglaise de celui de villes comme Rouen ou Bordeaux ». On peut supposer que la France a aujourd'hui des données plus précises qu'en 1870 et que son armée et sa flotte ne sont pas plus mauvaises que l'armée et la flotte allemandes, mais il est difficile d'admettre qu'elles les surpassent en qualités et en connaissances.

La supériorité de richesse procurera-t-elle à la France la supériorité dans la paix armée?

Le délégué français pourrait dire aussi que, les armements étant fort coûteux, on peut soutenir que, dès le temps de paix, on se trouve engagé dans une guerre où la nation la plus riche doit finalement être victorieuse, et que, par cette raison même, *la France n'a pas d'intérêt à accepter une entente sur la cessation des armements* (1).

Mais pareil argument, qui tendrait directement à la continuation de cette guerre à coups de millions jusqu'à l'effondrement général, ne resterait naturellement pas sans réplique. Ce serait, par exemple, le délégué du Danemark qui répondrait que la France n'a aucune raison sérieuse d'espérer pouvoir préparer à l'Allemagne, par ce moyen, un Sedan financier ou économique. Il est vrai que la France est un pays riche, mais il ne faut pourtant pas qu'elle s'abandonne pour l'avenir à des espérances exagérées. En Allemagne, l'industrie et le commerce prennent une extension telle que l'Angleterre s'en inquiète, alors qu'ils décroissent en France.

Sans doute la France a beaucoup plus d'épargnes que l'Allemagne, mais cela tient en partie à l'accroissement plus faible de sa population et aux dépenses moindres des familles pour l'entretien et l'éducation des enfants. La France n'a pas seulement perdu sur les marchés étrangers, mais elle se heurte déjà sur son propre marché intérieur à une importante concurrence de pays qui produisent avec la plus grande énergie. Les produits de la menuiserie et de l'ébénisterie suédoises et norvégiennes arrivent en masse en France ; les « articles de Paris » se fabriquent aujourd'hui en Angleterre avec beaucoup de goût et d'habileté, de sorte que la France n'a plus, à proprement parler, qu'à en faire les modèles. Les produits spéciaux de l'industrie parisienne reculent peu à peu, dans l'Amérique du Sud,

---

(1) Général Lewal, *La chimère du désarmement.*

devant les produits anglais. La houille belge lutte avantageusement en France avec la houille française elle-même.

Du reste, l'Allemagne estime qu'une guerre serait pour elle une calamité si épouvantable, que l'Empire est prêt à faire tous les sacrifices pour ne pas se laisser devancer dans les armements. C'est pourquoi une lutte à coups de millions serait tout aussi stérile que pourrait l'être, dans les conditions actuelles, une lutte par les armes. Les chiffres qui permettent de juger du degré de la force économique, tant de la France que de l'Allemagne, montrent que chacun possède à peu près la même force de résistance aux influences désastreuses de la guerre. Il est difficile de prédire lequel des deux est le moins disposé à continuer ses sacrifices en vue de la guerre et à arrêter le plus tôt ses dépenses pour des armements sans résultat. Il serait inutile également de faire des suppositions, car, selon toute probabilité, avant que l'un ou l'autre des deux États devienne trop faible pour continuer la lutte des armements, il s'y produirait des mouvements socialistes qui auraient bientôt fait d'y mettre un terme, sans attendre la volonté du gouvernement.

Nous en arrivons maintenant au résumé par lequel le président pourrait clore ces débats sur les relations entre la France et l'Allemagne. Il est clairement démontré que le retour de l'Alsace-Lorraine à la France serait payé par la mort ou le malheur de millions d'êtres humains, par la dévastation de contrées entières dont la surface et la richesse sont de beaucoup supérieures à celles de cette province, enfin par un arrêt complet dans les progrès de l'industrie, de la science et des beaux-arts pendant plus d'une génération. En outre, la haine sanglante entre les deux peuples serait encore avivée et enracinée pour plus d'un siècle ; et l'humanité entière maudirait les fauteurs d'une guerre sans exemple pour ses cruautés et les calamités qu'elle entraînerait.

Résumé définitif sur la question d'Alsace-Lorraine

C'est pourquoi l'on peut admettre que la France n'entamera pas, à ses risques et périls, une guerre avec l'Allemagne, malgré les souvenirs pénibles attachés à sa défaite et à la perte de ses provinces, malgré le dépôt régulier et périodique de couronnes au pied de la statue de Strasbourg sur la place de la Concorde, et autres démonstrations de ce genre. La France ne peut pas compter sur l'aide de la Russie pour une guerre de conquête, pour une guerre de revanche. Dès lors, les risques en seraient tels et l'autorité des ministères français, si souvent changeants, est tellement faible, qu'il ne s'en trouvera pas un pour oser en assumer la responsabilité. La forme même du gouvernement y aidera. Le nombre des rentiers et des gros propriétaires fonciers est relativement plus grand en France qu'en d'autres pays, et leur voix a plus de poids que n'importe où sur le continent. Une guerre menacerait cette classe de citoyens de pertes incalculables et aurait très probablement encore pour résultat direct des entreprises dirigées contre les classes possédantes.

Nous avons déjà établi clairement, et avec pièces à l'appui, combien faibles seraient les chances de succès d'une attaque de l'Allemagne par la France. Aussi, même en admettant qu'au début des négociations en faveur de l'institution d'un tribunal international, la France ne manifeste aucun goût pour cette idée, on peut espérer, cependant, qu'en fin de compte, le bon sens, dont se vantent les Français eux-mêmes, aurait gain de cause, et que la France finirait aussi par adhérer au traité.

Les Français peuvent très bien vivre sans l'Alsace. Mais il n'est plus possible aujourd'hui, après l'unification de l'Allemagne et de l'Italie, et l'accroissement énorme de la puissance russe, de rétablir la suprématie que la France avait en Europe sous Louis XIV et sous Napoléon Ier.

La France a une mission plus élevée à remplir : consacrer aux colonies ses ressources financières, son énergie, son activité, diminuer l'énorme fardeau de ses dépenses et, ne fût-ce que peu à peu, mettre sérieusement la main à l'œuvre difficile de réformes qui feraient la véritable grandeur de la République actuelle. Tout en travaillant ainsi pour elle-même, la France travaillerait en même temps au bonheur de l'humanité tout entière en continuant sa glorieuse tradition de dévouement à la civilisation.

Il faut que, par la force des circonstances, une entente se fasse un jour ou l'autre ; aussi le mieux serait-il de ne pas l'ajourner davantage.

On comprend que les Français se souviennent avec peine du rôle prépondérant, qu'à une certaine époque Bismarck joua, grâce aux bienveillants services de la Russie, et qu'ils soient froissés de l'importance considérable qu'a l'Allemagne aujourd'hui. Mais une fois que tous les États d'Europe auraient consenti à soumettre leurs différends à la décision pacifique d'un tribunal international, l'hégémonie, c'est-à-dire la prépondérance basée sur la force armée perdrait beaucoup du prestige qui flatte la vanité nationale ; il ne devrait donc plus y avoir de jalousie sous ce rapport-là non plus.

Il ne serait plus possible à la France de rester isolée quand tous les autres États auraient adhéré au traité instituant un tribunal arbitral. La difficulté principale consisterait alors à trouver la forme

dans laquelle les autres puissances devraient s'entendre avec la France
à ce sujet: forme qui devrait en tout cas n'avoir rien de choquant
et n'exercer aucune influence sur les relations amicales de la
France avec la Russie. Ce serait affaire à la diplomatie de trouver cette forme, mais la diplomatie a déjà souvent résolu des problèmes plus difficiles.

On ne peut guère douter qu'en fin de compte la France ne
se voie forcée d'adhérer au traité. La majorité qui, dans l'Assemblée
nationale, voudrait rejeter ce traité subirait certainement un
échec aux élections suivantes. L'opposition s'en ferait une arme
invincible. La population des villes, dont les ouvriers forment la
majorité, a une influence prépondérante sur les élections. Or, les
socialistes ont déjà réussi à faire perdre beaucoup de popularité
à l'idée d'une guerre au sujet de l'Alsace-Lorraine. On pourrait
citer des exemples démontrant qu'aujourd'hui, comme du reste
en 1870 déjà, les ouvriers manifestent ouvertement une horreur
profonde pour la guerre, horreur encore bien plus marquée chez eux
que dans d'autres classes de la population.

L'espoir d'un dégrèvement des impôts et d'une réduction notable
du service militaire actif l'aurait bien vite emporté sur les déclamations en faveur de la revanche. On ne manquerait pas d'insister aussi
sur ce qu'on ne peut pas renouveler indéfiniment les revanches.
Les Français sous Napoléon Ier ne se sont certes pas mieux conduits
en Allemagne que les Allemands en France en 1870-71.

Cela dit, nous devons passer à l'examen des autres questions
litigieuses.

Le délégué français, mécontent du résultat des débats sur la question de l'Alsace-Lorraine, peut signaler maintenant la question
d'Orient comme présentant de plus grandes difficultés encore au
point de vue d'une solution amiable et de la création d'un tribunal
arbitral international permanent.

Les États mêmes qui voudraient sanctionner par leur adhésion
le *statu quo* en Alsace-Lorraine pourraient ne pas arriver à la même
conclusion pour la question d'Orient.

Il semble que le maintien, pendant un certain laps de temps, des
frontières existant aujourd'hui entre les différents pays, et la
reconnaissance de l'état actuel de chacun d'eux, soient une condition
indispensable pour arriver à la fondation d'une institution comme
celle d'un tribunal fonctionnant régulièrement pour trancher les

La question
d'Orient.

La
reconnaissance
du maintien
des frontières
et de l'état de
choses actuel
est indispensable
pour l'institution
d'un tribunal
arbitral.

litiges internationaux. Or, s'il est difficile d'admettre déjà l'immutabilité des frontières actuelles des États européens et de maintenir pendant longtemps encore l'organisation interne qu'ils ont aujourd'hui ; si l'on considère cela comme une utopie ; que dire de l'application d'un tel principe à la Turquie ? L'histoire du XIXe siècle tout entière nous montre que les petits États chrétiens ont, les uns après les autres, gagné leur autonomie et leur indépendance et se sont ainsi séparés complètement de ce pays. C'est là une chose toute naturelle et qui doit se continuer. Alors, comment pourrait-il être question de la permanence même relative des frontières européennes de la Turquie.

La séparation graduelle des peuples chrétiens d'avec la Turquie doit continuer.

La Porte ottomane est un gouvernement théocratique ; mais la théocratie est la plus mauvaise de toutes les formes de gouvernement. On peut ajouter que, de toutes les théocraties, c'est précisément la théocratie turque qui est la plus mauvaise. La manière d'agir de la Porte envers ses sujets chrétiens a toujours été la même, et elle ne peut pas se modifier. Impatience, arbitraire, mensonge, ruse et mauvaise foi font partie intégrante de la nature même de sa domination. Le gouvernement russe, qui a constamment protégé les chrétiens opprimés en Orient, n'a pas pu voir avec indifférence les horreurs commises contre eux et dont le renouvellement est toujours à craindre, comme le prouvent assez les derniers massacres des Arméniens perpétrés au su et même sous l'inspiration des autorités. Il serait par trop naïf de compter que la Porte se décide jamais à remplir réellement les obligations qu'elle pourrait contracter à cet égard sous la pression de l'Europe. Déjà, très souvent, la Porte s'est engagée à faire disparaître les anciens abus, à introduire des réformes dans l'administration et à traiter les chrétiens avec justice et loyauté ; mais elle n'en a rien fait. Combien de fois aussi l'Europe n'a-t-elle pas pris, devant l'humanité, l'engagement de veiller à l'accomplissement de ces promesses ? Quel en a été le résultat ? Les améliorations si souvent et si solennellement promises n'existent que sur le papier ; en réalité, aucune modification ne s'est produite dans la situation des chrétiens en Turquie ; ils continuent à être toujours les victimes d'une oppression qui provoque, à bon droit, en leur faveur, la sympathie de tout le monde civilisé.

Les Dardanelles sont indispensables à la Russie.

Alors même que la Russie voudrait renoncer à sa mission historique, de protéger les chrétiens d'Orient, il n'en est pas moins vrai qu'on devrait considérer, comme parfaitement justifiés, les efforts qu'elle fait pour prendre une position solide sur les Balkans, aux fins d'assurer à sa flotte la libre sortie de la mer Noire. Mais il faut avant tout qu'elle soit en possession des Dardanelles, des côtes de la mer de Marmara et des deux rives du Bosphore pour que sa flotte puisse être certaine de sortir librement de la mer Noire, c'est-à-dire qu'il faut que les Turcs évacuent Constantinople. On doit admettre qu'une telle demande n'est pas uniquement dictée par le sentiment qu'a le gouvernement russe de sa puissance, mais qu'elle est la conséquence d'une nécessité politique évidente.

Le représentant d'un État non intéressé à la question d'Orient, le Danemark, par exemple, pourrait insinuer, tout en reconnaissant l'importance de la question posée, que rien n'empêcherait de conclure, sans la participation de la Turquie, le traité relatif au tribunal international. C'est seulement par le traité de Paris de 1856, il ne faut pas l'oublier, que, grâce à la France, la Turquie a été reconnue puissance européenne, ce qui cependant n'était pas sans une certaine analogie avec l'admission d'un paysan normand à l'Académie française. Toutefois, la Turquie n'est pas allée bien loin, depuis, avec les béquilles que l'Angleterre et la France lui ont procurées à cette époque pour se soutenir; l' « Homme malade ». du Bosphore continue à dépérir et serait même depuis longtemps enterré, si le partage de sa succession n'était pas si difficile. En éliminant la Turquie d'une entente européenne générale sur la fondation d'un tribunal international, on simplifierait déjà notablement cette question.

Comme il y a longtemps déjà que l'Europe s'occupe de la question d'Orient et que sa solution, suivant la remarque de l'historien Ranke, demeure une énigme qu'un siècle transmet à l'autre, on ne la traite pas, même aujourd'hui, sans certains préjugés, bien que la situation se soit complètement modifiée. L'admission de l'empire ottoman au nombre des États européens et l'extension du droit international à cet empire ont eu pour cause immédiate le manifeste publié par le sultan, le 18 février 1856 (c'est-à-dire un mois avant la signature du traité de Paris), le fameux « Hatti-Houmaïoun », qui proclamait la liberté de conscience pleine et entière et abolissait les privilèges politiques des musulmans. Promesse illusoire, comme le prouva, quatre ans plus tard, le massacre des Maronites du Liban, qui provoqua, en 1860, l'intervention armée de la France, qui la veille était l'alliée de la Porte.

Il n'est pas nécessaire d'insister sur tous les troubles qui, dans l'espace de vingt années, se sont succédé dans les Balkans : le soulèvement de l'Herzégovine, en 1862, avec l'aide du Montenegro, la guerre avec ce même Montenegro, le soulèvement de Belgrade contre la garnison turque, la même année, et, en 1866, celui de l'île de Crète, le nouveau soulèvement de l'Herzégovine, de la Bosnie et de la Bulgarie au commencement de 1870, qui fut suivi d'une nouvelle guerre avec le Montenegro, puis avec la Serbie, guerre qui entraîna enfin celle de 1877-78 avec la Russie. Après cette guerre, la Porte s'engagea de nouveau à assurer le sort des chrétiens et confirma le Hatti-Houmaïoun. Mais ces promesses ne furent point tenues, si bien qu'on peut considérer la preuve comme définitivement faite : en Turquie, les abus et les violences, indépendants de la volonté des sultans, résultent de l'organisation même de l'État et de l'esprit des autorités, et toutes les promesses de réforme sont destinées à demeurer lettre morte. Une fois même, on y a proclamé une constitution à l'européenne, et en mars 1877, un parlement turc fut convoqué, qui d'ailleurs ne tarda pas à disparaître, le Grand-Visir d'alors, le célèbre Midhat-Pacha, n'ayant pas réussi à tromper l'Europe par cette amorce et à empêcher la guerre avec la Russie.

La Turquie marche à sa ruine.

Bien que les Turcs n'aient point perdu leur énergie militaire, comme le prouvent la guerre de 1877-78 et celle plus récente avec la Grèce, la situation intérieure de l'empire ottoman n'en est pas moins lamentable ; le pays est dans un état de complète décadence qui pourrait entraîner une guerre entre les puissances, si cette guerre n'était prévue et si un accord général n'intervenait en temps utile. Il y a deux sortes de politiques : l'une qui se traîne à la remorque des événements, pour ainsi dire, l'autre qui prévoit l'inévitable et s'efforce d'agir en conséquence. C'est cette dernière politique qu'il faut appliquer à la question d'Orient ; cette tâche sera facilitée par le changement qui s'est produit depuis 1878, c'est-à-dire depuis la signature du traité de Berlin.

Reconnaissance de l'indépendance de la Serbie, de la Roumanie et de la Bulgarie.

De la fin du xviie siècle à l'année 1878, la Russie tendit constamment par la même voie vers la solution de la question d'Orient ; elle appela les populations chrétiennes de la Turquie à une vie indépendante, et la faculté fut accordée aux nouveaux États qui se formaient de développer leurs forces militaires, afin qu'avec le temps la question d'Orient pût être tranchée définitivement par la Russie placée à la tête des héritiers naturels de « l'Homme malade », les États chrétiens des Balkans. Aussi la guerre de 1877-78 eut-elle pour conséquence : la reconnaissance de l'indépendance de la Serbie et de la Roumanie jointe à une certaine extension territoriale de ces deux pays et du Montenegro, et la formation de la principauté de Bulgarie ainsi que de la Roumélie orientale autonome, sous la direction d'un gouverneur nommé avec l'assentiment des puissances.

Mais, en même temps, on put constater qu'à l'exception de la participation, peu considérable, des troupes roumaines au siège de Plewna, et de la lutte virile du Montenegro contre les Turcs, les peuples chrétiens des Balkans n'avaient pas aidé bien efficacement la Russie qui combattait pour leur affranchissement. Les Serbes avaient essuyé une défaite complète avant même qu'eût éclaté la guerre entre la Russie et la Turquie ; les Bulgares avaient été mis en pleine déroute à Eski-Zagra, après le départ du détachement d'avant-garde du général Gourko, et ils ne parvinrent à rassembler les débris de leur armée que lorsque les Serbes, puis les troupes russes, furent arrivés. Bien plus : tout le bien que la Russie avait fait aux Bulgares causa une certaine irritation parmi les Grecs, les Serbes et les Roumains ; et les représentants de la Grèce, de la Serbie et de la Roumanie portèrent même plainte contre la Russie au congrès de Berlin.

Les plus grands ennemis de la Russie ne peuvent nier qu'elle n'ait plus fait pour les chrétiens de Turquie, que tous les autres États, dont quelques-uns, depuis l'époque même de Catherine II, ont constamment cherché à lui créer des obstacles dans cette voie. Et cependant, après 1878, les peuples affranchis se détachèrent à un tel point de la Russie, qu'en 1885, malgré tous les efforts de cette dernière, les Serbes entreprirent la guerre contre les Bulgares. La Serbie fut attirée ensuite dans la sphère des intérêts autrichiens et subit l'influence de l'Autriche. En Bulgarie, d'abord le prince Alexandre de Battenberg, puis, sous le prince actuel, Stambouloff se montrèrent directement hostiles à la Russie. Les choses en vinrent à ce point que, dans cette principauté créée par les armes russes, les partisans de la Russie étaient considérés comme des traîtres.

Il est donc naturel qu'en Russie aussi l'on se soit refroidi pour la Bulgarie, la Serbie et la Roumanie. Et ce refroidissement fit si bien disparaître tout intérêt pour le sort des États chrétiens des Balkans, que la société russe assista avec la plus parfaite indifférence à la guerre gréco-turque de 1897. Non pas qu'on eût perdu toute sympathie pour des peuples de même race et de même croyance, mais les intérêts politiques de la Russie étaient déjà passés au premier plan.

Un arrangement
serait de
l'intérêt de
la Russie.

Dans les vingt années écoulées depuis la dernière guerre, non seulement la Russie n'a point cherché à faire avancer la question d'Orient pour en tirer profit, mais elle a marqué au contraire sa répugnance à utiliser les événements survenus sans son intervention. L'Autriche a pu occuper pour un délai expirant aux calendes grecques la Bosnie et l'Herzégovine, qui sont devenues des provinces de la monarchie des Habsbourg, sans protestation de la Russie. Malgré ses relations si longtemps tendues avec le prince actuel de Bulgarie, elle n'a pas laissé de le reconnaître. Enfin, lors de la guerre gréco-turque, c'est sur l'initiative directe du gouvernement russe, que les grandes puissances entreprirent une action commune pour le rétablissement de la paix.

La Russie a donc montré qu'elle n'a point l'intention de profiter des circonstances pour intervenir dans les affaires de la péninsule des Balkans; mais naturellement elle ne souffrirait pas qu'une autre puissance eût cette prétention et encore moins voulût s'approprier une portion de ce pays, pas plus que l'Allemagne ne tolérerait une occupation française de la Belgique ou la France une occupation allemande des Pays-Bas. Si donc il intervenait un arrangement pour constituer un tribunal international, grâce auquel de pareilles éventualités ne pourraient se produire, la Russie n'aurait aucun motif de s'opposer à cet arrangement.

L'objection que la Russie vise à la possession de Constantinople ne repose sur aucun fondement sérieux. C'est plutôt une erreur à laquelle les Turcs sont redevables de la puissance qu'ils ont en Europe. Cette erreur est si enracinée qu'il n'est pas facile de la réfuter. Elle persiste comme une tradition depuis le « projet grec » qui, sous Catherine II, n'était à proprement parler qu'un rêve ambitieux. Mais un siècle entier s'est écoulé depuis lors. L'empereur Nicolas I⁰ʳ lui-même, dans un entretien avec l'ambassadeur anglais, sir Hamilton Seymour, sur la possibilité d'une entente entre la Russie et l'Angleterre pour résoudre la question d'Orient, disait : « Si jamais un empereur russe s'empare de Constantinople et s'y maintient, en la rendant imprenable, dès ce moment, selon moi, commencera le déclin de la Russie. Sans doute, le Bosphore est plus chaud, plus agréable et plus beau que Pétersbourg et Moscou, mais du jour où la résidence des tsars sera transférée à Constantinople, la Russie cessera d'être la Russie. Il n'y a pas un seul Russe qui puisse souhaiter un pareil résultat et il n'en est que bien peu, évidemment, qui croient la chose possible. Il n'y a pas un Russe qui ne désirerait une croisade pour la délivrance de Sainte-Sophie, et moi autant que les autres, mais pas un ne voudrait voir le Kremlin transféré aux Sept-Tours. »

On peut répondre que la Russie n'aurait pas besoin de transférer la résidence des tsars à Constantinople, et qu'il lui suffirait de réunir à son territoire les possessions européennes du Sultan. Mais la Russie, qui possède la sixième partie de la surface totale de la terre, n'a nul besoin de s'annexer de nouveaux territoires. La guerre de 1877-78, qui a conduit les troupes russes presque aux portes de Constantinople, a montré que la Russie ne songeait nullement à faire de pareilles acquisitions en Europe. En outre, à l'époque où fut formé le rêve du projet oriental ou « grec », il n'existait pas d'Etats chrétiens dans la péninsule des Balkans, et la possession de Constantinople ne signifiait autre chose que la réunion de toute la péninsule à la Russie, c'est-à-dire le rétablissement de l'empire grec : —comme l'exprimait aussi le nom donné au premier fils de l'héritier du trône russe, et qui était le nom du dernier empereur byzantin. Il n'était pas question alors des efforts faits par les populations chrétiennes de la Turquie pour se constituer en nations autonomes et l'on pouvait croire que tous seraient heureux de secouer le joug des infidèles, et salueraient avec joie le rétablissement de l'empire grec sous les symboles de la croix et de l'aigle à deux têtes, que la Russie avait empruntés à Byzance.

Aujourd'hui, l'annexion à la Russie de la Roumanie, de la Serbie, de la Bulgarie, de la Macédoine, de la Thessalie, de la Crète et de la Grèce, serait une pure impossibilité. Or, si les États indépendants conservaient leur autonomie, la Russie ne pourrait communiquer avec ses nouvelles possessions que par mer. En outre, elle devrait s'assurer la possession de la côte asiatique des Dardanelles et de la mer de Marmara et dresser une barrière entre elle et les possessions asiatiques du Sultan. Enfin, la population actuelle de la Turquie d'Europe, qui s'élève à environ quatre millions d'âmes, se compose d'éléments qui graviteraient tous, de différents côtés, vers les États des Balkans ou vers la Turquie :

Influence des Etats indépendants des Balkans.

A Constantinople et dans les environs.	870.800
En Thrace	700.000
En Macédoine et dans l'ancienne Serbie.	2.050.000
En Albanie.	600.000
En Epire et en Thessalie.	650.000
Total	4.870.000

Au point de vue des nationalités, la population se divise comme suit :

Grecs	950.000
Koutzovalaques.	160.000
Serbes et Macédoniens slaves.	1.250.000

Bulgares	325.000
Albanais	800.000
Arméniens	300.000
Juifs	120.000
Autres nationalités	30.000

Les Tsiganes orthodoxes qui vivent parmi les Slaves sont comptés avec ces derniers; les Tsiganes mahométans le sont comme Turcs ou Albanais. Il y en a en tout 280,000.

Au point de vue des croyances, la population se décompose de la manière suivante :

Orthodoxes	2.730.000
Arméniens	300.000
Catholiques et protestants	80.000
Mahométans	1.620.000
Juifs	150.000

La Turquie est accablée de dettes, et si la Russie annexait les possessions européennes du Sultan, elle devrait prendre à sa charge la plus grande part de ces dettes. Qu'on ne dise pas qu'elle pourrait s'y soustraire; une telle objection est réfutée d'avance par l'obligation morale qu'aurait la Russie d'accepter ce fardeau et par la manière dont elle a procédé antérieurement dans des cas analogues. La population de ces pays est écrasée d'impôts; car la Porte, ne trouvant plus, pour satisfaire ses créanciers, de sources régulières de revenus, est contrainte d'affermer la perception des impôts. Les fermiers ne reculent devant aucun moyen et commettent les abus les plus criants pour tirer de la population tout ce qu'elle possède.

A Brousse, nous avons connu un surveillant de la régie ottomane des tabacs. Cet homme, comme nous le disait plus tard l'administrateur en chef de la Compagnie, a tué, dans l'exercice de ses fonctions, en plusieurs fois, vingt-six personnes, huit en cas de légitime défense, et dix-huit sans nécessité. Condamné à la prison, il fut chaque fois remis en liberté sur la demande de la Compagnie toute-puissante. Comme nous demandions pourquoi on conservait de pareilles gens, on nous répondit : « Il est impossible de se passer d'eux ».

Accepter l'héritage financier de « l'Homme malade » serait pour la Russie une très médiocre affaire.

Il faut ajouter qu'un tiers de la population de la Turquie d'Europe se compose de mahométans, c'est-à-dire principalement de Turcs,

et que, pour entrer en relations avec eux, une administration européenne devrait d'abord étudier leur langue ; étude d'autant plus difficile, que la langue écrite diffère considérablement de la langue parlée
et contient un grand nombre de mots arabes et persans. La différence entre les lois édictées pour les chrétiens et la législation à
l'usage des mahométans, qui repose sur le Coran, ne pourrait pas
non plus être aisément écartée. D'une manière générale, une administration russe se heurterait en Turquie aux plus grandes difficultés,
alors surtout qu'en Russie même ne surabondent pas les fonctionnaires instruits et sûrs à tous égards.

On ne peut douter que, même dans des emplois modestes, la
Russie compte un assez grand nombre de fonctionnaires éclairés et
désintéressés ; car, autrement, les grandes réformes qui ont régénéré
la Russie dans le dernier tiers de ce siècle n'auraient pu s'accomplir. Nous disons seulement qu'en Russie il n'y a pas excédent de
tels fonctionnaires ; au contraire, ils font défaut pour les besoins
extraordinaires. Ainsi, à propos de la guerre de 1877-78, le célèbre
chirurgien russe Pirogoff écrivait que ceux qui étaient responsables
de la misère sanitaire des armées, ce n'étaient pas les médecins ni le
personnel de l'administration, mais les institutions elles-mêmes.
L'esprit de ces institutions, en effet, leur organisation, leurs us et
coutumes sont le produit du temps et ne sauraient être brusquement
modifiés par les efforts des personnes les mieux intentionnées et
disposant de l'autorité nécessaire. Il n'est pas rare que leurs efforts
soient fortement paralysés par la routine et les habitudes prises.

Un autre exemple, que souvent les hommes ne répondent pas
aux tâches extraordinaires imposées par une guerre ou par ses conséquences, nous est fourni par la Bulgarie. Au dire de la grande majorité des hommes compétents, ce qui a déterminé l'attitude hostile
des Bulgares vis-à-vis de la Russie, c'est le choix malheureux des
officiers et des fonctionnaires russes envoyés en Bulgarie pendant
l'occupation, leur orgueil et leur dissipation, leur immixtion dans
les affaires politiques de la principauté, leurs habitudes et leurs
exigences qui faisaient contraste avec la simplicité et la modestie
des mœurs bulgares. Même les agents diplomatiques russes
manquèrent de prudence et, dans leur ignorance des sentiments et
des vœux du peuple, ils l'irritèrent souvent sans nécessité et même
sans le vouloir.

Depuis lors, naturellement, il s'est fait en Russie bien des améliorations à cet égard, mais en même temps les besoins ont augmenté à l'intérieur. L'accroissement de la population a amené le

Besoins
intérieurs de
la Russie.

manque de terres et les paysans ont dû émigrer ; c'est ainsi que des
œuvres difficiles se sont accomplies, telles que la construction du
chemin de fer sibérien, la vente par l'État de l'alcool, la régularisation du système monétaire ; tout cela doit détourner la Russie de
l'idée d'une guerre qui engloutirait bientôt les fonds réunis pour ces
entreprises productives et nécessaires à leur achèvement.

. Ce n'est pas sans raison que Lamennais disait que le danger
pour les grands empires c'était l'apoplexie au centre et l'anémie aux
extrémités. Les extrémités de la Russie s'étendent maintenant vers
l'extrême Orient, et à l'intérieur de l'Empire la population augmente
si rapidement qu'en 1950, il comptera 250 millions d'habitants.
L'administration d'un grand territoire nouvellement acquis, avec
une population d'une autre race et dans des conditions géographiques particulières, comme la Macédoine, la Thessalie, l'Albanie
et Constantinople, tâche déjà assez difficile en soi, serait rendue
plus ardue encore par l'agitation qu'entretiendraient dans la population, la Bulgarie, la Serbie, l'Autriche et l'Angleterre. Toutes ces
considérations permettent de croire que présentement la Russie ne
songe nullement à une guerre en vue de réaliser quelque « projet
grec ».

Un autre membre de la Conférence, par exemple le représentant
de l'Italie, pourrait croire nécessaire d'examiner encore un argument
qu'en Russie les partisans d'une politique de conquête dans le sud
de l'Europe invoquent, généralement, en première ligne et qu'on peut
formuler comme il suit : Il faut absolument que la Russie assure à
ses navires l'entrée de la Méditerranée et qu'elle ait les détroits en
son pouvoir pour empêcher une flotte ennemie de pénétrer dans la
mer Noire. Cet argument a été si souvent répété que, pour beaucoup
de gens, il est devenu comme un axiome ; cependant ce n'est guère
qu'une simple illusion d'optique.

Si la Russie pouvait assurer à sa flotte de la mer Noire un libre
passage non seulement par le Bosphore et les Dardanelles, mais
aussi par le canal de Suez et le détroit de Gibraltar, alors sans doute
cette flotte pourrait aller partout où elle voudrait, — être aussi libre
que les flottes anglaise et française.

Mais la Méditerranée est aussi fermée que la mer Noire et,
d'après le même principe, l'Italie devrait chercher à conquérir
Gibraltar. Il est de l'intérêt de toutes les puissances que personne
n'empêche leurs flottes de pénétrer dans la Méditerranée ou d'en
sortir par Gibraltar ou par la mer Noire.

Sur une mer comme la Méditerranée, la prompte rencontre de

deux flottes ennemies est inévitable. Quel avantage trouverait donc la Russie à posséder les Dardanelles si, au sortir de ce détroit, sa flotte se heurtait aux flottes réunies de la Triplice et peut-être aussi à une escadre anglaise? En dehors de cette escadre, il resterait assez de forces à l'Angleterre pour neutraliser l'action d'une flotte française. La Russie ne peut pas espérer créer avec le temps une flotte qui égale la flotte anglaise. Le budget anglais de la marine s'élève à environ 1/4 de milliard de roubles (1), tandis que la Russie ne dépense pour sa flotte que quelques dizaines de millions de roubles (2). Naturellement, les allocations de crédits extraordinaires sont toujours possibles. Mais elles le sont pour toutes les puissances, à l'exception peut-être de l'Italie ; et avec l'Angleterre, ce sont des centaines de millions qu'il faudrait pour soutenir la concurrence, ce dont évidemment la Russie serait incapable.

La concurrence est impossible pour cette raison déjà que, dans tous les États, plus on construit de navires, plus il est difficile de les pourvoir du personnel nécessaire. Cet obstacle n'existe pas pour l'Angleterre, dont la flotte de commerce est trois fois plus considérable que les flottes réunies de tous les autres pays européens. C'est dans la marine marchande que la marine de guerre trouve ses équipages. Dans quel autre pays le ministre de la marine pourrait-il faire une déclaration semblable à celle que le premier lord de l'Echiquier, Goschen, faisait à la Chambre des Communes, en mars 1898, lors de la discussion du budget de la marine : « Quand j'étais premier lord de l'Amirauté, en 1872, je vous ai soumis un budget de la marine de 9 millions et demi de livres sterling, en vous demandant d'entretenir 124 navires de guerre avec 61,000 hommes d'équipage et de mousses. Aujourd'hui je vous soumets un budget de 23 3/4 millions de livres sterling pour 258 navires de guerre et 106,000 hommes d'équipage. » La Russie peut-elle rivaliser avec les millions anglais pour construire des navires ou avec le grand nombre de jeunes Anglais propres à équiper des navires de guerre? Du climat lui-même résulte une grande différence : les côtes de l'Angleterre ne gèlent pas, ses marins sont toute l'année sur l'eau. Enfin il a fallu des siècles pour créer les flottes de l'Angleterre, de l'Italie, de l'Es-

La sortie des Dardanelles ne garantit point la libre circulation.

---

(1) Le budget anglais de la marine pour 1898-1899 est de £ 23,778,000, soit environ 223 millions de roubles, dont 14 millions de roubles affectés à des dépenses extraordinaires pour la construction de navires.

(2) Dans le budget russe, pour 1898, le budget de la marine est de 67 millions de roubles, à quoi s'ajoute maintenant, il est vrai, un crédit extraordinaire de 90 millions de roubles pour constructions navales.

pagne, ou même de la France; la flotte russe est contemporaine de Pétersbourg.

On dit qu'il est indispensable à la Russie, non seulement de pouvoir sortir librement de la mer Noire, mais aussi de pouvoir fermer les détroits aux flottes ennemies; car autrement la flotte russe de la mer Noire n'y pourrait être en sûreté, comme on l'a vu de 1853 à 1855. Mais de quelle utilité cette flotte peut-elle être à la Russie, si elle doit rester dans la mer Noire? D'autre part, si elle pénètre dans la Méditerranée, elle se heurtera à des forces supérieures. Il est vrai qu'avec la possibilité d'entrer dans la mer Noire, les flottes ennemies pourraient inquiéter les villes côtières, mais non leur faire grand mal, comme l'a montré l'exemple de 1853 à 1855. Sébastopol n'a pas été bombardé seulement par les flottes ennemies, mais aussi par les batteries de terre des Alliés. Et si Odessa fut bombardée, c'est uniquement parce qu'il y avait devant elle une batterie russe, qui ne pouvait faire aucun mal aux Alliés, mais qui, en ouvrant le feu contre eux, justifia le bombardement. Du reste, les Alliés ne bombardèrent pas seulement Sébastopol, mais aussi Bomarsund dans les îles Aland et Sweaborg sur le golfe de Finlande. Pour mettre en sûreté sa flotte de la Baltique, la Russie devrait-elle donc chercher à s'emparer aussi du Sund et des Belt?

Les villes des côtés de la mer Noire, que leur situation expose au bombardement, sont en bien petit nombre, et il n'y aurait aucune raison de les bombarder puisque cela n'aurait pas la moindre influence sur l'issue de la guerre. Dans le cas où la Russie serait vaincue, elle n'en serait que moins capable de payer l'indemnité de guerre, et dans le cas où elle serait victorieuse, les puissances coupables du bombardement seraient forcées d'indemniser les populations des pertes qu'elles leur auraient occasionnées, comme cela s'est fait en 1870.

Du reste, les côtes russes de la mer Noire ne sont pas sans défense; leurs moyens de défense sont maintenant bien plus considérables qu'autrefois. Dans le voisinage des villes du littoral, il y aura des caboteurs munis de canons qui lanceront des obus chargés de dynamite, des torpilles qui barreront les passages, des épaulements en terre pour couvrir des détachements munis de torpilles qui peuvent être dirigées de la côte.

L'apparition d'une flotte ennemie puissante dans la mer Noire ou seulement dans les détroits paralysera naturellement le commerce des ports russes méridionaux. Mais cela ne veut pas dire que le commerce avec l'étranger sera complètement supprimé pour le sud de là Russie, comme ce fut le cas lors de la guerre de Crimée. Les produits s'exporteront par les chemins de fer qui conduisent aux frontières de terre ou aux ports de la Baltique. Ce mode de transport reviendra sans doute plus cher que l'expédition par mer ; mais ce n'est là qu'une perte de quelques millions (1).

Ce n'est pas pour infliger pareille perte à la Russie que l'ennemi entreprendrait une grande expédition maritime dans la mer Noire.

Disons aussi que la question de la possession des détroits n'a plus, même pour l'Angleterre, l'importance qu'elle avait autrefois, depuis que tout le commerce du Levant, comme on l'appelait, se fait par Suez ; cette importance deviendra moindre encore avec l'achèvement du chemin de fer, actuellement en construction, qui longe la côte jusqu'à Smyrne.

On peut objecter que la possession de la Turquie d'Europe est nécessaire à la Russie pour y écouler ses marchandises. Mais personne n'empêche ni n'empêchera la Russie de chercher à acquérir le marché des Balkans. D'ailleurs, cette acquisition ne serait nécessaire que si l'on voulait appliquer dans ces nouveaux territoires le tarif protecteur russe ; car autrement le marché continuerait d'être inondé de marchandises anglaises.

Du reste, les populations de la Turquie d'Europe et de la Turquie d'Asie n'ont que des besoins si limités que cela ne vaudrait réellement pas la peine de faire une grande guerre pour la possession exclusive de ce marché. L'importation totale en Turquie s'élève à

---

(1) Des calculs faits par nous, — et que chacun peut aisément vérifier à l'aide de la carte du mouvement des blés qui se trouve dans notre ouvrage, — montrent l'importance de l'exportation du blé, qui en forme l'article principal dans les ports de la mer Noire et de la mer d'Azoff. Si l'on prend comme base le tarif en vigueur pour cette denrée et qu'on calcule le transport accidentel jusqu'à la frontière occidentale et aux ports de la Baltique, au taux de 1/125 de rouble par poud et par verste, — c'est-à-dire au taux appliqué pour de grandes distances, aux marchandises de peu de valeur, telles que le charbon, etc., et qui procure encore un bénéfice net aux chemins de fer, — puis si l'on déduit de la somme obtenue, la différence entre le coût du transport par terre et le coût du transport par mer, on obtient, pour l'exportation ainsi opérée, un surplus de dépenses de 4,562,000 roubles.

Mais il faut remarquer aussi que le prix du blé augmenterait en cas de guerre, et que l'Angleterre, l'adversaire le plus probable de la Russie sur mer, devrait payer elle-même ce surplus de dépenses que la fermeture de la mer Noire imposerait aux exportateurs de blé russe.

C'est ce que montrerait encore mieux l'exportation du pétrole. Il n'est qu'un seul article important d'exportation des régions du Sud, le manganèse (environ 9 millions de pouds par an), qui ne pourrait pas être transporté par les chemins de fer.

133 millions de roubles en or, l'exportation à 87 millions de roubles en or. Si l'on admet que l'importation et l'exportation par tête de population sont les mêmes dans la Turquie d'Europe que dans la Turquie d'Asie, il s'ensuit que l'importation dans la Turquie d'Europe ne s'élève qu'à environ 30 millions de roubles en or et l'exportation à environ 20 millions.

L'Autriche est intéressée à une entente. Tout en considérant, dans l'examen de la question d'Orient, d'abord et avant tout, les intérêts de la Russie et de l'Angleterre qui sont constamment au premier plan, il faut tenir compte aussi de l'attitude que peut prendre dans cette question l'Autriche-Hongrie. Le prince de Bismarck, qui a exclu cette puissance de la Confédération germanique, a répété maintes fois dans ses discours que sa mission était en Orient. Mais le véritable intérêt de l'Autriche ne peut être que le maintien du *statu quo* dans les Balkans ; elle ne peut caresser des projets qui la détourneraient de participer à une entente européenne pour l'établissement d'un tribunal international. On pourrait peut-être imaginer, d'après la situation de l'Autriche à l'égard de la péninsule des Balkans, qu'elle est destinée à former le centre d'une fédération slave du Sud où entreraient le royaume de Saint-Étienne et la Roumanie ; mais, pour le moment, ce n'est là qu'un projet fantastique. Les vrais intérêts de l'Autriche dans les contrées du Danube et des Balkans consistent d'abord dans l'entretien de relations commerciales avec ces pays et ensuite dans le maintien de la Bosnie slave et de l'Herzégovine, ainsi que de la Transylvanie roumaine.

Les relations commerciales de l'Autriche avec les États des Balkans, notamment avec la Serbie, sont très considérables, mais elles sont présentement assurées. Elle y importe les produits de son industrie et en tire des produits agricoles. En outre, ce n'est pas seulement le commerce autrichien qui se fait sur le Danube, mais aussi en partie le commerce de transit de la mer Méditerranée. Par conséquent, la libre circulation sur le Danube est d'un intérêt de premier ordre pour l'Autriche.

D'autre part, si l'Europe sanctionnait définitivement la réunion de la Bosnie et de l'Herzégovine à l'Autriche, ces pays seraient certainement les dernières de ses acquisitions slaves. Actuellement déjà, les Slaves forment la majorité de la population en Autriche-Hongrie. Ni les Hongrois ni les Allemands autrichiens ne permettraient l'annexion de nouveaux territoires slaves. D'une manière générale, la situation intérieure de la monarchie des Habsbourg la rend tout à fait hostile à toute idée de conquêtes.

L'entrée libre dans le Danube, la réunion de la Bosnie et de l'Herzégovine à l'Autriche, les relations commerciales avec les pays des Balkans, c'est tout cela justement qui constitue le *statu quo;* et c'est tout cela qui ne pourrait être que confirmé et affermi par un arrangement relatif à un tribunal international. L'Autriche a donc un intérêt direct à la conclusion d'un tel arrangement.

Quant à l'Allemagne, on peut considérer les déclarations du gouvernement impérial, d'après lesquelles l'Allemagne se désintéresse de la question d'Orient, comme parfaitement sincères.

L'Allemagne
n'est pas
intéressée à la
question d'Orient.

Le représentant de la France pourrait objecter que, dans le cas, très possible, où la Turquie viendrait à être démembrée, les États mêmes, qui n'ont aucun intérêt vital à la succession turque, en désireraient peut-être leur part, ce qui pourrait provoquer une guerre.

Démembrement
de la Turquie.

Le président de la Conférence pourrait faire observer, d'une manière générale, que le partage de la Turquie ne saurait donner lieu à aucune difficulté qui ne pût être résolue à l'amiable, pourvu que les puissances européennes renoncent entièrement à toute idée de conquête et que les questions soient tranchées sur la base exclusive des intérêts matériels. La conquête de la Turquie d'Europe actuelle ou des autres contrées du Danube et des Balkans ne saurait offrir de grands avantages à personne; elle ne pourrait que créer au conquérant une situation difficile ou même, avec le temps, préjudiciable. Les contestations entre les petits États des Balkans pourraient être facilement réglées par un tribunal international, aux sentences duquel l'arrangement dont il s'agit donnerait force de loi; au besoin, les grandes puissances prendraient les mesures nécessaires pour en assurer l'exécution. Pour la question d'Orient, ce ne serait là que régulariser et affermir ce « Concert Européen » auquel le soulèvement de la Crète et la guerre gréco-turque ont mis fin.

Les garanties nécessaires à l'égard des Dardanelles et du port de Constantinople pourraient en outre être fournies sous la forme d'un arrangement semblable à celui qui existe pour les bouches du Danube et le port de Soulina. « La Soulina est devenue un des ports de commerce les plus importants de l'Europe et, en même temps, un havre de refuge des plus précieux dans la mer Noire, si redoutée des matelots à cause de ses bourrasques soudaines. Il est vrai que ce grand travail d'utilité publique n'est point dû à la Turquie, mais à une commission européenne exerçant à la Soulina et sur toute la partie du Danube située en aval d'Isaktcha une sorte de souveraineté. C'est un syndicat international ayant son existence politique autonome, sa flotte, son pavillon, son budget et, cela va sans dire, ses emprunts et sa dette. Le delta danubien se trouve ainsi neutralisé au profit de toutes les nations d'Europe (1). »

La question d'Orient ne peut être résolue que par un arrangement.

La question d'Orient ne peut être résolue que par une entente entre les puissances. Une solution unilatérale émanant de l'une d'elles est impossible. Ni l'Autriche ni l'Angleterre n'en ont les moyens. La Russie serait mieux en état de le faire. Pourtant les années 1877-1878 ont montré que même une guerre victorieuse ne suffit pas pour amener une solution définitive. Au point de vue militaire, la Russie avait presque tout fait. Les troupes russes se trouvaient à deux journées de marche de Constantinople ; et si elles n'y entrèrent pas, c'est uniquement parce que la diplomatie voulut éviter des complications internationales. Le traité conclu à San-Stefano sans la participation des autres puissances contenait une solution de la question d'Orient, aussi complète que cela était possible du moment où la Russie consentait à laisser aux Turcs Constantinople et les provinces environnantes : la Macédoine, l'Albanie et les Iles. Toutefois, cette solution ne fut point appliquée. Le traité de San-Stefano fut complètement remanié au Congrès de Berlin, auquel prirent part toutes les puissances. Il aurait donc mieux valu entamer les négociations de paix par l'entremise de ces puissances et régler l'affaire d'un coup par une entente générale.

Cela paraît désormais nécessaire pour prévenir diverses éventualités qui pourraient diviser les États. C'est précisément la question d'Orient qui menace le plus de provoquer des événements subits et des malentendus. Une convention européenne garantirait les puissances contre de telles éventualités. Il n'est pas nécessaire de répéter ce que nous disions à propos de la question de l'Alsace-Lorraine qu'une guerre générale, avec les moyens dont on dispose aujourd'hui, et la détresse économique qui en résulterait, ne résoudrait pas ces questions. Même l'occupation de Constantinople ne déciderait rien. Pour la Russie et surtout pour l'Angleterre, il est plus facile d'occuper Constantinople que de la garder.

Utilité qu'aurait cette entente pour la population turque.

Grâce à l'institution d'un tribunal international, tous les événements qui pourraient se produire dans la péninsule des Balkans perdraient de leur acuité ; et cela ne servirait pas seulement à tranquilliser l'Europe, ce serait aussi un bienfait pour les peuples de la péninsule, car il serait parfaitement vain d'attendre aucune amélioration des réformes que pourrait ordonner le sultan. Même en Angleterre, où cette croyance a persisté pendant quarante-cinq ans

______

(1) E. Reclus, *Nouvelle géographie universelle*, page 217.

et formait le point principal du *Credo* politique, elle a maintenant disparu ; et les ministres anglais, lors des débats sur les massacres d'Arménie, ont déclaré que non seulement l'esprit et la constitution du monde musulman, mais le manque d'union entre les puissances rendait toute réforme sérieuse impossible en Turquie. Entre les influences contradictoires des diverses puissances, la Porte gardera toujours l'équilibre. Si elle fait ouvertement à l'une d'elles une concession, elle en fait aussitôt en secret une à une autre, et ainsi de suite, à tour de rôle. Ce manque d'union entre les puissances les paralyse dans les affaires d'Orient, et dans le Levant on les désigne couramment par cette locution : « Les grandes Impuissances ».

Ce n'est pas seulement la population chrétienne, mais aussi la population musulmane de la péninsule qui gagnerait à une entente entre les puissances. En effet, — à part naturellement les massacres en masse, — les chrétiens de Turquie peuvent, s'ils sont étrangers, au moins réclamer la protection de leurs consuls, et s'ils sont sujets turcs, celle de leur clergé dont la voix est encore plus ou moins écoutée par les autorités supérieures. Mais les mahométans sont entièrement à la merci de leurs pachas et des autres fonctionnaires ; il n'y a plus d'autre ressource, pour le musulman qu'ils ont ruiné et profondément ulcéré, que de se faire brigand (1).

Pour faire régner l'ordre dans la Turquie d'Europe, aussi long-temps qu'elle ne sera pas complètement démembrée, il faudrait la placer sous la surveillance des puissances. Le Sultan n'a pas besoin de participer à la convention relative à un tribunal international ; elle peut être réalisée sans lui. Mais si les puissances maintiennent le *statu quo*, c'est-à-dire respectent l'autorité du Sultan, elles devraient instituer une commission internationale locale chargée de veiller à l'exécution des réformes qui peuvent être exigées de lui. Il est probable que celui-ci ne résisterait pas aux demandes unanimes des puissances par crainte d'une exécution ou, en cas de résistance absolue, par peur de perdre définitivement son pouvoir. Il faut naturellement prévoir le pis. Mais en pareil cas il y a deux partis à prendre : ou placer le Sultan sous la souveraineté des puissances représentées par la commission internationale, dans laquelle il n'aurait naturellement qu'un pouvoir nominal ; ou bien, par une action commune des

Surveillance
des puissances.

----

(1) Quand on voyage de Vienne à Constantinople, on peut voir les gardes-voie armés de la tête aux pieds et des soldats postés sur toute la ligne. Parmi les voyageurs des trains de luxe de l'Orient-Express, l'inquiétude se répand parfois : on raconte que les bandits turcs ont, à Vienne, des agents qui les informent du départ des gens riches capables de payer une rançon, etc...

puissances, chasser le Sultan hors d'Europe, ce qui mettrait fin à la période de transition.

Dans le premier cas, il faudrait interdire au Sultan d'entretenir des forces militaires considérables; puis il faudrait mettre des garnisons européennes mixtes à Constantinople et sur d'autres points des Dardanelles, ainsi que sur les côtes de la mer Noire et sur le littoral occidental de la Turquie, en déclarant ces territoires neutres. En Crète, on a eu un exemple d'une garnison européenne mixte. La possibilité de placer la Turquie sous la suprématie de l'Europe ressort de la situation créée par l'Angleterre en Égypte. Il est clair que la neutralité du canal de Suez — but principal qu'elle se proposait — serait bien mieux assurée s'il n'y avait pas seulement des troupes anglaises en Égypte, mais des corps composés de soldats des diverses puissances. En tout cas, la tutelle européenne que les Anglais exercent sur l'Égypte pourrait former l'objet d'une décision du tribunal international et être étendue aux possessions européennes du Sultan. La base et les règles de cette tutelle seraient les mêmes qu'en Égypte, avec cette seule différence qu'elle ne serait pas exercée par une seule puissance, mais par toutes ensemble.

La seule manière de résoudre définitivement la question d'Orient, ce serait de créer une fédération des Balkans, composée de tous les États chrétiens de la péninsule, ou bien de faire, de Constantinople et de ses environs, une ville libre ou un petit État indépendant.

Que pourrait-on objecter à cela? Où serait le mal si les Dardanelles devenaient neutres conformément au dicton : « La mer est libre comme l'air »? Quels intérêts seraient lésés, si Constantinople devenait une ville libre et un port libre avec une garnison européenne composée de contingents désignés par le tribunal international?

Préjugés au sujet de Constantinople.

Nous avons grandi avec cette idée que Constantinople est la clef de voûte de l'édifice de l'*équilibre européen*. De grands personnages comme Napoléon Ier et le grand lord Chatham l'ont déclaré : c'est assez pour qu'on le croie et qu'on le répète sans réflexion. Les principes politiques subissent toutefois des modifications avec le temps. Ainsi, par exemple, l'Italie et l'Allemagne du moyen âge reconnaissaient la double puissance, avec égalité de droits, du pape et de l'empereur; mais ce principe a disparu par suite de nouveaux courants d'idées et de nouveaux éléments politiques.

On ne peut tirer qu'une seule conclusion de tout ce qui vient d'être dit. On a toujours prétendu jusqu'ici que la question d'Orient, qui implique des conflits si divers, compliqués et souvent inattendus, constitue le principal obstacle à l'intronisation définitive de la paix en Europe. Mais ne devrait-on pas reconnaître, à bien plus juste titre, que le monde civilisé est tenu, précisément à cause des caractères de cette question d'Orient, de la résoudre à l'amiable et de supprimer pour toujours ces collisions perpétuelles, qui peuvent conduire à une grande guerre? Ce résultat peut être atteint au moyen d'une entente européenne générale sur la création d'un tribunal arbitral et en plaçant, d'un commun accord, la Turquie d'Europe sous le contrôle collectif des États européens.

Le président peut faire entendre ici que, du moment où la question d'Alsace-Lorraine et la question d'Orient ne font pas obstacle insurmontable à une entente sur l'institution d'un tribunal international et sur un désarmement général, les autres questions ou les revendications nationales contradictoires qui sont encore actuellement pendantes doivent encore bien moins constituer un empêchement.

Les territoires de langue italienne en Autriche et en France.

Ainsi, la question relative aux territoires italiens demeurés en dehors de l'unité italienne pourrait aussi, pour les mêmes motifs que la question d'Alsace-Lorraine, être tranchée autrement que par une guerre. Aussi longtemps que subsistera le concert européen actuel, dans lequel l'Italie est l'alliée de l'Autriche, il n'est pas admissible qu'une guerre puisse éclater à cause de territoires tels que le Tyrol italien, Trieste, l'Illyrie et une partie de la Dalmatie possédés aujourd'hui par l'Autriche-Hongrie. Quant à Nice et à la Savoie, sans parler de la Corse, cette question ne pourrait surgir qu'à la suite d'une guerre victorieuse de la Triplice contre la France et la Russie; il est clair qu'elle ne peut pas être posée, car l'Italie est incapable de soutenir seule une guerre contre la France. En outre, la Savoie et Nice n'ont été annexées à la France qu'après un plébiscite, organisé avec l'approbation du gouvernement sarde.

Un délégué de l'Italie pourrait soulever des objections et dire que la question de l'*Italia irredenta* n'est, à son avis, pas tout à fait la même que celle de l'Alsace-Lorraine, vu que la population des territoires séparés de l'Italie est d'origine italienne pure. En Illyrie et en Dalmatie, la population italienne est mélangée, il est vrai, à une population de race slave, qui toutefois n'a jamais appartenu à un État slave. Quant au Tyrol italien, celui-ci est resté italien pur sang, malgré certaines tentatives de germanisation de la part du gouvernement autrichien, et le mélange des races y est insignifiant.

Le représentant de l'Autriche à la Conférence pourrait dire, à son tour, que l'Italie n'a pas d'intérêt réel et direct à posséder ces petits territoires de population italienne, qui appartiennent à l'Autriche depuis longtemps déjà, quelques-uns même depuis des siècles, — tandis que la possession du port de Trieste est une question vitale pour l'Autriche : c'est le seul point d'appui de la flotte autrichienne. L'Italie, par contre, possède des côtes maritimes d'un développement si considérable, que Trieste n'a réellement pas d'importance pour elle. En général, dans ses limites actuelles, l'Italie dispose de toutes les conditions nécessaires à son développement.

En tout cas, il serait bien hardi de soutenir que la question de propriété de l'Autriche sur Trieste et le Tyrol italien puisse constituer un danger sérieux pour la paix européenne et un obstacle à une entente générale de l'Europe pour la création d'un tribunal international. On peut être sûr que la majorité du peuple italien ne se laissera jamais entraîner par une poignée de braillards qualifiés d' « irrédentistes » : — ce peuple qui, après avoir conquis, pour la première fois, son unité et son entière indépendance, a montré tant de bon sens et un esprit si sain dans les quarante années qui ont suivi cette conquête sans se laisser jamais aller à une révolution, malgré l'existence en Italie de tous les partis possibles, malgré aussi qu'une sorte de contraste et même de rivalité entre l'Italie du sud, du centre et du nord, n'ait pas encore complètement disparu.

Possibilité de désagrégation de la monarchie austro-hongroise.

A l'occasion des revendications italiennes, le délégué français ne manquerait naturellement pas de soutenir qu'elles ne constituent qu'une question secondaire ; mais il profiterait certainement de l'occasion pour fortifier ses preuves de l'impossibilité de faire régler les questions internationales par la voie d'un tribunal arbitral. Lors même qu'on n'attacherait pas d'importance aux vœux des Italiens de Trieste et du Tyrol méridional, parce qu'il n'y a que bien peu de temps que ces aspirations ont commencé à germer dans le cœur de ces populations et que l'Autriche n'opprime absolument pas la nationalité italienne, cependant personne ne peut garantir l'existence de la monarchie austro-hongroise. Vers 1890, on a pu remarquer des signes de mauvais augure, qui donnent à réfléchir. Si cette monarchie devait se désagréger, le territoire allemand s'en allant à l'Allemagne et quelques nationalités slaves à la Russie ; si l'Allemagne devait chercher à s'annexer la Silésie autrichienne, la Bohême et la Moravie d'après le principe prussien constant qui est d' « arrondir l'État » ; si enfin la Hongrie cherchait à conquérir son indépendance en conservant sous sa souveraineté la Croatie, la Slavonie et la Transylvanie, est-ce qu'un pareil litige peut être tranché avec succès par un tribunal international ? Tant qu'il

n'existe encore qu'une lutte entre les nationalités, elle peut rester
confinée entre les murs des Parlements et ne pas sortir du
terrain de la légalité. Mais, si des influences étrangères viennent se
mêler à cette lutte et si les voisins estiment le moment propice pour
le partage, la décadence intérieure de la monarchie peut marcher
alors à grands pas. On en pourrait déjà voir un certain indice dans
l'appui passionné que les journaux prussiens accordent à l'opposition allemande en Autriche à l'occasion de sa lutte contre l'égalité
entre la langue bohême et la langue allemande en Bohême, ainsi que
dans l'agitation que les partisans de la grande Allemagne entretiennent, au moyen du chant de la « Wacht am Rhein », non seulement parmi les Allemands de la Bohême, mais aussi dans la Haute
et la Basse-Autriche et même jusque dans le Tyrol allemand.

Le président devra faire valoir l'argument qu'il est illogique de
contester la possibilité de fonder un tribunal international et son
utilité, sous prétexte qu'il pourrait survenir des crises et des bouleversements internes dans l'un des États contractants. Il n'est pas
possible de garantir une existence éternelle à une organisation politique quelconque, et il peut parfaitement se faire que, par la suite
des temps, il survienne des transformations dans chacun des États
pris séparément et même dans l'arrangement relatif au tribunal
international. Mais il ne s'en suit nullement qu'il soit impossible
ou inutile de procéder, dès maintenant, à la création de cette institution. Au contraire, l'un des buts pratiques de celle-ci pourrait
être précisément d'éviter une collision européenne pour le cas où l'un
des Etats se désagrégerait et où les nationalités dont il se compose
chercheraient à former de nouvelles unités politiques.

Le représentant de la France pourra toutefois faire observer que
le mécontentement témoigné par les États au sujet de leurs frontières actuelles, indépendamment même de la désagrégation de l'un
ou de l'autre d'entre eux à la suite de causes internes, s'oppose à
une entente sur la base du *statu quo*.

Quiconque a suivi les mouvements de l'opinion publique en Russie
sait qu'on y désire l'annexion de la Galicie orientale, dont la population est petite-russienne et qui constitue en outre une base d'opération par trop avantageuse pour les troupes de la Triplice contre le
centre de la Russie méridionale. Nous ne reviendrons pas sur le rétablissement de la frontière naturelle orientale de la France, la question
de l'Alsace ayant été traitée à part. La Prusse ne se contentera pas
longtemps non plus de sa frontière actuelle de l'Est. L'émigration
enlève chaque année à l'Allemagne des centaines de mille âmes, et

le gouvernement impérial a dû s'efforcer de conquérir des colonies dans d'autres parties du monde. Mais les opérations coloniales n'ont pas réussi aux Allemands. La Prusse, spécialement, trouverait fort avantageux d'acquérir des territoires aux dépens de la Russie; car alors les Prussiens pourraient utiliser à leur profit l'émigration allemande, en la dirigeant vers leurs possessions nouvelles.

La question de la Galicie.

Au cas où cette question serait posée, le délégué allemand contesterait indubitablement les idées de conquête qu'on pourrait prêter soit à l'Allemagne, soit à la Russie. Il exposerait, entre autres choses, que la sympathie témoignée aux Russiens de la Galicie par les publicistes russes est toute naturelle et que le gouvernement du Tsar n'a pas de motif pour l'interdire. Mais il n'en résulte pas, dirait-il, que le gouvernement lui-même juge nécessaire d'annexer encore à son colossal empire un petit territoire habitué à l'ordre légal actuel, qui reconnaît l'Église grecque et renferme en outre un élément polonais catholique. L'utilité de cette acquisition serait si douteuse que la Russie ne peut pas refuser, à cause d'une intention de ce genre, de participer à une entente européenne générale.

Cession à la Russie d'une zone frontière.

L'Allemagne n'a aucun motif, quant à elle, de provoquer une guerre avec sa puissante voisine de l'Est. Ce fait a été confirmé à maintes reprises par les représentants autorisés de la politique allemande et par l'empereur lui-même. Il est, du reste, de toute évidence que le seul et unique vœu de l'Allemagne est de voir la paix se maintenir longtemps encore, pour pouvoir travailler tranquillement à fortifier son unité et les positions acquises. Une guerre ne pourrait que l'en empêcher. Quel avantage l'Allemagne pourrait-elle bien retirer d'une guerre avec la Russie?

Personne ne peut supposer que l'Allemagne se résoudrait à une guerre avant d'avoir bien pesé non seulement les probabilités d'un succès ou d'un échec, mais encore les conséquences défavorables qui pourraient affaiblir l'importance du succès ou augmenter la gravité de l'échec. L'Allemagne voudrait certainement se rendre d'abord compte jusqu'à quel point les territoires que lui vaudrait un succès pourraient compenser les immenses sacrifices qu'entraînerait une longue guerre faite avec les engins d'aujourd'hui. L'Allemagne ne manquerait pas non plus de peser sérieusement, tout d'abord, les suites d'une lutte avec la Russie, lutte qui, selon toutes les probabilités, ne se réduirait pas à une seule guerre, mais en entraînerait certainement une longue suite d'autres, même au cas d'un succès si fabuleux que les Allemands pussent arracher à la Russie, dès le principe, tout le territoire frontière qu'ils convoitent.

Les hommes d'Etat allemands doivent bien se rendre compte du fait qu'en s'annexant de grands territoires russes, l'Allemagne se trouverait dans une situation difficile. Un tel résultat ne pourrait être d'un avantage incontestable pour l'Allemagne que si la Prusse s'annexait directement tout le territoire conquis, y dirigeait le courant de l'émigration et pouvait avoir la certitude d'achever l'assimilation complète de ce territoire en quelques dizaines d'années seulement après la conquête.

Une telle perspective n'existe en réalité que dans les rêves de quelques chauvinistes allemands, aveuglés par les victoires de 1870. Il n'est pas un seul homme d'État en Allemagne capable de s'arrêter à cette idée qu'on doit tenir pour absolument fantaisiste, car des raisons à la fois économiques et politiques en rendent la réalisation impossible. D'abord, les gouvernements de la Pologne russe et quelques autres à proximité de la frontière occidentale renferment déjà une population si dense qu'elle a provoqué, vers le Brésil et l'Amérique du Nord, un mouvement migrateur qui s'est encore accentué dans ces derniers temps. S'il a pu se produire un courant de colons allemands vers quelques gouvernements du sud de la Russie, c'est d'abord parce que la population y est moins dense que dans les gouvernements polonais et ensuite parce que ce courant était fort insignifiant comparativement à ce qu'il faudrait d'émigrants allemands pour modifier notablement, même en quelques dizaines d'années, la population des dix gouvernements russes et même plus, qui sont limitrophes de la Prusse.

Si les terrains libres venaient à manquer dans les localités frontières, les flots de la colonisation allemande devraient se déverser à l'intérieur du pays ; mais là les colons rencontreraient immédiatement des conditions désavantageuses, telles que : mauvaises qualités du sol, travail mal payé et difficile écoulement des produits. Aussi le terrain est-il, dès aujourd'hui, dans les territoires de l'ouest, beaucoup plus cher qu'en Amérique, et les prix augmenteraient encore énormément au cas d'une colonisation en masse.

Et, dans cette circonstance, l'Allemagne ne peut pas compter sur l'efficacité de moyens artificiels pour créer une vaste colonisation ; pour s'en convaincre, il n'y a qu'à voir le résultat obtenu par l'emploi de ces moyens, dans le duché de Posen et dans la Prusse occidentale. Si, après avoir eu recours dans ce but à l'expulsion des colons et des ouvriers étrangers, à l'application de diverses mesures d'exception, l'allocation d'un capital spécial de 200 millions de marks, on n'a, malgré tout, obtenu qu'un résultat encore douteux, parce que les

Difficultés de la colonisation.

émigrants allemands préfèrent l'Amérique à ces provinces, on peut se demander quelle méthode il faudrait employer et quelles sommes fabuleuses il faudrait dépenser pour procurer une colonisation allemande sérieuse à un grand territoire nouvellement acquis à la frontière orientale.

Il est tout naturel que l'Allemagne puisse songer à faire coloniser, par des Allemands, une partie du duché de Posen et de deux provinces prussiennes. Mais on ne voit pas bien l'application des mêmes mesures sur un territoire russe. La colonisation allemande dans le duché de Posen et en Prusse a duré des siècles, minant, pour ainsi dire, la puissance de la nationalité prédominante. Elle s'est opérée à une époque où il n'y avait pas encore d'émigration. Mais aujourd'hui, où l'émigration allemande est commandée, d'abord par les conditions avantageuses que lui offre l'Amérique, puis par l'existence, dans le Nouveau Monde, d'une population allemande qui se compte par millions, qui montre et aplanit les voies à ses compatriotes, il est bien difficile de détourner l'émigration vers l'Est. La colonisation allemande dans le duché de Posen et la Prusse occidentale a été favorisée par des circonstances accidentelles à la fin de la République polonaise et lors des diverses insurrections polonaises dans le courant de notre siècle. Maintenant qu'il n'y a plus de ces circonstances exceptionnelles, le gouvernement prussien reconnaît, par la bouche des représentants les plus compétents de la race allemande, qu'il s'opère, à Posen et dans les provinces prussiennes, une certaine réaction contre le germanisme.

Si telles sont les conditions économiques, que dire des conditions politiques ! L'annexion, à la Prusse, d'importants territoires de population slave doit paraître aux hommes d'État allemands tout à fait nuisible pour la nation. La transformation de la Prusse, qui est allemande, en un royaume slavo-allemand ne peut leur sembler utile. Avec le gouvernement représentatif existant en Prusse, cet événement pourrait renforcer le parti étranger dans le Parlement, sinon faire passer la majorité entre les mains des Slaves, de telle sorte que le gouvernement aurait à compter avant tout avec ce parti. Dans le Reichstag actuel, on ne peut, en tout cas, se représenter une majorité fournissant les fonds nécessaires pour assurer à la Prusse seule un gain matériel tel que, d'État allemand, elle devînt État slavo-allemand. Alors, il ne pourrait naturellement plus être question de faire voter à ce Parlement des lois d'exception pour germaniser les territoires slaves, et il ne serait même guère possible de maintenir plus longtemps les lois édictées autrefois dans ce but.

Ainsi, l'Empire allemand risquerait son existence dans une guerre pour n'obtenir, même en cas de complet succès, qu'une situation difficile pour la Prusse et fort peu enviable pour le reste de l'Allemagne. Mais si l'Allemagne n'annexait pas les territoires conquis ? Alors, elle devrait leur donner une organisation politique spéciale et cependant dépendante de l'Empire. En continuant à se perdre dans ces rêves des chauvinistes allemands, on ne voit guère que le cabinet de Berlin puisse être séduit par une semblable tâche.

Heureusement qu'en Allemagne il n'y a que quelques personnes isolées qui fassent des rêves de cette nature, principalement des auteurs de brochures sur une guerre avec la Russie, rédigées le plus souvent sous forme de menaces à l'adresse de cette dernière pour le cas où la guerre viendrait à éclater. Quant à l'opinion publique en Prusse même, elle penche vers les idées que Bismarck a constamment exprimées. Chacun sait que la somme de 100 millions de marks, allouée primitivement à la colonisation du grand-duché de Posen, est due à l'initiative du chancelier, et que c'est sous son influence qu'une nouvelle subvention de cent millions de marks a été affectée au même but.

Il y a un demi-siècle que Bismarck écrivait ceci :

« Le développement de l'élément polonais dans le grand-duché de Posen ne peut pas avoir d'autre but que le rétablissement du royaume de Pologne. Mais, si la Pologne était restaurée dans ses limites de 1772 et si nous lui rendions tout le grand-duché de Posen, la Prusse occidentale et l'Ermeland, nous couperions ainsi les artères les plus importantes de la Prusse, nous livrerions des millions d'Allemands à la merci des Polonais et tout cela pour nous créer un allié douteux qui profiterait de chaque mésaventure de l'Allemagne pour lui enlever encore la Prusse orientale, la Silésie et les districts polonais de la Poméranie. Un projet de restauration de la Pologne est encore possible, il est vrai, dans des limites plus restreintes, de telle sorte que la Prusse ne lui abandonnerait plus que la partie polonaise du grand-duché de Posen. Mais il faut ne pas connaître les Polonais pour douter un instant qu'alors ils ne restent nos ennemis les plus acharnés tant qu'ils n'auraient pas réussi à nous enlever jusqu'au dernier village polonais de la Prusse occidentale et orientale et de la Silésie. Or, un Allemand se laissera-t-il entraîner par une fausse sentimentalité et des théories sans valeur, jusqu'à créer à sa patrie, et tout près d'elle, un irréconciliable ennemi, qui aura constamment recours à la guerre pour apaiser ses querelles intestines et qui nous tirerait dans le dos à chaque collision que nous pourrions avoir avec l'Europe occidentale ? »

Considérations politiques sur l'impossibilité de rétablir le royaume de Pologne.

C'est un fait très caractéristique qu'en cette même année 1848, où Bismarck écrivit ce qui précède, — alors que l'idéalisme politique était au plus haut point en Allemagne et que le peuple de Berlin mettait en liberté les individus condamnés à mort pour avoir participé aux troubles qui venaient d'avoir lieu à Posen, — l'idée d'une restauration de la Pologne n'en était pas moins restée peu sympathique aux Allemands. La résolution proposée au Parlement de Francfort en faveur de cette résolution fut repoussée par 342 voix contre 31 (le 27 juillet 1848, malgré le chaleureux discours d'Arnold Ruhe). L'assemblée adopta une résolution en faveur d'une complète égalité de droits des Polonais. On voit par là que l'opinion publique en Allemagne a toujours considéré la restauration de la Pologne comme dangereuse pour la nation allemande.

C'est qu'étant donnée la force organique dont a fait assez preuve l'élément polonais lorsqu'il s'est agi de se protéger lui-même et de s'étendre, l'annexion de nouveaux territoires polonais ne peut rien valoir pour la Prusse. Et cela explique en même temps pourquoi l'Allemagne n'a aucune raison politique de faire la guerre à la Russie.

Faudrait-il donc laisser encore passer en des mains étrangères cette ligne de la Vistule, sans la possession de laquelle, d'après Voigts-Rhetz (1), Henning (2) et autres, la défense de la Prusse est impossible ? Après les énormes sacrifices qu'elle a faits, la population allemande aurait bien quelque droit de désirer voir se créer à l'Est une frontière forte et stratégiquement solide, et cette frontière, on irait la livrer à un État nouveau, de l'amitié duquel l'Allemagne ne serait même pas sûre !

La Prusse se déciderait plutôt sans doute à absorber elle-même sa conquête, si pénible qu'en puisse être la digestion. La Prusse orientale, qui, le long de la mer, s'enfonce comme un coin dans le territoire étranger, pourrait aisément être détachée du reste du royaume ; aussi n'est-il guère douteux qu'au cas d'une guerre heureuse, une rectification de la frontière orientale ne soit, avant tout, considérée comme nécessaire. Cela concorde ainsi parfaitement avec l'opinion que la Prusse est tenue d'agrandir son territoire, afin que l'on ne cherche pas de nouveau, après les premières lueurs

---

(1) *L'importance stratégique du grand-duché de Posen dans une guerre de la Russie contre la Prusse et l'Allemagne* — (*Mémoire militaire*, par C. von Voigts-Rhetz, major à l'état-major prussien). — Berlin, 1848.

(2) *Nos forteresses et notre défense côtière.*

d'enthousiasme éteintes dans le reste de l'Allemagne, à contester la suprématie de la Prusse (1).

Mais dès qu'on les examine d'une manière quelque peu approfondie, les hypothèses de cette nature ne soutiennent pas la critique. A part les considérations politiques que nous venons d'exposer, l'Allemagne ne peut pas, pour des raisons économiques, songer à agrandir son territoire. Il est clair que les sphères industrielles et commerciales allemandes demanderaient qu'un débouché leur fût ouvert dans les provinces conquises et que les ouvriers espéreraient y trouver un travail profitable. Il est aussi hors de doute que la Russie, de son côté, interdirait toute importation, sur son territoire, des produits venant des provinces annexées par les Allemands. Dans quelle situation économique se trouveraient alors ces contrées, inondées, d'une part, de produits allemands et perdant, d'autre part, leur ancien débouché en Russie ? La valeur des terrains y monterait certainement ; mais les impôts augmenteraient fortement aussi, de sorte que l'agriculture n'y serait nullement dans une position enviable, tandis que le commerce et l'industrie indigènes marcheraient à une ruine certaine.

Cette situation économique ne contribuerait certes pas à développer l'amitié de la population locale pour son conquérant allemand, d'autant plus que de vieux comptes à régler, remontant à des siècles déjà, ont creusé comme un abîme entre les deux races. L'Allemagne ne pourrait pas se décider à donner à ces territoires une autonomie, une indépendance quelconque, parce qu'elle se méfierait autant de leurs sentiments à son égard que de leur faculté de constituer une couverture militaire répondant à ses exigences et sur laquelle elle pût compter au cas d'une nouvelle guerre. D'autre part, il n'est pas probable que la vieille lutte séculaire, commencée par les empiètements de l'ordre teutonique et terminée par l'œuvre de Frédéric II, c'est-à-dire le partage de la Pologne, puisse être oubliée de sitôt par la population indigène, dont ces souvenirs étoufferont dans son germe la confiance naissante en la nouvelle entreprise allemande.

L'invraisemblance d'une telle confiance ou même d'un penchant quelconque de la population locale pour l'Allemagne ne ferait que croître avec le temps. Car on peut espérer que la situation exceptionnelle actuelle, et en tous cas passagère, de la région frontière occidentale de l'Empire russe, fera place, quelque jour, à des rap-

Considérations
économiques
contre
les modifications
territoriales.

---

(1) Constantin Frantz, *La politique universelle dans ses rapports spéciaux avec l'Allemagne.*

ports normaux définitifs et satisfaisants pour les deux nationalités. Un pareil résultat serait aussi très favorable pour la Russie, même au point de vue de la stratégie, qui nous apprend qu'on ne doit jamais faire ce que désire l'ennemi.

Le représentant de la France ne pourrait naturellement pas se déclarer satisfait, ni admettre l'idée que l'Allemagne puisse voir un motif sérieux d'annexer une partie du territoire russe, dans la modification graduelle des forces de ces deux États. En effet, la population s'accroît en Russie beaucoup plus rapidement qu'en Allemagne et ses nouveaux éléments restent presque entièrement sur le territoire russe, tandis que les Allemands émigrent. Dans 50 ans, l'Allemagne comptera 75 millions d'âmes, tandis que la Russie en aura 250 millions.

Toutefois, si l'on étudie raisonnablement la question, le délégué de l'Allemagne répliquera que celle-ci ne peut songer à entamer une guerre avec la Russie à seule fin d'empêcher celle-ci d'acquérir une puissance exagérée; attendu que la Russie, même privée de ses gouvernements frontières polonais, n'en resterait pas moins un géant qui, par le simple accroissement naturel de la population, surpasserait en peu de temps l'Allemagne de beaucoup.

Jamais l'Allemagne ne sera capable d'amener sa population au même niveau que la Russie, par ce motif bien simple qu'elle n'aurait pas de place pour la loger, ni dans ses frontières actuelles, ni même si elle réussissait à s'étendre quelque peu vers l'Est. De ce côté, en effet, le pays n'est pas désert ; il y vit une population qui défendrait opiniâtrement son existence agricole. Les hommes d'État allemands doivent comprendre que, comme précédemment, le surcroît de population de l'Allemage continuera de tourner ses regards vers l'Amérique, où le terrain est à meilleur marché, où, en un mot, « la lutte pour l'existence » est plus facile.

Si l'on jette un coup d'œil sur la statistique officielle des États-Unis d'Amérique, qui rend compte des conditions de ce pays, on se convaincra qu'à l'avenir encore l'émigration continuera à se porter de ce côté. Il n'est pas superflu de lire le petit extrait suivant tiré du « Rapport sur le recensement » (1).

« Il faut reconnaître — dit ce Rapport — que l'absence de toutes obligations militaires et de l'entretien d'une armée permanente permet au citoyen d'employer son argent à des choses productives, par suite de quoi il se trouve dans une situation bien meilleure que les peuples du continent européen.

-----

(1) Dixième recensement : *Statistique des manufactures.*

« En conséquence, nous n'avons rien à craindre de la concurrence allemande, et les ouvriers allemands continueront à abonder chez nous et à augmenter notre force. Nous pouvons leur offrir l'hospitalité sur 60,000 milles carrés ; dans le Texas, par exemple, dont la superficie est plus étendue que celle de l'Empire allemand, ils trouveront de l'espace et de saines conditions d'existence que l'Allemagne ne peut pas leur fournir. »

Le gouvernement allemand pourrait-il offrir rien de semblable à ses habitants émigrant vers l'Est, si nous admettons pour un instant que l'armée allemande y fasse la conquête de nouvelles provinces, que l'administration prussienne y règne en souveraine et qu'elle puisse y faire des concessions aux Allemands ? Il ne lui serait pas possible d'offrir aux émigrants des avantages tels que d'immenses régions encore inoccupées, c'est-à-dire des terres presque gratuites, l'affranchissement du service militaire et des lourdes charges qu'impose l'entretien d'une armée permanente et d'armements toujours croissants. On ne peut donc pas compter que l'émigration allemande vers l'Amérique s'arrêterait par le fait de la conquête à main armée effectuée aux dépens de la Russie et tournerait son courant vers les frontières orientales de la Prusse, pour faire monter peu à peu le niveau de la population dans cette nouvelle partie de l'Empire allemand.

Une guerre ne surprendrait personne aujourd'hui, et personne, par conséquent, ne peut être sûr d'avance de la victoire. En présence de cette incertitude, il est certain que les considérations déjà exposées sur les nouvelles difficultés que rencontrerait l'Allemagne, même après un succès, au commencement d'une guerre avec la Russie, devraient fortement influer sur les intentions réelles des hommes d'État allemands. Les forces relatives des deux nations, aussi bien que leurs conditions climatériques et topographiques, ne permettent pas aux hommes politiques prussiens de croire qu'une guerre avec la Russie pourrait se terminer promptement. En cas de succès, la Russie pourrait forcer l'Allemagne à faire la paix bien plus vite que l'Allemagne ne pourrait y amener la Russie.

Et si l'on admet à Berlin qu'une telle guerre pourrait durer environ deux ans, on doit compter aussi combien il serait difficile pour l'Allemagne de supporter, pendant tout ce temps, non seulement les sacrifices en argent et en soldats exigés par la guerre, mais encore les funestes conséquences économiques qui en découlent, telles que la suspension des importations de Russie et d'Amérique, le manque de céréales, de viande et, en général, des objets de consommation nécessaires à la vie du peuple, la stagnation des affaires, la baisse de l'industrie et du travail des ouvriers dans les fabriques. Tels sont les motifs qui doivent détourner le gouvernement allemand d'une guerre avec la Russie, indépendamment de cette constatation que l'accroissement rapide de la population russe et le développement de ses moyens de défense augmentent, de jour en jour, les chances favorables de la Russie en cas de guerre.

On doit se dire aussi à Berlin qu'en Allemagne la masse du peuple a d'autres nerfs qu'en Russie et que les Allemands sont plus sensibles, moins endurants et moins capables d'un sacrifice absolu et de longue durée ; de telle sorte qu'en cas de grandes misères, il pourrait se produire en Allemagne un véritable cataclysme. Les paroles de Paul Leroy-Beaulieu s'appliquent ici parfaitement à l'Allemagne, que, « si, par suite de fautes accumulées, les peuples sont exposés à une charge surpassant leurs forces, comme ce fut le cas à la fin du xviiiᵉ siècle, et s'ils peuvent ébranler l'ordre établi, il faut alors, pour conjurer le danger, avoir recours aux enseignements et aux conseils de la science financière ». Or, cette science enseigne précisément que la guerre ne conjure jamais le danger. Sous ce rapport, la Russie ne sera pas encore de longtemps menacée de celui qui plane sur l'Europe occidentale au cas où elle serait fortement troublée par la guerre. En Russie, on n'a pas à redouter de mouvement populaire contre la guerre en cas d'échec ; au contraire, un commencement d'infortune ne ferait, en ce pays, que donner plus de force aux tendances belliqueuses.

Si nous comparons la valeur productive de l'ouvrier adulte dans les deux pays, nous devrons convenir qu'elle est beaucoup plus faible en Russie qu'en Allemagne ; la perte de deux et même de trois hommes aurait une importance économique moins grande en Russie que la perte d'un seul en Allemagne. Il en résulte que, même si la Russie perdait des quantités considérables de soldats, cela n'y arrêterait pas la guerre et ne la détournerait pas d'une nouvelle campagne. Les exemples du passé nous apprennent que la Russie, avec ses mœurs patriarcales, sa propriété foncière communale, la valeur économique relativement faible de l'ouvrier, l'empressement de son peuple à se sacrifier sans réserve, ne serait pas forcée d'arrêter les hostilités, même par la perte d'un million de soldats. En Allemagne, au contraire, une perte de 300,000 hommes produirait une impression qui forcerait à cesser une guerre entamée dans le but d'égaliser, pour l'avenir, le chiffre de la population. D'autre part, la Russie, si puissante dans la défensive, restera pendant bien longtemps encore plutôt faible pour l'attaque. Donc, le danger que peut inspirer à l'Ouest l'augmentation de la population russe n'est encore à craindre que dans un avenir bien éloigné. Aussi, tout homme sans parti pris doit-il admettre qu'il ne faut plus songer, désormais, à des guerres pour des conquêtes territoriales.

Le président pourrait, là dessus, conclure comme il suit : Il est facile de comprendre que les peuples occidentaux puissent avoir actuellement quelques conquêtes en vue et que l'accroissement naturel et continu de la puissance de la Russie puisse augmenter l'inquiétude qu'elle inspire à l'Allemagne et à l'Autriche. Mais nous voyons aussi d'autre part, à côté des grands et puissants États, de petites nations, qui continuent à exister et même à devenir florissantes sans éprouver d'embarras.

Au nombre des facteurs pouvant assurer la paix, le plus puissant serait la création d'un tribunal international. La Russie, qui y participerait avec les mêmes droits que les autres États, ne pourrait, par la force même des choses, se séparer de ceux-ci, même si un accroissement considérable de sa population lui donnait une prépondérance sur les autres nations contractantes; car alors cette renonciation donnerait lieu à une coalition contre elle. Encore quelques dizaines d'années de cette paix, si justement qualifiée d' « armée », et les peuples en viendront enfin à des idées plus rationnelles, plus lucides et plus conformes aux progrès de la science.

Après avoir débattu les questions principales découlant des efforts que font les États pour agrandir leurs territoires par de nouvelles conquêtes en Europe, l'un des représentants au Congrès général européen supposé pourrait faire observer que l'Histoire mentionne encore nombre de guerres ayant eu d'autres causes pour point de départ, telles que des disputes religieuses, des haines de races, des préjugés nationaux, des intérêts dynastiques et commerciaux. Le président répondrait à cela que, sous l'heureuse influence de la civilisation, toutes ces anciennes causes de guerre ont perdu beaucoup de l'importance qu'elles avaient alors.

Disputes religieuses, haines de races et intérêts dynastiques.

Grâce aux progrès de l'instruction et des idées de tolérance, les haines de religion et de race se sont tout particulièrement affaiblies. L'importance des intérêts dynastiques a été tempérée par les institutions représentatives.

Dans cet exposé, nous sommes obligé aussi d'apprécier les motifs susceptibles d'être mis en avant pour montrer que les États qui cherchent à acquérir des colonies et des marchés transatlantiques estimeraient nuisible à leurs intérêts leur accession à l'arrangement relatif à la création d'un tribunal international.

Intérêts ·
commerciaux.

Le président pourrait dire que, depuis la découverte de l'Amérique et même dans notre siècle, les intérêts commerciaux ont été la cause d'une grande partie des guerres : parce que les États ont voulu défendre, par la force des armes et au prix de beaucoup de sang précieux répandu, les vues du mercantilisme et de la protection douanière pour supprimer la concurrence. Mais il ajouterait que de telles tendances ne peuvent plus se manifester aujourd'hui, la science économique ayant démontré que les intérêts productifs des peuples sont en complète harmonie les uns avec les autres et qu'en fin de compte le bien-être des nations réside dans leurs rapports et leurs relations réciproques.

Désirs
de conquêtes
coloniales,
comme
causes de guerre.

Le délégué de la France pourrait objecter qu'aujourd'hui précisément l'accroissement énorme de la population européenne et l'envahissement simultané de ses marchés par les produits de l'industrie, qui a pris des proportions colossales, risquent bien de faire, des intérêts économiques, l'une des principales causes de conflits futurs. Ces raisons ont poussé les grands États à rechercher des colonies, non pas tant pour y récolter des métaux précieux et de riches marchandises, telles que l'ivoire, l'acajou, l'ébène, etc., que pour y déverser le trop-plein de leur population et du produit de leur industrie manufacturière.

Nous voyons les États européens s'emparer de vastes territoires sur les côtes d'Afrique ; nous avons vu l'Angleterre prendre possession de l'Égypte, les expéditions britannique et italienne en Abyssinie, les expéditions anglo-égyptiennes au Soudan, l'annexion de Madagascar par la France. L'Asie n'a pas non plus été épargnée par l'esprit de conquête des États européens. Sans parler des immenses contrées annexées par la Russie dans l'Asie centrale et que l'on peut compter comme des entreprises destinées à étendre ses frontières, l'Angleterre aussi s'est emparée de nouveaux territoires sur la route de l'Afghanistan, et la France a ajouté le Tonkin à ses anciennes possessions de Cochinchine. Enfin, nous voyons qu'à la suite de cela les intérêts économiques des États européens se sont rapprochés, ces tout derniers temps, de l'extrême Orient et ont même déjà englobé le Japon et la Chine dans la sphère de leurs intérêts politiques. Il est difficile de prévoir dans quelles complications ces entreprises dans l'extrême Orient vont entraîner l'Europe.

Alors, le représentant de l'un des États sans colonies, de la Belgique, par exemple, — qui ne désire pas s'annexer le Congo, mais qui a déjà fait cependant de notables sacrifices pour le civiliser et qui vit dans une union personnelle avec lui, — pourrait bien faire remarquer que les États européens, avant de chercher dans la conquête de colonies un débouché pour leur population et leur industrie, feraient mieux de consacrer à améliorer la situation de leurs peuples les milliards qu'ils dépensent pour leurs armements.

Le délégué belge pourrait encore présenter la parabole suivante : Un certain roi méditait une expédition pour conquérir des îles lointaines. Soudain apparaît, sur la porte de sa tente, une figure mystérieuse enveloppée de guenilles, qui se détache d'une manière étrange sur le velours des portières. Le roi fait un signe à ses gardes pour éloigner cet hôte inattendu ; mais celui-ci s'approche et dit : « Écoute mes paroles ; je suis moi-même souverain : je suis le roi de la misère, le chef des sans-abri, des dépouillés, des affamés et des malheureux, et je viens en leur nom te faire une proposition. Donne-moi les millions que tu destines à envoyer tes guerriers au delà des mers pour faire détruire plusieurs milliers d'étrangers et, en même temps, beaucoup de tes propres sujets. Avec ces millions, je nourrirai mon peuple et j'apaiserai son effervescence. Donne-nous la paix, et, en échange, je te donnerai la paix intérieure et la sécurité pour ton trône et pour ton gouvernement. Que dis-tu de cet échange ? » L'histoire ne dit pas ce que répondit le roi ; toutefois, il est certain que, s'il ne s'occupait pas seulement de la science de la guerre, mais encore de recherches économiques, il dut reconnaître que l'amélioration de l'existence des peuples dans l'Europe elle-même permettrait de donner un énorme développement au débit des produits de l'industrie, de sorte qu'il ne serait pas nécessaire de chercher des marchés transatlantiques très éloignés pour le débouché de nos marchandises.

Mais cela ne serait possible pourtant qu'avec la création d'un tribunal international, et la réduction des armements qui en serait la conséquence. Alors, les conflits entre le Japon et la Chine resteraient en dehors de la sphère d'action des puissances européennes, de même que ceux entre l'Argentine, l'Uruguay, le Brésil et le Paraguay. En revanche, les différends qui pourraient surgir entre les États européens contractants, au sujet d'intérêts coloniaux quelconques, ou en Europe même, seraient soumis au jugement du tribunal international. Ce tribunal pourrait trancher les questions coloniales plus aisément que d'autres, parce qu'il s'y trouverait mêlé moins d'amour-propre national. Et de fait, il y a déjà beaucoup d'exemples de différends soulevés par des questions de propriétés coloniales et jugées par des arbitres élus de plein gré.

Il faudrait douter de l'intelligence humaine s'il se trouvait quelqu'un pour nier qu'une procédure aussi sage et aussi humaine pût devenir générale et supprimer la guerre. C'est avec raison que le comte Tolstoï, cet illustre littérateur russe, a dit : « Les animaux ne peuvent partager autrement leur butin qu'en se battant ; les enfants, les barbares et les peuples incultes agissent de même. Mais les gens intelligents tranchent leurs difficultés par la réflexion, la persuasion et le renvoi de la question à des personnes sages et désintéressées, impartiales, pour la juger. Voilà comment les peuples de notre époque devraient agir aussi ». Maintenant, il est évident que, pour en arriver là, il faut une initiative particulière, car il n'y a jusqu'ici d'autres exemples que des cas exceptionnels. Mais, dès qu'il existera un tribunal international permanent, fondé d'après une entente générale, la solution amiable des contestations deviendra la règle, et, avec le temps, les dérogations isolées à cette règle ne seront même plus possibles, car alors la guerre sera devenue quelque chose de monstrueux pour les peuples. Aujourd'hui déjà, les diplomates et les chefs de partis nationaux ne songent plus à recourir au poison pour se débarrasser d'un adversaire dangereux, comme cela se pratiquait non seulement au moyen âge, mais encore aux XVI\ :sup:`e` et XVII\ :sup:`e` siècles. L'idée que la fin ne justifie pas les moyens, même dans le domaine de la politique, et que le meurtre, pour être un meurtre en masse et non un meurtre isolé, pour être perpétré au profit de l'État et non au profit de l'individu, n'en demeure pas moins un meurtre, — cette idée finira par s'implanter dans les esprits, dès qu'aura disparu ce prétexte que la guerre est l'*ultima ratio* dans les différends entre les peuples.

A ce point de vue, plus la guerre deviendra épouvantable, plus elle coûtera de vies humaines, plus elle causera de ruines, plus aussi diminuera la valeur des bénéfices qu'on peut en retirer. Peut-il donc exister un « profit national » ou un « but national » qui soit plus précieux que la nation elle-même ?

En ce qui concerne spécialement les conflits susceptibles de naître en extrême Orient, sur les côtes de la Chine, il y a lieu de faire remarquer, d'abord, que ces conflits ne justifient nullement l'entretien de formidables armées de terre ou même de flottes en Europe.

Voyons ce que sont réellement ces échanges commerciaux qui

captivent les esprits des Européens à la pensée de la Chine et du Japon, dont la population se monte à des centaines de millions d'habitants. La Chine importe annuellement, en moyenne, des marchandises pour une valeur de 207 millions de roubles or ; elle exporte ses propres produits pour une somme de 159 millions de roubles or environ. L'importation japonaise est de 45 millions, et l'exportation d'environ 58 millions également de roubles or. On voit par ces chiffres que les échanges ne sont pas bien considérables. Ces données se rapportent à une époque antérieure à la guerre sino-japonaise ; mais, après s'être permis le luxe de cette guerre, il est plus que probable que ces deux États ont reculé et ne se remettront pas de sitôt.

Il faut remarquer encore ici que l'on ne peut guère compter sur un accroissement rapide des échanges avec ces pays. Les Chinois et les Japonais, ces derniers dans une mesure un peu moins forte il est vrai, appartiennent par leur genre d'existence aux peuples les plus conservateurs. L'ordre de leur vie change très peu, de sorte qu'on ne peut guère attendre d'eux une prompte augmentation, soit de leurs besoins, soit de leurs produits.

La Chine et le Japon ont une population si dense, dans leurs régions habitables, qu'il n'y reste plus de place disponible pour fonder des colonies européennes. D'autre part, il n'y a pas de nation qui puisse soutenir la concurrence avec les peuples de l'Asie orientale pour le bon marché du travail.

Le sol arable en Chine doit, pour donner une récolte de blé, d'orge, d'avoine, de sarrasin, de pommes de terre, de maïs, de riz ou de pavot, récolte qui ne dépasse pas, en moyenne, celles d'Europe, être travaillé de la même manière qu'on cultive nos jardins maraîchers. Il faut constamment retourner les couches, afin que la terre puisse pomper l'humidité de l'atmosphère pendant la nuit ; en outre, il faut sarcler ces couches à la main ou avec de petites pelles, pour les débarrasser des mauvaises herbes. Les Chinois dépensent tant d'art et de sollicitude dans leur agriculture, que les Européens ne peuvent pas lutter avec eux.

On peut dire que le Chinois travaille la terre avec amour et tendresse, par opposition à la culture mécanique du sol dans les autres pays transatlantiques, et en partie aussi chez nous. Il n'en est pas moins vrai qu'aussitôt démontrée à l'Europe, la faiblesse de la Chine par suite de sa guerre avec le Japon, la pensée a germé, dans les États européens, d'acquérir des territoires et divers privilèges dans l'Empire du Milieu, pour s'y emparer des principaux marchés, quoique cet empire ne puisse pas, comme nous l'avons vu, promettre de bien grands avantages à aucune nation.

Et la rivalité entre les États européens s'est manifestée ici avec une telle passion qu'il a fallu renforcer les flottes pour le cas où des conflits surgiraient à propos du partage des *avantages microscopiques* que l'on peut tirer de la Chine.

Le Japon a commencé à copier les puissances européennes et à s'armer puissamment ; le gouvernement japonais s'est laissé entraîner par la « folie des nombres », comme l'appelait un jour l'ancien chancelier allemand Caprivi ; l'Allemagne et la Russie y ont vu immédiatement un danger pour elles, et elles se sont mises aussi à renforcer leurs flottes, bien qu'elles dussent parfaitement savoir que la situation économique du Japon est pitoyable, et que celui-ci devra bientôt cesser de copier les grandes puissances. L'empereur Guillaume a dessiné de sa propre main, pour obtenir du Parlement les crédits nécessaires, un tableau comparatif des flottes, et l'a envoyé à tous les membres du Reichstag. Dans ce tableau, la flotte russe figure à une échelle spéciale et naturellement non réduite.

Le gouvernement russe a conçu aussi de l'inquiétude et a décidé de renforcer notablement sa flotte.

Sans entrer dans l'examen de la question de savoir jusqu'à quel point cet empressement à vouloir renforcer les flottes est justifié par des considérations politiques pour les États européens, nous voulons cependant insister un instant sur la question de savoir de quelle façon on peut expliquer, par des besoins de colonisation, les dépenses faites pour renforcer les flottes.

Les tentatives que l'on a faites pour fonder de nouvelles colonies en Afrique ou pour donner de l'extension à celles existantes, ont démontré que les Européens ne peuvent pas s'y acclimater. Tant qu'on n'aura pas trouvé le moyen de rafraîchir constamment l'air dans les habitations aux plus chaudes saisons de l'année, l'Européen qui aura émigré en Afrique y périra au bout de peu d'années ou bien reviendra dans son pays, malade d'une cirrhose du foie et de la rate.

Récemment, les regards des puissances européennes se sont tournés vers l'Asie, où elles s'efforcent d'acquérir des colonies à la côte orientale. Mais outre que la côte orientale de l'Asie possède déjà une population très dense, il n'est pas possible — comme nous l'avons déjà dit — d'y fonder une colonisation européenne, parce que le sol y exige une culture toute spéciale, pour laquelle l'Européen n'est pas fait. Sans vouloir toucher au côté moral d'entreprises de ce genre, qui rappellent celles des Espagnols en Amérique, au commencement du XVI° siècle, on doit convenir que les rivalités qui se manifestent pourraient fort bien, avec l'habitude de ne pas compter avec les chiffres, amener, entre telles ou telles des puissances, une guerre qui menacerait fort de devenir générale en Europe. Mais les avantages que promet l'exploitation de quelques territoires chinois sont-ils de telle nature que l'on doive risquer, pour eux, une guerre européenne

Il faut observer que certaines puissances européennes, qui ont attendu, en quelque sorte, la première victoire du Japon sur la Chine, pour suivre son exemple en l'excluant du partage, se sont quelque peu attardées dans leur entreprise. Il leur eût été plus avantageux de commencer exactement trente ans plus tôt, en 1860, c'est-à-dire de procéder au partage partiel de la Chine, en continuant la guerre que l'Angleterre et la France firent alors à ce pays. A cette époque le Japon semblait encore plus faible que la Chine, car il n'avait qu'une culture intellectuelle inférieure à la sienne, et, par dessus le marché, avait encore une organisation féodale. En outre, l'un des concurrents européens actuels, l'Allemagne, n'existait pas encore à cette époque comme tel.

L'Angleterre et la France étaient alliées alors, et elles n'auraient eu à compter qu'avec la Russie; de sorte que ces trois puissancés auraient pu se partager sans obstacles quelques territoires de la Chine, déjà précédemment affaiblie par la révolte des Taïpings. Mais l'Angleterre et la France se contentèrent de prendre à la Chine une indemnité de guerre de seize millions de dollars chacune, plus un million de dollars comme indemnités à des particuliers, de faire admettre des ambassadeurs anglais et français à Pékin et, en outre, de brûler le palais d'été du *Bogdychan* (l'Empereur de Chine).

Les avantages que pourrait présenter la possession de territoires en Chine ne sont plus aujourd'hui ce qu'ils auraient été à cette époque. Avant tout, il ne faut pas oublier que les eaux chinoises ont vu paraître les vaisseaux des six grandes puissances qui se divisent en deux alliances dans les questions européennes. Il en résulte que des avantages très problématiques en Chine menacent d'allumer une guerre terrible entre les puissances de l'Europe. En outre, il faut tenir compte d'un tout nouveau facteur : le Japon, qui possède actuellement une flotte et une armée organisées et équipées à l'européenne, jouit d'un gouvernement fort et n'a pas moins d'importance, en réalité, dans l'extrême Orient que l'Allemagne ou la France.

Toute puissance européenne devra partager non seulement avec les autres États d'Europe, mais encore avec le Japon ; ou bien elle aura contre elle ses ennemis européens, plus le Japon. En un mot, outre l'augmentation du nombre des concurrents d'Europe, est apparue encore une puissance locale avec laquelle il faut compter. Ces circonstances diminuent notablement les très minces avantages que l'on espère ; aussi l'augmentation des flottes qu'ont entreprise, en ces derniers temps, trois grandes puissances, ne se justifie-t-elle nullement par les besoins qu'elles prétendent avoir dans l'extrême Orient.

Les escadres européennes qui se trouvaient dans les eaux chinoises avant cette augmentation auraient amplement suffi, avec une entente générale, — des plus faciles à réaliser par la création d'un tribunal international, — pour forcer la Chine à payer une indemnité ou à consentir une concession quelconque dans l'intérêt général des puissances. Il n'était nullement nécessaire, pour cela, d'augmenter le nombre des bâtiments des flottes européennes.

On doit en conclure que cette augmentation des flottes ne pouvait avoir pour objet de soutenir de justes réclamations faites en commun, mais seulement de permettre des entreprises isolées, voire même concurrentes, tendant à acquérir de vastes territoires, pour les exploiter au bénéfice de l'une ou de l'autre puissance.

Les intérêts vitaux de la Russie.

Le représentant de la France pourrait répliquer à cela que ces conclusions ne s'appliquent pas à la Russie, pour qui l'accroissement de sa flotte est une question vitale. Comment cette puissance n'augmenterait-elle pas sa flotte, quand l'Allemagne et le Japon augmentent la leur ? La Russie n'est pas, comme l'Allemagne, séparée de la Chine et du Japon par toute la largeur de l'Océan Pacifique : ces deux pays sont des voisins pour elle.

Nécessité d'un port libre de glaces.

La Russie est frontière de la Chine sur une étendue de territoire plus grande que l'Europe entière, et ses possessions de Sakhaline ne sont séparées du Japon que par le petit détroit de La Pérouse. Aussi, les questions relatives à la situation de ces territoires ont-elles une importance capitale pour la Russie.

Il faut étudier avant tout le côté moral de la question. Si le Japon renforce sa flotte, la Russie doit faire en sorte de conserver en extrême Orient une puissance correspondante ; sinon, elle y perdrait son prestige et il pourrait en résulter pour elle de fâcheuses conséquences. En outre, elle ne doit pas perdre de vue la construction, en cours, du grand chemin de fer sibérien qui doit lui coûter plus de 500 millions de roubles : grande voie, qu'on peut appeler à bon droit universelle, et dont le trafic exige un libre débouché, un port sûr et libre de glaces. Que le chemin de fer de Mandchourie, qui se relie à la grande ligne magistrale sibérienne, ait pour point terminus Port-Arthur ou Ta-Lien-Wan, ou toute autre localité qui pourrait sembler plus avantageuse, il faut, en tout cas, que les communications avec ce port, ainsi que la sortie de celui-ci, soient assurées sans réserve à la Russie et parfaitement sûres pour elle. Or, si, par l'augmentation de sa flotte, le Japon acquérait la prédominance sur la Russie, il pourrait y avoir danger, non seulement pour le point terminus du chemin de fer russe, mais encore pour les territoires chinois voisins et même pour la Corée, dont la Russie ne veut pas laisser les Japonais s'emparer. Dans ce cas, la construction du chemin de fer sibérien n'aurait pas, pour la Russie, les avantages qu'elle est en droit d'attendre de cette colossale entreprise.

À ces conclusions en faveur de l'augmentation de la flotte russe, le délégué des Pays-Bas, par exemple, pourra répondre :

Le prestige de la Russie ne s'évanouirait pas, lors même que le Japon aurait quelques vaisseaux de guerre de plus qu'elle dans ces eaux. Il faudrait, pour le croire, ne pas estimer à sa juste valeur l'importance qu'a réellement la Russie en extrême Orient. Dans les vastes territoires chinois qui touchent à la Sibérie, dans la Mongolie, dans la Mandchourie, on ne sait pas et l'on ne saura jamais en quels rapports sont les forces des puissances dans les mers en question. Pour ces peuples, c'est l'armée de terre et non la flotte qui représente le pouvoir de la Russie. Lors même que celle-ci ne renforcerait pas l'effectif de ses troupes en Sibérie, celles qu'elle y a entretenues jusqu'ici suffiraient amplement à inspirer le respect aux populations asiatiques. On pourrait, du reste, en dire autant de la Chine proprement dite ; car Port-Arthur a été cédé en toute jouissance à la Russie, le chemin de fer de la Mandchourie y aboutira probablement, et Port-Arthur n'est pas éloigné de Pékin même, de plus de 600 kilomètres.

Si l'on veut établir une comparaison entre la puissance maritime de la Russie et celle du Japon, il ne faut pas perdre de vue que toutes les forces de ce dernier sont concentrées dans la mer du Japon, à la seule exception d'un cuirassé mouillé près de l'île Formose, récemment conquise. Par contre, les forces maritimes de la Russie sont divisées : elle entretient des flottes dans la Baltique et dans la mer

Noire ; elle a des vaisseaux qui sont continuellement en route ; elle
ne peut, en conséquence, maintenir dans l'Océan Pacifique que le
quart de l'effectif de sa flotte. Sans même augmenter brusquement
cet effectif, la Russie, pendant une longue série d'années, a travaillé
avec une remarquable énergie à accroître ses forces maritimes.
En vingt ans, de 1876 à 1896, les dépenses de la marine russe
ont augmenté plus que toutes les autres, c'est-à-dire de 27 à 60 millions
de roubles (à 67 millions de roubles d'après le budget de 1898), ou
de 122 0/0. Dans la même période, les dépenses pour l'armée de terre
ne se sont accrues que de 50 0/0 : de 190 à 284 millions de roubles.

Le commerce maritime russe. — Le trafic du commerce maritime russe est évalué en moyenne à
18 francs par tête de population ; c'est-à-dire que les intérêts commerciaux de la Russie sont 22 fois moindres que ceux de la Grande-
Bretagne et environ 7 fois moindres que ceux de l'Allemagne, de
la France et des États-Unis. Le commerce maritime a moins d'importance pour la Russie que pour d'autres pays, tant d'après le chiffre
de son trafic que d'après sa situation géographique ; les frontières de
la Russie ont une étendue colossale, tandis que ses mers sont couvertes de glace pendant une grande partie de l'année.

Mais le fait essentiel, c'est précisément que les États qui pourraient créer le plus d'obstacles au commerce maritime russe
sont ceux-là mêmes qui ont le plus besoin d'elle ; car ni l'Allemagne
ni l'Angleterre ne pourraient vivre sans les denrées et les produits à
demi manufacturés qui leur viennent de la Russie. En mettant des
entraves à cette exportation, ces pays se nuiraient à eux-mêmes. Il
semble donc que la force même des choses se charge de protéger
le commerce maritime russe, sans qu'il soit besoin pour cela de
nombreux vaisseaux de guerre.

Énormes dépenses que fait la Russie pour protéger ses intérêts commerciaux. — Cependant la Russie dépense davantage, par tonne de ses propres
bâtiments, que l'une quelconque des autres puissances européennes :
soit 130 francs, alors que la France ne dépense que 102 francs,
l'Italie 67, l'Autriche 35, l'Allemagne 24 et l'Angleterre 16 francs
seulement.

Mais, lors même que nous ne distinguerions pas les navires
indigènes et étrangers et que nous ne prendrions que le rapport
des dépenses faites pour la marine au chiffre total du commerce
maritime, nous en arriverions toujours à constater que la Russie
dépense plus qu'aucune des autres grandes puissances. Ainsi les
dépenses de la marine russe représentent 7 0/0 du chiffre total de
son commerce maritime ; celles de la France ne vont qu'à 6 0/0, celles
de l'Angleterre à 3 1/2 0/0 et celles de l'Allemagne à moins de 2 0/0.

Nous devons ajouter que les dépenses consacrées par la Russie à sa marine de guerre croissent constamment. Évaluées en roubles-crédit, elles ont été, par tonne de ses navires marchands :

En 1880, de	141 roubles
En 1890, de	159 —
En 1897, de	194

Et si nous tenons compte, en outre, des dépenses extraordinaires de l'année 1898, nous voyons que l'accroissement des dépenses, par tonne de commerce maritime, se monte à un chiffre énorme.

Il n'y a que le Japon qui fasse des dépenses encore plus élevées que la Russie sous ce rapport, soit 15 0.0 de tout son commerce maritime. Mais c'est là plutôt un phénomène morbide que normal. Le Japon n'a presque pas de commerce étranger, de sorte qu'une telle prodigalité de sa part est une pure folie. Cet État n'aura bientôt plus le moyen, non seulement de continuer à augmenter sa flotte, mais même de l'entretenir, de sorte que, selon toutes probabilités, on pourra l'acheter à bon compte.

Quant aux intérêts commerciaux des États européens dans l'extrême Orient, nous venons de dire que le champ de leur concurrence est assez limité, et qu'il est impossible de compter que la Chine, la plus vieille et la plus conservatrice de toutes les nations, consente jamais à modifier sa manière de vivre jusqu'à devenir une importante productrice pour l'univers et, par là même, un fort débouché pour les marchandises européennes. En tous cas, la Russie ne pourrait, dans l'état actuel de son industrie, lui apporter ses produits fabriqués que dans une bien modeste mesure. Avec ses belles et coûteuses marchandises, l'industrie française n'est pas organisée du tout pour l'exportation en Asie. Les efforts que fait la France pour entretenir un port en Chine et y fonder une station ne sont motivés que par une imitation irraisonnée. Il n'y a que l'Angleterre et l'Allemagne de sérieusement intéressées à se créer un débouché sur les marchés chinois. Mais comme, au cas d'un conflit amené par des intérêts commerciaux, l'Allemagne ne pourrait guère compter sur un appui quelconque, et comme sa flotte seule ne peut pas se mesurer avec la flotte anglaise, cela exclut toute probabilité d'une guerre entre ces deux États au sujet de leurs intérêts en Chine.

On dit que l'achèvement de la grande ligne ferrée sibérienne va modifier, du tout au tout, la situation de la Russie en Orient, non seulement au point de vue politique, mais aussi au point de vue

commercial. On prétend qu'alors l'industrie russe va se développer à grands pas et dans une mesure qu'il n'est pas possible de
prévoir. Tout cela est fort possible, mais se rapporte à un avenir
encore tellement éloigné, qu'on ne peut guère tenir compte de cette
perspective dans les combinaisons politiques du présent. Il ne faut
pas oublier que le grand chemin de fer sibérien se construit principalement dans l'intérêt du développement intérieur de la Sibérie
et pour amener, sur cette voie, le transit européen, mais non en
vue des besoins que l'industrie russe peut avoir aujourd'hui ou dans
un prochain avenir. Quant à l' « ouverture des marchés chinois à
l'industrie et au commerce de la Russie », c'est une perspective
dont on ne peut se faire, pour le moment, qu'une idée assez vague :
et Gœthe a dit avec raison que les idées vagues ne produisent que
des phrases ronflantes.

Examinons d'une manière approfondie, en nous basant sur l'ouvrage officiel russe intitulé : *La Sibérie et le grand chemin de fer
sibérien*, l'importance que peut acquérir cette ligne ferrée.

Le meilleur juge en cette question et, en même temps, un juge
qui exposera certainement la chose sous son jour le plus favorable
est, sans contredit, le commerce russe. Les représentants de ce
commerce ont, dans un mémoire rédigé à la grande foire de Nijni-
Novgorod de 1889, et adressé au gouvernement, résumé en ces
termes les espérances qu'ils fondent sur cette grande voie ferrée :
« Le chemin de fer sibérien réunira *à l'Europe*, par la Russie,
400 millions de Chinois et 35 millions de Japonais. » Ce mémoire
exposait ensuite que le chemin de fer transcanadien avait déjà
détourné une partie du trafic des marchandises qui, jusqu'ici, étaient
dirigées sur l'Europe par le canal de Suez, et qu'il n'était pas douteux
qu'une autre partie de ces marchandises ne prissent à l'avenir le
chemin de la Russie. Il est d'une importance toute particulière pour
celle-ci que cette évolution dans la direction du trafic entre *l'Europe*
et l'Asie orientale s'opère à son avantage ; car la Russie peut jouir
de tous les avantages attachés non seulement à la situation d'intermédiaire, mais encore à celle d'un important producteur et consom-
mateur plus rapproché des peuples de l'Orient asiatique que tous
les autres.

Le mémoire ajoute ailleurs que « les peuples européens font de
prodigieux efforts pour s'emparer des marchés de l'extrême Orient
et ne reculent devant aucune dépense pour atteindre ce but ».

Dans ces paroles est indiqué le motif qui joue peut-être le rôle
principal dans les entreprises des puissances européennes en

Chine : l'envie. Dépenser cent roubles pour en gagner un seul qui semble avoir plus de valeur que cent, précisément parce qu'il n'est pas échu au voisin, mais à nous — voilà à quoi conduit parfois l'envie !

Les communications avec la Chine se font aujourd'hui presque exclusivement par mer. Le commerce chinois se tourne tout entier vers Han-Kow, et cette place restera pendant longtemps encore le premier intermédiaire du commerce étranger avec la Chine centrale.

Aujourd'hui, c'est incontestablement l'Angleterre qui détient la part du lion, tant pour le travail que pour le profit. « Pendant les douze dernières années, l'effectif de toute la colonie russe dans les ports chinois a varié entre 75 et 150 personnes, y compris les femmes et les enfants; la Russie se trouvait ainsi à la neuvième place et venait même après des nations telles que l'Espagne, le Portugal, la Suède et la Norvège. Il est clair que les Russes, vu leur petit nombre, n'ont pas la possibilité matérielle de prendre une position prédominante quelconque dans les sphères commerciales, où leurs nombreux concurrents les surpasseraient partout (1).

Sur 500 maisons de commerce qui travaillent en Chine, la Russie n'en compte que 10. Dans tout le trafic du commerce chinois d'exportation et d'importation, la participation de la Russie n'est que de 4 0/0. Le nombre des navires qui entrent annuellement dans les ports chinois s'élevait, en 1889, à 19,100 avec un chargement de 15,800,000 tonnes ; sur ce nombre, il n'y avait que 44 navires russes avec 55,000 tonnes, soit donc un peu moins de 1.2 0/0 du chiffre total. Cette insignifiante participation de la Russie au commerce avec la Chine s'explique aisément par ceci que le commerçant russe n'est pas encore préparé à étendre ses entreprises dans les pays transocéaniens. Malgré toutes les mesures prises par le gouvernement et les efforts tentés par certains particuliers, cette situation ne se modifiera pas de sitôt (2). Il suffit, du reste, de rappeler qu'en Russie même, les intermédiaires du commerce étranger sont, depuis un temps infini, des maisons également étrangères.

Intérêts russes
en Chine.

---

(1) Pokotiloff, *Les ports chinois qui ont de l'importance pour le commerce russe.* (Édition du ministère des finances.)

(2) Comme exemple d'initiative privée sous ce rapport, on peut rappeler que la maison de thé K. et S. Popoff a fait don de 100,000 roubles en 1894 pour l'instruction commerciale en Sibérie, en exprimant le vœu qu'une école de commerce soit fondée à Irkoutsk, et que Pargatschevski a fait, en 1885, un legs de 75,000 roubles, dont les intérêts sont destinés à entretenir à Pékin deux pensionnaires, qui doivent y apprendre la langue chinoise pour opérer plus tard en Chine. En 1895, un cours spécial de langue chinoise a été créé au progymnase de Vladivostok.

Il est vrai qu'on peut s'attendre avec confiance à ce que l'établissement du chemin de fer sibérien donne une nouvelle et plus forte impulsion à l'activité commerciale russe en Chine; mais il ne faut pas se laisser aller à des illusions sous ce rapport. Les transports en transit et même les transports destinés aux territoires russes ne prendront pas un grand développement tant que les côtes russes de la mer du Japon et de la mer d'Okhotsk ne seront pas habitées et colonisées. Le transport par mer, à cause du bon marché du fret, fera concurrence au transport par chemin de fer pour les marchandises russes à destination de l'extrême Orient. Ainsi, par exemple, le transport des marchandises, d'Odessa à Han-Kow ne revient pas à plus de 40 copecks par poud.

Quant au thé, qui est le principal article de l'exportation chinoise, les choses se présenteront ainsi : le transport par mer de Han-Kow à Odessá et de là à Moscou par Nijni en chemin de fer coûte en moyenne :

De Han-Kow à Odessa : 50 copecks métal,
  c'est-à-dire . . . .   75 copecks papier
D'Odessa à Moscou. . . . .   50 —   —

En tout : 1 rouble 25 copecks papier.

Mais, pour amener les marchandises par le chemin de fer sibérien, il faudra établir un service régulier de bateaux à vapeur entre Han-Kow et Vladivostok ou tel autre port auquel aboutira la voie ferrée ; et le transport par chemin de fer se fera sur une longueur d'environ 9,000 verstes. Donc, même en adoptant un tarif extrêmement bas, le transport par terre sera encore plus cher que celui par mer (1).

Le mémoire de Nijni-Novgorod parle aussi de la possibilité de placer en Chine les cotons et les laines fabriqués en Russie et les métaux russes, mais sans indiquer aucun chiffre ni sur la quantité produite, ni sur les besoins intérieurs de la Russie même. Conduire des fers en Chine par rail, sur un parcours de 10,000 verstes environ, alors qu'en Russie le peuple manque des objets en fer les plus élémentaires, c'est là un mauvais argument, même pour l'établissement du chemin de fer sibérien, — à plus forte raison s'il devait servir à justifier une entreprise politique aventureuse quelconque. Les principaux éléments de ce mémoire avaient d'ailleurs été fournis par des intérêts étrangers à l'industrie russe.

(1) Pokotiloff, *Les ports chinois*, etc., page 149.

Quant à l'importation des cotons et des laines russes en Chine, il ne faut pas perdre de vue que l'industrie russe en est réduite à s'appuyer sur un tarif douanier élevé et, par conséquent, restreinte à son marché intérieur ; mais, au dehors, ses produits ne pourraient, fût-ce même en Chine, évincer les produits étrangers que si la Russie étendait son tarif douanier jusque sur les territoires chinois soumis à son influence. Il faut songer, en outre, qu'il existe déjà beaucoup de métiers à tisser et de filatures au Japon et que, sans doute, il s'en créera bientôt aussi en Chine.

Ce même mémoire des commerçants russes mentionne encore, outre le thé, un autre article d'exportation que la Chine fournirait au trafic du chemin de fer sibérien : la soie, qui pourrait aisément supporter un tarif de voie ferrée pour son transport à grande distance, comme dans l'Europe occidentale, mais dont une partie pourrait aussi être tissée en Russie. Il faut cependant songer que le transit de la soie ne procurera aux chemins de fer russes que de bien faibles recettes. Il est certain qu'on obtiendrait un profit bien plus considérable si les tissus de soie pouvaient être fabriqués en Russie à bas prix et y devenir ainsi un article populaire pour les besoins des habitants. Mais, pour en arriver là, il faudrait l'appui du Gouvernement et des sacrifices de sa part, pour développer l'industrie du tissage à domicile. Or, si les grandes entreprises engloutissaient des centaines de millions, non seulement il faudrait renoncer à encourager la production nationale, mais on serait contraint d'augmenter encore les charges publiques, c'est-à-dire de diminuer ainsi les ressources *pécuniaires* du peuple qui, alors, ne serait plus en état de se couvrir de soie. Mais, si les tissus en soie de Chine fabriqués en Russie devaient compter sur l'exportation à l'étranger, le profit sur le transit disparaîtrait ; car la soie ne serait plus exportée comme matière brute et à bas prix, mais bien sous forme de produits manufacturés, dont les tarifs de transport sont plus élevés.

En tout cas, le développement que l'industrie russe peut espérer de la possession de marchés chinois quelconques, pour l'exportation de ses produits, est, plus encore que pour les autres pays de l'Europe, dans une perspective bien lointaine et bien nuageuse. Pour le moment, une entreprise de ce genre n'aurait pour effet que d'engloutir des sommes si considérables que leurs intérêts annuels absorberaient tous les bénéfices qu'on pourrait s'en promettre pour l'avenir.

Il y a même des gens qui vont jusqu'à prévoir le danger que

les Japonais s'emparent de la Corée et coupent ainsi le chemin de la Chine à la Russie, qui serait, en outre, gênée dans la paisible exploitation commerciale de Port-Arthur. Alors, l'importance du grand chemin de fer sibérien, pour le transit, deviendrait tout à fait problématique.

Ce n'est toutefois qu'en examinant superficiellement les choses qu'on peut prendre ces motifs au sérieux. L'importance du chemin de fer sibérien pour le transit ne sera jamais bien grande. Ainsi que nous l'avons déjà dit, cette ligne servira, avant tout, au peuplement de la Sibérie, à son développement économique et à l'exploitation rationnelle de ses richesses naturelles. Et, en admettant même que le transit sibérien prenne une extension considérable, personne n'aura intérêt à le restreindre. Il est fort compréhensible que la Russie désire posséder des ports de mer, car elle a les moyens de les fortifier et de les bien organiser. Il en résulte qu'il est peu probable que jamais elle renonce à le faire ; pour cela elle dispose d'une armée de terre suffisante, et n'a pas besoin de flotte. Et, en admettant cette chose improbable, que la Russie puisse se voir un jour arracher ses ports de mer, personne n'aurait quand même un avantage quelconque à troubler ou à détruire le commerce de transit par la Sibérie.

Un chemin de fer est une entreprise spéciale, dont l'importance ne dépend pas des mains entre lesquelles se trouve le port de mer auquel il peut aboutir ; il suffit que ce port soit bien situé, commode et convenablement installé. Il est de l'intérêt même du port que le chemin de fer travaille avec succès afin que le trafic des marchandises pour l'importation et pour l'exportation prenne un grand développement. Les Chinois peuvent du reste, indépendamment du port terminus, faire du tort au chemin de fer sibérien, puisque celui-ci traverse la Mandchourie.

Toutefois, il ne saurait être dans les intentions de la Chine de nuire aux intérêts du transit par la Sibérie. Le principal article d'exportation de la Chine est le thé, qui pourrait être transporté en Europe par la Russie. L'exportation par Suez et Londres a diminué. L'Angleterre, cultivant le thé dans les Indes et à Ceylan, est devenue elle-même la concurrente de la Chine et fournit surtout à l'Europe, le thé de ses possessions asiatiques. Si les thés chinois étaient amenés en Europe par le chemin de fer sibérien, cela ne pourrait être qu'avantageux pour les producteurs et pour le gouvernement chinois, car le thé est grevé d'un fort droit d'exportation en Chine.

D'autre part, la Russie ne retirerait aucun avantage de la possession de la Corée. Celle-ci possède une population de douze millions d'habitants, et l'ensemble de son commerce, y compris l'importation et l'exportation, n'a qu'une valeur de 5,200,000 roubles métal. Son principal article d'importation est le calicot *shirting* le meilleur marché ; ses articles d'exportation sont les peaux de bœufs, les haricots et les poissons.

En Corée, les voies de communication sont dans le plus triste état ; le plus souvent, elles ne sont praticables qu'aux bêtes de somme. L'administration y est tout à fait autre qu'en Russie ; c'est une sorte d'organisation féodale ou, si l'on veut, décentralisée. Les chefs des différents territoires (Kam-sa) s'intitulent souvent aussi princes, parce qu'ils disposent d'un pouvoir absolu. Les impôts sont prélevés presque exclusivement en nature ; chacun paye avec ses propres produits, c'est-à-dire principalement avec ceux que fournit l'agriculture, car la Corée est surtout une nation agricole. Il n'y existe point de genre d'imposition bien déterminé ; les impôts sont fixés chaque année suivant le produit des récoltes. Dans certaines parties du pays, le produit des impôts est affecté d'avance à certains besoins spéciaux (1).

La conquête de la Corée par la Russie ne pourrait que procurer encore à celle-ci un de ces territoires très éloignés dont la défense ne fait que causer de perpétuels soucis. Plus un État possède de ces points faibles, plus sa force décroît. Ce qui rend la Russie invincible dans la défensive, c'est surtout sa constitution continentale bien compacte avec une faible étendue de côtes accessibles à l'attaque.

La Russie ne trouverait aucun avantage dans la possession de la Corée, mais, au contraire, l'inconvénient que les Coréens commenceraient, en leur qualité de nouveaux sujets russes, à se répandre en Sibérie et y attireraient les Chinois. Or, si les Américains ont dû se débarrasser des Chinois en interdisant l'immigration aux coolies, la Russie se verrait aussi forcée de prendre, suivant toutes probabilités, des mesures restrictives contre ses nouveaux sujets, ce qui ne contribuerait naturellement pas à réconcilier les Coréens avec leurs nouveaux maîtres. Et sans doute, la Russie n'a pas consacré un demi-milliard de roubles à la construction du chemin de fer transsibérien, dans l'unique but de créer aux émigrants russes en Sibérie une concurrence coréenne et chinoise. Enfin, le peuplement de la Sibérie orientale par des Coréens et des

____

(1) Pokotiloff : *La Corée et le conflit sino-japonais*, 1895.

Chinois ne peut offrir que des désagréments, même au point de vue
politique. Pour tous ces motifs, l'annexion de la Corée à la Russie
ne saurait être désirable.

C'est donc encore là, pour ce pays, un motif de moins d'accroître
sa flotte. Du reste, la création d'un tribunal international n'entraînerait certainement pas pour la Russie l'interdiction immédiate de
cet accroissement.

Le président de la Conférence pourrait conclure que, dans la
question des craintes que peut inspirer la politique coloniale, les
particularités et les détails n'ont aucune importance. En général, il
ne paraît pas probable qu'une guerre puisse éclater en Europe par
suite de l'antagonisme des puissances dans leur politique coloniale.
Cette politique tend à l'acquisition de nouveaux marchés pour le
commerce et l'industrie. Toutefois, il est difficile d'admettre qu'un
gouvernement européen puisse se résoudre à sacrifier des centaines de mille hommes et à ruiner son propre pays et celui de
son adversaire pour remplir les poches des fabricants et des
commerçants.

Le délégué militaire français, qui n'aura pas perdu de vue que
les débats de la Conférence ont commencé par la question d'Alsace-
Lorraine et qu'une guerre a été déclarée invraisemblable même
pour cette question, en reviendrait alors à l'objet principal, c'est-
à-dire à la création d'un tribunal international pour sceller la paix
sur la base du *statu quo* et du désarmement général. Admettant qu'il
soit possible qu'aucune guerre n'éclate en Europe à la suite des
conflits amenés entre les puissances par leur politique coloniale, il
fera remarquer que ceci n'exclut pas la possibilité d'une guerre déterminée en Europe par des causes plus immédiates. Du reste, c'est
en vain qu'on caresserait l'espoir qu'une institution quelconque puisse
empêcher complètement la guerre et la rendre impossible à l'avenir.

Pour démontrer qu'on ne peut pas éviter la guerre, un militaire
russe de grand talent, en même temps écrivain distingué, a exprimé
la pensée que : « La guerre ne peut pas disparaître complètement, parce que ce serait inconciliable avec la loi fondamentale de
la nature, à qui la destruction et la création sont également
chères, également indifférentes. Ne rien détruire et ne rien créer
sont une seule et même chose. Pour créer, il faut absolument
aussi détruire. La guerre — dit-il — est repoussante, inhu-
maine, cruelle, mais néanmoins inévitable. L'humanité peut prier,

Motifs
pour lesquels
la guerre
serait inévitable.

suivant l'exemple de son divin maître : « Seigneur, éloigne de moi ce calice », mais elle ne doit pas oublier non plus la fin de la prière : « Que ta volonté soit faite et non la mienne », car, quand les temps sont venus, le calice ne peut pas être éloigné... Byron n'a point dit un sophisme, mais une profonde vérité, lorsqu'il a fait cette observation : « J'exprimerais volontiers mon horreur de la guerre, si je n'étais persuadé que c'est elle seule qui sauve le monde de la décomposition et de la pourriture. »

Un autre auteur militaire a déclaré que la guerre, comme symbole de la lutte pour l'existence dans sa mesure la plus étendue, durerait aussi longtemps que l'humanité et que s'élever contre la guerre était une entreprise oiseuse et insensée.

Le représentant de la Suisse neutre s'élèvera contre cet inexorable jugement prononcé sur l'avenir de l'humanité. Il dira, par exemple, que personne encore, pas même Attila, Tamerlan et Gengis-Khan, n'ont fait la guerre pour le seul plaisir de détruire et qu'il n'y a évidemment que les fous qui détruisent pour la destruction elle-même ou sous prétexte que la destruction est nécessaire pour créer quoi que ce soit de fort et de puissant. Les guerres ont toujours eu pour objet la conquête ou la solution de différends entre les peuples.

Il est clair que la possibilité d'une guerre européenne future ne dépend pas de la croyance abstraite au pouvoir bienfaisant de la destruction, mais bien plutôt de causes parfaitement concrètes, c'està-dire de difficultés entre les États pouvant peut-être se résoudre par une guerre. Mais on peut trouver des milliers de guerres dans l'histoire, et les différends entre les peuples continuent toujours d'exister. Pourquoi veut-on admettre que précisément la guerre future puisse aplanir définitivement l'une ou l'autre des difficultés ou à plus forte raison toutes les difficultés à la fois ?

Ce qui, par contre, est indubitable, c'est que, dans les conditions actuelles, une grande guerre européenne ne pourrait avoir que des conséquences fatales pour tout le monde. Le célèbre écrivain français Jules Simon, ancien ministre, décrivait sous les couleurs suivantes les résultats de la prochaine lutte entre les peuples :

« La terre est épuisée; le genre humain a disparu. Grâce à l'habileté des chefs, à la perfection des procédés guerriers, l'incendie s'étendra sur tout ce qui constitue le fruit de longs efforts dans l'application du travail, des connaissances et des arts. Après une guerre pareille, il ne restera pas un outil, pas un métier, pas une charrue, pas un livre. Rien que des cimetières. Les guerres napoléoniennes n'auront été que des jeux d'enfants à côté de celle-ci. Le vainqueur aura quelques bataillons de plus que le vaincu ; mais cette poignée d'hommes suffira-t-elle pour repeupler ces déserts, pour relever les industries ? Quand la dépopulation en arrivera à ce point qu'il n'y aura plus de marchandises dans les ports, plus de matelots à bord des navires, plus d'élèves dans les écoles ; quand toutes les caisses seront vides et tous les courages abattus ; quand il n'y aura plus personne sur qui lever des impôts, en un mot quand il ne restera rien, alors non seulement les monarques, mais les peuples même, cesseront de songer à leurs droits. Vous savez ce qu'ont été les guerres passées, mais vous ne savez pas ce que sera la guerre de tous contre tous, quand les masses entreront en lice, puis quand ces masses disparaîtront, quand tout sera détruit. »

La guerre est un produit de l'imperfection des institutions humaines.

On dit que la guerre existera aussi longtemps que l'humanité et que s'élever contre la guerre est chose insensée. Mais en parlant ainsi, on ne justifie nullement pareille opinion, — fondée évidemment sur ceci, que les guerres, ayant toujours existé, existeront toujours. Et si absurde et monstrueux que soit ce mot : « ayant toujours existé », on en a fait la condition *sine qua non* de la vie de l'humanité, du genre humain, et on a considéré la chose comme toute naturelle, jusqu'à ce que cette espèce d'adage eût enfin disparu, en ne laissant après lui qu'un souvenir humiliant.

Il fut un temps où personne ne sortait sans arme, car, à chaque pas, on risquait d'être attaqué par des vauriens ou des bandits armés. On pourrait dire aussi que cet état d'anarchie préservait la société de « la décomposition et de la pourriture » encore mieux que la guerre elle-même, surtout la guerre avec des troupes mercenaires. Car alors tout dormait tranquillement dans la « pourriture » de la paix, à l'exception de ces mercenaires eux-mêmes. Cependant les États ont trouvé qu'il était indispensable de mettre ordre à la chose et de réprimer, sur les voies publiques et dans les rues des villes, toutes ces destructions qui seraient, vient-on nous dire, une des conditions de toute création. Et il serait difficile de contester que, depuis lors, les essais de création n'aient beaucoup mieux réussi qu'auparavant.

Il fut un temps où les tribunaux ne pouvaient se passer de ce qu'ils appelaient alors « le jugement de Dieu » pour déterminer la culpabilité ou l'innocence d'un prévenu, par le feu, l'eau et le fer rouge. Jusqu'au siècle où nous vivons, ces tribunaux se servaient de la torture comme moyen légal et indispensable pour l'enquête juridique. Les juges étaient les plus ardents adversaires de son abolition ;

ils déclaraient impossible un tribunal criminel sans torture. Jusqu'à
la fin du siècle passé, on brûlait vif en Europe, sur sentence judiciaire, les magiciens et les sorciers, parce qu'on considérait ce mode
de procéder comme une condition nécessaire de la lutte du genre
humain contre le démon. Tout cela semblait aussi ordinaire, aussi
naturel et aussi indispensable que la guerre le paraît aujourd'hui
encore à beaucoup de gens. Des spécialistes s'occupaient très
consciencieusement de perfectionner les instruments de torture, et
ils ne voyaient là qu'un devoir et un service à rendre à l'État.

Aujourd'hui cependant, nous ne nous souvenons de toutes ces
choses qu'en frémissant d'horreur ; c'est avec la plus profonde pitié
que nous pensons aux milliers d'êtres humains qui furent les victimes de préjugés absurdes et d'une aveugle cruauté. C'est avec
terreur que nous jetons nos regards sur les instruments de torture,
et nous ne pouvons pas nous figurer comment il a pu se trouver des
gens sérieux et honorés, des juges chrétiens, pour contempler, avec
tranquillité et sérénité, les tortures et le sang des martyrs, persuadés
qu'ils étaient que cela devait être ainsi.

Ces exemples sont, de tous points, analogues à l'indifférence
que l'on montre aujourd'hui pour ces meurtres en masse qu'on
nomme la guerre. Si les peuples arrivaient à se déshabituer de la
guerre comme ils se sont déshabitués de ces flots incessants de sang
répandu le long des routes, du jugement de Dieu, de l'inquisition,
des autodafés de sorciers et de la torture, ils finiraient également par
regarder les guerres du passé sous leur vrai jour, c'est-à-dire comme
une boucherie d'êtres humains, comme un produit d'institutions
imparfaites, comme le fruit des préjugés et un reste de barbarie.

Il s'agit là aussi — dit un publiciste allemand (1) — de secouer
une bonne fois cette puissance intime dont le pouvoir est fondé sur
l'habitude, et ce n'est réellement pas aisé. Ces tristes et criminels
usages qui déshonorèrent les siècles passés n'ont pas cessé subitement ; ils n'ont été relégués dans le domaine des souvenirs qu'après
des luttes longues et opiniâtres. Puissent seulement ceux qui con-
testent aujourd'hui encore la possibilité de supprimer la guerre se
rappeler qu'il fut un temps où l'on se battait de province à province,
de ville à ville. Ne semble-t-il pas fabuleux, de nos jours, que la
Westphalie ait pu faire la guerre à la province rhénane, la Bretagne
à la Normandie?

Telle chose qui fut autrefois tenue pour une fantaisie irréalisable,

______

(1) E. Jacobi, *Le massacre des peuples* (Der Völkermord).

finit cependant un jour par se réaliser, sinon dans toute son étendue, du moins partiellement. Ainsi, lorsque le lord-chancelier Thomas Morus émit, dans son ouvrage *Utopie*, l'idée d'une organisation d'État fondée sur des principes de liberté et d'humanité, cette idée fut considérée par tout le monde comme un rêve, même à l'époque de la Renaissance. Sur son île idéale Utopie, il n'y avait plus ni guerre, ni asservissement, ni misère ; le peuple nommait son régent à vie, qui avait à ses côtés un conseil élu ; et dans les cas les plus importants, cette autorité s'adressait à la votation populaire générale. Cela paraissait tout à fait impossible, car ces idées s'écartaient beaucoup trop de la réalité de l'époque ; c'est qu'on était alors en Angleterre sous le règne de Henri VIII, qui envoyait ses femmes à l'échafaud. En 1535, Thomas Morus partagea le même sort ; il fut condamné à mort pour avoir refusé de sanctionner, par sa signature, le décret sur le nouvel ordre d'hérédité au trône. Néanmoins, quelque chose des idées de Morus s'est déjà réalisé de notre temps. Le suffrage universel existe en France et en Allemagne. En Suisse, les modifications législatives les plus importantes sont soumises au vote de tous les citoyens du canton.

En conséquence, ceux qui estiment qu'il est oiseux et insensé de faire la guerre à la guerre ont oublié les enseignements de l'histoire.

Pour revenir à la thèse exposée plus haut, d'après laquelle il est impossible de créer sans détruire, il faut reconnaître qu'elle est présentée sous une forme beaucoup trop vague et que, sous cette forme, elle ne peut pas être admise comme une preuve de la nécessité absolue de la guerre.

Si l'on entend, par destruction, le remplacement d'une forme par une autre forme plus parfaite, c'est là, certes, une théorie incontestable. Il en est de même lorsqu'on dit qu'aucune forme, qu'aucun être n'est éternel, que chacun d'eux aura une fin, c'est-à-dire sera détruit : on ne fait ainsi que constater une loi de la nature. Seulement, il est étrange de s'appuyer sur les lois naturelles pour en détruire les effets. Dans la nature, toute forme est remplacée par une autre ; tout être arrive à sa fin sans qu'aucune force ou volonté humaine quelconque se soit mêlée de cette œuvre de la nature. Mais il n'est pas possible de justifier le meurtre en disant que la victime était mortelle, c'est-à-dire destinée à la destruction. On ne saurait contester l'utilité de combattre les épidémies, en faisant valoir que ces épidémies, comme la guerre, représentent la destruction indispensable pour arriver à une création nouvelle. En outre, il n'est pas toujours indispensable de détruire pour créer. On ne peut pas dire que, sans les incendies et les tremblements de terre, les hommes ne pourraient pas bâtir de maisons.

Enfin, la destruction peut prendre une extension telle, qu'elle dépasse de beaucoup les besoins de la création. Si l'on veut ajouter un deuxième et un troisième étage à une maison, il faudra certainement commencer par en enlever le toit primitif, mais il n'est pas absolument nécessaire de détruire d'abord toute la maison. La guerre représente précisément cette forme de la destruction qui dépasse de beaucoup les besoins de la création. Admettons que 100,000 hommes soient tombés dans une guerre pour reculer une frontière de 100 kilomètres. Outre que ce n'est là qu'une création de nature assez douteuse, il est facile de prévoir que la guerre se renouvellera et que 100,000 hommes tomberont encore pour ramener la frontière à sa première place. Dès lors, où y aura-t-il eu création? Et pourtant il est indubitable qu'il y aura eu destruction, puisque 200,000 hommes auront perdu la vie, sans parler de tous les autres genres de destructions accomplies.

Le sculpteur qui taille une statue de marbre détruit la forme primitive de son bloc de pierre et en tire une œuvre artistique. Mais on peut ensuite briser la statue à coups de marteau ; ce sera là aussi de la destruction, mais pas une destruction indispensable pour arriver à une création.

Il est vrai que les champs de bataille inondés de sang, les vrais témoignages du triomphe de la force sur les droits de la vie, se couvriront d'herbe verte ; que les villes détruites par les obus seront rebâties et fleuriront de nouveau sur leurs ruines et sur leurs cendres. Mais cela était-il réellement nécessaire, même d'une façon générale, pour la continuation de la vie ? — Sans parler de ce qui a été détruit sans retour et ne pourra plus jamais être rétabli !

Ce qui offre une grande analogie avec la plaie de la guerre, prétendue indispensable pour créer de nouvelles combinaisons politiques, c'est cette autre plaie des guerres intestines, des bouleversements révolutionnaires violents qui visent à la création de nouvelles formes politiques ou d'une nouvelle organisation sociale. Et cet exemple fait très bien apprécier la différence qui existe entre la préparation naturelle et lente de formes nouvelles, c'est-à-dire entre une création régulière qui a pour but de remplacer les anciennes formes, et la destruction violente et arbitraire, accompagnée des misères de beaucoup de gens, et suivie généralement d'une réaction violente aussi. Telle est la nature des révolutions ;

tel est aussi le résultat de la guerre. Soutenir qu'une création politique est impossible sans une destruction violente accomplie sous la forme d'une guerre européenne colossale, reviendrait à prétendre qu'une amélioration de l'organisation politique et sociale actuelle est irréalisable sans un bouleversement violent de cette organisation.

C'est encore en vain que, pour justifier la guerre, on en appelle à la loi de l'inévitable et qu'à cette occasion on se réfère aux paroles divines qui ont trait au calice d'amertume et à la soumission à la volonté du Père Céleste. C'est en vain, parce qu'on aurait dû d'abord démontrer que les guerres sont absolument inévitables. Autrement, nous avons affaire à cette faute de logique, qui consiste à donner précisément comme preuve ce qui devrait être démontré. Il y a certainement des misères et des souffrances inévitables auxquelles la religion nous enseigne de nous soumettre : la mort, le sacrifice de sa propre personne pour accomplir un devoir, les maladies. Cependant, la religion permet même de prier pour que ces douleurs soient détournées de vous, si c'est la volonté de Dieu, ainsi que le dit elle-même la prière relative au calice d'amertume. Mais la guerre n'est pas du tout une loi aussi inexorable et aussi immuable, ni un phénomène aussi naturel que la mort, la foudre, la chute d'un météore. Du reste, l'Évangile renferme des passages qui s'appliquent beaucoup mieux à la guerre que ceux qui ont dû servir si légèrement de justification à ce fléau. On y trouve des paroles qui flétrissent ceux qui tirent l'épée du fourreau, et qui disent que « celui qui tire l'épée périra par l'épée ». Le sens profond de cet enseignement se trouve aussi confirmé par l'histoire universelle, qui ne nous parle pas seulement de conquêtes, mais encore de la chute de tous les États fondés par des conquérants.

On prête à Byron cette phrase : qu'il serait prêt à exprimer son horreur pour la guerre s'il n'était persuadé que la guerre seule peut préserver le monde de la moisissure et de la pourriture. Nous ne nous souvenons pas où peut bien se trouver cette citation du poète anglais ; mais il est inutile de se donner la peine de la chercher, car Byron ne peut en aucun cas être classé au nombre des défenseurs de la guerre (1). Il est facile, au contraire, de citer des paroles de cet homme illustre, dirigées précisément contre le culte de la guerre, ainsi par exemple : « Il y a plus d'honneur à sécher une larme qu'à faire couler des flots de sang », ou bien : « O mort ! les épidémies, la faim et les médecins t'apportent sans cesse leur butin..., mais tout

---

(1) *Die Waffen nieder* (Bas les armes !). « L'avocat du diable *(Advocatus diaboli).* »

cela s'efface devant le vrai tableau d'un champ de bataille. (Don Juan.)»

Il ne faut pas perdre de vue que le caractère de la guerre s'est modifié sous bien des rapports, de telle sorte que l'image qu'on se fait des anciennes guerres, comme d'une école pour le développement des vertus chevaleresques, n'est plus tout à fait en harmonie avec ce qui existe aujourd'hui. La vie de tous les jours était une véritable école de courage au moyen âge, alors que chacun était en danger à tout instant et devait naturellement se familiariser avec cet état de choses. Les guerres pouvaient aussi être une école d'intrépidité tant que le maniement de l'épée, c'est-à-dire la bravoure personnelle du soldat, joua le principal rôle dans les combats. Mais du jour où les armes à feu furent inventées, les choses commencèrent à changer. Peut-on attribuer uniquement à la bravoure et à l'habileté des chefs, ainsi qu'au courage des soldats, les victoires remportées par Cortès et par Pizarre sur les masses considérablement plus nombreuses des indigènes de l'Amérique?

Pourtant, non seulement à cette époque mais bien plus tard encore, lors des guerres de Napoléon, les armes à feu étaient fort imparfaites relativement à celles d'aujourd'hui. Les combats laissaient une grande marge à la manifestation des vertus chevaleresques. De brillantes mêlées, des surprises téméraires, la prise d'assaut de hautes murailles avec des échelles, des attaques à la baïonnette, par lesquelles les vainqueurs pénétraient dans les places fortes en même temps que l'ennemi repoussé : il y avait là des actes de bravoure et d'énergie personnelle.

Mais tout cela ne ressemble plus guère au caractère de la guerre d'aujourd'hui, par suite de l'énorme développement qu'a pris la technique. Dans les batailles de l'avenir, tout dépendra de la puissance des engins mécaniques et de la fermeté morale des grandes masses de troupes. Les adversaires s'anéantiront de loin sans même se voir; le soldat n'aura plus l'occasion de se distinguer personnellement. L'endurance et la persévérance de ces masses seront aussi de l'héroïsme, mais un héroïsme anonyme. Alors plus que jamais l'expression de « chair à canon » sera vérité pure.

Il ne sera plus possible de voir une grande mêlée, que si l'un des partis a une supériorité numérique écrasante sur l'autre, comme c'était le cas dans la campagne des Anglais contre les Zoulous où le fils de Napoléon III perdit la vie.

Il en fut de même pour les Italiens près d'Adoua. Leurs troupes s'avançaient sur le plateau de Tigré dans une vallée profonde entourée de rochers élevés. Du haut de ces rochers, des masses

innombrables d'Éthiopiens se jetèrent sur eux, semblables à la marée
qui se précipite tout à coup sur le rivage; ces flots de nègres
submergèrent le corps italien, dont 8,000 hommes — indigènes ou
italiens — restèrent sur le champ de bataille, et environ 2,000 furent
faits prisonniers; seule, une faible partie de ce corps, qui n'était
pas encore entrée en ligne, put, avec le général Baratieri, se retirer
sur une position fortifiée et rester intacte.

La bravoure et l'abnégation sont plus utilement pratiquées dans le domaine de l'activité pacifique.

N'y a-t-il donc que la guerre pour faire naître la bravoure et la
mettre en lumière? Les actes héroïques de tant de hardis naviga-
teurs qui ont essayé d'arriver au pôle nord, comme Nansen et ses
compagnons, ou bien Francklin et Andrée, sont-ils inférieurs au
courage militaire comme abnégation de soi-même en vue d'atteindre
un noble but? Les médecins et les sœurs de charité qui ont affaire
journellement dans les hôpitaux à des maladies contagieuses et qui
succombent au typhus, à la diphtérie, au choléra, à la peste, les
pompiers qui pénètrent dans les maisons en feu pour en sauver les
habitants, fournissent des exemples moins brillants peut–être de
courage et d'abnégation, mais aussi manifestes et plus utiles. C'est
là une guerre humanitaire et bienfaisante, à laquelle les gouvernements n'ont cependant accordé jusqu'à présent que les miettes de
leurs budgets, comparativement aux milliards çonsacrés aux préparatifs de la guerre par le feu et le fer, guerre qui heureusement
deviendra de moins en moins probable avec le temps.

Le célèbre philosophe Bacon a dit : « A mon avis, la plus belle
œuvre qui puisse être accomplie par la main de l'homme est d'enrichir l'humanité de grandes inventions; c'est aussi ce que pensaient
les anciens, qui accordaient des honneurs divins aux inventeurs (1) ».
Mais Bacon n'avait en vue que les inventions qui enrichissent réellement l'humanité, augmentent sa puissance d'action sur la nature et
servent à améliorer son existence, non les inventions qui la ruinent
et sont destinées à la destruction des hommes.

Les résultats bienfaisants attribués à la guerre sont purement fictifs.

On dit que toutes les guerres n'ont pas été stériles et que plusieurs ont eu de salutaires résultats, telles que celles qui ont créé
l'unité nationale de la France, de l'Italie, de l'Allemagne. Mais le
célèbre criminaliste Tarde fait observer à ce sujet qu'une guerre
a simplement rétabli ce qu'avaient détruit d'autres guerres, et pas
même encore d'une manière complète, pas dans les limites de
l'unité naturelle de croyance, de langue et de mœurs, c'est-à-dire de

(1) Bacon, *Novum organum*.

la civilisation, et, qu'en tout cas, ce n'est pas à la guerre que l'Europe doit la sienne (1).

Ce sont là autant de vérités très simples et faciles à comprendre; aussi, plus tard, paraîtra-t-il étrange qu'on ait jamais été obligé de les démontrer. Mais la force des préjugés et de la routine est si grande, qu'elle obscurcit même ce qui est clair comme le jour. Ce n'est pas non plus en vain que Gibbon, le célèbre historien de Rome (2), a dit : « Tant que les hommes estimeront davantage ceux qui les exterminent que ceux qui leur font du bien, la guerre sera considérée comme le véritable chemin de la gloire ». Léon Tolstoï a dit que « la guerre fait aujourd'hui l'effet d'un échafaudage, qui, après avoir été nécessaire à la construction d'un bâtiment, serait laissé debout bien qu'entravant maintenant l'usage du bâtiment même, par ce seul motif qu'il semble à quelques-uns indispensable de le conserver... Il faut absolument que l'homme passe d'une ancienne opinion qui n'a plus de raison d'être à de nouvelles idées; cette transition est aussi inévitable que la chute des dernières feuilles sèches au printemps et l'épanouissement des feuilles nouvelles qui sortent des bourgeons. »

C'est un préjugé que de croire la guerre inévitable.

Les partisans de la guerre ne démontrent pas bien nettement comment elle préserve les peuples de la moisissure et de la pourriture. Nous voyons en effet des peuples qui, sauf quelques discordes civiles, n'ont pas eu de guerres depuis longtemps et s'épargnent autant que possible les grandes dépenses pour leurs armées; ainsi la Suisse, les États-Unis, la Belgique, la Suède et la Norwège. Pourtant, on ne voit pas que ces États soient atteints en quoi que ce soit de moisissure et de pourriture. On ne peut pas dire non plus que, dans leur développement, ils soient restés en arrière des pays qui, comme la Prusse, ont depuis longtemps réservé la première place au militarisme. On peut ajouter que la société anglaise est aussi franche d'esprit militariste que celle de l'Amérique du Nord; cependant, chacun avouera que les Anglais et les Américains ne le cèdent en rien aux autres peuples en fait de hardiesse et d'énergie.

L'Angleterre, l'Amérique, la Suisse, même sans la guerre, ne sont ni moisies ni pourries.

Au cours des deux derniers siècles, la France a eu beaucoup de guerres; néanmoins, le nombre des délits, surtout des délits de nature militaire, augmente constamment dans l'armée française, tels ceux de désertion, d'offenses envers des supérieurs, d'insubordina-

---

(1) Gabriel Tarde, *L'opposition universelle.*

(2) Gibbon, *Décadence et chute de l'empire romain* (Decline and fall of the Roman empire).

tion. Sous le second Empire, on comptait en moyenne, par an, un de ces délits par 222 hommes de l'armée active ; sous la troisième République (en 1886), c'était déjà 1 par 180 hommes. La cause en est évidente ; on se soumet de moins en moins volontiers au service militaire. Dans un livre paru récemment et couronné par l'Académie, le Dr Goguel indique le nombre des personnes qui cherchent à se soustraire au service militaire ou à éviter des expéditions militaires quelconques, soit en simulant la maladie, soit en se mutilant. En 37 ans, on a constaté en France 1,070 de ces cas, dont 394 simulations de maladie et 676 mutilations. Les mutilations de l'index de la main droite tiennent le premier rang (459 cas). On sait aussi que, dans l'armée allemande, le nombre des suicides croît extraordinairement.

D'ailleurs, même en admettant que le service militaire développe quelques bonnes qualités, on ne peut nier qu'il n'en affaiblisse ou annihile beaucoup d'autres. Souvent, les jeunes gens, après avoir achevé leur temps de service, ont oublié leur métier civil ou s'en sont déshabitués ; ils deviennent paresseux et peu aptes à chercher une occupation ; accoutumés à trouver tout prêt ce qui est nécessaire à la vie, ils voudraient qu'il en fût de même quand ils sont rendus à la liberté.

En 1841, c'est-à-dire vingt-neuf ans avant la guerre franco-allemande, Moltke écrivait : « Nous nous déclarons ouvertement partisan de l'idée d'une paix européenne éternelle. » Devenu feld-maréchal, Moltke défendit la guerre, ce qui ne l'a toutefois pas empêché de dire au Reichstag « qu'avec le temps les peuples ne seraient plus en état de supporter les dépenses militaires ».

Possibilité de la réduction des armées.

Du reste, à part les socialistes, personne ne réclame la suppression complète des armées. Il suffirait, par exemple, de revenir au chiffre modeste des années 1859 ou 1866. Alors, l'Europe se contentait d'un effectif sous les armes bien plus faible qu'aujourd'hui. Cet effectif suffisait amplement pour maintenir l'ordre et pour ouvrir aussi une belle carrière militaire aux amateurs.

Le général Hasenkampf au sujet des dépenses militaires.

Dans la préface de son ouvrage (1), le général Hasenkampf reconnaît que « les dépenses militaires constituent un phénomène anormal et que partout elles sont démesurées ». Ensuite, il continue en disant : « Il est clair que ces dépenses sont rendues nécessaires par la défiance des États les uns envers les autres ; mais les peuples n'y gagnent rien ; plus les dépenses militaires sont fortes, plus la

____

(1) *Militärische Æconomie* (Administration militaire).

population paisible a de peine à vivre, plus lent aussi est le développement de la vie économique, et plus il devient difficile, tant aux particuliers qu'à l'État, de « joindre les deux bouts ». La misère du peuple tarit les sources où l'État puise ses recettes; la nécessité des emprunts devient toujours plus fréquente et les conditions en deviennent plus écrasantes. Sur ce demi-pied de guerre, la vie dans un pays est tendue à l'extrême et peut devenir tout à fait impossible. Un État ne peut pas, sans en souffrir cruellement, faire impunément, en temps de paix, des dépenses militaires qui dépassent ses moyens et épuisent les ressources du peuple. »

Plus loin encore : « Les dépenses faites pour l'armée sont improductives au point de vue purement économique ; elles ne peuvent se justifier que par une guerre heureuse ; mais toute guerre, qu'elle soit même heureuse et glorieuse, entraînera toujours une épouvantable misère pour le peuple. »

Comme conclusion des débats, le Président pourrait faire le résumé suivant.

L'étude des principales questions litigieuses a démontré qu'aucune n'est de nature à faire obstacle, en principe, à la création d'un tribunal international pour régler à l'amiable les différends entre nations.

Il reste maintenant à savoir si, en supposant ce tribunal institué, ses jugements pourront être exécutés quand ils auront été rendus par contumace, c'est-à-dire en l'absence des parties, ou bien lorsque l'une des parties refusera de se soumettre à l'arrêt du tribunal.

Si l'étude de cette question nous conduisait à une conclusion favorable, il resterait encore à examiner l'un des côtés secondaires du problème, c'est-à-dire à déterminer le mode d'institution du tribunal, sa composition, et la procédure qui lui permettrait de remplir sa tâche le mieux possible.

Pour arriver à une entente au sujet de ce tribunal arbitral, il faut que toutes les parties contractantes aient la ferme conviction qu'il ne sera possible à personne de s'y soustraire ou d'éluder ses arrêts, de même qu'un particulier ne peut pas se soustraire aux tribunaux civils de son pays. Il va de soi qu'un arrêt judiciaire est illusoire lorsqu'il ne s'appuie pas sur une force suffisante pour en imposer l'exécution. Occupons-nous donc maintenant de l'examen de cette question.

La crainte de voir les États puissants refuser de soumettre leurs litiges au tribunal international ou ne pas respecter ses arrêts, pour recourir quand même aux armes, semblait fondée autrefois, quand l'institution de ce tribunal ne constituait pas encore un besoin réel, quand les nations se décidaient aisément à entamer la guerre et quand celle-ci n'était ordinairement qu'un simple duel entre les deux États en désaccord. Mais aujourd'hui, la situation s'est notablement modifiée sous bien des rapports, et l'on ne peut plus dire qu'il n'existe point de force capable de contraindre un État puissant à se soumettre à l'arrêt d'un tribunal arbitral contraire à ses prétentions. Cette force existe certainement, au moins jusqu'à un certain point ; elle provient de ce que, dans les conditions actuelles, il est beaucoup plus difficile qu'autrefois de se laisser entraîner à entreprendre une guerre.

Voilà déjà si longtemps qu'on parle en vain d'un tribunal arbitral international, que l'idée seule de cette institution semble aujourd'hui un rêve irréalisable. Cependant il est survenu de profondes modifications dans les conditions économiques de la vie, dans l'organisation militaire et dans la technique de la guerre elle-même. Renan a dit que, « s'il n'éclate pas de guerre d'ici quatre ou cinq ans, l'Europe sera devenue plus sage et sera prête à désarmer ». Cette idée était bien un rêve. Mais la situation se présente aujourd'hui sous un nouveau jour, c'est-à-dire que les moyens de faire la guerre sont arrivés à un degré de perfection tel que, d'après l'opinion du général Häseler, homme compétent en la matière s'il en fut, « dans les batailles futures, il ne restera plus personne pour enterrer les morts, si les engins meurtriers continuent à se perfectionner avec la même rapidité que jusqu'ici ».

Le spectre d'une grande guerre européenne est suspendu depuis longtemps sur nos têtes comme une comète sinistre ou comme ces apparitions de combattants parmi les nuages qui, dans les temps passés, passaient pour les précurseurs d'une guerre sanglante. Il y a eu des moments, à notre époque, où les hommes cherchaient, semblait-il, à saisir avec les mains ce spectre menaçant, où la guerre paraissait tout proche. Et pourtant ce fantôme s'est éloigné. Personne n'a voulu commencer ni assumer l'épouvantable responsabilité de donner le signal de cette horrible boucherie. Il n'en est pas moins vrai qu'on continue à vivre dans la conviction que la guerre viendra, comme si elle était un phénomène naturel, qui ne peut manquer d'arriver.

C'est dans cette pensée qu'on apporte à la machine militaire un perfectionnement après l'autre ; aucun État ne veut à aucun prix rester en arrière; les dépenses de préparation à la guerre prennent ainsi des proportions colossales, et entraînent l'Europe à une ruine inévitable. A chaque nouvelle invention, les gens du métier font valoir des raisons qu'il est impossible de ne pas trouver convaincantes du moment où on croit que la guerre doit survenir fatalement comme une éclipse de soleil annoncée par les astronomes.

Les militaires soutiennent que ce serait folie de lésiner sur les dépenses à faire pour l'adoption de chaque perfectionnement nouveau ; parce que, sans ces nouvelles dépenses, le vieux matériel, qui a déjà coûté des sommes énormes et absorbe chaque année des frais d'entretien considérables, deviendrait suranné et hors de service. On est donc obligé de faire les nouvelles dépenses pour ne pas perdre le fruit des anciennes.

Cette étrange manière de calculer peut réellement sembler rationnelle si l'on croit la guerre inévitable dans un avenir rapproché. Mais c'est la misère qu'apportent ces nouvelles dépenses, qui sont censées conserver leur utilité aux dépenses déjà faites, et qui retombent, comme elles, sur la masse des contribuables. Et dans cette masse on dit tout haut et avec bien plus de logique, que plus les anciennes dépenses ont été grandes, plus les nouvelles seront écrasantes, et qu'il est plus facile aux techniciens de découvrir de nouveaux produits chimiques et engins mécaniques, qu'aux contribuables de créer de nouvelles sources de revenus; qu'enfin, les sommes colossales gaspillées inutilement ou pour des œuvres funestes, ont été enlevées à des travaux productifs et perdues pour les besoins du peuple, qui, depuis longtemps, attendent satisfaction.

Ce courant d'idées est, aujourd'hui, très répandu dans les masses en Allemagne, en France et en Italie. Les socialistes s'efforcent de lui donner encore plus d'extension et d'en tirer profit pour arriver à leurs fins. Mais on ne peut pas dire qu'il soit exclusivement le fruit de la propagande socialiste. Les progrès qu'a faits l'instruction et l'éducation du peuple au cours du siècle actuel, sont arrivés à secouer la torpeur morale des masses dans l'Europe occidentale et à les arracher aux mains des politiciens, qui s'en servaient comme d'un instrument aveugle. D'autre part, il est incontestable que, depuis la suppression du dernier vestige de la féodalité, l'État a bien trop peu fait pour les masses populaires. Tous ses soins ont été absorbés par la politique, par les guerres, par la protection de la grande industrie, par la sécurité des intérêts commerciaux et par l'amélioration des voies de communication. Tout ce qu'on a fait jusqu'ici de sérieux pour la classe ouvrière, c'est uniquement de montrer de la sollicitude pour les écoles populaires ; car il ne faut pas attribuer trop d'importance à la création d'inspecteurs des manufactures, ni aux caisses d'assurances pour leurs ouvriers. Et ce sont justement les écoles populaires qui, tout en devant beaucoup à l'État, ont fait connaître aux masses les rouages et le jeu du mécanisme de cet État et leur ont permis de juger si les ressources du budget qui, dans l'Europe occidentale, proviennent surtout de ces mêmes masses, étaient consacrées à un emploi productif.

En poursuivant leurs plans, les socialistes excitent bien en effet la population ouvrière contre le militarisme ; mais, pourtant, les masses manifestent plus clairement encore leur antipathie pour les armements toujours croissants que leur penchant pour le socialisme. Bien qu'en Allemagne le nombre des voix données aux candidats de la démocratie sociale croisse à chaque élection, ces voix ne constituent encore qu'une minorité relativement faible sur l'ensemble des électeurs. Pourtant, aux dernières élections pour le Reichstag, faites à la suite du projet de réforme-militaire soumis à l'ancien Reichstag et rejeté par lui, ce sont les candidats opposés à ce projet qui ont obtenu la majorité des voix. Et si, néanmoins, la loi a été adoptée, ce n'a été que grâce aux défectuosités du système électoral, c'est-à-dire à l'inégale répartition du nombre des députés entre les districts électoraux, qui fait que la majorité du Reichstag ne correspond pas à la majorité de la population.

Les succès mêmes de la propagande d'idées fantastiques et de revendications outrées seraient, selon toute apparence, moins importants, si l'on donnait satisfaction, en temps voulu, à certains désirs tout à fait naturels et parfaitement réalisables de la classe ouvrière. Aujourd'hui, c'est à peine si l'on pourrait trouver un seul homme d'État sérieux qui n'avouerait que l'État a peu fait jusqu'ici pour les masses, qu'une partie des revendications ouvrières sont parfaitement justes, et qu'en tout cas il faut faire quelque chose pour améliorer les conditions d'existence du peuple. Incontestablement, la « question sociale » est capable de faire surgir une des crises les plus sérieuses qui se soient jamais produites dans le monde civilisé. Mais l'on ne peut guère douter de la possibilité de conjurer cette crise et de conserver l'ordre public et social actuellement existant, par des concessions opportunes et des entreprises productives. Toute la question est de savoir où trouver les capitaux considérables nécessaires pour cela.

A cette question, il n'y a qu'une seule réponse à faire : cesser le système d'armements qui ruine les nations. Alors, on aura enlevé aux socialistes et aux anarchistes leur principal moyen d'action sur l'esprit des masses, et, en même temps, on disposera d'énormes ressources pour réaliser des améliorations dans une large mesure. C'est à cette condition seulement que l'État pourra réellement faire beaucoup pour le bien public, créer un crédit à bon marché pour le peuple, construire des habitations ouvrières à loyer raisonnable, améliorer les logements actuels, conserver la santé publique et développer la force productive de la nation.

Il est bien vrai qu'on ne peut pas démontrer, avec une précision mathématique, la possibilité, pour l'État, de donner entière satisfaction à tout ce qu'il paraît y avoir de raisonnable et de réalisable dans les revendications populaires — ce qui permettrait d'extirper jusqu'au germe les théories absurdes de ces socialistes qui veulent détruire pour créer. Mais les questions politiques ne comportent pas de preuves tangibles comme celles qui sont du domaine des sciences exactes. Ce qui, dans les questions politiques, est juste, possible et nécessaire, n'apparaît qu'aux regards étendus et pénétrants, ne se devine que par le tact. Et dès maintenant on ne trouverait guère de penseurs osant prétendre que tout ce qui vient d'être dit n'a aucun fondement positif et rentre dans le domaine des rêves.

En tout cas, il est difficile d'imaginer qu'on puisse réaliser de sérieuses améliorations intérieures quelconques sans la renonciation des États à leur concurrence en matière d'armements, qui menace d'engloutir toutes les ressources financières, et sans l'institution d'un système de relations internationales basées sur la garantie de la paix.

On peut objecter que, même si une pareille entente venait à se faire, elle serait violée un jour ou l'autre et que, même après un désarmement réellement effectué, il pourrait, sous l'influence de certains événements, se manifester une tendance à des armements nouveaux. Mais pareille chose n'est guère admissible. Une fois les peuples déchargés de leur fardeau, il ne sera pas facile de les contraindre de nouveau au travail de Sisyphe constitué par ces armements sans cesse renouvelés. Il faudrait encore majorer les impôts, augmenter l'effectif des armées, quand les peuples auraient perdu l'habitude du joug, et ne sentiraient nullement le besoin de le reprendre. Aujourd'hui, nul ne peut plus admettre que l'État et le peuple soient des entités séparées, et que l'État ait des intérêts spéciaux indépendants de ceux du peuple.

Dans l'armée elle-même, le système du militarisme ne saurait être populaire. La solde des militaires est si faible, qu'elle ne peut

pas être considérée comme un salaire rémunérateur. Font seuls
exception les pays qui n'entretiennent pas de grandes armées,
comme la Grande-Bretagne et les États-Unis. A la vérité, les hommes
de troupe ne servent actuellement que peu de temps ; mais ces
quatre, trois, ou même deux années, qu'ils passent au service actif,
leur apparaissent comme une privation de salaire et un retard
d'autant, du moment où ils auront pu organiser leur existence.

Par contre, les officiers ne cherchent pas à se débarrasser d'une
courte corvée ; ils choisissent la carrière militaire comme une profession. Mais leur situation peut-elle être considérée comme satisfaisante ? La valeur de l'argent diminue d'une manière constante,
tandis que les traitements et pensions restent les mêmes qu'auparavant, c'est-à-dire bien au-dessous de la rémunération fournie par
l'industrie, le commerce et les professions dites libérales. Autrefois,
les officiers avaient, du moins, beaucoup de loisirs. L'instruction du
maniement d'armes et des formations tactiques était simple et deman-
dait peu de temps, car le nombre des recrues incorporées n'était
pas considérable.

Le tir n'était presque pas enseigné, la lecture et l'écriture encore
moins. La grande affaire de l'infanterie, c'était l'alignement ; pour la
cavalerie, c'était encore l'alignement, plus la tenue en selle et la
longueur des étriers. Les principaux moyens pédagogiques employés
pour obtenir ces résultats, c'étaient la canne du sous-officier et la
cravache de manège. Cette instruction était si simple que, pour les
escouades, elle était confiée principalement aux sous-officiers, et
pour la compagnie, au sergent-major. Le commandant de compagnie
ou d'escadron la constatait à l'occasion, dans la cour de la caserne
ou au manège ; les officiers subalternes pouvaient ne se préoccuper
que de l'alignement ou de la tenue à cheval de leurs pelotons.

Travail pénible et peu rémunéré imposé aux officiers.

Tout a complètement changé, par suite de la transformation de
l'organisation des armées et des conditions de la guerre. Le travail
des officiers, comme instructeurs de la troupe, est devenu difficile.
Apprendre aux hommes à tirer convenablement est une toute autre
affaire que de les dresser à marcher au pas ; il est plus compliqué de
leur enseigner la lecture et l'écriture que même le fameux « pas
du défilé ». Outre les formations en ordre serré, on doit aussi leur
apprendre celles en ordre dispersé et la façon d'utiliser les abris du
terrain, car tout cela se constate aux manœuvres. Et ce labeur est
sans trêve, puisque tous les ans, dans chaque corps de troupe, un
fort contingent de recrues vient prendre la place des hommes
libérés. Et le travail doit recommencer avec les nouveaux soldats.

On doit avouer que c'est là une tâche pénible et ingrate. Et l'avancement dans le service des troupes est si lent, que beaucoup d'officiers, avant d'avoir atteint le grade supérieur, arrivent à la limite d'âge qui empêche leur promotion. La situation des militaires, si considérée dans l'Europe occidentale, a déjà perdu de son attrait. On sait que, sauf en Russie, en Allemagne et en Autriche, il n'est même plus d'usage, dans les autres pays, de porter l'uniforme en dehors du service.

Il est vrai que l'officier ne sert pas seulement en vue d'un gain matériel ou par vanité de l'uniforme ; il espère pouvoir rendre à son pays un service dangereux et glorieux et se distinguer dans les combats. Mais le danger en perspective est plus grand qu'autrefois, tandis qu'ont diminué les chances de pouvoir être utile et de se distinguer par l'initiative individuelle. Dans les opérations par grandes masses, l'action des officiers subalternes devient imperceptible. Au milieu de ces masses, l'individu doit reconnaître son impuissance, et bien qu'on exige de lui autant et plus de courage qu'autrefois, celui-ci ressortira bien moins et demandera plus de ténacité que d'audace brillante. Dans le combat, on remarquera l'effet terrible des engins mécaniques, le dévouement et l'esprit de sacrifice des masses, mais non la bravoure de l'individu.

Les conditions de la guerre future n'ont rien d'attrayant pour les officiers.

C'est pourquoi la guerre constitue maintenant, pour l'officier, une perspective moins attrayante qu'au temps des fréquentes attaques à la baïonnette et des charges audacieuses. Et pourtant la situation de l'officier en temps de paix ne s'est presque pas améliorée ; car la nécessité d'énormes dépenses pour l'armement et l'augmentation constante de l'effectif des armées ne permettent pas aux gouvernements de rendre meilleure la position de ceux qui doivent se servir de ces armes qu'on perfectionne continuellement, c'est-à-dire des officiers et des soldats. Une amélioration quelque peu sérieuse dans ce sens ne serait possible qu'avec la diminution des armements, à laquelle, par conséquent, les militaires eux-mêmes se trouvent intéressés.

Aussi longtemps que, seuls, des économistes et des sociologues ont parlé de la nécessité du désarmement et de la possibilité de résoudre pacifiquement les différends, cette idée a été considérée par beaucoup de gens, et en particulier par les militaires, comme une utopie :

Mais un fait qui a une toute autre importance, c'est qu'à l'époque actuelle on entend exprimer, par les souverains eux-mêmes, l'espoir que la paix soit définitivement établie. Ainsi l'empereur

François-Joseph a récemment déclaré, dans un discours à la délégation hongroise, que, pour le moment, il est vrai, toutes les chances de conflit ne sont pas écartées et que les armements continuent, mais qu'en présence du besoin de paix que tout le monde ressent, l'espoir d'atteindre définitivement ce but n'est pas interdit. Il est actuellement devenu plus difficile qu'autrefois de ne pas se soumettre à la décision d'un tribunal international, — juste autant qu'il l'est devenu de se résoudre à la guerre. C'est ce qui permet d'espérer qu'avec le temps, l'habitude de trancher les différends entre les peuples par le sort des armes disparaîtra tout aussi bien qu'elle a disparu dans les rapports entre les citoyens d'un même État.

La guerre pouvait facilement éclater à l'époque où il n'existait pas encore de vie parlementaire pour représenter clairement l'opinion publique, où une guerre ne mettait en jeu que des armées de profession et où, malgré la lutte à la frontière, la vie suivait son cours habituel à l'intérieur du pays.

Maintenant la situation est bien différente. Chacun est touché par la guerre, pour soi ou pour ses proches. L'antipathie du peuple pour la guerre s'est accrue par la crainte de crises financières et industrielles, ainsi que de celle de la perte des salaires et de la baisse des fonds publics qui représentent les économies de millions d'individus. La force de chacun de ceux-ci est petite, mais la force collective de leurs intérêts est immense. Et il est hors de doute que le jugement d'un tribunal arbitral, investi de l'autorité nécessaire, donnerait à cette force une telle base morale que tous les gouvernements seraient obligés de compter sérieusement avec elle.

Les alliances actuelles sont un obstacle à la guerre. La répartition actuelle de l'Europe en une triple et une double alliance constitue, à n'en pas douter, une condition favorable pour empêcher les États isolés de céder à l'envie de guerroyer. L'ancien chancelier de l'Empire, comte Caprivi, a dit au Reichstag allemand que, « l'enthousiasme populaire est un facteur indispensable de la préparation à la guerre ». Mais il est difficile de trouver un mobile commun pour enthousiasmer différents peuples. Ainsi une guerre destinée à reconquérir l'Alsace-Lorraine ne soulèverait guère d'enthousiasme en Russie, de même que l'idée d'une extension territoriale de l'Autriche dans les pays slaves se heurterait en Allemagne à la plus complète indifférence. Moins' encore aucune nation, en dehors de l'Italie, pourrait-elle s'enflammer à l'idée de reprendre à la France la Savoie, ou à l'Autriche le Tyrol italien.

A la vérité, on peut employer des moyens artificiels pour exciter l'opinion publique : récits mensongers, accusations, outrages. Malheureusement il arrive aussi que, même le jugement d'un tribunal, dans une affaire privée, est sujet à des suspicions et produit de l'agitation. Mais ceci prouve seulement que la presse ne s'est pas encore suffisamment assimilé le principe du « respect de la chose jugée », bien qu'elle en fasse constamment état. On ne peut agir aujourd'hui sur les masses qu'au moyen de la presse. Et l'on devrait établir, une fois pour toutes, que la presse n'a pas le droit de critiquer des jugements rendus, soit relativement à des individus, soit dans des différends internationaux. La possibilité, pour la presse, d'observer cette règle à l'égard des décisions d'un tribunal d'arbitrage international, est établie par quelques cas où les jugements des arbitres furent exécutés sans que la presse tentât de les discréditer ou d'en contester la justice. L'exemple le plus frappant en ce genre, est l'exécution intégrale, par l'Angleterre, du jugement arbitral rendu dans l'affaire du croiseur *Alabama*. Avant le prononcé du jugement, cette affaire avait été discutée très passionnément dans la presse et il s'en fallut de peu qu'elle ne provoquât une guerre. Mais, aussitôt le jugement rendu, l'Angleterre se soumit à la décision formulée sans que la presse soulevât d'agitation, et elle paya aux États-Unis la somme considérable de 15 millions de livres sterling.

Du reste, la convention créant un tribunal international pourrait contenir une disposition interdisant à la presse de discuter une question dès le moment où elle est portée devant le tribunal, aussi bien que de donner des informations sur la marche de la cause; de même qu'il lui est interdit de publier les comptes rendus de débats qui ont eu lieu à huis clos, et enfin de critiquer un jugement ainsi rendu. Auprès du tribunal international permanent on pourrait, du reste, créer une Cour spéciale chargée d'examiner les cas où la presse aurait violé la loi internationale, si la convention attribuait à cette Cour la compétence nécessaire pour prononcer des peines pécuniaires contre les délits de ce genre; ou bien l'on pourrait introduire des dispositions conformes dans les codes criminels des États européens et accorder au tribunal arbitral le droit de poursuivre les infractions à la convention devant les tribunaux compétents de ces divers États.

Pour chaque gouvernement, il est bien plus difficile maintenant qu'autrefois de se résoudre à faire la guerre. Mais on peut encore moins se représenter la possibilité de déclarer celle-ci, après le jugement du tribunal international et au mépris de son prononcé. Du reste, si tous les États ou presque tous avaient adhéré à la convention créant un tribunal international, ils formeraient, par leur ensemble, une confédération qui disposerait d'assez de moyens de coërcition pour mettre à la raison, même une grande puissance isolée.

Si l'un des États en cause ne voulait pas se soumettre au jugement ou se refusait à poursuivre les journaux qui attaqueraient la sentence des juges, il suffirait peut-être que les autres nations menaçassent l'État résistant de l'exclure de l'union postale et télégraphique et de rompre toutes relations commerciales avec lui. Au cas extrême, l'État qui aurait refusé l'arbitrage aurait à lutter contre un adversaire auquel les autres nations fourniraient un appui actif, si cela avait été décidé par les juges, ou à l'égard duquel elles observeraient en tout cas une neutralité bienveillante, par exemple en lui facilitant des emprunts, en lui fournissant des vivres et du matériel de guerre, en admettant ses vaisseaux dans les ports neutres, enfin en l'autorisant à faire passer ses troupes sur territoire neutre, etc., tandis que, naturellement, tous ces avantages seraient refusés à l'État qui aurait violé la convention. En outre on pourrait, d'entente générale, garantir à l'État auquel le jugement aurait donné raison, l'intégrité de son territoire pour le cas où le sort des armes tournerait contre lui, avec intervention armée immédiate, si cela devenait nécessaire.

Il est très peu probable qu'en présence d'une telle perspective un État quelconque se décidât à faire la guerre ; d'autant plus que, dès le prononcé du jugement, la force morale que donne le bon droit serait contre lui, ce qui lui rendrait la guerre plus difficile, en affaiblissant l'enthousiasme de l'armée, et ce qui rendrait la situation intérieure de cet État plus tendue en renforçant l'opposition à la guerre.

En un mot, si l'on admet la conclusion par les États européens d'une convention dans le but de faire régler les différends internationaux par un tribunal d'arbitres, avec la ferme intention de consolider définitivement la paix, on doit admettre aussi que tous ensemble ou tout au moins en majorité, ils sauraient utiliser l'immense supériorité de leurs forces pour contraindre un État résistant à se soumettre à la convention qu'il aurait signée.

On peut objecter à ceci que, du moment où la constitution d'un tribunal international entraînerait la cessation des armements et même, dans une certaine mesure, le désarmement, un État qui songerait à faire la guerre à son voisin pourrait accroître en secret sa force armée plus que les autres nations et, au moment de la rupture, n'aurait de la sorte plus à craindre la supériorité des États qui auraient exécuté loyalement la convention. Mais à l'heure actuelle, où même une innovation technique quelconque parvient immédiatement à la connaissance de tous, il serait impossible de faire des préparatifs de guerre, et encore moins de créer des armements en secret; car, durant un certain temps, tous les États exerceraient une surveillance réciproque, sévère à ce sujet.

Lorsqu'il s'élèverait un différend sérieux entre deux États et qu'il y aurait danger de conflit, les autres nations redoubleraient sûrement de vigilance relativement à ce qui se passerait dans les pays en question. Et il est difficile d'admettre qu'un État quelconque, décidé d'avance à rompre le contrat international, pût, longtemps avant l'ouverture du différend, se préparer à la guerre contre une autre nation et organiser ensuite le conflit. En effet, les préparatifs ne pourraient pas être tenus secrets et, d'autre part, de pareils agissements ne sont guère dans la nature humaine. Autre chose serait de se laisser entraîner dans un conflit, de s'entêter et finalement de céder à la passion.

Après la constitution d'un tribunal international destiné à trancher les différends entre États, le vote, par les parlements, de crédits pour les armements deviendrait pour ainsi dire impossible. En outre, la convention elle-même pourrait instituer un droit de contrôle de tous sur l'effectif des forces armées de chaque État, afin que, si des représentations diplomatiques relatives à l'accroissement de ces forces n'étaient pas écoutées, la chose fût portée, comme tous les autres différends, devant les arbitres.

Les princes dévorés d'orgueil et d'ambition devraient donc chercher la gloire ailleurs, dans des voies pacifiques. Il n'y aurait plus de place pour la gloire du conquérant. C'est la désunion, l'éparpillement des forces, qui a fait les conquérants, qu'ils soient nés sur le trône ou qu'ils s'en soient emparés.

C'est ainsi qu'en Allemagne la guerre de Trente Ans, entre les princes protestants et catholiques, a permis à la maison de Brandebourg, c'est-à-dire à la Prusse future, de consolider sa situation, et à la France de s'emparer de presque toute l'Alsace. Louis XIV a également utilisé à son profit les querelles des princes allemands et la rivalité qui existait déjà entre la Prusse et l'Autriche. Rappelons que le grand-électeur Frédéric III se proclama roi de Prusse quatorze ans avant la mort de Louis XIV, et que Frédéric II put fonder la puissance prussienne, parce que l'Autriche, la France et la Russie agissaient sans unité ni esprit de suite. Napoléon Ier, dans la période

de ses triomphes, profita aussi du morcellement de l'Allemagne, de
l'Italie et de toute l'Europe. Napoléon III obtint ses premiers succès grâce à la chute de la Sainte-Alliance. Enfin, Guillaume Ier
accomplit son œuvre en utilisant l'isolement de la France, de l'Autriche et de la Russie.

Une entente générale entre les peuples européens, sous la forme
d'une convention créant un tribunal international permanent, aurait
pour effet de rendre impossibles à l'avenir, en Europe, les tentatives
de conquêtes. Mais nous devons, en outre, attacher une importance capitale à l'introduction d'une disposition générale enlevant à
la presse, comme nous l'avons déjà dit, la possibilité de critiquer
les jugements du tribunal international, et par conséquent aussi la
possibilité de créer une agitation factice. On devrait investir le tribunal international du droit de poursuivre également les violations
de la convention à ce point de vue. Une telle disposition peut ne
pas être accueillie avec sympathie, mais elle est nécessaire pour
garantir les gouvernements contre les entraînements de l'opinion.

La Russie a offert, en 1876, un exemple instructif de la puissance
de l'opinion publique. Le gouvernement ne désirait pas la guerre ;
puisque, après les massacres de Bulgarie, en mai, une entrevue
avait eu lieu à Reichstadt, au commencement de juillet, entre les
empereurs Alexandre II et François-Joseph. Le gouvernement,
autant qu'on le sait, était également mécontent du départ en Serbie
du général Tchernaïeff. La Russie ne commença pas tout d'abord la
guerre avec la Serbie, et l'ultimatum adressé à la Porte après la
défaite des Serbes, à Alexinatz, en octobre, atteignit son but, c'est-
à-dire empêcha l'occupation de Belgrade par les Turcs. Et après cela,
bien qu'elle eût mobilisé quelques corps d'armée, la Russie continua les pourparlers avec les puissances et prit part à la conférence
de Constantinople. Mais ayant, au début, permis l'excitation du
public au moyen de la presse, dans l'intention d'appuyer son action
diplomatique, le gouvernement dut lui-même compter ensuite avec
l'agitation qu'il avait provoquée.

Admettons maintenant qu'à la fin de juin 1876, pendant le séjour
d'Alexandre II à Jugenheim, puis à Reichstadt, les monarques
eussent pu porter devant un tribunal international, les questions de
la Bulgarie, du Montenegro, de la Serbie, de la Bosnie et de
l'Herzégovine, que le gouvernement russe, à ce moment encore, s'ef-
forçait de résoudre pacifiquement. L'action provocatrice de la presse
aurait dû cesser ; l'intervention belliqueuse de la Serbie (la déclaration de guerre serbe ne parut que le 2 juillet) eût été empêchée par

la volonté formelle des trois empereurs, et, en septembre, le tribunal international aurait pu rendre son arrêt qui eût été, sans difficulté aucune, accepté par les puissances.

Mais c'est justement parce que l'affaire fut conduite d'une façon tout à fait différente, parce que les puissances agirent séparément, l'une gênant l'autre, que la Sublime-Porte put nourrir l'espoir de s'en tirer sans faire de trop importantes concessions. La Serbie voulait la guerre afin de s'agrandir et de s'ériger en royaume ; en Russie, l'excitation de l'opinion publique devint chaque jour plus vive quand la Serbie eut commencé la guerre avec le concours des volontaires russes. Ainsi, elle exerçait déjà son influence en septembre sur la politique russe, et c'est alors qu'eurent lieu les voyages significatifs du feld-maréchal prussien Manteuffel à Varsovie, où l'empereur vint, et du général-adjudant comte Soumarokof-Elston à Vienne.

L'esprit belliqueux était déjà prépondérant dans le débat, et le 30 octobre, après la défaite des Serbes à Alexinatz (ainsi qu'il a été dit), un ultimatum télégraphique fut adressé à la Sublime-Porte, pour exiger, dans les vingt-quatre heures, l'acceptation d'un armistice de six semaines, avec menace d'une rupture immédiate des relations diplomatiques en cas de refus. La Porte s'inclina ; la Serbie fut sauvée, mais il était trop tard. A ce moment, les esprits étaient déjà trop surexcités, et la stérilité des travaux de la conférence, réunie à Constantinople, rendait la guerre inévitable. Dès la fin de novembre, le commandant en chef de l'armée russe établissait son quartier général à Kichineff, quoique la conférence délibérât encore au commencement de 1877.

Il est de toute évidence qu'en septembre 1876, la Turquie n'aurait pu refuser de se soumettre à l'arrêt d'un tribunal international, puisque cet arrêt eût été appuyé par toutes les puissances, et qu'au besoin, les troupes russes et autrichiennes pouvaient faire leur entrée sur le territoire ottoman. Mais le gouvernement russe, qui ne s'était pas encore prononcé pour la guerre, aurait pu s'appuyer sur le jugement du tribunal international et sur la soumission de la Turquie, et il n'eût pas été contraint, par l'émotion publique grandissante, de se prononcer pour la guerre.

Quant à l'objection que la partie en cause qui ne veut pas se soumettre au jugement du tribunal international, s'efforcera de détruire l'entente entre les puissances et trouvera toujours quelque allié pour cela, elle est absolument imaginaire. L'organisation politique des États de l'Occident, l'antipathie toujours plus vive des peuples pour le service militaire et pour la guerre elle-même, rendraient déjà extrêmement difficile, pour l'État directement intéressé dans l'arrêt rendu, le recours à la guerre ; mais faire alliance avec le pays visé par le jugement serait, pour un autre État, chose absolument impossible.

Contester la nécessité d'une entente générale européenne, en faisant valoir des considérations routinières et des arguments subtils, est d'autant plus inutile que, même s'il survenait des cas d'appel aux armes, de violation de traité ou de révolte contre un jugement du tribunal, cela ne ferait que nous ramener à l'état de choses actuel où la force armée est le seul juge dans les différends internationaux. En attendant, on ne peut douter que l'établissement d'un tribunal permanent, et reconnu de tous, rendra l'appel aux armes tout au moins extrêmement difficile et que la guerre deviendra une éventualité très rare. En outre, toute tentative de guerre, avec les moyens techniques actuellement employés pour se battre et les misères inouïes qui en seraient la conséquence, déchaînerait par toute l'Europe un tel mouvement d'indignation contre les violateurs du jugement du tribunal, que, sous le coup de cette tempête morale, les opérations militaires devraient bientôt être suspendues, ce qui servirait d'avertissement à tous pour l'avenir.

Conséquences des batailles.

Il convient d'insister sur cette circonstance, en rappelant brièvement quel est l'effet des armes modernes. Les fusils ont une portée de quatre kilomètres, les canons de sept kilomètres. Les munitions des armes portatives et des canons sont transportées en si grande quantité soit par les hommes, soit dans les caissons, que le champ de bataille sera couvert d'une pluie de balles et d'éclats d'obus. Les optimistes admettent que les batailles dureront deux jours et les pessimistes croient à une durée plus longue.

L'énorme portée des projectiles et la rapidité du tir rendront impossible le transport des blessés hors du champ de bataille et leur acheminement vers des lieux sûrs de pansement ; les hommes atteints et abandonnés sur le terrain de l'action devront y mourir sans secours, sans une goutte d'eau pour calmer leurs souffrances, sans entendre une parole de consolation religieuse. Ils reverront dans le lointain le foyer familial, ils penseront aux camarades qui étaient près d'eux et ils auront le sentiment que, pour les uns comme pour les autres, il est impossible de compter sur un secours. Ils ne pourront espérer de salut que de l'arrivée de la nuit, s'ils vivent encore quand elle viendra. Mais que de difficultés s'élèveront quand il s'agira de distinguer les blessés des morts au milieu des ténèbres et des énormes hécatombes qui couvriront le champ de bataille ! Et puis, est-il bien certain que la nuit même sera consacrée à découvrir les blessés ? Les écrivains militaires n'enseignent-ils pas que c'est précisément la nuit qu'il faut mettre à profit pour s'approcher des positions ennemies, et ne disent-ils pas que les batailles nocturnes sont inévitables ?

Et quelle sera, dans les villes et les villages, l'impression produite par les nouvelles du théâtre de la guerre et le récit détaillé de toutes ces horreurs ? N'est-on pas en droit de croire qu'un cri de réprobation s'élèvera contre ceux qui auront violé le traité et de nouveau fait appel à la guerre, déjà condamnée par toute l'Europe ? Il est très probable que maint gouvernement, qui aura cherché sa consolidation dans les lauriers de la victoire, sera balayé par l'explosion de la douleur et de l'indignation du peuple. Mais lors même qu'un gouvernement n'aurait pas une éventualité semblable à redouter, les lamentations des masses paralyseront son énergie et l'empêcheront de continuer une œuvre jugée funeste par tous.

On peut objecter : Et si un État ne s'adresse pas au tribunal, s'il ne lui soumet pas le conflit qu'il s'agit de trancher ? Mais il va de soi que, un contrat existant, les puissances neutres interviendront en la cause pour s'opposer à la violation de ce contrat, pour protester contre l'appel à la guerre ou contre l'opiniâtreté de l'État rénitent et, qu'elles-mêmes, soumettront la contestation au tribunal. C'est précisément en cela que consiste le principe de l'entente générale entre les États pour arriver à l'établissement de ce tribunal.

De tout ce qui précède, il faut conclure que pareille entente est absolument nécessaire. Sans elle ne peut cesser la rivalité dans les armements ; et à plus forte raison le désarmement de l'Europe serait-il impossible, ne fût-ce que dans les limites où se trouvait l'effectif des forces de terre et de mer avant la guerre austro-prussienne. Un désarmement, même opéré seulement dans ces limites, ne peut être réalisé que par une entente commune de toute l'Europe et à la condition qu'un tribunal international permanent y soit institué.

Une question très sérieuse se présente encore ici : — Dans l'établissement d'un tribunal international, ne se heurtera-t-on pas à des difficultés extraordinaires ? A première vue, il paraît en être ainsi, car on a déjà présenté, de divers côtés, toutes sortes de projets à ce sujet sans qu'aucun ait abouti à un résultat quelconque.

Mais c'est que ces projets étaient prématurés. Leurs auteurs avaient oublié qu'il faut, avant tout, convaincre les gouvernements et les peuples que la conclusion d'un traité de ce genre était toute dans leur intérêt et que l'absence de ce traité ne pouvait que tourner à leur désavantage. C'est depuis 1870 seulement (nous l'avons déjà démontré) qu'a été posée sur ce terrain la question qui tôt ou tard doit conduire l'Europe à la formation d'une ligue de la paix.

Tous les esprits seraient étonnés de la facilité avec laquelle les questions soulevées par la création d'un tribunal international se résolvent, dès qu'on admet que les gouvernements prendront sérieusement l'affaire en mains. Des hommes d'État peuvent aisément amener la réalisation du projet, car ils connaissent l'état d'esprit des sphères dirigeantes en général, et ils sont aussi moins enclins que de savants juristes à se perdre dans des subtilités de principes.

Indépendamment du travail préparatoire théorique de la question, les hommes d'État recueilleront un certain nombre de données pratiques essentielles. Jusqu'au Congrès-de Paris de 1856, le principe de l'application de l'arbitrage à la solution des différends internationaux n'avait jamais été qu'un desideratum scientifique. Mais le Congrès de Paris a reconnu ce principe et formellement exprimé le désir de le voir mettre en pratique. Et de fait, il a été fréquemment appliqué dans les contestations entre États américains. Les projets de convention de ce genre entre les États-Unis et la Suisse et aussi l'Angleterre peuvent servir de modèles. En outre, dans les questions qui relèvent du droit international, les États ont déjà pris l'habitude d'en appeler au jugement d'une tierce autorité; comme, par exemple pour la détermination exacte des frontières, le règlement d'indemnités, la réparation en cas de pertes subies par des citoyens d'un des pays contractants, l'aplanissement de diverses questions ardues relatives à la situation des États neutres pendant une guerre maritime, etc., etc. Sur chacune de ces questions, il existe actuellement toute une procédure qui peut servir de jalon.

Il sera certainement utile pour l'arbitrage des différends internationaux de prendre exemple sur les institutions intérieures des États à forme fédérative, tels que le Tribunal supérieur de Washington chargé de trancher les conflits qui peuvent s'élever entre les États de l'Union, le Tribunal fédéral en Suisse et le Conseil fédéral de l'Empire allemand.

Les travaux des nombreuses célébrités qui ont étudié le problème de la solution pacifique des conflits internationaux seraient aussi d'un aussi puissant secours. Ces travaux sont nombreux et forment toute une littérature (1). Celle-ci, à la vérité, n'a pas jusqu'à présent attiré suffisamment l'attention, mais maintenant l'intérêt qu'elle offre va croissant. Bonghi, le savant italien, fait une remarque fort judicieuse à ce sujet : « Je ne sais pas, dit-il, de quel côté se trouve l'utopie, si elle est du côté de ceux qui s'efforcent d'arriver à un état de choses où les plus nobles aspirations de l'humanité seraient réalisées, ou bien si l'utopie est du côté de ceux qui ont créé et maintenu une situation telle qu'il est impossible d'y trouver une issue et impossible aussi de s'y maintenir » (*Nuova Antologia*.)

------

(1) M. Lafontaine, secrétaire général de la section belge de la Ligue internationale de la paix et de l'arbitrage, a publié sous le titre : *Essai de bibliographie de la paix,* une brochure où se trouve la liste de quatre cent soixante-trois ouvrages traitant la question de l'arbitrage soit dans son ensemble, soit à un point de vue spécial. Ce même sujet est traité complètement dans les œuvres suivantes de droit international :

Calvo : *Le droit international théorique et pratique;*
Funck-Brentano et Sorel : *Le droit des gens;*
Grotius : *De jure belli et pacis* (Du droit de guerre et de paix);
Heffter, annoté par Geffcken : *Le droit international de l'Europe;*
Kluber : *Droit des gens moderne de l'Europe;*
Lorimer : *Principes de droit international;*
Martens : *Causes et nouvelles causes célèbres du droit des gens;*
Pasquale Flore : *Nouveau droit international;*
Pradier-Fodéré : *Traité de droit international public européen et américain;*
Seebohm : *Réforme du droit des gens;*
Sir Travers Twiss : *Le droit des gens;*
Testa : *Droit public international;*
Vattel : *Droit des gens;*
Wheaton : *Éléments du droit international;*
Adler (attribué à) : *La guerre, l'idée de congrès et le service militaire universel;*
Bajer (F.) : *Plan de guerre des amis de la paix;*
Bara : *La science de la paix;*
Bluntschli : *Le droit international codifié;*
Desjardins (Arthur) : *Le congrès de Paris de 1856 et la jurisprudence internationale;*
Dudley Frield : *Projet d'un code international;*
Dupasquier : *Le crime de la guerre, dénoncé à l'humanité;*
Frédéric Passy : *La question de la paix* (Conférence) ;
Goblet d'Alviella : *Désarmer ou déchoir;*
Kamarowsky : *Le tribunal international;*
— *Tendances des peuples à la paix;*
Kant (Im.) : *Zum ewigen Frieden* (Pour la paix éternelle);
Laveleye : *Des causes actuelles de guerre en Europe et de l'arbitrage;*
Leibniz : *De codice juris gentium diplomatico* (Du code diplomatique du droit des gens);
— *Écrits politiques;*

Le tribunal
international doit
être impartial.

On comprend très bien qu'aucune nation ne consentira jamais à confier son honneur et ses intérêts à un tribunal qui subirait dès influences étrangères et que personne ne voudrait se soumettre à un jugement sur lequel pourraient planer des soupçons de partialité et de cupidité intéressée. Le tribunal chargé de rendre des décisions dans les conflits internationaux doit être tel que toutes les nations aient la conviction que leurs droits ne seront ni méconnus ni sacrifiés.

La
composition du
tribunal
international.

Toutefois, il n'est pas difficile de donner à ce tribunal une composition qui réponde aux conditions requises. Les juges doivent être assez nombreux pour que, en admettant chez chaque membre un entraînement d'égoïsme national, les effets de ce sentiment se neutralisent mutuellement. C'est ce qui se passe au cours des choses humaines, si on les considère dans leur ensemble. La Providence a tout arrangé de façon telle, qu'en dernière analyse,

---

Lemonnier. (Charles): *Nécessité d'une juridiction internationale* (Conférence, mémoires) ;
— *Formule d'un traité d'arbitrage permanent entre nations ;*
— *Traité d'arbitrage permanent entre les peuples* (Rapport) ;
Macroartu: *Internationalisme ;*
Mills: *Le tribunal international ;*
Molinari: *L'Abbé de Saint-Pierre, sa vie et ses œuvres ;*
De Parieu: *Principes de la science politique ;*
Patrice Larroque : *Code de droit international et institution d'un haut tribunal ;*
Pierantoni: *L'arbitrage international ;*
Pradier-Fodéré: *L'affaire de* l'Alabama ;
Prince : *Congrès des trois Amériques ;*
Rivier (Alphonse) : *L'affaire de* l'Alabama *et le tribunal arbitral de Genève ;*
Rouard de Card: *L'arbitrage international ;*
Saint-Georges d'Armstrong: *Le tribunal international ;*
De Saint-Pierre (Abbé): *Essai sur la paix perpétuelle ;*
Schlieff: *Der Friede in Europe* (La paix en Europe);
Sully: *Économie royale ;*
Trendelenburg: *Lacunes du droit international.*

Publications périodiques.

Institut de droit international ;
Revue de droit international et de législation comparée ;
Société de législation comparée ;
Journal de droit international privé ;
Comptes rendus de l'Académie des sciences morales et politiques ;
Ligue internationale de la paix et de la liberté ;
Bulletins officiels des congrès (Annales) ;
Les États-Unis d'Europe.

l'action réciproque de tous les mobiles personnels, même des moins nobles, donne un résultat final satisfaisant au point de vue le plus élevé ; seuls, les pessimistes endurcis peuvent nier cela. Au reste, on ne peut supposer que les gouvernements qui prendront part aux débats du tribunal international se laisseront, eux aussi, toujours et exclusivement diriger dans leur vote par des considérations égoïstes.

Nous n'avons naturellement pas la prétention d'établir un projet d'organisation du tribunal et de fixer sa procédure. Cette autorité pourra revêtir diverses formes. On pourrait peut-être la composer de membres permanents nommés par les gouvernements et instituer un autre tribunal d'instance supérieure prononçant sur les appels ; ce dernier tribunal pouvant être composé, soit de membres nommés par les gouvernements, soit de personnes occupant de hautes situations dans leur pays d'origine et offrant toute garantie d'impartialité. Tels seraient, par exemple, les présidents des Chambres législatives et des Conseils d'État, s'ils étaient déjà revêtus de ces fonctions avant l'ouverture de l'action sur laquelle ils devront statuer ; on pourrait aussi nommer les présidents des corps judiciaires les plus élevés.

Maintenant, dans ces tribunaux, quel ordre suivra-t-on pour les votations ? La procédure y sera-t-elle réglée par un code fixe, ou bien adoptera-t-on, dans chaque cas particulier, un mode spécial d'examen des griefs des parties? Comment procédera-t-on en cas de récusation d'un juge par l'une des parties? Les audiences seront-elles publiques, ou bien le huis-clos sera-t-il admis? Tout cela, comme aussi la forme à donner à ce tribunal, n'est déjà plus qu'une question de détail qui ne peut guère faire obstacle à la réalisation même de la chose. Une fois que l'institution d'un tribunal international aura fait l'objet d'une entente, il serait inconcevable que ce projet sombrât parce que sa réalisation entraînerait quelques divergences de vues sur des points de détail.

Ainsi, nous arrivons à cette conclusion générale qu'en réalité, il n'existe pas d'obstacle insurmontable à la réalisation de ce grand désir de l'humanité, qui veut qu'on assure la paix par la création d'un tribunal dont les décisions justes et pacifiques mettront un terme aux querelles internationales. Il serait insensé de considérer un pareil projet comme irréalisable, uniquement parce que, jusqu'à cette heure, il n'a pas été réalisé.

Puisse-t-il seulement se trouver, pour cette grande œuvre, des initiateurs aux sentiments élevés, des hommes capables d'exposer, avec calme et courage, leur projet aux yeux des nations ! On peut affirmer avec certitude qu'aucun peuple, aucun gouvernement n'ose-raient repousser cette idée d'arbitrage. Même si l'on admettait que l'un d'entre eux, conservant d'amers souvenirs des pertes subies ou caressant des projets de conquêtes, voudrait, tout d'abord, rester en dehors d'une institution bienfaisante pour l'humanité tout entière, il est certain que bientôt celui-là serait obligé, par la force même des choses, de se rallier à l'œuvre générale entreprise pour le bien de tous.

Le résultat auquel conduit un examen détaillé des causes qui peuvent provoquer la guerre, c'est qu'il est possible de trancher les différends sans avoir recours à l'*ultima ratio* des combats, et qu'il n'est aucune contestation internationale susceptible d'amener une grande guerre européenne.

La France ne trouvera pas d'allié pour une guerre offensive des-tinée à recouvrer l'Alsace et la Lorraine ; seule, elle n'a aucun espoir de réussir dans une pareille entreprise.

Quant aux affaires d'Orient, il ne peut être question, ni pour la Russie ni pour l'Autriche, d'en retirer des avantages susceptibles de compenser les dangers d'une guerre où tous les belligérants ne pourraient que s'épuiser ; puisque, selon toutes probabilités, l'An-gleterre, la France, l'Allemagne et l'Italie descendraient aussi dans l'arène. L'Allemagne ne peut songer à attaquer la France et ne pour-rait retirer aucun profit d'une guerre contre la Russie.

Il n'y a d'ailleurs nulle nécessité pour celle-ci de s'agrandir du côté de l'ouest, et une lutte avec l'Allemagne lui imposerait d'énormes dépenses au payement desquelles le produit d'une contribution de guerre ne suffirait pas ; d'autant plus que l'Allemagne, ruinée par une guerre avec la Russie, ne serait guère en état de payer une contribution d'un chiffre convenable. En général, il faut constater que la politique russe n'a pas pour objectif l'Occident, mais bien l'Orient.

Les autres causes de guerre sont de telle nature qu'elles ne sauraient déterminer les États à se lancer dans une lutte qui, dans les circonstances actuelles, aurait pour résultat un anéantissement réciproque ou un épuisement complet. On doit aussi remarquer que les divergences morales et les rivalités qui existent entre les peuples européens ne peuvent pas actuellement donner lieu à une guerre. Il est impossible d'admettre que des nations voudraient s'anéantir l'une l'autre, sans pitié, uniquement pour prouver leur supériorité sur une

rivale ou bien parce qu'une personne de telle nationalité en aurait
offensé une autre de nationalité différente.

Ainsi, en examinant les causes raisonnables qui peuvent faire
éclater une guerre, on voit qu'actuellement cette guerre est peu probable. Et quant aux causes absurdes, il y a lieu de prendre ses
mesures pour qu'elles ne puissent pas provoquer de catastrophes. Le
meilleur moyen pour cela serait l'établissement d'un tribunal international. Cette institution est d'autant plus désirable, qu'elle permettrait de faire un premier pas hors de la situation sans issue où
nous sommes actuellement et qui est la conséquence de la paix
armée. La politique internationale, basée sur une pareille paix, est
la plus détestable qui puisse être suivie par les États. C'est en vain
qu'on lui a donné le nom de politique « réaliste » ; elle est, au
contraire, la plus fantaisiste, la plus stérile, la plus débilitante, et
la plus nuisible qu'aient jamais engendrée les mauvais instincts de
la nature humaine.

Si l'Europe était affranchie des charges permanentes que constitue
l'état de *préparation complète à la guerre,* il s'ouvrirait, pour elle,
une ère de prospérité comme le monde n'en a pas encore vu. Les
sommes effroyables maintenant consacrées aux armements seraient
affectées au relèvement de la puissance productive du peuple, à
l'amélioration de sa position, au développement de l'instruction et
de la science, des arts et de l'industrie. Les questions sociales, qui
aujourd'hui menacent la paix intérieure des États, pourraient alors
entrer dans une voie pratique d'étude et d'accomplissement des
progrès les plus urgents.

Tout cela semble encore un idéal bien éloigné; mais il ne
serait pas difficile d'en entreprendre la réalisation, si seulement
tout le monde en avait la bonne volonté. Aussitôt que, dans la solution des conflits internationaux, on aurait admis les notions du
droit et de l'entente entre les États, le désarmement matériel s'ac-
complirait et la paix serait conclue pour longtemps, si ce n'est pour
toujours ; et dans l'esprit des peuples se produirait aussi un désarmement moral.

L'époque actuelle est des plus favorables à la réalisation de cette
pensée. Toutes ces questions internationales litigieuses, dans lesquelles on voit des causes de guerre, existent déjà depuis longtemps et avaient autrefois un caractère plus aigu qu'aujourd'hui.
La formation même de la triplice et de l'alliance franco-russe, qui
séparent les grandes puissances en deux groupes de force parfaitement égale, constitue aussi une cause importante de pacification

définitive. De plus, les États ayant continuellement cherché à se surpasser les uns les autres dans leurs armements, il en est résulté que les armes, les approvisionnements, les fortifications ont atteint partout le même degré de perfectionnement, et il ne paraît guère probable qu'un État quelconque puisse en surpasser un autre comme organisation, effectif, armement et instruction de son armée. Mais, avec l'accroissement constant du nombre et de l'effectif des corps de troupes et les nouveaux perfectionnements techniques, la continuation d'un tel système exigerait, pour la transformation de l'armement, d'énormes dépenses toujours croissantes. A peine un nouveau fusil, un nouveau canon sont-ils adoptés, qu'on reconnaît la nécessité de les transformer.

Énormes dépenses à prévoir pour la transformation de l'armement.

On peut s'attendre à ce que, dans un avenir très prochain, la poudre soit de nouveau perfectionnée, ce qui aura pour conséquence des changements dans tout le matériel de guerre. En outre, si l'état actuel de l'Europe reste le même, ces modifications se succéderont toujours de plus en plus rapidement. De nos jours, les changements qui ont lieu à la suite d'inventions nouvelles s'opèrent avec une incroyable rapidité. La construction des vaisseaux en fournit la meilleure preuve. Dans le passé, un type unique de navire se conservait pendant plus de trois siècles sans subir de modifications essentielles ; puis vint la construction des cuirassés, et, dans l'espace de trente ans, on put compter par douzaine les modèles de navires. Mais actuellement les idées se modifient si vite que le cas s'est présenté plus d'une fois d'un modèle de navire de guerre, qui, avant même que sa construction fût achevée, ne répondait déjà plus aux dernières exigences.

Quelque chose d'analogue est aussi à signaler dans le système de la défense en terre ferme. Après que des sommes fabuleuses eurent été dépensées pour construire des forts d'un nouveau système, en tenant compte des derniers perfectionnements techniques, l'opinion commença de prévaloir que, dans la stratégie moderne, le rôle des forteresses sera plutôt restreint et qu'à la guerre on parviendrait peut-être plus sûrement au succès si chaque armée emportait avec elle tout le matériel nécessaire aux travaux de fortifications, sous la forme de réseaux de fils de fer et de tout ce qu'il faut pour organiser des défenses accessoires, ainsi que des pièces d'artillerie cuirassées et se chargeant à la dynamite. Il va de soi que, pour munir les armées du matériel indispensable à l'établissement des fortifications de campagne, il faudrait de nouveau sacrifier des sommes considérables.

Il est, de plus, hors de doute qu'avec les engins dont on dispose aujourd'hui et dans les conditions actuelles, la guerre doit être fatale, non seulement aux vaincus, mais encore aux vainqueurs ; et cela par suite de la longue durée des opérations, de l'égalité des moyens techniques et de la force numérique énorme des troupes régulières, auxquelles viendront encore s'ajouter les réserves de la deuxième catégorie et le landsturm ou la milice. Et pourtant, malgré la longue durée des hostilités, il se pourrait que les questions en litige qui les auraient provoquées, ne fussent pas tranchées par les armes : car le grand nombre des victimes, l'interruption des communications maritimes, la famine, les perturbations financières et industrielles, le chômage, le manque d'argent, les émeutes populaires, ne permettraient pas de continuer la lutte jusqu'au bout.

Voilà pourquoi la guerre future, après n'avoir causé que de grandes misères, ne pourrait même point résoudre les différends qui divisent les nations ni débarrasser l'Europe des questions qui la troublent et qui auraient amené le conflit.

Les peuples, fatigués et affaiblis, voudront la paix à tout prix ; et il faudra bien alors que les chefs politiques les plus ambitieux et les plus hardis renoncent à leurs desseins et à leurs prétentions, qu'ils arrangent l'affaire d'une façon ou de l'autre et laissent, en somme, les choses dans l'état *ante bellum :* pour peu encore que les mouvements populaires ne créent pas de nouvelles complications imprévues. Puis la question se pose encore de savoir si, dans les États de l'Europe centrale où la propagande socialiste a déjà pénétré profondément dans les masses, les troupes se laisseraient tranquillement désarmer après la guerre. Ne pourrait-il pas survenir des événements encore plus déplorables que ceux auxquels la Commune de Paris dut son court triomphe, événements qui constitueraient un exemple dangereux pour d'autres États infectés déjà par le souffle de l'agitation socialiste et anarchiste ?

Il ne faut pas perdre de vue que, dans la guerre future, le corps des officiers devra se renouveler presque intégralement. Bien peu d'entre eux resteront dans les rangs, par suite de l'absence de fumée, de la longue portée des fusils et des instructions spéciales données à des détachements de tireurs, de tuer les officiers ennemis. Exaspérées par les pertes et les privations excessives, devenues indisciplinées au milieu d'un carnage sans précédent, les troupes reviendront sous la conduite d'autres officiers subalternes et même d'autres officiers supérieurs que ceux sous les ordres de qui elles auront commencé la campagne. Rentrées dans leurs foyers, elles y trouveront la misère ; et la perspective d'une nouvelle guerre à bref délai leur ôtera tout espoir de voir des conditions d'existence plus normales ramener peu à peu le bien-être.

Aussi, dans les régions où la majorité des hommes appelés sous les armes se compose d'ouvriers, par exemple en Saxe, en Silésie, dans les provinces rhénanes, dans les villes de France, en Sicile et dans les autres provinces les plus pauvres d'Italie, la population peut très bien céder à la tentation funeste de renverser l'ordre de choses établi pour empêcher de préparer une nouvelle guerre et pour réaliser les rêves inspirés par les agitateurs révolutionnaires. Non seulement l'exaspération, mais aussi un violent désir de se venger des énormes pertes subies, peut se manifester : — pour cette raison déjà que, dans l'Europe occidentale, l'opinion commence à se propager dans les masses, qu'il serait possible de régler à l'amiable les différends internationaux que les agitateurs disent n'être d'aucun intérêt pour les peuples. Les classes ouvrières commencent à comprendre que les gouvernements, qui défendent à chacun, quel qu'il soit, de se rendre soi-même justice et de recourir à la violence pour défendre ses intérêts, devraient aussi, de leur côté, observer ce principe dans les relations mutuelles entre nations. Qui peut répondre qu'après avoir enduré tant de maux pendant la guerre, les classes ouvrières ne refuseront pas énergiquement tous nouveaux sacrifices pour la continuation des armements, — même dans le cas où la guerre aura eu pour leur pays une issue favorable, — et qu'en cas de défaite, elles ne renoncent pas à toute idée de revanche, trouvant que le gouvernement qui a voulu la guerre en est justement puni par le résultat et que cela ne regarde en rien la classe des travailleurs ?

L'agitation qui se fait dans les masses travaille sans relâche dans ce sens et trouve précisément son meilleur point d'appui dans le système de la paix armée, qui pèse si lourdement sur les peuples. Dans la vie de ces derniers, il est des époques où l'on voit surgir tout à coup bien des choses qui, jusqu'à un certain moment, se sont préparées lentement et quelquefois même sans qu'on y prît garde. Il est évident que nous ne sommes plus très éloignés d'un tournant de ce genre ; un avenir très prochain peut amener, dans l'Europe occidentale, des événements qui, d'une façon ou de l'autre, auraient une grande influence sur le sort de l'humanité. Il se pourrait fort bien que les légions innombrables dans lesquelles plus d'un politique voit non seulement la force nécessaire pour opérer des conquêtes à l'extérieur, mais encore la sauvegarde de l'ordre à l'intérieur, ne répondissent pas à ce dernier but et qu'elles ne servissent, au contraire, qu'à favoriser des menées subversives.

Mais, ce danger même, si des mesures sont prises pour en empêcher l'explosion, peut rendre un bon service à l'humanité en poussant à la conclusion d'un traité relatif à un tribunal international et au désarmement, et, de plus, en garantissant jusqu'à un certain point le respect des jugements prononcés par le tribunal et leur exécution. Autrefois, — par exemple, au siècle passé ou même encore dans la première moitié de ce siècle, — il eût été plus facile de rompre un traité déléguant à un tribunal la solution des différends internationaux ; l'une ou l'autre des parties aurait pu manifester ouvertement le désir de ne pas se soumettre au jugement et d'en appeler aux armes ; quoiqu'à l'honneur de l'humanité, il faille reconnaître que, jusqu'à présent, les parties se sont toujours inclinées sans récriminations devant les sentences prononcées par les tribunaux d'arbitrage, quoiqu'il soit sans exemple que ces décisions n'aient pas été respectées. A plus forte raison le seraient-elles de nos jours ; en présence de ce nouveau danger, qui va toujours s'aggravant, il sera difficile à un État de se résoudre à la guerre après avoir pris l'engagement de se soumettre aux décisions du tribunal international. Si aujourd'hui déjà, alors que n'existe encore aucun arrangement au sujet de l'institution de ce tribunal, on peut douter de la possibilité d'une guerre européenne, il est à peine concevable que quelqu'un osât y recourir en violation de la parole solennellement donnée.

Du reste l'examen des principales questions en litige nous a montré combien il est peu probable qu'elles soient une cause de guerre. Supposer que celle-ci puisse être quand même provoquée par l'amour-propre des chefs politiques et par les passions nationales déchaînées à la suite d'événements fortuits quelconques, serait attribuer beaucoup trop d'importance à des excitations personnelles et se figurer à tort que ce sont en réalité les peuples eux-mêmes qui désirent la guerre.

Il est d'ailleurs bien certain que si les États de l'Europe s'entendaient pour déclarer qu'à l'avenir tous leurs différends seront tranchés par un tribunal permanent et reconnu de tous, les peuples verraient dans cet acte quelque chose de définitif, et les passions nationales, n'étant plus excitées par des idées de lutte, ne tarderaient pas à se calmer. Cela diminuerait, en même temps, dans une forte proportion, l'influence pernicieuse que, dans l'éventualité d'une guerre, le parti militaire chauviniste de la presse exerce sur les esprits, en cherchant continuellement des prétextes à soupçons, à accusations.

réciproques, entre les peuples. La polémique politique, dans la presse des différents pays, serait aussi moins passionnée. La guerre devenant impossible, l'excitation des passions nationales serait sans but et perdrait son intérêt. L'attention générale se porterait sur les questions sociales et économiques ; en présence de l'indifférence du public, on cesserait de faire de l'agitation politique et de transformer les moindres malentendus en « questions vitales » de premier ordre. D'ailleurs, on doit considérer comme très judicieuses les mesures qui ont été proposées pour soustraire les arrêts du tribunal international, au moins pour un certain temps, aux appréciations de la presse.

On peut donc, comme conclusion finale, recommander aux États de s'unir pour instituer un tribunal international auquel il appartiendrait de régler tous les différends.

Facilité de résoudre pratiquement la question de l'établissement d'un tribunal international.

Mais est-il possible qu'une telle entente s'établisse entre ces États ? La solution pratique de cette question et, avec elle, les destinées de l'Europe elle-même, sont entre les mains des souverains de la Russie et de l'Allemagne. Que cette entente réponde aux vœux de l'empereur François-Joseph, c'est ce que prouvent ses paroles — par nous citées — dans lesquelles ce souverain exprime le désir de pouvoir assurer à ses peuples la consolidation définitive de la paix et procéder au désarmement. Nous en avons d'ailleurs, pour gage, les intérêts mêmes de la monarchie austro-hongroise qui, par suite de sa composition même, doit faire tous ses efforts pour le maintien de la paix.

Actuellement, l'Italie est déjà ruinée par ses armements. L'Angleterre ne possède en Europe qu'une armée insignifiante ; elle ne saurait sérieusement prendre part à une guerre européenne et se mesurer avec des armées qui se chiffrent par millions. La politique anglaise, dans les quarante dernières années, est déjà devenue beaucoup moins agressive qu'autrefois. Tout ce que l'Angleterre peut faire pour défendre diplomatiquement ses intérêts, c'est d'opposer un État à un autre. Mais elle doit éviter la guerre, même sur mer, avec n'importe quelle puissance européenne ; elle doit désirer la solution pacifique de ses différends, même lorsqu'il s'agit de possessions ou d'intérêts commerciaux hors d'Europe ; car les flottes des autres États se sont beaucoup augmentées et les rapides croiseurs actuels permettent d'interrompre complètement les communications maritimes. Et cependant l'Angleterre est aujourd'hui si bien à la merci de l'importation des vivres, que cette interruption du trafic maritime la menacerait de la famine à très brève échéance. Il est à noter en outre que, dans l'affaire très sérieuse de l'*Alabama*, l'Angleterre a donné l'exemple du recours à l'arbitrage. Le gouvernement anglais et l'ambassadeur des États-Unis ont aussi élaboré le projet d'un traité d'après lequel la solution de tous les différends qui pourraient s'élever à l'avenir entre l'Angleterre et la grande république de l'Amérique du Nord sera soumise à un tribunal d'arbitres (1).

La garantie contre la possibilité d'une guerre aurait plus d'importance pour la Turquie que pour tous les autres États. En effet, elle assurerait jusqu'à un certain point le maintien du *statu quo*, et la Porte n'aurait ainsi plus de motifs de s'opposer aux réformes nécessaires pour améliorer le sort de la population. Quant aux petits États de l'Europe, en présence des proportions que prendrait

---

(1) *Projet d'une convention entre l'Angleterre et les États-Unis.* Nous donnons ici la teneur d'une convention entre l'Angleterre et les États-Unis sur le règlement des différends par un tribunal d'arbitres. Ce projet, approuvé par les deux gouvernements (sous le président Cleveland), fut présenté au Sénat de Washington, puis abandonné :

Les différends de nature financière sont soumis, lorsque la somme ne dépasse pas 100.000 £, à la décision d'un tribunal formé d'un juriste anglais et d'un juriste américain, lesquels, d'un commun accord, nomment un arbitre. Les réclamations portant sur des sommes plus élevées sont de la compétence d'un tribunal formé de la même façon mais dont les décisions ne sont définitives que si elles sont prises à l'unanimité. Dans le cas contraire, chacune des parties peut en appeler à un tribunal supérieur composé de deux juristes anglais et de deux juristes américains, lesquels nomment eux-mêmes un arbitre. Les décisions de ce tribunal sont définitives à la simple majorité des voix.

Les différends relatifs à des possessions territoriales sont tranchés par un tribunal composé de trois juges supérieurs anglais et de trois juges supérieurs américains. Les décisions de ce tribunal sont définitives lorsqu'elles sont adoptées par cinq voix contre une. Mais si la décision n'a été prise que par quatre voix contre deux, ou s'il n'y a pas eu majorité, les parties sont libres de protester; elles ont alors recours à la médiation d'un État ami et non intéressé.

Si les membres des deux tribunaux précités ne peuvent s'entendre sur le choix d'un surarbitre, sa nomination dépendra d'un arrangement entre la section juridique du Conseil privé anglais (Privy Council) et le tribunal suprême des États-Unis. Si cet arrangement n'aboutit pas au choix de l'arbitre, c'est le roi de Suède et de Norvège qui le nommera.

Le présent traité est conclu pour cinq ans; la dénonciation doit en être faite douze mois avant son expiration. Dans son message adressé au Sénat sur ce projet, le président Cleveland s'exprime comme suit : « La présente tentative de régler les différends internationaux d'une manière conforme à la civilisation est entreprise sous de favorables auspices. Il n'est pas permis de douter de son succès, et le fait qu'elle doit avoir des conséquences pour d'autres pays encore, que les signataires de la convention, engagera bien des États à ne pas tarder de suivre cet exemple. En voyant les heureux résultats de l'exécution du traité, toutes les nations pourront se convaincre de son utilité, et sa conclusion marquerait ainsi le commencement d'une ère de nouvelle civilisation. »

infailliblement une guerre entre la triple et la double alliance, c'est leur propre existence qui serait en jeu. Deux d'entre eux, la Belgique et la Suisse, sont déclarés neutres ; il a été question, dernièrement, de prononcer aussi la neutralité du Danemark. Ces États ne peuvent que désirer la seule garantie possible contre toute violence, c'est-à-dire l'institution d'un tribunal international chargé de régler tous les différends.

Reste la France. Dans une autre partie de notre ouvrage, nous nous sommes efforcé déjà de démontrer que, malgré le souvenir pénible de sa défaite et la perte de deux provinces, malgré les couronnes dont on ne cesse de couvrir la statue de Strasbourg, sur la place de la Concorde, malgré la popularité dont jouissent en général les démonstrations de ce genre, la France ne saurait entreprendre à ses risques une guerre contre l'Allemagne. Elle ne peut compter non plus sur l'appui de la Russie dans une guerre de conquêtes. Or, le risque est si grand, l'autorité des chefs du gouvernement — qui changent en France à tout moment — est si faible qu'aucun d'eux ne pourra se résoudre à prendre la responsabilité d'une telle guerre. La forme même de gouvernement s'y opposerait. Le nombre des rentiers et des gros propriétaires fonciers est, en France, relativement plus considérable que dans les autres pays, et leur voix est mieux écoutée que partout ailleurs sur le continent. Or, une guerre menacerait ces classes de pertes énormes et même, selon toute apparence, d'attaques directes contre la propriété.

Dans la partie de cet ouvrage qui traite des plans d'opérations militaires, nous avons montré combien serait peu probable le succès de la France dans une guerre offensive contre l'Allemagne. Ce *bon sens*, dont se targuent les Français, finirait donc par l'emporter et la France adhérerait à la convention, même en n'admettant que fort peu d'ardeur de sa part au début des négociations entamées pour instituer un tribunal international.

Les Français vivent bien, même sans l'Alsace. Du reste, depuis l'unification de l'Allemagne et de l'Italie, et en présence de l'extrême accroissement de la puissance russe, le rétablissement de cette hégémonie que possédait la France en Europe, sous Louis XIV et les Napoléons, est quand même devenu impossible. Sans doute, les Français n'ont pu supporter qu'avec la plus grande peine le rôle prépondérant joué autrefois par Bismarck, grâce à la bienveillance de la Russie, non plus que la grande situation dont jouit encore l'Allemagne à l'heure qu'il est. Mais si tous les États de l'Europe tombaient d'accord que leurs différends seraient à l'avenir soumis aux décisions amiables d'un tribunal international, l'hégémonie fondée sur la force militaire perdrait beaucoup de son éclat, si flatteur pour l'amour-propre national ; de sorte qu'à cet égard non plus il ne saurait y avoir de jalousie.

Si tous les autres États adhéraient à la convention sur l'institution d'un tribunal d'arbitres, il serait impossible à la France de rester à l'écart. La difficulté principale consisterait à rechercher sous quelle forme les autres puissances devraient s'adresser à la France en cette occasion ; il faudrait s'y prendre d'une façon qui ne pût froisser cette nation et n'exerçât pas d'influence fâcheuse sur ses rapports amicaux avec la Russie. Mais c'est là précisément la tâche de la diplomatie, qui a déjà trouvé l'heureuse solution de problèmes encore plus épineux.

Il est difficile de douter que la France ne soit quand même finalement obligée d'adhérer à la convention. Une majorité de députés qui oserait repousser cet arrangement subirait une défaite aux élections suivantes. L'opposition se prononcerait contre elle avec une force irrésistible. L'influence prédominante dans les élections appartient à la population des villes, où les classes ouvrières forment la majorité ; et parmi ces classes, grâce à l'action des socialistes, l'idée d'une guerre au sujet de l'Alsace a beaucoup perdu de sa popularité. Nous avons cité quelques exemples prouvant qu'en 1870 déjà les ouvriers français étaient fortement opposés à la guerre.

La perspective d'un dégrèvement des impôts et d'une réduction considérable du nombre des hommes appelés au service militaire l'emporterait sur les déclamations excitant à la revanche. On comprendrait aussi que ce système de revanche ne peut pourtant pas se répéter à l'infini. Les Allemands n'ont, d'ailleurs, pas fait pire en France, en 1870-71, que les Français en Allemagne sous Napoléon Ier.

Tous les gouvernements assurent qu'ils désirent le maintien de la paix. Mais les efforts que l'on fait pour éviter les différends et les conflits n'en représentent qu'un maintien négatif. On peut s'efforcer de prévenir la guerre, mais on ne saurait empêcher le choc des intérêts; aussi est-il toujours à craindre que, par suite d'un concours fortuit de circonstances, un désaccord quelconque ne conduise à une crise aiguë, à moins qu'il n'existe un moyen de droit, reconnu de tous, pour régler les différends. On ne peut guère espérer de voir jamais survenir dans les rapports entre citoyens d'un même État, un changement assez complet pour que tous les cas de discorde, d'empiètement et de violence disparaissent par le seul adoucissement des mœurs et un sage examen des questions en litige. Pour régler ces rapports, une base juridique demeurera toujours nécessaire, à savoir : l'autorité, par tous reconnue, d'un tribunal chargé de rétablir les droits éventuellement violés.

Cette base juridique n'est pas moins indispensable pour régler les relations des États. La consolidation de la paix ne sera vraiment assurée que du jour où les contestations entre les divers pays seront jugées par une autorité reconnue de tous et placée au-dessus des chancelleries diplomatiques, c'est-à-dire par un tribunal international permanent. L'institution de ce tribunal est le seul moyen d'arrêter la concurrence dans les préparatifs de guerre, à une époque où, de tous côtés, l'on n'entend que des protestations de paix.

La réalisation de cette œuvre grandiose dépend des souverains de l'Allemagne et de la Russie. Et nul État européen — nous avons essayé de le démontrer — ne peut avoir un intérêt sérieux à entraver la marche de cette noble entreprise et à maintenir le système actuel de la « paix armée » qui n'aurait aucun sens s'il ne voulait pas dire que l'on compte toujours sur l'éventualité plus ou moins rapprochée d'une guerre.

L'Allemagne ne peut songer à des acquisitions de territoire en Europe; sa propre unification s'accomplira plus complètement avec le temps par des voies pacifiques et n'exige nullement le développement du militarisme, qui pousse constamment à l'émigration une partie notable de la population allemande. Le mécontentement causé par le maintien et l'accroissement du militarisme s'accentue toujours davantage parmi le peuple; ce système ne fait qu'augmenter la force des tentatives subversives sur le danger desquelles l'empereur Guillaume II s'est exprimé plus d'une fois dans ses discours. La nouvelle loi militaire a été acceptée, il est vrai, par le Reichstag; mais les membres de l'opposition qui votèrent contre elle représentaient, nous l'avons déjà dit, un plus grand nombre d'électeurs que les membres formant alors la majorité du Parlement. Ce fait seul prouve qu'il deviendra, peu à peu, de plus en plus difficile au gouvernement allemand d'augmenter l'effectif de l'armée permanente.

S'il était vrai que l'Allemagne s'efforçât d'établir complètement son hégémonie en Europe, elle n'eût pas craint de déclarer la guerre à la Russie alors que l'alliance franco-russe n'était pas encore conclue, et que les fusils à tir rapide et à petit calibre n'étaient pas encore introduits dans l'armée russe; à une époque où la frontière occidentale russe n'était pas encore protégée par un grand nombre de forts, où plusieurs lignes stratégiques de chemins de fer faisaient aussi défaut, et où les finances se trouvaient dans un état peu florissant. Si donc l'Allemagne n'a pas songé à se mesurer avec la Russie lorsque les conditions étaient, pour elle, beaucoup plus favorables qu'à présent, cela prouve qu'elle n'a pas l'intention de le faire aujourd'hui. Il est impossible qu'elle entreprenne rien de pareil actuellement,— par cette seule raison déjà qu'elle ne l'a pas fait dans des conditions beaucoup plus avantageuses.

Il est vrai qu'il existe, dans le caractère de l'empereur Guillaume, une tendance marquée à se distinguer par des actions qui sortent de l'ordinaire; mais ses aptitudes sont multiples, et il peut trouver à les appliquer ailleurs qu'à la guerre. Ajoutons que l'empereur, qui était fort jeune encore lorsqu'il monta sur le trône, n'a pas eu le loisir de commander bien longtemps des corps de troupes et qu'il n'a même pas réussi à se rendre populaire dans l'armée. On sait qu'il s'intéresse tout particulièrement à la question ouvrière, à l'examen de laquelle il a convoqué, dans le temps, une conférence internationale. L'empereur n'ignore donc pas combien la conclusion de conventions internationales apporterait d'améliorations dans la vie des peuples.

Mais en prenant une part active à l'institution d'un tribunal arbitral permanent et au désarmement de l'Europe, il contribuerait beaucoup à l'augmentation du bien-être populaire et à l'affaiblissement du socialisme. Ce serait en même temps une œuvre glorieuse, dont le succès serait de nature à flatter son amour-propre.

On sait que, malgré l'insuccès de la conférence de Berlin, l'empereur Guillaume continue à s'occuper tout particulièrement des questions relatives à la vie populaire; il a même institué un ordre spécial pour récompenser les services rendus à la « prospérité du peuple » (*Volkswohlfahrt*). Le désarmement permettrait d'épargner bien des millions, qui, sans aucun doute, trouveraient leur emploi productif en Allemagne.

Mais si la Prusse peut encore se proposer en Europe une tâche d'ordre extérieur : celle d'opérer l'unification plus étroite de l'Allemagne, — quoique, nous le répétons, cette unification puisse s'effectuer sans guerre et, en tous cas, sans le concours du militarisme actuel, — il n'entre pas dans les vues de la Russie de soumettre à sa puissance ou d'enclaver dans son empire un territoire européen quelconque.

La Russie, dont les possessions couvrent la sixième partie de la surface du globe, n'a pas besoin de s'agrandir. Elle peut d'autant mieux adhérer à une convention internationale ayant pour but le désarmement, que son climat et son étendue la mettent à l'abri d'une invasion étrangère et que les mêmes conditions qui garantissent sa sécurité semblent devoir mettre obstacle à une guerre offensive de sa part.

Nécessité de consacrer toutes les forces de la Russie aux questions intérieures.

Et d'autre part, les devoirs qu'impose au gouvernement russe l'administration intérieure du pays sont plus nombreux que partout ailleurs. Le peuple, qui n'a recouvré sa complète indépendance personnelle et économique que depuis trente ans à peine, a besoin encore de toute la sollicitude du gouvernement. Une infinité de paysans souffrent continuellement de la faim, et l'ensemble de la population agricole vit dans des conditions qui, au triple point de vue économique, hygiénique et moral, laissent énormément à désirer. Il est de toute nécessité d'élever au niveau de l'Europe occidentale, ne fût-ce qu'approximativement, la force de production et les conditions d'existence de cette population. La Russie, grande et forte, se trouve précisément dans cette heureuse position qu'un mot de sa part, prononcé en faveur de l'idée du règlement des questions litigieuses par un tribunal international, serait un argument d'un bien plus grand poids que toutes les déclarations faites jusqu'à présent dans les congrès par des monarques, des hommes d'État et des savants.

Une autre raison fondamentale, pour l'État, de consacrer tous ses soins à l'amélioration de l'économie politique, c'est le rapide et extraordinaire accroissement de la population en Russie. Il est évident que si, actuellement déjà, la situation du peuple n'est pas satisfaisante, ce rapide accroissement de population entraînera une extension non moins rapide du prolétariat; à moins que des mesures sérieuses ne soient prises, non pour réglementer, mais pour encourager la production du pays, y fonder de nouveaux établissements agricoles, introduire un meilleur système d'exploitation du sol, et de nouvelles cultures. Mais il faudrait consacrer à cet objet des sommes considérables, qu'il ne sera possible de trouver qu'après réducttion des dépenses consacrées aux armements. Leur chiffre actuel, pour l'armée de terre et la flotte pèse lourdement sur les peuples de tous les États; il est même ruineux pour l'Italie et, en Russie, il empêche tout progrès parmi le peuple. Par suite de l'accroissement de la population, qui, en Russie, pourrait doubler en cinquante ans, une partie considérable de cette population peut arriver à constituer un prolétariat dont les conditions d'existence non seulement seront aussi incertaines que dans l'Europe occidentale, mais qui mourra littéralement de faim.

Dans les autres États, une diminution des dépenses improductives peut être rendue nécessaire par la crainte de l'extension du socialisme et de bouleversements possibles. Ces craintes n'existent pas en Russie, où le tsar est tout-puissant, où le peuple est habitué aux privations et croit fermement à cette toute-puissance. D'autant plus noble et plus séduisante doit paraître à l'État la tâche de venir en aide à ce peuple.

La Russie, qui n'a aucun besoin d'acquérir des territoires en Europe, comprend de plus en plus la grandeur de sa mission civilisatrice en Orient et doit, ne fût-ce que pour cette seule raison, désirer la consolidation de la paix en Europe.

Il est certain que si l'Allemagne et la Russie arrivaient à être pleinement convaincues de la nécessité du désarmement, leur initiative commune, pour la conclusion d'une convention européenne relative à l'institution d'un tribunal international permanent chargé de régler les différends, serait couronnée de succès. Même si la Russie seule se déclarait en principe favorable à cette idée, ce fait aurait déjà une grande importance; car ce serait un encouragement, pour tous les amis de la paix, à persévérer dans leurs efforts; et il en résulterait une impulsion puissante qui entraînerait aussi les autres pays.

Mais on ne peut guère s'attendre à ce que les hommes placés à la tête des gouvernements s'occupent personnellement d'examiner la question de savoir si, par exemple, l'Europe sera en état de supporter longtemps le système de la concurrence dans les armements, ou si une grande guerre européenne pourrait, dans les circonstances actuelles, conduire à des résultats essentiels quelconques. De temps en temps s'élève la voix de tel ou tel homme d'État pour signaler les difficultés de la situation présente et la nécessité de consolider la paix, mais ces avertissements n'ont pas de suites pratiques.

Des écrivains militaires des plus autorisés assurent que la future guerre pourrait être de longue durée; que les formidables armées qui peuvent être mises successivement sur pied et la nature des opérations militaires permettraient, même dans les conditions existantes, de traîner la défensive en longueur. Les suites d'une défaite complète seraient si graves qu'il est facile de comprendre qu'en désespoir de cause, le parti le plus faible chercherait à fatiguer l'adversaire et à épuiser ses forces par la durée de la résistance. Mais les autorités militaires ne se demandent pas si les peuples seront capables de supporter cette tension extraordinaire, ainsi que les innombrables pertes d'hommes et les perturbations inouïes apportées dans la vie économique et sociale.

Les publicistes qui n'appartiennent pas aux sphères militaires ne se consacrent pas volontiers à l'examen de ces questions ; car ils prévoient que leur opinion n'aurait aucune influence sur les militaires ; ces derniers, de leur côté, ne sont pas libres, en raison même de leur état.

Ainsi donc, l'on pourrait arriver à la conclusion désolante que, seule, l'expérience d'une guerre — terrible dans ses proportions et ses conséquences — pourra convaincre les gouvernements de l'impossibilité et de l'inutilité de nouveaux armements et des dépenses ruineuses qu'ils nécessitent.

L'époque actuelle est la plus favorable à l'institution d'un tribunal international.

Reste à examiner s'il serait possible de trouver un moyen satisfaisant de sortir de cette situation, ne fût-ce que pour éviter la période désastreuse pendant laquelle on aurait à supporter la ruine causée par la nouvelle et terrible guerre. D'autant qu'il faut renoncer à l'espérance qu'après cette guerre au moins, une entente générale puisse s'opérer tranquillement en vue de la consolidation de la paix ; car toutes les passions seraient déchaînées et, très vraisemblablement, des révolutions seraient à craindre.

Le moment actuel serait bien plus favorable pour instituer un tribunal international et commencer un désarmement général. Vingt années se sont écoulées déjà depuis que l'Europe a vu la dernière grande guerre, et il existe maintenant, nous nous sommes efforcés de le démontrer, un équilibre parfait quant aux forces et aux armements. Presque tous les États disposent de moyens de destruction également efficaces et cela seul suffit à les empêcher aujourd'hui d'entreprendre une guerre nouvelle. Tous sont d'ailleurs convaincus qu'en raison des progrès incessants de la science, les armements actuels ne peuvent avoir qu'une durée temporaire, et devront être très prochainement remplacés par d'autres bien plus coûteux.

On peut parfaitement sortir de cette situation, pourvu que les différents pays, reconnaissant l'impossibilité de continuer leur concurrence en armements, se rendent compte que la guerre elle-même, dans les circonstances actuelles, ne pourrait conduire qu'à la ruine, sans amener de solution définitive dans le sens rêvé par l'une ou l'autre des parties belligérantes.

Et, par conséquent, la première chose à faire pour arriver à cette conviction, et trouver une issue, c'est d'étudier la situation actuelle sous toutes ses faces, afin de substituer aux opinions traditionnelles et routinières des conclusions tirées d'une analyse exacte non seulement des conditions techniques de la guerre, mais aussi des phénomènes économiques et sociaux qui peuvent en résulter.

Personne ne niera que les forces des nations ne soient déjà soumises à une tension extrême par l'organisation militaire actuelle, par l'obligation, imposée à chacun, de servir sous les drapeaux, par les énormes préparatifs techniques faits en vue de la guerre et, en même temps, par les dépenses engagées pour entretenir et compléter ces préparatifs. La guerre même exigerait aujourd'hui le sacrifice d'un nombre inouï de vies humaines ; elle aurait en outre, pour inévitables conséquences, de très graves perturbations économiques et peut-être aussi sociales.

Mais alors que, dès maintenant, le poids des armements pèse lourdement sur les peuples de l'Europe, que sera-ce si l'on continue à perfectionner les moyens de destruction et les moyens de défense ? Quels que soient l'accroissement de la population et le développement de l'énergie productive, il faut cependant reconnaître que les forces organiques des peuples ont leurs limites ; tandis que rien ne saurait arrêter la puissance créatrice de l'homme et les progrès des sciences qui doivent concourir à l'anéantissement de ces mêmes forces et de la production. Les engins mécaniques employés à la guerre continueront à se perfectionner et à se multiplier, ce qui ne fera qu'augmenter les misères dont ce fléau nous menace.

De l'exposé qui précède, nous concluons que le moment viendra où la question de savoir s'il est possible de surcharger encore les peuples et si l'on peut songer à mettre vraiment en action les terribles engins qui doivent semer la mort parmi des millions de soldats, en ruinant l'Europe et peut-être en bouleversant l'ordre social, — où cette question, disons-nous, sortira du domaine de la théorie pour entrer complètement dans celui de la pratique, et réclamera une solution que les gouvernements eux-mêmes ne pourront différer. Les forces des peuples étant limitées, tandis que les progrès de la technique n'ont point de bornes, il en résulte inévitablement que, tôt ou tard, le poids des armements deviendra absolument insupportable. Les massacres sanglants et les désastres économiques, dont nous menace la guerre, doivent convaincre chacun qu'il faut l'éviter à tout prix, car on ne saurait la supporter ni endurer les maux qu'elle entraînerait à sa suite.

Mais puisque cette question doit nécessairement trouver un jour sa solution effective, n'est-il pas plus rationnel de la poser, dès à présent, sur la base d'un examen pratique, avec le concours et sous le contrôle des gouvernements qui, seuls, du reste, sont à même de prendre les mesures dictées par le résultat de cette étude dans l'un ou l'autre sens ? C'est surtout l'espoir de contribuer en quelque mesure à l'avancement de cette question qui nous a encouragé à publier cet ouvrage.

L'ensemble de la question se subdivise forcément en plusieurs questions partielles ; de l'examen minutieux de celles-ci dépendra la solution du problème principal : une guerre est-elle, oui ou non, possible ? Nous admettons bien, naturellement, que cette guerre ait pu être déclarée et que les opérations militaires aient pu commencer. Mais si l'appareil formidable préparé en vue de la lutte et l'ébranlement qui doit résulter de sa mise en œuvre forçaient à suspendre les opérations avant qu'un résultat décisif quelconque eût été obtenu, cela signifierait cependant que la guerre est déjà devenue impossible.

La première des questions partielles qui semble devoir être examinée, c'est celle des pertes en hommes qu'entraînera la guerre, faite avec les engins techniques actuels et la tactique nécessitée par les transformations de l'armement ; c'est aussi celle des ravages qui seront exercés dans les armées par les maladies.

Pour étudier les effets des armes nouvelles et ceux d'autres facteurs — qui entreront en scène pour la première fois, parce que, pour la première fois aussi, des armées composées de millions d'hommes se trouveront en présence — il est indispensable d'établir une comparaison avec les guerres précédentes, afin de voir si l'on peut compter aujourd'hui, comme par le passé, sur l'obtention des résultats et la solution des problèmes poursuivis par la guerre. Il faut examiner s'il sera possible, pendant le combat, de diriger ces armées innombrables sur un champ de bataille où il n'y aura point de fumée, de les pourvoir suffisamment de vivres et de munitions de guerre, aujourd'hui qu'il est si facile à l'adversaire de détruire les moyens artificiels de communication. Une question de nature psychologique se présente ensuite : sera-t-il possible, avec le défaut de cohésion d'armées formées, pour les trois quarts, de gens arrachés brusquement à leurs occupations du temps de paix, et à leurs familles, sera-t-il vraiment possible, une fois les corps de troupes disséminés sur le théâtre de la guerre, de retenir longtemps sous les armes ces soldats quand ils ne formeront plus

une masse compacte? Enfin, si l'on songe aux troubles apportés
par la guerre dans la vie des nations, à la composition actuelle des
armées et à la dépendance mutuelle des peuples au point de vue
économique, on se demande encore si la machine militaire ne
sera pas désorganisée avant même que le but de la guerre ne
soit atteint.

Les gens qui réfléchissent n'ont pu manquer de se poser ces
questions, et si elles n'ont pas été élucidées jusqu'ici, cela tient à
ce qu'on les a toujours traitées *a priori*, à ce qu'on ne les a jamais
soumises à une analyse approfondie sous toutes leurs faces.

Les militaires de profession, qui connaissent parfaitement bien *Optimisme des jugements portés par les spécialistes militaires.*
ces conditions nouvelles, ne peuvent se défendre, dans leurs juge-
ments sur l'avenir, d'un certain optimisme. C'est d'ailleurs tout
naturel, car les spécialistes peuvent difficilement se représenter que
leurs œuvres ont fait leur temps, précisément en raison du perfectionnement et de la multiplicité des moyens mis à leur disposition.
Les militaires placent ordinairement les qualités morales de leur
profession — la discipline et l'esprit militaire — au-dessus de toutes
les modifications qui peuvent se produire dans les engins et les
conditions de la guerre. Comme s'ils oubliaient les nombreux cas où
des troupes d'élite et valeureuses ont été écrasées par des agents
purement mécaniques : la supériorité des armes ou le nombre.

Comparativement aux anciennes guerres, la guerre future sera
caractérisée par une si grande supériorité dans la puissance des
armes et le nombre des combattants, qu'il sera absolument impossible d'opposer des forces morales à cette supériorité. Les militaires
de profession sont élevés dans les traditions de l'histoire militaire,
c'est-à-dire dans les principes des anciennes guerres, et, malgré eux,
ils les appliquent à l'avenir. Mais les batailles du passé se livraient
avec des armées moins nombreuses et des armes relativement
faibles; un champ de bataille était de si peu d'étendue qu'on pourrait
à peine y déployer une brigade dans les formations étendues d'aujourd'hui. Les troupes marchaient au combat en colonnes compactes, coude à coude et les rangs serrés; on pouvait toujours,
d'après la fumée, se rendre compte de la position de l'ennemi, et
par suite de la faible portée des armes, l'on pouvait garder constamment ses réserves sous la main.

La prochaine guerre nous offrira de tout autres tableaux; mais
bien que les militaires ne l'ignorent pas — nous le répétons — ils
sont tellement imbus de leurs traditions, élevés qu'ils sont dans certaines idées, qu'involontairement ils éviteront de tirer les der-

nières conclusions logiques de cet état de choses, à savoir : que
la marche actuelle d'une guerre dépend de circonstances entièrement
modifiées (non pas seulement des circonstances décrites plus haut,
mais encore de beaucoup d'autres circonstances mécaniques, techniques, économiques et sociales). Lors même qu'il s'élève, de temps
à autre, dans les sphères militaires, des voix isolées en opposition
manifeste avec l'optimisme général, ces voix ne sont nullement
écoutées. Les journaux militaires les ignorent; ce qui est fort
compréhensible, car ils doivent compter tout particulièrement avec
les opinions officielles.

Nécessité d'avoir, pour les études, des données exactes. On ne pourra donc se faire une idée du caractère de la prochaine
guerre, comparée aux guerres anciennes, qu'en étudiant systémati-
quement, à fond, et tout d'abord séparément, chacun des principaux
facteurs de la guerre, tels que la composition des troupes, leur
armement, les moyens de transport, les conditions de ravitaillement,
les systèmes de fortifications, les conditions de l'attaque et de la
défense, les pertes probables, etc.; puis en examinant l'ensemble
de toutes les modifications apportées à ces différents éléments.

Il faudra ensuite tenir compte des perfectionnements à l'étude
pour les armes, perfectionnements déjà essayés et dont l'utilité
a été reconnue par des experts en la matière, mais qui n'ont pas
encore été adoptés. Tels sont, par exemple, le fusil auto-chargeur
au calibre de $5^m/^m$, qui permettrait de doubler le nombre de cartouches
portées par les hommes et quelques nouveaux types de pièces
d'artillerie. Il ne faudra pas non plus oublier de prendre en considération ce fait, qu'avec un temps de service actif restreint, la réserve
et la landwehr augmentent constamment, de sorte que le nombre
des gens pouvant être appelés à compléter l'armée en cas de besoin
s'accroît dans une très forte mesure.

Pour que cette étude soit instructive, il est nécessaire d'avoir des
données parfaitement sûres sur l'état actuel de tous les éléments
qui constituent la force armée des nations, afin de pouvoir établir
une comparaison aussi exacte que possible entre ce qu'est aujour-
d'hui cette force armée et ce qu'elle était à l'époque des guerres
passées.

On a déjà pu voir par notre ouvrage, qu'il existe toute une série
d'études spéciales et de matériaux susceptibles d'élucider les questions partielles les plus importantes. Mais ce qui manque totalement, c'est une compilation systématique des diverses conclusions
qu'on en tire et leur application à la question générale de savoir:
s'il est possible de soutenir aujourd'hui une grande et longue

guerre, où l'on mettrait en activité le colossal appareil représenté par les dix millions d'hommes armés des grandes puissances européennes réunies.

Nous avons fait tous nos efforts pour combler cette lacune, mais notre travail ne peut sans doute être considéré, sous ce rapport, que comme un essai. Les spécialistes sont à même de faire quelque chose de bien plus complet, et en outre de plus autorisé ; parce que d'abord ils connaissent le sujet à fond et que, d'autre part, ils ont les moyens de combler les lacunes qui doivent se trouver dans notre ouvrage.

Nous n'avions pas de données suffisantes pour établir une comparaison avec les guerres précédentes en ce qui concerne la technique ; et nous avons dû accepter celles qui se trouvent dans la littérature militaire, malgré les doutes qu'elles soulèvent parfois, car il nous était impossible d'en contrôler l'exactitude.

La chose se présente tout autrement pour ceux qui seraient chargés de faire des recherches spéciales pour leur gouvernement.

On pourrait répartir ce travail entre les personnes familiarisées avec les diverses branches ou spécialités, par exemple entre les professeurs des Écoles militaires supérieures. Ces maîtres doivent avoir à leur disposition des matériaux considérables, qui peuvent encore être aisément complétés si l'on veut se servir des sources officielles. Les données sur la technique militaire des époques antérieures à l'invention des fusils et des canons se chargeant par la culasse seraient complétées par des recherches faites dans les musées de l'artillerie et de la marine, où l'on conserve soigneusement les types des anciennes armes.

On pourrait charger ensuite les stratégistes et les experts pratiques en l'art de la guerre, de condenser en un tout les résultats de ces différentes études isolées. Au premier abord, cette proposition peut sembler étrange ; attendu qu'une expérience pratique de la guerre devrait paraître tout particulièrement importante pour tirer des conclusions à ce sujet, et qu'en conséquence toute cette mission semblerait devoir être confiée uniquement à des praticiens. Toutefois, les modifications qui se sont produites depuis les dernières guerres, dans les principes mêmes de conduite du combat, par suite du perfectionnement des pièces d'artillerie, de l'adoption des projectiles explosibles et des fusils de petit calibre, de l'augmentation du nombre des cartouches portées par la troupe, de la suppression de la fumée et de l'élévation de l'effectif des armées, sont si considérables, que l'ancienne pratique de la guerre ne peut plus avoir d'importance prépondérante et qu'une étude spéciale de la stratégie, imposée par les conditions actuelles, semble devoir faire ici plus autorité. En outre, les hommes qui ont l'expérience de la guerre et qui se trouvent encore dans les rangs de l'armée n'ont pas le temps de s'occuper de travaux d'études de longue haleine. On peut ajouter aussi que, pour arriver à des conclusions exactes dans une question si compliquée, il faut absolument posséder des qualités particulières qui ne peuvent être acquises que par de longues années d'études scientifiques.

Il est clair, toutefois, que la coopération, à l'œuvre en question, de personnes expertes dans l'art de la guerre ne saurait être que d'une grande utilité quand elles pourraient appuyer leur jugement sur une compilation, déjà toute préparée, des recherches spéciales qui auraient été faites.

Importance de la classification dans les études scientifiques.

Si l'on veut étudier, sous toutes leurs faces, des matériaux scientifiques compliqués et en tirer de justes conclusions générales, il est absolument indispensable de posséder, outre la connaissance parfaite de son sujet, un véritable esprit de *classification*. Le général Leer, chef de l'Académie d'État-Major russe, et l'un des écrivains militaires les plus distingués de notre époque, s'exprime comme suit sur l'importance de cet esprit de classification :

« Un écrivain militaire a exprimé quelque part ses regrets de ce que maints auteurs d'ouvrages militaires s'occupent bien inutilement, par excès de zèle, de la classification des matériaux qu'ils ont recueillis ; j'estime qu'il est de mon devoir de dire quelques mots en faveur de ce principe fondamental de la classification, si témérairement exclu du domaine des sciences militaires. »

Pour expliquer cette importance, le général Leer donne l'extrait d'un entretien de Tchitchikoff avec un jurisconsulte au sujet d'un faux testament. Le jurisconsulte dit : « Efforcez-vous simplement d'embrouiller l'affaire par l'introduction de nouveaux incidents... d'y introduire d'autres faits secondaires qui en obscurcissent le fond, la compliquent — et rien de plus : alors, attendez qu'on l'éclaircisse ! » Tchitchikoff comprend que cela signifie qu'on doit « jeter de la poudre aux yeux.... ». Sur quoi le général Leer ajoute : « S'il vous faut de la *poudre,* alors vous mettez tout en tas, puis vous embrouillez, en évitant toute espèce d'ordre, de classification ; et vous feriez l'inverse si vous cherchiez la *lumière* et la *vérité.* C'est ainsi dans la vie, et il en est de même dans la science » (1).

---

(1) « L'importance de la classification » (Znatchénié klassifikatsïï). *Voïennyi Sbornik,* 1897, vol. CCXXVI.

« Il y a deux formes de stratégie, dit encore le général Leer (1) : celle qu'on pourrait appeler *méthodique*, qui apprécie également les principes et leur application, et celle qui accorde à la théorie une importance dominante, exclusive, qui l'observe machinalement et finalement néglige l'application. Mais il est impossible de ne pas mentionner encore une troisième forme de l'art stratégique, qui méprise au même degré les principes et les faits ; c'est-à-dire une stratégie que, d'après sa nature même, il faudrait appeler la stratégie du *hasard aveugle* ou *d'aventure*.

« De même que le type métaphysique de la stratégie, cette troisième forme dédaigne autant les principes que les faits, mais c'est pour un motif tout opposé. *D'une part*, l'idée est enchaînée sous la routine et des tas de recettes et de systèmes ; de l'autre, c'est l'extrême contraire : un esprit désordonné, sans aucun frein, et dirigé seulement par une imagination qui peut aller jusqu'aux fantaisies les plus extraordinaires. La stratégie métaphysique est le produit d'une théorie mal comprise ; c'est une fausse et dangereuse application de la théorie ; la stratégie d'aventure est plutôt la négation de toute théorie, le résultat de l'ignorance. La recherche du grandiose et du romantique dans le domaine stratégique, en laissant toute l'exécution des plans au hasard : telles sont les lignes caractéristiques de cette stratégie de casse-cou, qui met tous ses enjeux sur une seule carte. »

Il n'est pas douteux que ce qu'il y a le plus à craindre dans la guerre future ce sont précisément les fantaisies dangereuses auxquelles pourra se laisser entraîner l'imagination, et auxquelles le plus vaste champ est ouvert aujourd'hui.

Lors même que les recherches proposées ne devraient pas avoir un autre résultat, elles seraient déjà d'une grande utilité sous ce rapport.

Il est clair que ce sont les spécialistes militaires instruits qui sont le plus à même de dresser le programme d'un questionnaire pour les recherches à faire. Mais comme nous nous sommes toujours efforcé, dans notre ouvrage, de faire ressortir le mieux possible les traits qui distinguent la guerre future des guerres antérieures, nous croyons qu'il ne sera pas très difficile de faire un choix des points sur lesquels doit plus spécialement se porter l'attention. Il ne peut guère se présenter de questions sur lesquelles nous n'ayons pas fourni de données empruntées aux ouvrages d'auteurs militaires connus,

---

(1) « L'importance de la classification », *Voïennyi Sbornik*, 1897, page 190.

dont nous avons aussi reproduit l'opinion. Quant au côté économique du sujet, les conclusions que nous avons présentées sont fondées sur les indications de la statistique.

Ainsi, notre ouvrage offre des matériaux qui doivent, à notre avis, faciliter une étude spéciale et approfondie. Sans doute il ne nous appartient pas de juger jusqu'à quel point nous avons pu réussir dans la tâche que présente une question si complexe. En tout cas, nous croyons que notre œuvre constitue le premier essai qu'on ait fait, d'exposer, dans toute leur étendue, les conditions dans lesquelles devra s'accomplir la guerre future.

Les difficultés à prévoir ne sauraient empêcher les études.

Nous prévoyons déjà l'objection de certains spécialistes : que la question générale sur laquelle nous proposons de faire des recherches repose, en grande partie, sur des « inconnues », qui échappent à l'examen. Mais nier l'utilité d'une étude scientifique en se retranchant derrière des « inconnues », n'est-ce pas un peu se servir de celles-ci, pour jeter de cette « poudre aux yeux » dont parle le général Leer ? Il peut effectivement y avoir des difficultés à déterminer exactement le degré d'influence qu'avait, dans le passé, tel ou tel élément des problèmes militaires et celui que pourrait avoir, dans la guerre future, l'un ou l'autre des facteurs existant déjà précédemment ou de ceux que l'on aurait créés depuis lors. Mais ces difficultés n'excluent pas la possibilité d'estimer approximativement quelle peut bien en être la valeur. Les opinions peuvent diverger, mais une étude faite avec soin ne saurait, en tout cas, qu'élucider notablement l'ensemble des conditions qu'offre actuellement une guerre. C'est, du reste, la seule méthode qui puisse permettre de se retrouver au milieu de cette infinité d'influences diverses qui se manifestent à la guerre et sur lesquelles nous avons essayé, dans la mesure de nos forces, d'attirer l'attention. Il est indispensable d'élucider ces divers points, afin de ne pas s'y perdre et de ne pas se laisser entraîner dans ce que le général Leer appelle si justement une stratégie de casse-cou, qui met tout l'enjeu sur une seule carte.

Avantages d'appliquer la méthode numérique.

Pour déterminer l'effet des nouveaux facteurs, comparés aux anciens, et pour estimer approximativement la valeur des uns et des autres, nous avons cherché à les exprimer en pour cent par des chiffres. La langue n'a généralement que peu d'expressions pour déterminer la quantité, la valeur ou le degré des choses ; tandis que l'emploi de chiffres comparatifs permet d'exprimer toutes les nuances avec une très grande exactitude, ce qui est très commode pour mettre en parallèle toute une série d'avantages et d'inconvénients. On peut, du reste, parfaitement, si l'on a quelque défiance à ce sujet,

se borner, comme expressions de comparaison, à l'emploi de mots
tels que : beaucoup, moins, plus, beaucoup plus, etc.

La preuve qu'il est possible de se servir de la méthode des
chiffres, c'est qu'elle a été employée par des autorités en matière
militaire, telles que les généraux russes Skougarevski et Tche-
bicheff et les généraux prussiens Müller et Rohne.

Et si l'on peut utilement se servir de cette méthode pour estimer,
par comparaison, la valeur et l'importance des moyens techniques
qu'emploiera la future guerre, ladite méthode est absolument indispensable pour se rendre compte de la différence entre les effets
passés et actuels des influences économiques et sociales qu'aura
la guerre.

C'est seulement par des chiffres qu'on peut, comparativement
aux guerres antérieures, déterminer les bouleversements économiques et sociaux qu'elle entraînera à l'avenir : à cause de l'appel sous
les drapeaux de presque toute la population masculine adulte, de
l'interruption du trafic maritime, de l'arrêt du commerce et de l'industrie, de la hausse des prix de toutes les denrées, de l'anéantissement du crédit et de la production d'une panique générale. Sans
le secours des chiffres, il serait impossible de juger — en partant de
ce qu'on sait des anciennes guerres et en tenant compte de la
longue durée de la guerre future — si les États pourront trouver
les moyens financiers d'entretenir leurs armées, de satisfaire aux
dépenses du budget et de subvenir encore aux besoins de la population à laquelle la guerre aura enlevé son travail et son gagne-pain.

Pour cette partie de l'enquête, il est indispensable aussi d'élaborer un programme avec une série de questions spéciales. Ce travail
n'offrira, d'ailleurs, aucune difficulté aux personnes qui s'occupent
spécialement de l'étude des lois et des phénomènes de l'économie
politique et sociale.

Elaboration d'un questionnaire pour la partie économique de l'enquête.

Dans la partie de notre ouvrage qui s'y rapporte, nous avons
cherché à indiquer toutes les données scientifiques d'après lesquelles il serait possible de déterminer la nature et l'étendue
des perturbations déjà mentionnées et de calculer combien elles
dépasseraient celles qui ont été observées dans les guerres précédentes.

Le présent ouvrage peut être tout particulièrement utile pour
permettre d'apprécier ce côté de la question générale de la guerre,
car son auteur s'est toujours occupé spécialement et avec prédilec-
tion de la science économique. Pour les militaires de profession qui
seraient chargés d'une étude semblable ou qui voudraient l'entre-

prendre de leur propre chef, il leur suffirait de contrôler nos conclusions.

Il faudrait aussi soumettre au contrôle de personnes qui s'occupent de l'étude des questions politiques, la partie du présent ouvrage qui traite de questions de cette nature, et qui peut servir en quelque sorte de collection de matériaux à ce sujet. Cette partie comprend les chapitres : « Unité de l'Allemagne ; dangers et alliances qui en sont résultés » ; « Question du degré de probabilité de la guerre au point de vue politique » ; « Précis historique du développement de l'idée d'une solution amiable des conflits internationaux ». Dans la partie consacrée aux « Plans des opérations de guerre », nous avons aussi examiné les dangers récemment créés par l'unité allemande et les causes qui peuvent amener un conflit. Il est hors de doute que la composition actuelle des armées et le caractère même de la guerre future donneront une influence décisive aux efforts populaires et à l'opinion publique sur le résultat de la lutte, et rendent aussi plus ou moins probable l'explosion de mouvements révolutionnaires à la suite de celle-ci.

En conséquence, il serait fort désirable qu'on soumît les opinions des divers auteurs relevées dans notre ouvrage et nos conclusions elles-mêmes, au contrôle de personnes faisant autorité dans l'étude des questions politiques.

L'enquête que nous avons proposée se composerait donc de trois parties, pour chacune desquelles des spécialistes tireraient des conclusions en réponse aux questions partielles posées dans le programme. Puis l'un des collaborateurs les plus compétents de ces travaux serait chargé des conclusions d'ensemble sur la question principale de l'enquête, qui pourrait être formulée comme il suit :

« En présence de toutes les conditions techniques, économiques et sociales actuelles, est-il probable que des conflits internationaux puissent réellement être réglés par une grande guerre européenne, et que les États puissent supporter les perturbations qui résulteraient de cette guerre ?

« Et s'il était plus probable que les États, après les sacrifices énormes et sans exemple jusqu'ici, que leur aurait coûtés une longue guerre, se verraient écrasés sous le poids des ruines et forcés de s'arrêter avant d'avoir atteint le but politique visé, ne surgirait-il pas dans les États de l'Europe occidentale, des obstacles au désarmement des hordes sauvages revenant de la guerre, et ne doit-on pas prévoir la possibilité d'une sorte d'épidémie révolutionnaire susceptible de s'étendre même en dehors de ces États ? »

Notre idée d'enquête paraîtra peut-être une utopie à bien des gens. Ils pourront se demander : Qui cette enquête peut-elle intéresser? Quelle utilité le pays qui l'entreprendra peut-il en attendre, si elle démontre maintenant qu'il est improbable et même presque impossible qu'on puisse résoudre, par une grande guerre, les questions internationales qui divisent l'Europe? Le gouvernement de chaque pays ne se dira-t-il pas : Nous ne désirons pas la guerre; mais si on nous la déclare, nous la ferons, sans nous demander quelles pourront en être les conséquences.

Tout cela reviendrait à nier la possibilité de conclure des arrangements internationaux quelconques sur l'initiative d'un État. Le mouvement contre la guerre existe, non seulement dans l'opinion publique, ainsi que nous l'avons exposé dans notre ouvrage, mais il croît constamment et pénètre déjà profondément aujourd'hui, dans l'Ouest, jusqu'au sein des masses populaires. Il existe une *Ligue de la paix*; il y a toute une littérature contre les armements qui écrasent peuples et contre la guerre qui ruinerait l'Europe au bénéfice, tout au plus, de l'Amérique du Nord.

Mais ce n'est pas tout. Les gouvernements eux-mêmes se rendent déjà parfaitement compte de la misère qui résulterait d'une grande guerre, ainsi que le prouvent leurs efforts constants pour éviter toutes les occasions qui pourraient amener des conflits armés entre les puissances. Il existe aussi plusieurs manifestations personnelles dans le même sens de la part des monarques. Le roi d'Italie a déjà exprimé ouvertement-l'avis qu'une grande guerre serait impossible avec les moyens actuels.

Il n'est pas inutile non plus de rappeler ici un passage instructif du discours que le comte Goluchowski, ministre austro-hongrois des affaires étrangères, fit à la Délégation hongroise, le 20 novembre 1897. Après avoir rappelé la nécessité, pour l'Europe, de maintenir et conserver la paix, il dit entre autres choses : « La concurrence ruineuse des pays transatlantiques, que nous rencontrons à tout bout de champ et que nous rencontrerons toujours de plus en plus, exige de prompts moyens de défense pour éviter des dommages qui pourraient atteindre les intérêts vitaux les plus importants des peuples européens et même conduire ceux-ci à une ruine immédiate. Ces peuples doivent se serrer, se grouper, se tenir coude à coude et s'armer par tous les moyens possibles contre ce danger commun. De même que le XVIe et le XVIIe siècle ont été remplis par les luttes religieuses, qu'au XVIIIe a commencé la lutte pour les principes libéraux et que le XIXe siècle est caractérisé par les questions de nationalités, le xxᵉ siècle sera, pour l'Europe, un siècle de lutte pour l'existence sur le terrain de la politique commerciale. C'est pourquoi tous les peuples européens doivent s'unir pour protéger les conditions de leur existence et doivent nous assurer une ère de développement pacifique, afin que nous soyons en état d'atteindre ce but. » Voilà comment a parlé un ministre qui réfléchit, qui comprend les devoirs et les problèmes de l'avenir.

Dès l'instant où, avec une perspective de ce genre, une guerre serait pour l'Europe un malheur inouï et où l'on s'efforce de toute façon d'éviter cette guerre, pourquoi continuer alors ces armements, ces préparatifs immenses qui sont une charge écrasante pour nous? Nous nous trouvons en quelque sorte dans un cercle vicieux. Elles ne sont pas rares les voix qui se font entendre en faveur d'un désarmement général. Il semble que ce soit là le seul et unique moyen d'arriver au but, si tous les États désirent sérieusement et définitivement le maintien de la paix.

Mais le fait est qu'à côté de ce désir général de paix, il existe encore en Europe des arrière-pensées ambitieuses, des tendances dictées par l'animosité, les haines réciproques et les jalousies inassouvies. Sans doute, personne n'ose déclarer ouvertement : telle ou telle année, nous entamerons une guerre de revanche ou d'ambition, et nous récupèrerons les territoires perdus, ou bien nous conquerrons de nouveaux territoires, qui doivent « naturellement » nous appartenir Et, néanmoins, tant que les discussions et les rêves ambitieux n'auront pas complètement disparu, une certaine attente d'un « hasard » continuera de couver en quelque sorte sous le sol de certains pays. On veut bien éviter ce hasard, mais on compte en même temps que, s'il doit survenir fatalement, on pourrait en profiter pour atteindre un but prétendu national, comme par exemple : récupérer ce qu'on avait perdu ou achever l'unification de certaines races sous l'hégémonie de telle ou telle nationalité.

Ce fait nous explique l'existence du cercle vicieux signalé plus haut. Si l'on ne procède pas au désarmement, ce n'est point parce qu'on n'a pas pu parvenir à s'entendre sur la proposition d'un État, ni parce que quelqu'un a l'intention positive de commencer une guerre dans les conditions actuelles, mais bien parce que chacun veut être prêt à profiter du *hasard*, qui pourrait permettre de réaliser des plans ambitieux que l'on tient soigneusement cachés.

Il n'y a donc, aujourd'hui, d'autre issue à ce cercle vicieux, que l'enquête exacte et approfondie, par nous proposée, sur la question de savoir si, en réalité, il est possible d'atteindre d'importants résultats politiques au moyen d'une guerre européenne colossale dans les conditions actuelles. Si cette étude démontre que, avant que la France ait forcé l'Allemagne à lui restituer l'Alsace et la Lorraine ou bien que l'Allemagne ait pu obliger l'Europe à lui laisser annexer les Pays-Bas et le Luxembourg, peut-être aussi la Belgique et la Suisse, ladite Europe aura été frappée, selon toute vraisemblance, de catastrophes telles que la guerre devra cesser sans avoir résolu les questions en litige — ce sera là, pour l'idée du désarmement, un argument qui ne sera pas de mince importance.

Notre ouvrage est le premier essai que l'on ait fait de montrer la voie à suivre pour sortir du véritable cercle vicieux dans lequel l'Europe s'enserre et pourrait rester enfermée encore bien longtemps à son grand détriment. Du moment où la guerre, non seulement exigera d'énormes sacrifices, mais ne permettra même pas, dans les conditions actuelles, de réaliser les plans ambitieux que l'on aurait conçus, du moment où tout cela sera prouvé et démontré avec assez de certitude, par des autorités incontestables, c'en sera assez pour ouvrir une brèche manifeste dans le système militariste. Si l'enquête montre clairement que les efforts extraordinaires faits pour augmenter la puissance des engins de guerre, ne peuvent que rendre plus vraisemblable l'inanité des résultats politiques de la lutte, c'est alors que l'idée de la nécessité d'un désarmement général commencera réellement et définitivement à s'établir dans la conscience des peuples.

Il en résulterait clairement que la continuation des préparatifs, l'émulation constante et passionnée qu'y mettent les États pour se surpasser les uns les autres ou se tenir tout au moins à la même hauteur que le voisin, ne peuvent être que la conséquence de l'illusion où se complaisent les gouvernements qu'il est aussi facile aujourd'hui qu'autrefois de réaliser leurs plans ambitieux par le moyen d'une guerre. D'où la conclusion directe que plus vite ils seront désillusionnés, mieux cela vaudra.

Voilà pourquoi, aux doutes supposés plus haut par nous, chez le lecteur se demandant qui pourrait bien être intéressé à l'enquête que nous proposons, — nous devons répondre que tout le monde y est absolument intéressé, mais avant tout les grandes puissances comme ayant les plus gros armements et, par suite, les plus lourdes charges.

La seule chose importante, c'est qu'un gouvernement prenne l'initiative de l'enquête. Il n'est pas absolument nécessaire que ce soit le gouvernement d'une grande puissance ; dans l'état actuel de la science et avec la quantité de matériaux statistiques qu'on publie aujourd'hui, le gouvernement d'une nation de second rang pourrait aussi entreprendre utilement cette tâche. Le Danemark, la Belgique, les Pays-Bas, la Suisse ont assez de matériel de guerre de toute sorte, et possèdent toutes les connaissances nécessaires pour cela; et les faibles dépenses qu'occasionnerait cette enquête ne pourraient pas constituer un empêchement à sa réalisation. On peut être parfaitement certain que, dès qu'un État ordonnera une enquête de ce genre, tous les autres peuples suivront son exemple.

En outre, on ne trouverait guère, même dans les sphères dirigeantes de l'Europe, quelqu'un osant nier que les engins destructifs aient été portés aujourd'hui à un degré de perfectionnement qui a fini par rendre la guerre complètement impossible. Mais la question se réduit à savoir si le développement de l'appareil militaire n'a pas réalisé déjà cet ensemble de conditions, en présence desquelles il faut que les guerres disparaissent, parce qu'elles ne peuvent qu'amener une dévastation générale, sans produire le moindre fruit, même au point de vue politique.

Telle est la question qui exige une enquête. Et quiconque désire sincèrement la paix ne peut l'écarter, ou nier la nécessité d'une telle enquête. Le général Leer a pris comme épigraphe de l'article mentionné plus haut, les propres paroles de l'Évangile de saint Jean, où il est dit : Celui qui fait le mal hait la lumière et l'évite, afin de cacher ses actions qui sont mauvaises; mais celui qui aime la vérité, recherche la lumière, afin que ses actions soient connues parce qu'elles sont faites en Dieu. » (Évangile selon saint Jean, chapitre 3, versets 20 et 21.)

Espérons que ces paroles trouveront leur application dans la situation actuelle.

TABLE DES MATIÈRES

Pages

Paris. — Imprimerie PAUL DUPONT, 4, rue du Bouloi.

SOMMAIRE DE L'OUVRAGE COMPLET

TOME I
Description du mécanisme de la guerre

Considérations générales sur le tir. — Poudre sans fumée et autres explosifs. — Les armes à feu portatives. — Les bouches à feu de l'artillerie. — Les engins auxiliaires. — Boucliers et cuirasses opposés aux effets des balles ennemies. — Abris formés par les retranchements et les fortifications de campagne. — Importance et rôle de la cavalerie. — La tactique de l'artillerie et les conséquences des perfectionnements techniques. — L'infanterie au combat. . . . . Prix : **10** francs.

TOME II
La guerre sur le continent.

Les effectifs des armées européennes. — La préparation à la guerre et sa déclaration. — La mobilisation. — Mouvement des troupes pour se rendre sur le théâtre de la guerre. — La conduite des armées. — Le commandant en chef. — L'autonomie des commandants d'unités et leur initiative dans les différentes armées. — Le chef subalterne. — Base du développement de l'instruction dans l'armée. — Comparaison entre les batailles du passé et celles de l'avenir. — Le combat de nuit. — Sur le champ de bataille. — La guerre de forteresse. — Etat et esprit des armées. — Plans des opérations militaires. — Force de résistance des puissances aux influences sociales et économiques de la guerre. — Effectifs de combat de la Double et de la Triple-Alliance. — Opérations de guerre franco-italienne. — Opérations de guerre franco-allemande. — Opérations de guerre germano-austro-hongroise . . . . Prix : **10** francs.

TOME III
La guerre navale.

Comparaison des flottes anciennes et modernes. — Moyens d'attaque et de défense des bâtiments d'aujourd'hui. — Opérations des flottes et des navires isolés. — Quelques conclusions relatives aux batailles futures. — La guerre de croisière et la course. — Conclusions. . . . . Prix : **7** fr. **50**

TOME IV
Les troubles économiques et les pertes matérielles que déterminera la guerre future.

Coup d'œil sur les difficultés économiques qu'entraînerait la guerre en Europe (Dans l'Europe orientale. — En Russie). — Sa répercussion sur les besoins de la population. — Dépenses des guerres passées. — Les charges militaires et les revenus des nations. — Dépenses de la guerre future et moyens de les couvrir. — Inégalité des pertes économiques que la guerre future entraînerait pour les divers pays. — Influence de la tactique et des conditions économiques sur l'approvisionnement des armées en vivres et munitions . . . . Prix : **10** francs.

TOME V
Les efforts tendant à supprimer la guerre, les causes des différends politiques, les conséquences des pertes.

Comment s'est développée l'idée de résoudre pacifiquement les différends internationaux. — La paix perpétuelle dans les littératures des peuples civilisés. — Le socialisme, l'anarchisme et la propagande contre le militarisme. — L'inégalité d'accroissement de la population des divers pays pouvant être une cause de guerre. — Le degré de possibilité de la guerre au point de vue politique. — Les pertes probables dans la guerre future. — Influence des armes actuelles sur le caractère des blessures. — Le soin des blessés et malades à la guerre, dans le passé et dans l'avenir . . . . Prix : **7** fr. **50**

TOME VI
Le mécanisme de la guerre et son fonctionnement.
La question du tribunal international d'arbitrage.

Le système du militarisme. — Les officiers. — Progrès techniques et augmentation des armées. — Voix et agitations contre la guerre. — La concurrence de l'Amérique sur le marché universel. — Accroissement des flottes et des charges militaires de l'Europe. — Les congrès de paix et leur influence. — Importance des tendances pacifiques manifestées par les monarques. — Indices d'une évolution et possibilité d'un désarmement et de la suppression de la guerre. — Les causes des différends internationaux. — Nécessité de prouver ce fait que les différends internationaux ne sauraient être résolus par la guerre. — Convocation d'une conférence internationale en vue d'étudier la question du tribunal d'arbitrage. — La question de l'Alsace-Lorraine. — La question d'Orient. — Autres questions ayant de l'importance au point de vue international. — Les provinces de l'Autriche et de la France où l'on parle la langue italienne. — Possibilité d'une dissolution de la monarchie austro-hongroise. — L'Allemagne et l'Autriche ne sont pas satisfaites de leurs frontières. — Antagonismes de races et de religions. — Intérêts dynastiques. — Intérêts commerciaux. — L'expansion coloniale. — Les intérêts des puissances dans l'extrême Orient. — Les raisons en vertu desquelles on croit que les guerres sont indispensables. — Institution d'un tribunal d'arbitrage international, un besoin de notre temps. — Son organisation présomptive. — Conclusions : les prétextes de guerre et leur peu d'importance. — L'absurdité de la politique de la « paix armée ». — Moment propice à la création d'un tribunal d'arbitrage. — Facilité de résoudre pratiquement ce problème. — L'institution d'un tribunal d'arbitrage est le seul moyen d'arrêter les armements. — Nécessité d'étudier les conditions techniques de la guerre et ses conséquences économiques. — Nomenclature des questions à examiner. — Importance de cet examen . . . . Prix : **7** fr. **50**
